黄河宁蒙河道冲淤速率及演变机制

王随继　等 / 著

中国环境出版集团 · 北京

图书在版编目（CIP）数据

黄河宁蒙河道冲淤速率及演变机制/王随继等著.
—北京：中国环境出版集团，2022.10
ISBN 978-7-5111-5297-8

Ⅰ.①黄…　Ⅱ.①王…　Ⅲ.①黄河—上游河段—河流泥沙—泥沙冲淤—研究　Ⅳ.①TV142

中国版本图书馆 CIP 数据核字（2022）第 159396 号

出 版 人　武德凯
责任编辑　刘　焱
封面设计　宋　瑞

出版发行　中国环境出版集团
（100062　北京市东城区广渠门内大街 16 号）
网　　址：http://www.cesp.com.cn
电子邮箱：bjgl@cesp.com.cn
联系电话：010-67112765（编辑管理部）
发行热线：010-67125803，010-67113405（传真）
印　　刷　北京建宏印刷有限公司
经　　销　各地新华书店
版　　次　2022 年 10 月第 1 版
印　　次　2022 年 10 月第 1 次印刷
开　　本　787×960　1/16
印　　张　23.75
字　　数　400 千字
定　　价　89.00 元

前 言

黄河发源于青藏高原巴颜喀拉山北麓的约古宗列盆地，自西向东流经青海、四川、甘肃、宁夏、内蒙古、陕西、山西、河南和山东 9 个省（自治区）后注入渤海，沿途汇集着各条支流的产流，浇灌着沿程的土地，滋养着流域内外生息的民众。黄河是中华文明最主要的发祥地，中华民族自古以来总是将她亲切地称作“母亲河”。“黄河之水天上来，奔流到海不复回”，这是对黄河发端于世界最高的高原、驰骋于崇山峻岭和广袤平原的真实写照，也是对其雄浑遒劲、气势轩昂的赞美，更是对其百折不回、矢志不渝的赞歌。黄河又是中华民族保家卫国、抵抗侵略者这一不屈精神的恢弘画面，是擂响的战鼓，是勇往直前的身躯，是挺拔的脊梁，更是擎天的臂膀。在抗日战争时期诞生的《黄河大合唱》以黄河为背景，热情歌颂中华民族的悠久历史，控诉侵略者的残暴，展现中华儿女保家卫国的磅礴气势和英雄气概。

黄河自西向东流经青藏高原、黄土高原、内蒙古高原、鄂尔多斯台地、华北平原等多样化的大型地貌单元，跨过了地表物质组成极不相同的典型区域，从海拔高程 4 km 以上的“云间黄河”逐渐流向河口的海洋基准面。多变的气候状况、复杂的地形地势、多样化的汇水区和差异化的沙源区，无不展示着黄河流域环境的多样化和复杂化。流域固有的地貌特点、地表物质组成的区域分异性、较低的植被覆盖度和相差悬殊的区域气候条件，使得黄河又是一条以洪灾频繁发生、产沙量和输沙量冠绝于世的河流，常常造成严重的洪水泥沙灾害，使黄河冲积平原区的群众不断地遭受着洪灾的考验。

自古以来，无论是朝廷的统治者还是居于闹市和田野的群众，都在想尽各种办法、穷尽各种手段来治理黄河，尽量使黄河少决口、稳河道、固堤岸，以保证黄河冲积平原地区的民众能够安心生产和舒心生活。历朝历代，国家付出了巨大的人力、财力、物力，而黄河并不安澜。自从中华人民共和国成立以来，各级政府对治理黄河出台了一系列与时俱进的政策指导，提供了坚实的物质支持、财力支持和技术支持，得到了国人普遍的智力支持和劳力支持，七十多年来，黄河再没有发生过决口改道的严重洪水灾害；流域内各种水土保持措施也持续不断地在实施，使流域的产沙量明显下降，进入黄河下游的泥沙大幅度减少，黄河下游河道的淤积抬升态势得到了初步遏制，泥沙灾害的危害度也相对降低了。但是，鉴于黄河流域的特殊性和复杂性，对其治理的力度切不可丝毫放松，对其演变的规律性探究有必要深入开展。

由于黄河地貌的多样性、环境的复杂性、水沙来源存在的区域差异性、气候变化的复杂性、人类活动干预的多样性等，使得对黄河流域的研究工作可以在诸多不同的方面开展。迄今已有的关于黄河的形成演变、冲淤演化等的研究成果数不胜数，其中有许多研究工作或在理论上或在实践上取得了显著突破，为人们了解黄河的过去、现在和未来打开了一扇扇窗户。科学无止境，关于黄河仍然存有一系列尚未得到彻底解决的科学问题，有待自然科学家和社会科学家去破解。相对于有关黄河中游和下游较高的关注度和较高的科学研究程度，有关黄河上游的科学研究明显滞后，尤其是黄河上游下段的宁夏回族自治区和内蒙古自治区境内的冲积河段，其河道的演变规律和驱动机制尚待不同学科的科学家们去进行深入揭示。

黄河上游是黄河源区至内蒙古托克托县河口镇之间的河段，河道长 3 471.6 km，流域面积（不含毛乌素沙漠内流区）38.6 万 km^2，占黄河流域总面积的 51.3%；平均比降为 1‰，海拔高于 1 000 m，其中河源区的海拔高程在 4 000 m 以上。该河段是黄河流域径流的主要来源区，多年平均径流量占全流域的 54%，其中兰州以上流域的径流量又占黄河上游总径流量的 99%，因而，宁蒙河段的年均净产流量都是负值，即该河段的耗水量远大于净产流量；整个黄河上游河段的年均输沙量只占黄河全流域年均来沙量的 8%，具有水多沙少的特点。根据河道特性的不同，黄河上游又可分为河源段、峡谷段和冲积平原区三部分，其中河源段位于青海的黄河源头至贵德县的龙羊峡区间，峡谷段位于青海龙羊峡至宁夏回族自治区的青铜峡河段，而冲积平原段位于宁夏青铜峡至内蒙古托克托县河口镇区间。本书的研究工作主要涉及黄河上游的冲积平原段，兼顾黑山峡出口处的下河沿至青铜峡区间河段，这两个河段位于宁夏回族自治区和内蒙古自治区境内，在本书中总称为黄河宁蒙河段（下河沿水文站—头道拐水文站），其中黄河上游的冲积平原段本书称作黄河宁蒙冲积河段（青铜峡水文站—头道拐水文站）以示区别。

本书以黄河宁蒙河段为研究对象，主要从黄河宁蒙河段的盆地演化及沉积速率、黑山峡下蚀速率、黄河宁蒙段水沙量变化及水库淤积速率、黄河宁蒙冲积河段悬沙冲淤量及冲淤速率、黄河宁蒙典型河段现代河床的沉积速率、黄河宁蒙冲积河道的萎缩速率和迁移速率、黄河宁蒙河道的水力几何形态关系分析、黄河宁蒙河道对洪水过程的响应特征和不同洪水的冲淤速率，以及黄河宁蒙河道演变特征及形成机制等方面，较为系统地分析了研究区冲积河流河道的冲淤速率及其演变机制。

本书的特点体现在时间尺度的长短相结合特性、专业跨度的多学科性、数据资料的多源性和多学科性、河型空间演变的多样性等方面。研究的时间跨度涉及几十万年时长的地貌时间尺度，也涉及数十年时长的水文时间尺度，还涉及洪水过程的事件性时间尺度。专业的多学科性体现在盆地演变分析中涉及地质学，沉积速率分析中涉及第四纪测年学、地貌学和河流沉积学，河道冲淤量及冲淤速率分析中涉及水文学和河流水沙过程学，水力几何形态关系及粒度变化分析中涉及水动力学，河型及其演变分析中涉及河流地貌学，等等。数据资料的多源性和多学科性主要体现在属于地质学和地貌学的地层空间分布数据和测年数据等，实测断面的河道地形数据、流量和输沙量等水文数据等。河型演变的多样性主要涉及冲积河流的辫状河型、弯曲河型和顺直河型，也部分涉及山地河流或者半基岩性河床的演变研究。期望在多种数据资料的支持下，从多时间尺度和多学科交互印证研究中，充分揭示黄河宁蒙河道的冲淤演变特性和演变机制，为黄河宁蒙河道有效治理措施的提出提供科学支撑，也为河流地貌理论体系的进一步完善添砖加瓦。

本书中所列的主要研究工作是国家重点基础研究发展计划项目“黄河上游沙漠宽谷段风沙水沙过程与调控机理”（项目编号：2011CB403300）下属专题的组成部分；与河型转化有关的研究内容得到国家自然科学基金项目“黄河典型河段的河型演变及其驱动机制”（项目编号：40771031）的资助；部分与弯曲河流有关的研究工作得到国家自然科学基金项目“自由曲流演变的极限曲率及其控制因素”（项目编号：41971004）的资助。在上述各类项目开展的同时，也曾得到甘肃省黄河黑山峡河段开发利用重大咨询项目下属课题“黄河宁蒙河段水沙特征、沉积速率与河道演变”和“黄河宁蒙河道洪水冲沙对河流的影响评估”的资助。各项研究工作前后历时十余年，在有关黄河上游尤其在有关黄河宁蒙河段的冲淤速率的定量化研究和河型演变机制的揭示等方面具有一定的创新之处。

研究工作得到中国科学院院士、中国科学院地理科学与资源研究所研究员孙鸿烈，以及中国科学院南京地理与湖泊研究所研究员王苏民和中国科学院寒区旱区环境与工程研究所研究员杨根生的指导，研究过程中得到中国科学院地理科学与资源研究所研究员许炯心、研究员师长兴、研究员戴尔阜和博士闫云霞等的帮助，也得到兰州大学教授潘保田、中国科学院寒区旱区环境与工程研究所研究员拓万全的帮助，在资料收集过程中得到内蒙古自治区水利厅总工程师王彦成及宁夏回族自治区水利厅有关人士的大力帮助，在野外考察、样品采集和河道观测工作中得到黄河水利委员会上中游局头道拐水文站以及其他有关水文站的相关工作人员的协助，在此一并致以由衷感谢！

本书是作者在总结上述研究任务所获得的研究成果的基础上形成的，全书共分 9 章。各章节的作者如下：第 1 章，王随继；第 2 章，王随继；第 3 章，王随继、冉立山、苏腾（其中：3.1 节，冉立山、王随继；3.2 节，王随继；3.3 节，苏腾、王随继；3.4 节，王随继）；第 4 章，王随继；第 5 章，王随继；第 6 章，王随继、梅艳国、李玲（其中：6.1 节，梅艳国、王随继；6.2 节，王随继、李玲；6.3 节，王随继）；第 7 章，王随继、冉立山（其中：7.1 节，王随继、冉立山；7.2～7.4 节，王随继；7.5 节，冉立山、王随继）；第 8 章，王随继；第 9 章，王随继、苏腾、梅艳国、范小黎（其中：9.1 节，苏腾、王随继；9.2 节，王随继、范小黎；9.3 节，王随继；9.4 节，梅艳国、王随继）。全书由王随继统稿定稿。

本书写作尽管历时十载，但限于研究区前期可参考的相关研究工作较少，部分年份的水沙资料难以获得，加之作者水平有限，书中难免存在局限性甚至错谬之处，敬请不吝赐教、批评指正。

中国科学院地理科学与资源研究所
中国科学院大学
王随继

2022 年 4 月于北京

目 录

第1章　绪　论

黄河是我国的第二大河，也是世界上著名的河流之一。黄河流域横跨我国北方广大地区，从西向东流经九省区、穿越三级阶梯地势，串联着大大小小的峡谷和盆地，驰骋在广袤的华北平原上。黄河是世界上著名的多泥沙河流，泥沙的长期淤积造就了狭长的银川平原、河套平原及广阔的黄河下游冲积平原。

黄河流域分为上、中、下游 3 个典型河段，其中黄河上游位于内蒙古自治区托克托县河口镇以上。根据地貌特征黄河上游又可以划分为以山地河谷为主的上段（青川甘河段）和以冲积河流为主的下段（宁蒙河段）2 个不同河段，其中上段的水量丰沛，落差大，被誉为水电资源的“富矿区”。因黄河上游下段流经宁夏回族自治区和内蒙古自治区，因此常常被简称为黄河宁蒙河段。黄河宁蒙河段具体是指黑山峡出口至内蒙古托克托县的喇嘛湾，全长约 1 100 km，而黄河宁蒙冲积河段指宁夏青铜峡水文站（大坝）至内蒙古的喇嘛湾以冲积为主的河道，该河段主要包括银川平原及河套平原河段及其间的连接段，全长约 880 km，河床高差为 160 m，平均河道比降为 0.18‰。黄河宁蒙河段地形地势如图 1-1 所示。

黄河在宁蒙河段的长期沉积造就了银川平原和河套平原，这两个位于干旱区的平原因为有黄河水的灌溉而成为北方著名的农业丰产区，素有“黄河百害，唯富一套”“天下黄河富宁夏”“千里黄河富河套”“塞外江南”等美誉。

黄河是中华民族的母亲河，中华人文始祖“三皇五帝”兴起和发展都在黄河流域，自夏代开始至北宋的历代王朝在黄河流域建都的时间长达 3 000 年，中国历史上著名的八大古都，除北京、南京和杭州外，其他 5 个古都（西安、洛阳、开封、安阳、郑州）都坐落在黄河流域。可以说黄河流域长期是中国的政治、经济、文化的中心。目前，黄河流域总人口达 1.1 亿人，占全国总人口的 8.6%；流域内有汉族、回族、藏族、蒙古族、东乡族、撒拉族、保安族、满族等多个民族，因而，黄河流域也是多民族的聚集区。其中少数民族人口600余万人，集中分布在黄河上游地区。

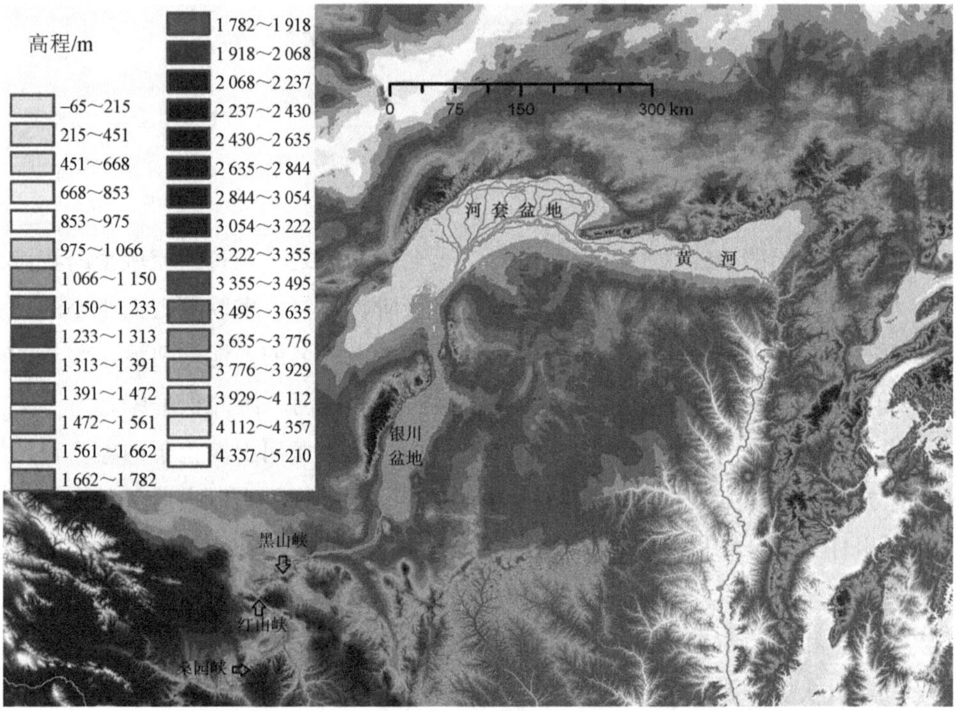

图 1-1 位于上游山地与中游峡谷之间的黄河宁蒙河段地形地势

黄河宁蒙河段尽管曾经在历史上富甲一方，但由于人口的增长、滨河土地的开发，导致面临的洪水灾害的威胁逐年增大。如何有效治理河流和防范洪水灾害风险，是目前面临的重大考验，也是区内各民族和谐发展、共同繁荣的历史大业中不可回避的问题。

1.1 黄河宁蒙河段河道典型特征

黄河宁夏河段由峡谷段、平原段和库区段 3 部分组成。其中峡谷段由黑山峡峡谷段和石嘴山峡谷段组成，总长 86.12 km；平原段总长 266.74 km（表 1-1）；

库区段为青铜峡库区及回水段，全长 44.14 km。

表 1-1 黄河宁夏平原河段河道基本特性（马晓阳，岳志春，2014）

河段	河长/km	主槽宽/m	河宽/m	比降/‰	河相系数	弯曲度	河型
下河沿—枣园	75.06	554	918	0.80	3～13	1.16	分汊型
青铜峡坝—仁存渡	39.72	597	1 131	0.61	5～16	1.16	分汊型
仁存渡—头道墩	69.21	1 010	2 509	0.15	10～30	1.21	过渡型
头道墩—石嘴山大桥	82.75	1 325	3 294	0.18	20～40	1.23	游荡型

黄河宁夏河段的河床沉积物在中卫至中宁区间（卫宁段）普遍含有大量的卵石沉积物，其相对含量最高的可达 80.9%，最小的为 27.9%，具有沿程变小的趋势，并且在其末段的青铜峡库区由于水动力的大幅度降低而逐渐消失。粗砂含量最小，为 0.1%～0.2%；中细砂含量多在 3%～10%；粉砂含量小于 2%（表 1-2）。这表明，在黄河宁蒙河段的上段总体上以卵石质河床沉积物为主，这时黄河流出窄深的黑山峡后还在相对较宽的峡谷地带流动，河道比降尚大、水流仍然具有强的水动力。

表 1-2 黄河宁夏河段河床沉积物的粒度在典型断面的沿程分布特征（岳志春，2016）

河段	断面	距沙坡头/km	卵石/%	砾石/%	粗砂（1～2 mm）/%	中细砂（0.005～1 mm）/%	粉砂（<0.005 mm）/%
卫宁段	WN2	4.5	80.9	15.0	0.1	2.9	1.1
	WN10	26.8	62.4	26.0	0.2	9.7	1.7
	WN20	58.8	27.9	64.5	0.2	5.6	1.8
青石段	QS11	136.9				72.0	28.0
	QS18	161.4				87.0	13.0
	QS26	201.4				87.5	12.5
	QS29	215.0				92.6	7.4

当黄河水流携带的粗颗粒泥沙在青铜峡水库的静水环境中进行充分的沉积后，出库水流携带的泥沙明显变细。在青铜峡至石嘴山河段（青石段）的河床沉

积物以中细砂为主，其相对含量多在 72%～92.6%，并且有沿程增大的趋势；而粉砂含量大致介于 7.4%～28%，具有沿程减小的变化趋势。当然，青铜峡水库的下泄水流速大，在大坝下游附近的河床上会进行较为强烈的冲刷，由此导致坝前数千米内的河道上呈现出滞留砾石、卵石普遍分布的现象。但是，在银川平原的其他河段，河道比降显著变小、河流水动力明显变弱，由此而形成的河道沉积物的粒度也相应变小。

由此可见，黄河宁夏河段的河床沉积物在卫宁段和青石段具有完全不同的特性，由于这些断面是沿程分布的，因此，不同级别的沉积物粒度的变化反映了河床质粒度总体的沿程变化趋势。

黄河内蒙古河段的河床沉积物的沿程变化远没有宁夏河段的明显，在其冲积河段以细砂和粉砂为主，但河道宽度及河型的空间变化则非常显著。

在石嘴山至三盛公大坝间，主要是以基岩半出露的准峡谷为特色的半冲积性河道，其间先后建成了三盛公和海勃湾两个水利枢纽（水库）。其中海勃湾水库以上河段的河道平均比降最大，为 0.56‰，海勃湾水库至旧磴口的平均河道比降相较前一河段显著变小，为 0.15‰；自巴彦高勒至头道拐这一以辫状河型和弯曲河型为特征的河段，其河道比降有沿程变小趋势，由 0.17‰减小至 0.10‰，但在头道拐至喇嘛湾河段又增大至 0.17‰（表 1-3）。

表 1-3　黄河上游内蒙古段的河道地貌总体特性（苗平等，2020）

细分河段	河型	河长/km	平均河宽/m	比降/‰	弯曲度
石嘴山—海勃湾库尾	峡谷	20.3	400	0.56	1.50
海勃湾库区		33.0	540		
海勃湾坝下—旧磴口	峡谷	33.1	1 800	0.15	1.31
三盛公库区		54.2	2 000		
巴彦高勒—三湖河口	辫状	221.1	3 500	0.17	1.28
三湖河口—昭君坟	弯曲	126.4	4 000	0.12	1.45
昭君坟—头道拐	弯曲	173.8	2 500	0.10	1.42
头道拐—喇嘛湾	顺直	40.3	1 300	0.17	1.10

河道的平均宽度自石嘴山至昭君坟河段基本上呈现沿程增大的趋势，而自昭君坟至喇嘛湾河段则有变窄趋势。河道弯曲度除了头道拐至喇嘛湾这一准直河段的为 1.10 外，其他河段的基本介于 1.28～1.50，其中在三湖河口以下的冲积河段中弯曲河型的最大。

1.2　黄河宁蒙河段洪灾风险加剧

黄河宁蒙河段不但在人类历史上是洪、凌灾害频繁发生的地区，甚至在第四纪当黄河流经该地区后就处于洪泛多发的沉积环境中。正是第四纪初期以来黄河宁蒙河段的频发洪水和频繁改道，从而在该区间形成了淤积层深厚的银川平原和河套平原。而当该地区的民众由以放牧为主的游牧生活转变为以农业生产为主的农耕生活，并随着人口数量的不断增加以及滨河地带居住区的扩展等，人们所面临的洪水灾害的风险就越来越大。

该河段面临的洪水风险首先是凌汛。凌汛通常发生在四季分明或者冷暖季分明的河流中。这些河流每年当水面温度发生由零上到零下或者相反的温度转化过程时，河流中因为气温低于冰点，河水凝冰逐渐增多且相互汇聚成冰凌，或者因为气温升高超过冰点使得原来形成的整体冰面发生消融坍塌和破碎而产生漂流的冰块，这些冰块常常会碰撞、聚集、拥堵河面甚至整个河道，从而对水流产生不同程度的阻力，致使与暖季同流量的水位显著上升，其结果常常导致凌汛的洪水发生越岸泛滥，造成凌汛灾害。凌汛又称为冰凌洪水，主要包括冰塞洪水、冰坝洪水等几个亚类（赵锦等，2008）。河流的冰塞洪水通常发生在水面封冻时期且多出现在河道比降由陡变缓的河段，显然，这类洪水灾害发生与水温变冷和河道比降变小等因素有关；冰坝洪水主要发生在开河期，其主要特点是小流量高水位，凌汛水位显著高于同流量时的非凌汛水位，冰坝上游水位上涨幅度大、涨率快，这类洪水的发生与水温变暖引起的冰面坍塌、水面冰块聚集而成的冰坝拥堵等有关，当然，也与河道形态和岸线物质组成有关。凌汛灾害的发生与河流的流量大小、热力变化、水动力强度、河道形态、河岸抗冲性等多种因素密切相关，而地理因素和河流走向等也会在不同程度上决定凌汛洪水的强弱。

黄河宁蒙河段地处黄河流域最北端，大陆性气候特征显著，冬季干燥寒冷，常为蒙古高压所控制，日平均气温在 0℃以下的时间可持续 4～5 个月（黄河流域及西北片水旱灾害编委会，1996；姚惠明等，2007），从石嘴山到头道拐沿程的河面封冻天数基本在增大（图 1-2）。黄河宁蒙河段干流流程在空间上基本呈现出“厂”字形态，该河段的河流流向在上部的卫宁（中卫—中宁）河段以北东向为主、在青巴（青铜峡—巴彦淖尔）河段以北向流动为主、巴彦淖尔以下以东向流动为主，也即水流由低纬度地区流向高纬度地区，介于 37°17′N～40°51′N。在黄河宁蒙河段上述维度区间内，当年 11 月至次年 2 月的多年平均气温差异明显，其中低纬度地区的比高纬度地区的平均气温高 3～4℃，这种由于纬度差别形成的热力因素差异（《中国水利百科全书》第二版编辑委员会等，2006），使得黄河宁蒙河段封河时由河段下游向河段上游封冻，开河时则由河段上游向河段下游解冻，不但具有明显的区域差异性（姚惠明等，2007），而且常常是凌汛洪水甚至凌汛灾害发生的根本原因之一。因为黄河上游干流由低纬度流向高纬度的河段基本分布在宁蒙河段的青铜峡至磴口这一河段，故黄河上游的凌汛洪水和凌汛灾害也发生在宁蒙河段，尤其是在内蒙古河段几乎年年都发生程度不同的凌灾，严重威胁着两岸百姓的生命财产安全（赵锦等，2008）。

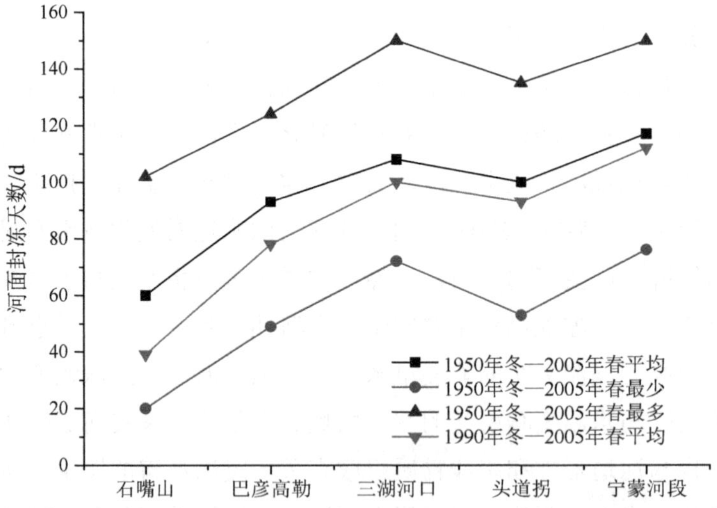

图 1-2　黄河宁蒙河段及其典型河道断面处河水封冻天数统计

黄河内蒙古河段凌汛洪水灾害有时会造成严重损失。例如，1990 年 2 月 6 日，由于包（头）神（木）铁路桥（昭君坟站下游 21.5 km）束冰，在其上游形成冰坝，水位壅高距堤顶 30 cm，而当时在昭君坟站实测流量仅为 800 m^3/s。这是凌汛典型的小流量高水位现象。受该次凌汛的影响，达拉特旗大树湾穿堤涵洞破损引起堤防渗水致使堤防决口，淹没耕地 2 万余亩①，倒塌房屋 100 间，受灾人口 2 842 人。1996 年 3 月 26 日 10 时，三湖河口水文站流量 1 490 m^3/s，相应水位却高达 1 020 m，相当于无冰畅流期 6 500 m^3/s 流量时的水位，超过百年一遇的洪水位，造成伊盟达旗乌兰、解放滩乡堤防两处决口，淹没 9 个村、39 个社、7.35 万亩耕地、2.1 万亩草场；致使 2 510 间房屋进水，其中倒塌 1 165 间，造成危房 1 345 间。2001 年 12 月 17 日，内蒙古乌海市乌达区乌兰水头段凌汛造成防洪堤决口，受灾区域为一镇、一乡，面积约 50 km^2。灾害损失约 1.3 亿元人民币。2008 年 3 月 20 日，黄河内蒙古杭锦旗独贵塔拉奎素堤段决口，溃堤共造成杭锦旗独贵塔拉镇和杭锦淖尔乡 11 个村、1 个镇区被洪水冲淹，水淹面积达 106 km^2，受灾群众 3 885 户、10 241 人。随着滨河地带居民数量的增长，凌汛灾害的危害性也在增大。

除了凌汛洪水风险和潜在危害加剧外，该河段的伏秋汛期的大洪水也给滨河地带的居民带来较大的洪灾风险的威胁。据《黄河防洪志》（黄河水利委员会黄河志编辑室，1991）记载，仅 20 世纪，青铜峡站有记载的洪峰流量大于 5 000 m^3/s 的洪水达 5 次之多，分别为 1904 年的 8 010 m^3/s、1946 年的 6 230 m^3/s、1964 年的 5 930 m^3/s、1967 年的 5 140 m^3/s 和 1981 年的 6 040 m^3/s。每次大洪水都给沿河两岸造成不同程度的灾害。例如，1964 年发生的洪水，历时 60 天，其中洪峰流量大于 5 000 m^3/s 的持续 5 天。该次洪水影响青铜峡水利枢纽工期半年，仅宁夏回族自治区受淹农田 4 万亩，淹房 700 多间，倒塌 68 间。1981 年 8 月 13 日至 9 月 13 日，黄河上游地区连续降雨 30 天，经刘家峡水库调蓄后，9 月 17 日青铜峡水文站出现 6 040 m^3/s 的洪峰流量，其中 3 000 m^3/s 以上洪水持续了 28 天，9 月 21 日石嘴山洪峰流量 5 660 m^3/s，经河套灌区总干渠适时分洪后，巴彦高勒、三湖河口和昭君坟三站洪峰流量仍然分别达 5 380 m^3/s、5 450 m^3/s 和 5 500 m^3/s，其中 4 000 m^3/s 以上洪水持续了约 20 天。这次洪水造成 9 段堤防决口，淹没耕

① 1 亩≈666.67 m^2。

地 27.72 万亩，毁掉耕地 4 万余亩，水淹、水围村庄 50 余个，倒塌房屋 6 200 间，冲毁输电线路 28 km，电塔 2 处，扬水站 18 处，公路 21 km，直接经济损失为 9 248.5 万元（1994 年核算），给国家和当地人民群众造成重大损失。

中华人民共和国成立以来，各级地方政府对黄河宁蒙河段实施灌溉工程修复和兴建、河道的整治，两岸新修和加固了大堤，扩大了耕地，增加了灌溉面积，大幅度地增加了粮食产量。与此同时，上游河道的梯级开发也使得河段来水来沙和河道的冲淤发生变化。自 20 世纪 50 年代以来，黄河宁蒙河段河道整体淤积抬高，由于受大堤束狭影响，河床淤积加快，目前部分河段已经发展为“地上悬河”。因此，洪灾风险加剧，黄河宁蒙河道的整治也逐步引起重视。

黄河宁蒙河段保护区面积 10 578.20 km^2，现有人口 355.5 万人，耕地 1 175 万亩。随着社会经济的快速发展、滨河地带居住人口的增加，以及河床的持续淤积升高和全球气候变化的潜在影响，该河段凌汛和伏秋汛洪水灾害风险必然会趋向增大、洪水灾害造成的损失也会更加惨重，保护区的发展对黄河宁蒙河段防洪标准的要求越来越高。因此，保证黄河宁蒙河段的防洪安全，对促进西部大开发的顺利实施、推动黄河流域的高质量发展、保障国民经济的健康发展都具有十分重要的意义。

1.3　黄河宁蒙河段洪灾防治措施

黄河宁蒙冲积河段的河床淤积严重、洪灾风险加剧，为了降低洪灾风险，研究者从不同角度提出了削减洪灾风险的潜在方法或措施，主要有人工调水调沙的管理措施、河道整治的工程措施、减少风沙入黄的沙漠治理措施、黄河“体外循环”工程措施等。

（1）调水调沙

利用现有水库或新建水库，通过人工控制流量的方法实现人造洪峰冲刷河道泥沙的目的。这类方法在国内比较盛行，在黄河、长江等已经修建大型水库的河流上已经开展了多年，尤其是黄河下游小浪底水库修建后的 20 余次冲沙作业，被业内人士认为比较成功。一些相关水利机构及其他单位的管理人员和科研人员认为，在黄河宁蒙河段，只要新建高坝水库，每年蓄积足够的水量，就可以在宁蒙河段实施河床冲沙，长此以往，可以降低河床的沉积速率、抑制悬河的进一步发展。但是，即使利用水库人为调水冲沙可以成功实施，但从该河段冲刷的大量泥沙对中游主干道上水库的安全和下游河床的淤积有多大的影响，尚未得到充分研究。

（2）河道整治工程

为了塑造有利于行洪的河道，需要用工程方法对河道进行整治，包括险工和控导工程的大量建设。具体采取丁坝、垛、护岸等防护工程，以便阻止河流的侧向冲刷，从而保护防洪大堤。这类工程措施是所有冲积河流治理中经常用到的传统方法，当预留的行洪河道较窄时，容易在汛期造成严重的水毁；当预留的行洪河道较宽时，又无法阻止河床的加积升高。这些工程措施对于防凌来说还有很大不足，随着技术的发展则逐渐发展出修筑堤防工程、分水分凌工程、水库防凌工程，以及破冰防凌措施。刘家峡水库对于黄河宁蒙河段防凌和削减凌汛灾害发挥了重要作用。由于距离内蒙古河段太远，水流传播时间长，有些年份在调水过程中遇到与调水目的相反的天气反而带来不利，一旦出现凌汛灾情局面，靠水库调水颇有“远水不解近渴”之感。因而分水防凌虽在有些年份发挥了重要作用，但分水时，往往气温尚低，不能灌溉，水无退路，渠道纳水量少，因而分水有限。有的年份分水也会出现在渠道卡冰阻水，漫决渠堤成灾，即所谓“凌汛搬家”（赵锦等，2008）。爆破防凌对顺利开河有一定的作用。但也存在一些问题，如爆冰的时机难以掌握，炸早了遇寒流复冻，劳而无效；炸晚了失去时机难以奏效，同时还存在误炸的风险。

（3）减少风沙入黄的沙漠治理

众所周知，黄河宁蒙河段尤其是内蒙古河段，河床淤积升高的物源有相当一部分是来源于区间的沙漠及十大孔兑的粗泥沙。为了降低区间河床的淤积速率，认为根本方法是粗沙源头治理。为此，提出的实施方案为，在十大孔兑上游丘陵沟壑区，开展以小流域为单元的综合治理工程，加强沟道坝系建设，恢复植被，拦蓄洪水泥沙；在库布齐沙漠种植灌木和草地；利用大部分孔兑可引洪入沙的地形条件，实施引洪入沙工程，既治理沙漠又减少泥沙下泄入黄（赵昕等，2001）。虽然库布齐沙漠的绿化工程效果明显，但是十大孔兑的流域贯穿区是干旱区和生态脆弱区，其上游是易于侵蚀的黄土区、中游是沙源丰富沙漠区，沟道比降大、洪水输沙能力强，仅仅依靠植被措施来治理这些地区的沙源则存在极大的难度，短期内很难见效。

（4）黄河“体外循环”工程

霍有光（2004）认为，防治内蒙古河段的河床淤积问题，还可以考虑实施黄河“体外循环”工程以及与其相关的库布齐沙漠生态环境建设工程。所谓黄河“体外循环”工程，就是开凿人工运河引黄河入库布齐沙漠，目的是利用黄河自高（西） 向低（东）流的态势以及库布齐沙漠中的构造盆地，在汛期、凌期“引黄淤沙”，通过沙漠沉淀过滤作用，在非汛期“引清入黄”，实现黄河中游“高泥沙水”小规模“体外循环”。实际上，这只是一种很不成熟的设想，洪水汛期对河床的冲刷侵蚀会输送部分河道泥沙，如果将洪水引入沙漠，那汛期洪水对河床冲沙的功能就消失了；而黄河水进入沙漠，由于沙漠具有强烈的渗透性，水会源源不断地渗入沙下，很难形成沙漠湖泊而进行大量存水，即使能够形成沙漠地表大量存水，将经过沉淀的清水再引回河道时，难免还要额外带来一定量的沙漠粗泥沙，这又会给河床的淤积提供了物质。因此，其可行性还需要进行深入细致的论证。

1.4 黄河宁蒙河段减淤的工程方案

在上述各类措施或设想中，目前有人对修建大柳树高坝对黄河宁蒙河段进行调水冲沙寄予的希望最大，并有相当多的利益相关部门的支持。但是，大柳树修建高坝，将要在甘肃境内进行移民，并要淹没甘肃境内的许多良田，这也是很多人反对的理由之一。当然，目前国家的财力、人力、智力都有强大的支持，移民安置的费用和移民的农转非等相关有效安排都可以实现，建设大柳树高坝的设想还是可行的，其发电的经济效益、水库存水的生态效益和为早日实现碳中和的贡献都是巨大的。

为了减少凌汛和伏秋汛给宁蒙河段两岸带来的危害，有关专家提出以人造洪峰冲刷宁蒙河道的淤积泥沙，通过上下游水库联合运用调水调沙，将泥沙输出利津。如果这一举措可行，那么上、中、下游河道泥沙淤积将成为历史，发生洪涝和凌汛的风险可以大大降低。这一设想不仅有极为重大的经济意义，同时也是对河道的侵蚀沉积理论的挑战。

由黄河下游小浪底水库的调水调沙冲刷下游河道，而联想到利用黄河上游的现有水库和新建水库通过调水调沙来冲刷宁蒙河段的河道，这是现阶段流域管理者等谈论最多也是诱惑性最大的河道整治设想。有人认为，黄河上游目前已有水库的水量可以满足宁蒙河段河道冲沙的需要（刘俊等，2008），无须再修建新的高坝水库。但还有人认为，建设黑山峡大柳树高坝是必要的。

黄河上游尚未有效开发大坝枢纽工程的峡谷仅有甘肃和宁夏交界的黑山峡河段（图 1-3）。几乎所有水利工程设计、开发和建设者都赞同在该峡谷河段建设水库等水利枢纽，但具体建设哪类水库迄今尚无定论。对于在黄河上游黑山峡的水利工程开发方案是一级开发方案还是二级方案的争论由来已久，其中一级方案是指在大柳树建设高坝水库，二级方案是在黑山峡河段建设多个梯级低坝水库。黑山峡水利开发方案从 20 世纪 50 年代开始论证，直到 90 年代的论证焦点仍主要集中在坝址的稳定性、发电、水资源调节、灌溉等方面，从未有人提出调水冲沙功能。直到 21 世纪初，下游小浪底水库进行调水调沙试验取得了较为理想的成功实践，此时才逐渐开始有呼声在黄河上游宁蒙河段进行调水调沙，这也成为建设大柳树高坝的重要理由之一。

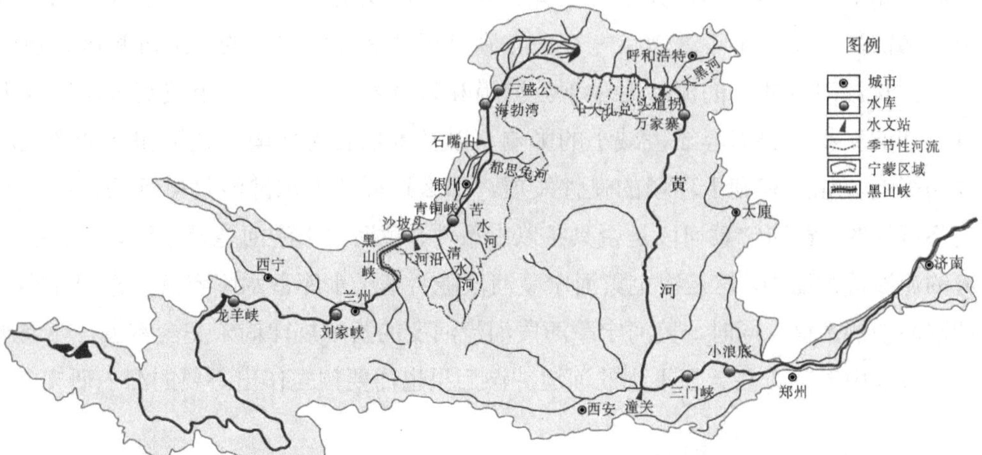

图 1-3　黄河上游黑山峡及主要水库位置

黄河宁蒙河段调水调沙是否是黑山峡大柳树高坝水库的主要功能之一，仍然存在很大的分歧，正所谓仁者见仁，智者见智。至今对此大致有三种看法，第一种看法是只要兴建大柳树高坝水库就能利用调节库容水资源在每年汛前开展 3 000～5 000 m^3/s 流量、为期 15～20 天对库坝以下的宁蒙河段冲沙减淤。第二种看法是大柳树水库的主要作用是发电、灌溉、调节水资源，也可以调水调沙，但从流量、时段、水量三要素分析调水调沙不是现在，而必须借助在西线南水北调调入的部分水量，方有可能通过大柳树水库实现这一目的。第三种看法是从全流域生态环境特征和水资源态势，提出黄河采取调水调沙减少河道淤积并非最佳选择。概括以上三种观点，无论是可以调水调沙、有条件的调水调沙还是调水调沙不是最佳选择，所考虑的条件就是水，认为有了足够多的水就可以实现目标河段的调水调沙，因此，水量成为调水调沙的唯一条件。

显然，以上三种观点都不够全面，须知即使有了足够的水，如果没有其他条件的有机配合照样不能实现调水冲沙之目的。足够的水量是调水调沙的必要条件而非充分条件。要充分认识到调水调沙不是由水量这一单一条件决定的，而是一个由各种相关条件互相制约的复杂系统。在满足水量的同时，还必须有合适的地貌条件、可维持较大水动力的河道比降条件、可以悬移输送的泥沙粒度条件、维持河道相对稳定的河岸边界条件、有利的泥沙堆积条件。以上六个条件中的前五个是必需的，缺一不可。而后一个条件则是评估被冲刷泥沙的合适堆积区，也就是评估从该河段冲刷的泥沙对中下游河道和万家寨、三门峡和小浪底等水库因大量泥沙的淤积引起库容显著减小的影响，以及堆积后对环境、经济和社会产生怎样的影响。如果有利于环境的良性发展，那么这样的调水冲沙是可行的，反之则是不可行的。黄河宁蒙河段是否具备以上条件、黄河中下游河道及水库是否具有足够的泥沙接纳能力，这是决定黄河宁蒙河段能否基于水库蓄水库容调节作用而实现调水冲沙的关键。同时，黄河宁蒙河段河流演变的基本规律尚未完全掌握，在调水冲沙过程中发生一些意想不到的河道冲淤后果也需要预先作出必要的深入研究。

1.5 研究工作的目的和主要内容

黄河宁蒙河道的洪灾威胁需要想办法去削减，前述的各种防治设想各有其潜在的效益也有其明显的局限性，这主要是因为对于该河段的基础研究工作还不是非常深入。一系列针对该河段的研究工作起始于2010年前后，主要分析了该河段的水沙过程特征、河道冲淤特性、凌汛发生机制及洪灾危害程度等（冉立山等，2009；王随继等，2010；王随继，2012；周丽艳等，2012；王随继，李玲，2014；岳志春等，2015；凌虹霞等，2015；岳志春等，2018）；龙羊峡、刘家峡水库的运行对黄河上游水沙关系的调控机制（姚文艺等，2017）和青铜峡水库排沙对下游河道冲淤的影响（孙赞盈等，2014）也有初步研究；对黄河内蒙古河段洪水期冲淤临界条件也曾做过必要分析（林秀芝等，2015）。但是，受制于各种条件，有关该河段的历史沉积速率问题、河床的冲淤速率问题、河岸的侧移速率问题、河道对洪水过程的响应问题等，还未能进行充分系统的揭示。因此，为了更好地把握黄河宁蒙河段的自然属性，当务之急是需要对该河段的河型进行更为深入系统的研究和揭示，既需要从地貌、水文和事件性等多时间尺度上分析黄河宁蒙河段的冲淤速率和演变机制，也需要从不同河型段、不同断面、主支流等空间尺度上分析河道冲淤演变在空间上的差异性，在此基础上，才能深入揭示黄河宁蒙河道冲淤演变机制。这些方面的研究成果对于论证基于水库库容人为调节而对黄河宁蒙河道进行冲沙的可行性具有较大参考价值。

该项工作的目的是系统揭示黄河宁蒙河道的冲淤速率及演变机制。为此，所拟定的研究内容包括以下几个方面：黄河宁蒙河段的盆地演化及沉积速率、水沙量变化及水库淤积速率、悬沙冲淤量和冲淤速率、现代河床的沉积速率、典型河段的河道萎缩速率和迁移速率、河流水力几何形态关系的时空变化、河道对洪水的响应及不同洪水的冲淤速率、河道演变特征及形成机制等。期望通过上述诸方面的研究工作，揭示黄河宁蒙河道的历史演变和冲淤现状，揭示河道稳定性的空间差异性，为黄河宁蒙河道的深度治理提供科学依据，为未来人为调水冲沙的实践提供理论依据。

第 2 章　黄河宁蒙河段盆地演化及沉积速率

2.1　研究区地质地貌概况

2.1.1　黄河流域概况

以流域面积及河流长度计，黄河是我国仅次于长江的第二大河。它发源于青海省巴颜喀拉山北麓的约古宗列盆地，流经青海、四川、甘肃、宁夏、内蒙古、陕西、山西、河南、山东九省（区）后注入渤海。其流域面积 75.2 万 km^2（不含内流区面积 4.2 万 km^2），主河道长 5 464 km，落差 4 480 m，全流域主河道的平均比降为 0.88‰。

黄河流域的地质构造比较复杂（图 2-1），上游第一湾（玛曲）以上，地质构造属于甘孜褶皱带；在流经贵德盆地之后，穿越祁连—秦岭褶皱带，之后进入以新生代沉积地层发育为主的宁夏—内蒙古冲积平原带；此后再穿越南北走向的晋陕峡谷，最后流经华北平原地区。其中宁蒙河段右侧的鄂尔多斯地区主要为中生代地层，鄂尔多斯西缘为大型断裂带，该河段流域的西界及北界也为造山带和断裂带，主要山脉为贺兰山及大青山。晋陕峡谷两侧及中下游交接带可见前震旦纪早期褶皱带，黄河下游主要处于以新生代沉积地层发育为主的冲积平原。流域内的造山带可见不同时期的褶皱带及花岗岩。

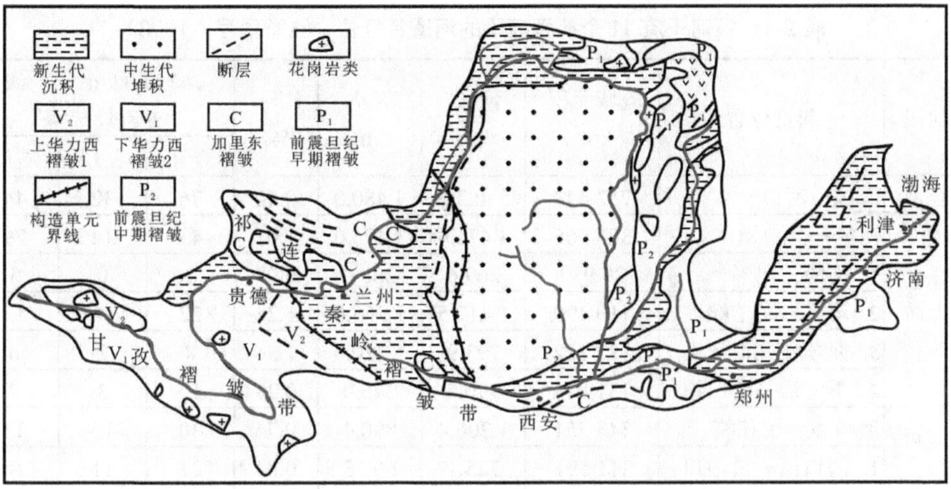

图 2-1　黄河流域地质构造（据国家大地图集编辑委员会，1964）

黄河流域地势西高东低，流经青藏高原东北部、内蒙古高原、黄土高原和华北平原等不同地貌类型区。青藏高原东北部平均海拔高于 4 000 m，为高寒地区，人烟稀少。内蒙古高原包括黄河宁蒙平原和鄂尔多斯高原，宁蒙平原西起宁夏下河沿，东至内蒙古托克托，海拔 900～1 200 m，主要由三个盆地组成，按面积从小到大依次是卫宁盆地、银川盆地和河套盆地。宁蒙平原地势平坦，土壤肥沃，灌溉发达，是宁夏回族自治区、内蒙古自治区的主要农业生产基地。鄂尔多斯高原位于黄河河套平原以南，南界长城，大部分地区海拔为 1 000～1 400 m，是近似台状的干燥剥蚀高原，河东沙地及库布齐沙漠等位于其中，风沙地貌发育。黄土高原西起青海日月山，东至太行山，南靠秦岭，北抵鄂尔多斯高原，海拔 1 000～2 000 m，是世界上最大的黄土分布区，大部分地区属于黄河中游，少部分地区在黄河上游。黄土高原的土层深厚、植被稀疏、地形破碎、暴雨频繁，水土流失十分严重，为黄河泥沙的主要来源区（钱意颖等，1993）。华北平原在太行山以东至滨海，为黄河冲积物沉积形成的冲积平原，海拔多在 100 m 以下，地势平缓。

黄河干流河道边界物质多样，形态复杂，流向多变，支流众多，支流分布不均又不对称。根据水沙特点、地形条件、河道特性，黄河干流可以划分为上、中、下游三个河段及 11 个典型子河段（表 2-1）。图 2-2 点绘了黄河主河道纵剖面的变化趋势。

表 2-1 黄河干流 11 个典型河段的河道特征值（钱意颖等，1993）

河段	起讫位置	流域面积/km²	河长/km	落差/m	比降/‰	>1 000 km² 的一级支流数量/条		
						合计	左岸	右岸
全河	河源—河口	752 443	5 463.6	4 480.0	0.82	76	32	44
上游	河源—河口镇	385 966	3 471.6	3 496.0	1.01	43	14	29
	1. 河源—玛多	20 930	269.6	265.0	0.98	3	0	3
	2. 玛多—龙羊峡	110 490	1 417.5	1 765.0	1.25	22	9	13
	3. 龙羊峡—下河沿	122 722	793.9	1 220.0	1.54	8	2	6
	4. 下河沿—河口镇	131 824	990.5	246.0	0.25	10	3	7
中游	河口镇—桃花峪	343 751	1 206.4	890.4	0.74	30	16	14
	1. 河口镇—禹门口	111 591	725.1	607.3	0.84	21	11	10
	2. 禹门口—潼关	184 584	125.8	52.5	0.42	4	2	2
	3. 潼关—桃花峪	47 576	355.5	230.9	0.65	5	3	2
下游	桃花峪—河口	22 726	785.6	93.6	0.12	3	2	1
	1. 桃花峪—高村	4 429	206.5	37.3	0.18	1	1	0
	2. 高村—陶城埠	4 668	165.4	20.2	0.12	1	1	0
	3. 陶城埠—利津	13 055	301.1	28.7	0.09	1	0	1
	4. 利津—河口	574	103.6	7.4	0.07	0	0	0

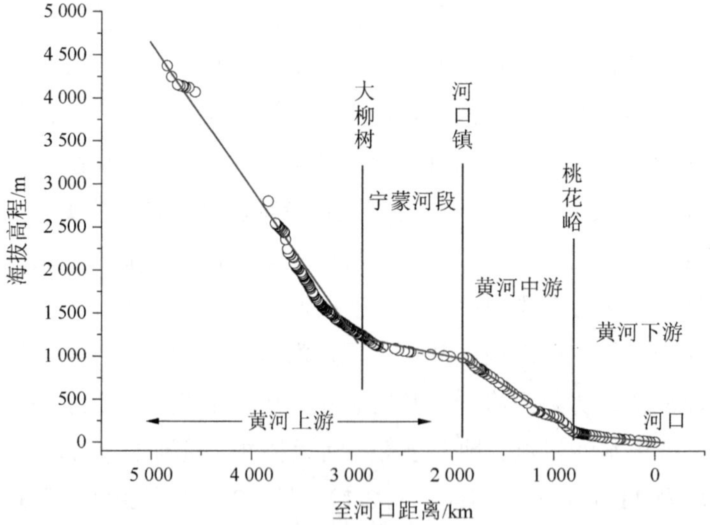

图 2-2 黄河河道高程沿程分布

黄河上游河段：从黄河源至内蒙古托克托县河口镇，其流域面积为 38.6 万 km^2，河长 3 472 km，水面落差 3 496 m，分别占全流域的 51.3%、63.5%和 78%。汇入的流域面积大于 1 000 km^2 的一级支流有 43 条，其中左岸汇入 14 条，右岸汇入 29 条（钱意颖等，1993；赵文林，1996）。黄河上游河段的平均河道比降为 1.01‰。黄河上游河段进一步可以划分为青川甘河段（黑山峡以上）和宁蒙河段。其中青川甘河段的平均河道比降达到 1.605‰，为黄河主河道中比降最大的河段。宁蒙河段的河道平均比降为 0.25‰，约是青川甘河段的 15.6%。

黄河中游河段：从河口镇至桃花峪，其流域面积 34.4 万 km^2，河长 1 206 km，水面落差 890 m，分别占全流域的 45.7%、22.1%和 19.9%。汇入的流域面积大于 1 000 km^2 的一级支流有 30 条，其中左岸汇入 16 条，右岸汇入 14 条（钱意颖等，1993）。河床的平均比降为 0.74‰，约是黄河上游青川甘河段平均河道比降的一半、宁蒙河段比降的 3 倍。

黄河下游河段：从桃花峪至河口流域面积 2.3 万 km^2，河长 786 km，水面落差 94 m，分别占全流域的 3.0%、14.4%和 2.1%。由于黄河下游大部分河段的河床高出岸外的冲积平原而成为世界上罕见的“地上悬河”，仅有数量很少的支流汇入，而河道两侧的大堤成为人工分水岭，将华北平原分割为北部的海河冲积平原和南部的淮河冲积平原。汇入的流域面积大于 1 000 km^2 的一级支流仅有天然文岩渠、金堤河和汶河 3 条，其中前两条一级支流从左岸汇入，汶河从右岸汇入（钱意颖等，1993）。黄河下游河道的平均比降为 0.12‰。

2.1.2　黄河上游概况

黄河上游段是指从黄河源至内蒙古托克托县河口镇之间的河段，其流域面积为 38.6 万 km^2，全长 3 472 km，水面落差 3 496 m，平均比降为 1.01‰，发育有较大支流 43 条（赵文林，1996）。在玛曲以上，黄河流经山间的平川宽谷，地势较缓；自玛曲以下，黄河进入第三级阶梯向第二级阶梯过渡带的高山峡谷区，河道蜿蜒曲折，比降增大，水力资源丰富。自进入宁夏境内以后，黄河主要流经宁蒙冲积平原区，河道变得宽浅，同时比降平缓，河道常发生微淤现象（申冠卿等，2007）。以黑山峡为界，黄河上游河段总体上可以划分为两段：构造抬升区和构造沉降区。

根据统计分析，黄河上游河段的多年平均径流量占黄河来水量的54%，而多年平均悬移质来沙量只占到黄河来沙量的8%，因此，上游段是整个黄河流域的主要汇水区。此外，黄河上游又具有明显的水沙异源特征，其水量几乎全部来自兰州以上河段，多年平均天然年径流量占黄河上游总水量的99%（张世军等，2005）；而悬移质泥沙则主要来自兰州至青铜峡区间，特别是其支流祖厉河和清水河，这两条支流合计的多年平均悬移质来沙量占黄河上游来沙量的54%（赵文林，1996）。

中华人民共和国成立以来，在黄河上游干流上修建了一系列水利工程，给干流河道演变带来明显的影响。一些研究人员认为，龙羊峡、刘家峡两水库联合调节运用，改变了水沙的年内分配，导致汛期内水沙量明显减少，缩短了洪峰流量历时而延长了枯水期流量历时，同时水沙量的年际变幅也大大减小，是造成黄河宁蒙冲积平原段河道淤积抬升的主要原因（程秀文等，1993；申冠卿等，2007）。龙羊峡、刘家峡两水库联合调节运用，是否改变了宁蒙冲积平原段河道的冲淤态势，还有必要做进一步的深入分析。

2.1.3 黄河宁蒙河段简介

2.1.3.1 黄河宁蒙河段地貌特征

黄河宁蒙河段西起黑山峡的小观音附近，东至内蒙古托克托县的头道拐，区间峡谷及河谷盆地构成了藕节状分布的河流流域形态（图2-3）。银川盆地和河套盆地作为黄河的冲积平原成为宁蒙两区的重要粮食生产区。该区黄河围绕右岸的鄂尔多斯高原先向北后向东奔流，流域西缘的山地主要有贺兰山、狼山和阴山山脉。在银川盆地和河套盆地，由于农业生产的需要，人们开发了大量的引水渠道，这些渠道呈网状分布。

除了上述高原山地外，该区域的一个重要地貌类型为沙漠（有西部的腾格里沙漠和乌兰布和沙漠，银川盆地东部的河东沙地和河套盆地南部的库布齐沙漠）。

图 2-3　黄河宁蒙河段及其周边地貌类型

2.1.3.2　黄河宁蒙河段的地质构造特征

黄河宁蒙河段银川盆地和河套盆地的新构造特征见图 2-4。该区域可以划分为银川—吉兰泰断陷盆地、临河凹陷、乌拉尔山南部的白彦花凹陷及呼和浩特凹陷。其中银川—吉兰泰断陷盆地被贺兰山从中分割为两个相对独立的构造单元(国家地震局鄂尔多斯活动断裂课题组，1988)。活动断裂主要位于盆地西北缘及鄂尔多斯西北缘，以盆地西北缘的活动断裂处的地壳沉降幅度最大，而第四系沉降中心位于临河凹陷的北部和呼和浩特凹陷的西端。

该区域内第四系地层具有南部薄北部厚的特征，其中磴口至包头之间黄河南岸的大部分冲积带地区被库布齐沙漠的流沙所覆盖。第四系沉积层之下，隐伏断裂也非常发育，是第四纪之前地壳强烈变形的产物（国家地震局鄂尔多斯活动断裂课题组，1988）。

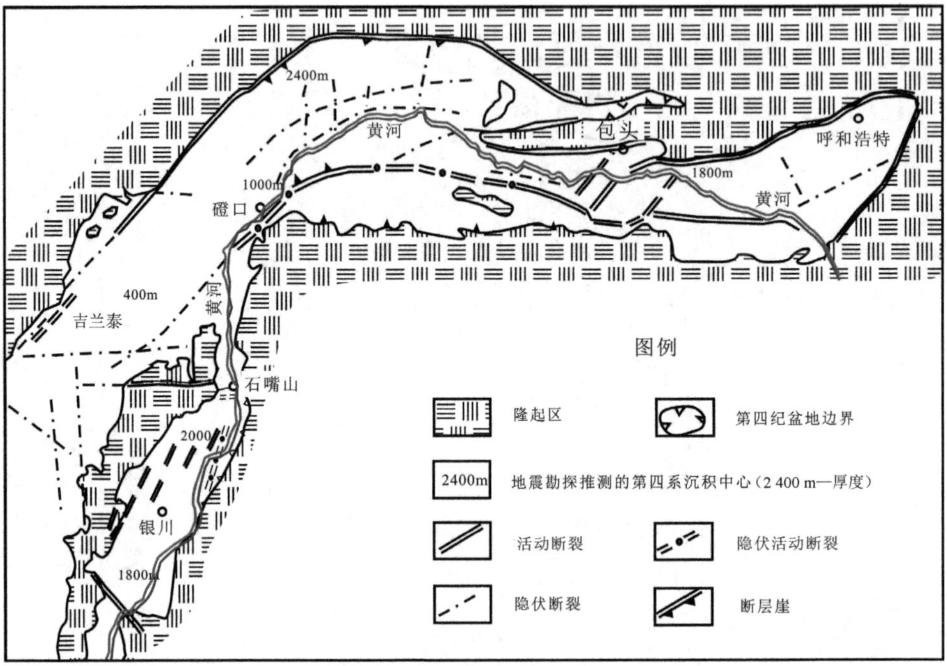

图 2-4　宁蒙河套断陷带新构造图（国家地震局鄂尔多斯活动断裂课题组，1988，有修改）

2.1.3.3　黄河宁蒙河段的河道比降特征

黄河宁蒙河段的河道平均比降为 0.25‰，是黄河上游比降最小的河段，是黄河下游河段河道平均比降的 2 倍。由图 2-5 可知，宁蒙河段的河道比降基本呈现沿程减小的态势，其中黑山峡至古城湾主要为峡谷及山间盆地区，其平均河道比降达到 0.758‰。古城湾至石嘴山区间河道比降为 0.186‰。在石嘴山至三道坎的峡谷段，河道平均比降增大至 0.578‰。三道坎至三盛公、三盛公至昭君坟、昭君坟至河口镇区间，河道平均比降逐渐减小，分别为 0.168‰、0.137‰和 0.094‰，这些河段的比降分别与黄河下游桃花峪—高村、高村—陶城埠、陶城埠—利津三段河道的比降非常接近，表明其河流水动力有非常相似之处。

由河道比降值可以看出，宁蒙河段的泥沙淤积区主要位于古城湾至石嘴山河段和三道坎至河口镇河段，而峡谷段的河道比降大，水动力强，冲刷侵蚀占优势。

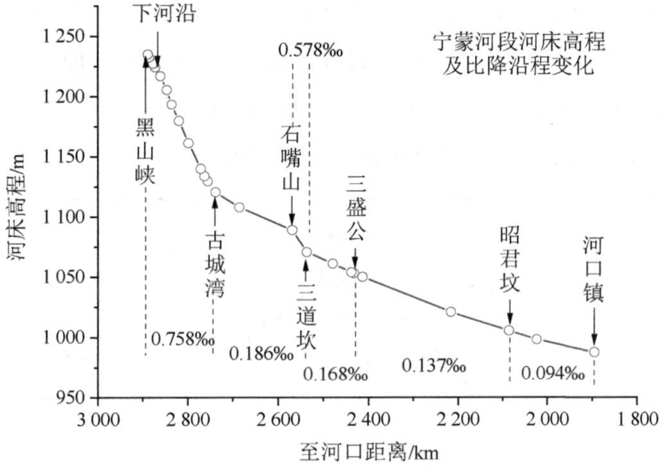

图 2-5 黄河宁蒙河段河道纵剖面图

2.1.3.4 黄河内蒙古河段的气候及凌汛

黄河内蒙古河段地处黄河上游的下段，是黄河流域最靠北的河段，自宁夏与内蒙古交界的麻黄沟入境，至内蒙古自治区准格尔旗马栅乡榆树湾出境，干流全长 823 km。这一河段主要位于河套盆地（包括临河凹陷、白彦花凹陷和呼和浩特凹陷）的冲积平原上，自第四纪以来，这一区域表现为间歇性的下沉，地壳沉降速率达 0.20～0.30 cm/a（戴英生，1986），黄河在这一段因而发育为冲积性河流。

流域内气候干燥，降雨稀少，年均降水量 150～400 mm，且降雨年内分布极不均匀，75%左右的降雨集中在 7—9 月（杨根生等，2003）。每年 12 月到翌年 3 月，河面结冰，在 3 月中、下旬开河时凌汛严重（姚惠明等，2007），往往造成严重的洪水灾害，漫滩或决堤洪水对黄河沿岸的人民生命和财产造成巨大的危害。凌汛除了上述的危害之外，其渗漏、决堤或漫滩洪水还能够在滨河低洼地长期积聚，使这些低洼地的树木等植被长期浸泡在水中，导致树木枯死，庄稼绝收。凌汛期的一个重要水文现象是低流速高水位现象，水流漫滩并在滩地发生沉积，河岸及天然堤发生冲刷。

2.1.3.5 黄河宁蒙河段的水系及泥沙来源

宁蒙河段的泥沙来源主要有其上游来沙、发源于黄土高原的多泥沙支流泥沙输入、十大孔兑的洪水粗泥沙输入，以及风沙输入等。上游来沙主要由洮河、祖厉河供给；区内发源于黄土高原的主要支流有清水河；而入黄的风沙来源有银川平原西部和北部的腾格里沙漠、乌兰布和沙漠，以及银川盆地东部的河东沙地和河套平原南部的库布齐沙漠（图 2-6）。另外，内蒙古河段下段右岸的十大孔兑的洪水输沙也是黄河宁蒙河段的典型粗泥沙来源区。

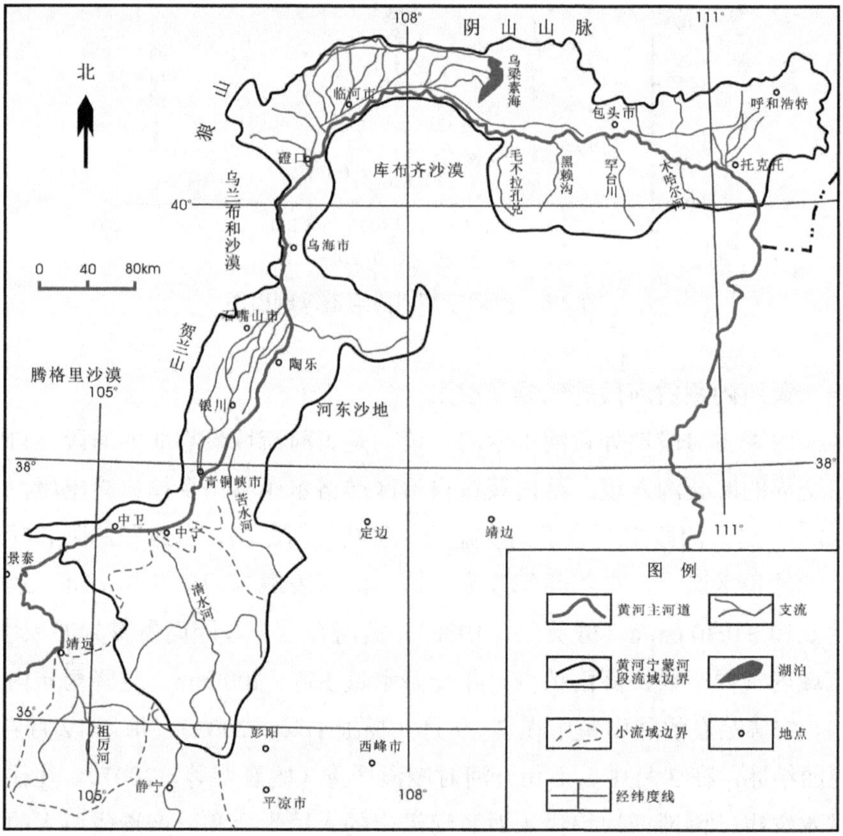

图 2-6 黄河宁蒙河段水系（据中国科学院-国家计划委员会自然资源综合考察委员会，1991，有修改）

2.2 宁蒙河段沉积盆地演化特征

黄河宁蒙河段的主要沉积盆地为银川盆地和河套盆地，这是该河段由长期的河流冲积作用而形成的两个大型的冲积平原，成为黄河上游流域，也是西北地区灌溉条件最为发达、高产的自流灌溉地区。

2.2.1　银川盆地演化特征

2.2.1.1　银川盆地构造概况

宁夏青铜峡以下河段在地质构造上属于银川—吉兰泰断陷盆地断裂系（图 2-7），位于鄂尔多斯地块的西侧，由吉兰泰和银川两个断陷盆地组成，间夹贺兰山地垒，呈右行斜列（宁夏地质矿产局，1982；周特先等，1993）。吉兰泰盆地北缘以一隐伏东西向隆起（徐力斯特乌拉—磴口）与北面的河套盆地的临河凹陷为界。吉兰泰断陷盆地西界断裂，走向北 40°东，长 200 km，称巴彦乌拉山断裂。上新统垂直断距 150 m，错断最新地层为上更新统砂砾石层，正断层性质。贺兰山东麓断裂带是银川断陷盆地的西界断裂，走向北 40°东，长 120 km，倾向南东，倾角 60°以上，是正断层组合而成的断裂带，宽 10～16 km。

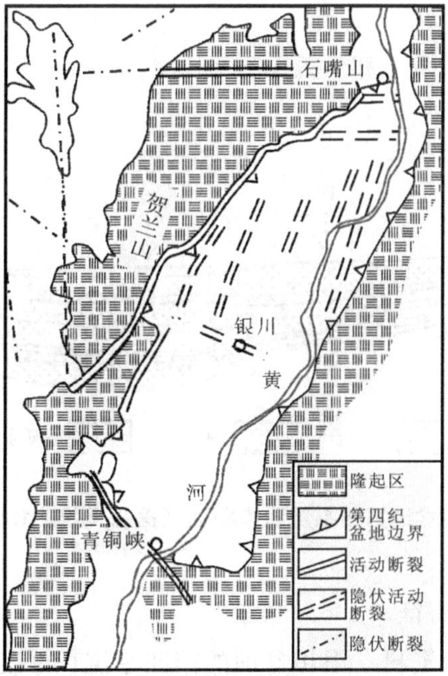

图 2-7　银川盆地新构造示意图（据国家地震局鄂尔多斯活动断裂课题组，1988，有修改）

2.2.1.2 银川盆地沉积特征

1）沉积横剖面特征

从银川盆地东西向的沉积横断面（图 2-8）可以看出，盆地主要受到西部的贺兰山东部山前断裂和盆地东侧的鄂尔多斯西缘断裂的控制。西侧是贺兰山高地，在山前（东麓）发育了厚层的以砂砾石为主的山麓堆积物。在盆地的东缘，是第三系泥页岩抬升后形成的高地带，盆地横断面的主体部分由黄河冲积物填充而成，主要为细砂层与砂质黏土构成的互层堆积。这些沉积物较细的粒度特征表明，黄河在流经银川盆地时其水动力一直相对较弱，其河道具有相对小的比降。在盆地沉降的背景下和在较小的河道比降的条件下，银川盆地沉积了厚层的第四系地层。目前，银川盆地的河流水动力状况、河流冲淤态势，是气候和地质地貌共同作用的综合体现。

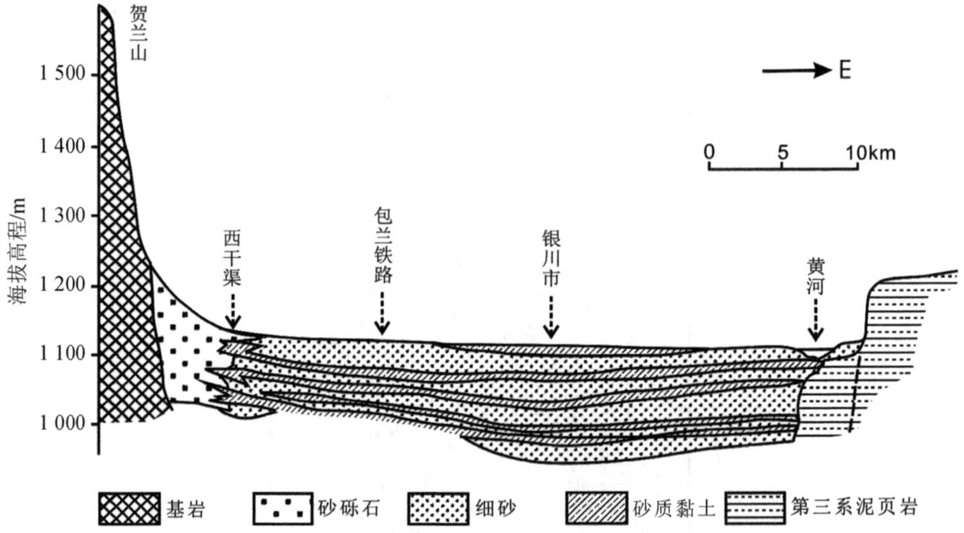

图 2-8 银川盆地第四系沉积横断面（据张天曾，1993，有修改）

2）沉积物柱剖面特征

根据地球物理勘探资料，银川盆地的第四系沉积厚度在盆地南部为 1 800 m，在北部为 2 000 m（国家地震局鄂尔多斯活动断裂课题组，1988），显示盆地北部的沉降幅度较南部略大，沉积补偿作用导致地层南部比北部稍薄，但总体上表现为盆地整体具有均衡沉降特点。据盆地内不同地方的钻孔资料显示，银川盆地南北向长轴方向，其沉积物主要表现为南部较粗、北部较细，其中盆地南端以含砾粗砂和中细砂等沉积物为主，盆地中部和北部以细砂和粉砂等沉积物为主。上述特征不但反映了银川盆地的地势状况，也反映了黄河沿该盆地的水动力变化特点。

童国榜等（1998）在其研究论文中给出了银川盆地北部的 CK1 钻孔柱剖面的详细地层信息（图 2-9），该钻孔位于惠农县上营子村，孔深 300.39 m，没有钻穿第四系沉积地层。钻孔柱剖面上的沉积物以粉砂、细砂为主，夹粉砂质黏土层可细分为 38 层，存在 18 个沉积旋回，每个旋回由一个或数个沉积韵律组成。该钻孔基本可以反映银川盆地中北部地层的总体特征。

经过对 CK1 钻孔柱剖面沉积物及其沉积旋回的进一步分析可以发现，这些沉积韵律层基本上反映了河流沉积特征，砂质沉积物是河道相、黏土层是泛滥平原相，并且每一个韵律层均是河道侧向摆动过程中形成的。在河流的来回摆动过程中，一些原来形成的黏土层被河流侵蚀，使得多期河道砂质沉积物累积，从而常常形成厚达几十米的复合河道砂体，因为河道单次侧向迁移形成的砂体厚度总是小于或者不超过其河流的水深。目前，该河段的水深一般不超过 5 m，因此，厚度在 5 m 以下的河道砂体才有可能是河道单次侧向移动过程中形成的。另外，在这段柱剖面上基本不存在湖相地层，故可以说，银川盆地中北部深度在 300 m 以内的地层基本是河流沉积产物。

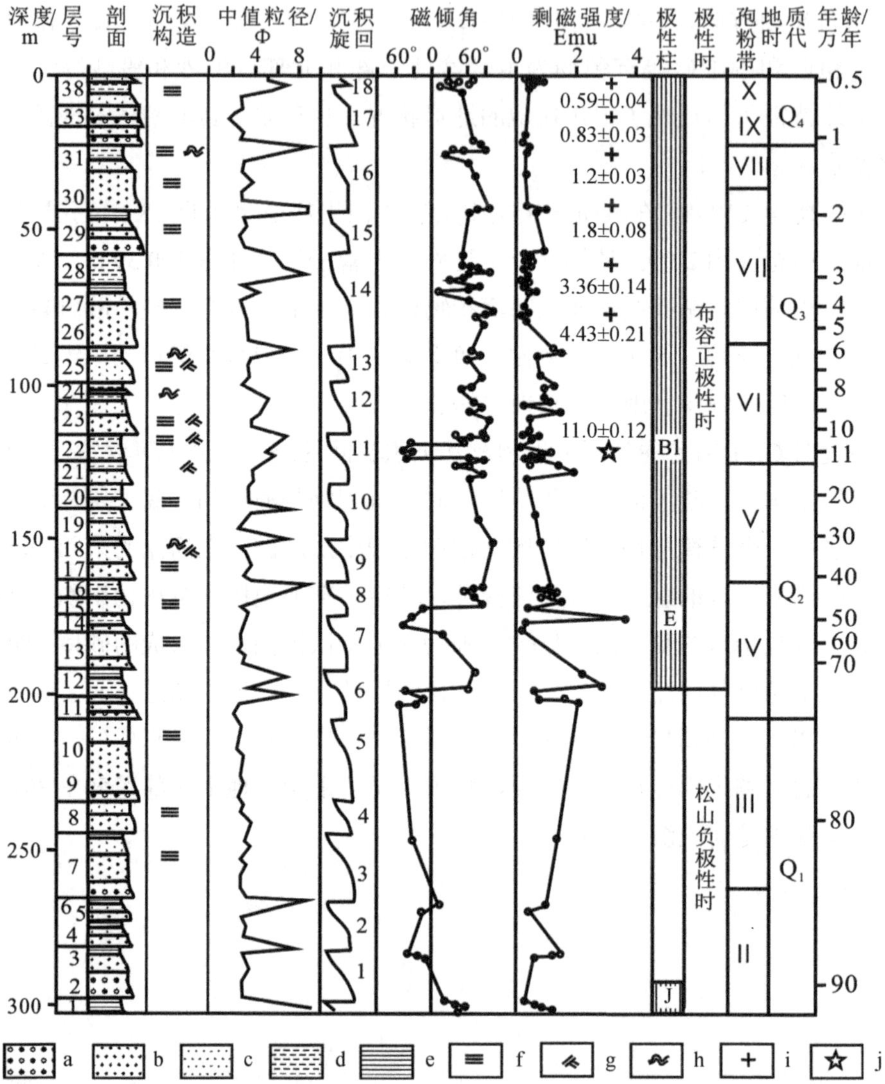

B1-布莱克亚时；E-安比拉亚时；J-哈拉米洛亚时；a-含砾中细砂；b-细砂；c-粉砂；d-粉砂质黏土；e-黏土；f-水平层理；g-斜层理；h-扰动构造；i-14C 测年；j-热释光测年。

图 2-9　银川盆地惠农 CK1 钻孔柱剖面相关特征示意图（引自童国榜等，1998）

2.2.1.3　银川盆地沉降速率

自始新世晚期以来，即第一期华夏裂谷运动时，该断裂东盘（上盘）的银川盆地下降 3 800 m，第二期华夏裂谷运动时，持续下降 2 500 m（李祥根，2003）。新构造时期（第四纪），断裂东盘，即银川盆地仍持续下降 2 000 余 m，其中早、中更新世下降了 1 700 m，晚更新世以来沉降量为 340 余 m，相应地，早—中更新世时的盆地沉降速率为 0.63 mm/a，晚更新世以来为 2.1 mm/a（李祥根，2003）。第四纪的平均沉降速率为 0.816 mm/a。

2.2.2　河套盆地演化特征

河套断陷盆地由西、中、东三个相对独立的构造单元组成，它们分别称为临河凹陷、白彦花凹陷和呼和浩特凹陷（也被称作呼包凹陷）。其中临河凹陷的西部以狼山为界、北部以色尔腾山为界、东部以乌拉山北部断裂为界；白彦花凹陷的西部以乌拉山北缘断裂为界、北部以乌拉山南缘断裂为界、东部以大青山西部断裂为界；呼和浩特凹陷的西北部以大青山断裂为界，东部以和林格尔断裂为界。这些凹陷的南部边界都是以鄂尔多斯断块的北缘断裂为界（图 2-10）。

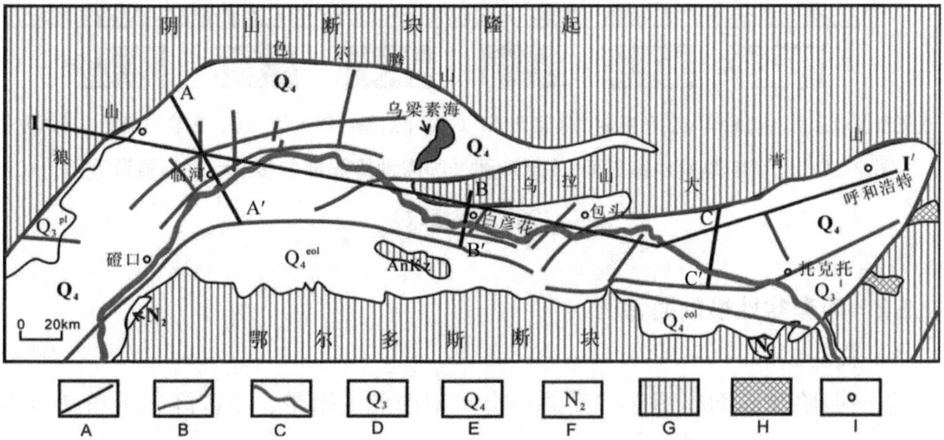

A-纵断面 I-I′和横断面 A-A′、B-B′和 C-C′的位置示意；B-晚更新世以来的活动断裂及隐伏断裂；C-黄河河道；D-上更新统；E-全新统，其中上标为 eol 的表示全新统风成沉积；F-上新世沉积；G-基岩山地及高原；H-中新世玄武岩；I-地点。

图 2-10　黄河内蒙古河段构造地质简图及纵横断面位置图（国家地震局鄂尔多斯活动断裂课题组，1988，有简化及修改）

2.2.2.1 河套盆地纵剖面特征

图 2-11 是地球物理勘探所获得的地层剖面（国家地震局鄂尔多斯活动断裂课题组，1988），基本反映了河套盆地地层的纵向变化特征。在盆地的西边狼山山前大断裂是盆地的主要控制断裂，盆地在此处的下沉量最大，因而形成的沉积地层也最厚，其中第四系厚达 2 000 m 以上。向东到西山嘴凸起处逐渐变薄。在白彦花凹陷，其沉积地层最薄，第四系最大厚度不到 1 600 m。向东进入呼和浩特凹陷（呼包凹陷），地壳沉降量又大幅度增加，无论是盆地沉积地层总厚度还是第四系厚度，基本上都与临河凹陷相当。

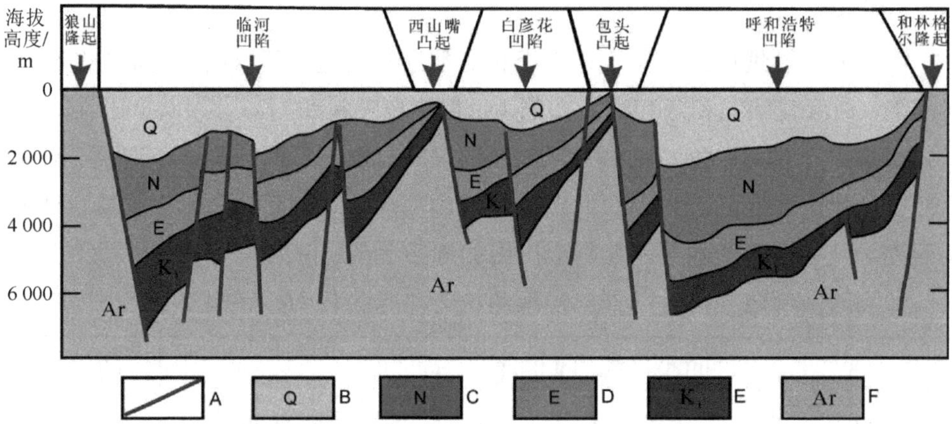

A-晚更新世以来的活动断裂及隐伏断裂；B-第四系；C-新第三系；D-老第三系；E-早白垩纪；F-古生界。

图 2-11 河套断陷盆地纵剖面 I-I′示意图（国家地震局鄂尔多斯活动断裂课题组，1988，有修改）

2.2.2.2 河套盆地横剖面特征

1）临河凹陷

临河凹陷横断面（图 2-12）总体上呈现西北深陷带、中部隆起带和东南浅陷带三个特征明显的组成部分（国家地震局鄂尔多斯活动断裂课题组，1988）。其西北缘受到狼山山前大断裂的控制，盆地在此处以正断层性质持续下沉，从而在凹陷西北缘堆积了最厚的沉积物。向东南方向，由于盆地的下沉量逐渐减小，因而堆积的沉积物厚度也逐渐变小。其中第四系呈现西北厚、东南薄的楔形体。

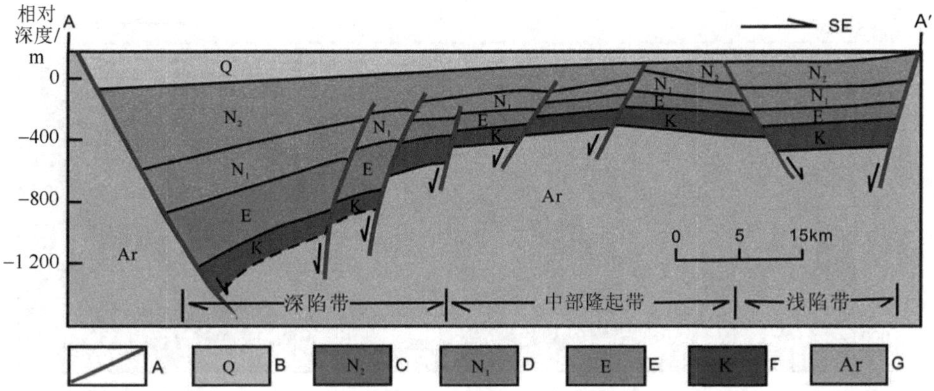

A-晚更新世以来的活动断裂及隐伏断裂；B-第四系；C-新第三系上统；D-新第三系下统；E-老第三系；F-白垩系；G-古生界。

图 2-12　临河凹陷横断面 A-A′示意图（国家地震局鄂尔多斯活动断裂课题组，1988，有修改）

2）白彦花凹陷

白彦花凹陷横断面如图 2-13 所示，北部是乌拉山隆起，新生代山体抬升，渐新世时形成的夷平面海拔高程为 2 000 m，高出白彦花盆地面 1 000 m（马保起等，1998）。乌拉山南侧的山前大断裂为正断层性质，白彦花凹陷在此地带的下沉量最大，由于沉积物的补偿作用，在此地带形成的沉积地层也是最厚的。在凹陷的南缘也存在一正断层，但盆地在此的沉降量相对较小，形成的沉积地层也相对较薄。白彦花凹陷总体上呈现北深南浅的箕状，沉降中心位于公庙子至白彦花一带，新生界累计厚度 5 100 m（国家地震局鄂尔多斯活动断裂课题组，1988）。

3）呼和浩特凹陷

呼和浩特凹陷横断面（图 2-14）也是北深南浅的箕状凹陷，北部以大青山南侧山前大断裂为界，南部以鄂尔多斯台地北缘断裂为界，上述断裂都具有正断层性质。与临河凹陷及白彦花凹陷不同之处在于其北部的下沉量相对于南部的更为明显，第四系厚度最大超过 2 300 m，在凹陷南部逐渐尖灭。

比较上述三个凹陷的横断面特征可以发现，这些凹陷的最大沉降带都位于凹陷北部或西北部，而南部或东南部的沉降量相对较小，各凹陷具有断陷性不均衡沉降特点。

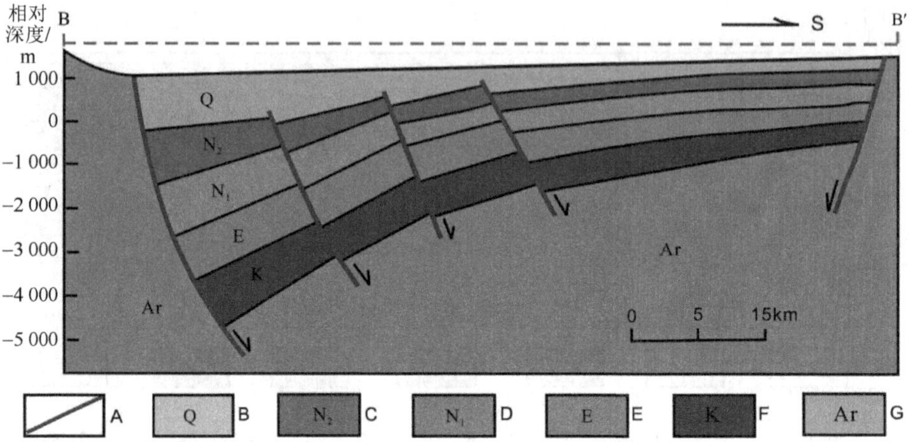

A-晚更新世以来的活动断裂及隐伏断裂；B-第四系；C-新第三系上统；D-新第三系下统；E-老第三系；F-白垩系；G-古生界。

图 2-13　白彦花凹陷横断面 B-B′示意图（国家地震局鄂尔多斯活动断裂课题组，1988，有修改）

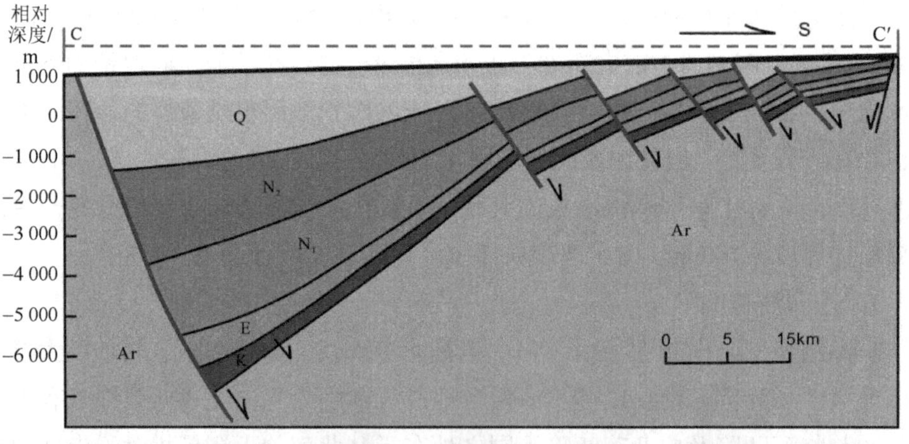

A-晚更新世以来的活动断裂及隐伏断裂；B-第四系；C-新第三系上统；D-新第三系下统；E-老第三系；F-白垩系；G-古生界。

图 2-14　呼和浩特凹陷横断面 C-C′ 示意图（国家地震局鄂尔多斯活动断裂课题组，1988，有修改）

2.2.3 河套盆地第四系区域分布特征

根据地球物理勘探资料，河套盆地第四系厚度的区域分布的一个明显现象是，其第四系地层等厚线基本沿凹陷长轴方向分布（图2-15）。在临河凹陷，凹陷中心位于狼山东南缘大断裂和色尔腾山南缘大断裂的交汇带，第四系最厚达2 400 m。由此向南，第四系厚度表现出减小的总趋势，至现在的黄河河道附近基本上变为最小，但是，在磴口和临河的西北部一带，第四系厚度出现局部增厚现象。这或许是临河凹陷内次级凹陷区的相对快速沉降所导致的结果。

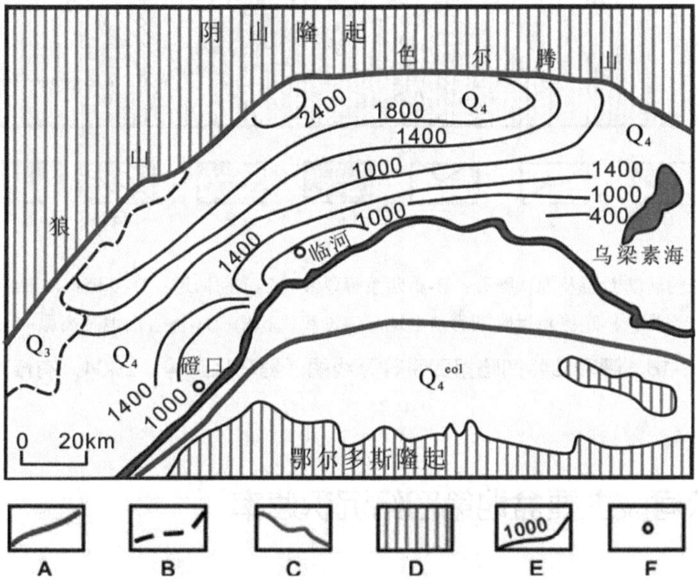

A- Q_3 以来的大断裂；B-Q_3 与 Q_4 地层分界线；C-黄河河道；D-基岩山地及高原；E-等厚线；F-地点。

图2-15 临河凹陷第四系等厚线图（据杨根生，2002，有简化及修改）

对于呈三角形状的呼和浩特凹陷（呼包凹陷）来说，其第四系沉积地层厚度由北向南、向东逐渐减小（图2-16）。凹陷的沉降中心位于凹陷西段北部，这是大青山山前大断裂强烈影响下的演化结果，该处的最大厚度达到2 400 m左右，由此向南至托克托、向东至呼和浩特，凹陷的第四系厚度逐渐减小至400 m以下。

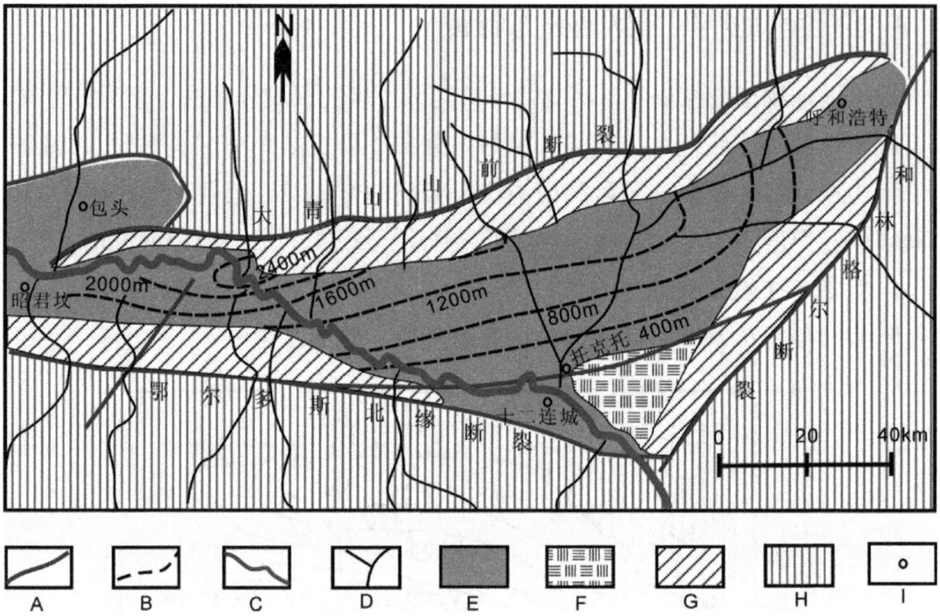

A-晚更新世以来的活动断裂及隐伏断裂；B-第四系等厚线；C-黄河河道；D-支流；E-呼和浩特凹陷内的河流冲积平原；F-晚更新世晚期山前台地；G-冲积洪积扇；H-基岩山地及高原；I-地点。

图 2-16 呼和浩特凹陷第四系等厚线图（据马保起等，2004，有修改）

2.3 宁蒙河段主要盆地第四纪沉积速率

2.3.1 银川盆地沉积速率

2.3.1.1 更新世以来的盆地沉积速率

第四纪以来，银川盆地沉积厚度为 2 000 余 m，其中早、中更新世沉积了 1 700 m 地层，晚更新世以来沉积厚度为 340 余 m（国家地震局鄂尔多斯活动断裂课题组，1988）。据此可以初步计算出第四纪以来银川盆地的平均沉积速率，在早—中更新世时为 0.63 mm/a，晚更新世以来为 2.1 mm/a。第四纪平均沉积速率为 0.82 mm/a。

银川平原第四纪的沉积地层是在河流侧向多频次迁移摆动过程中逐渐形成的。根据 Google Earth 地图量算，银川盆地的平均宽度大致为 46 km；根据银川盆地段河道断面的测量结果，发现大部分河道宽度在 1 500～4 500 m，该河段河道平均宽度可近似看作 3 km，那么盆地宽度是河道宽度的 15.33 倍。盆地整体的沉积上升是在河道的摆动过程中形成的，可以近似地认为河道沉积速率将是盆地沉积速率的 15.33 倍。据此计算得到，黄河在银川平原段的河道沉积速率，在早—中更新世时为 9.7 mm/a，晚更新世以来为 32.2 mm/a。显然，银川平原第四纪的河道沉积速率有增大的趋势。

2.3.1.2　90 万年以来的河道沉积速率

银川盆地北部的 CK1 钻孔柱剖面中还测量了不同沉积地层的沉积年代，虽然原作者没有对沉积速率进行分析，但该资料对此处的沉积速率的计算非常珍贵。利用童国榜等（1998）的分析测试资料和读取该钻孔相应时段的地层厚度数据，进而计算了不同时期银川盆地的沉积速率（表 2-2）；通过对盆地和河道的平均宽度的比较，认为盆地平均宽度大致是河道平均宽度的 15.33 倍，因此将盆地沉积速率乘以 15.33 便可获得相应时段银川平原段黄河河床的平均沉积速率（表 2-2）。通过统计分析和曲线拟合可获得 90 万年以来该河段河床的平均沉积速率，如图 2-17 所示。

显然，黄河银川平原段的河床沉积速率自 90 万年以来有增大的趋势，并且可以用两种函数进行关系拟合。

（1）拟合出的脉冲函数关系式（图 2-17a）如下：

$$y = 0.51 + 3.83 \times [1 - e^{-(x+0.54)/0.1}]^{2\,021\,262} \times e^{-(x+0.54)/9.2} \qquad (2\text{-}1)$$

式中，y 为沉积速率，cm/a；x 为距今时间，10^4 a；决定系数 R^2 为 0.993，相关性很好，但公式显得很复杂。其特点是对所有数据有比较精确的拟合，包括 1 万年以来的沉积速率减小现象。

表 2-2 黄河银川平原段 90 万年以来的盆地及河道沉积速率变化（王随继，2012）

距今时间/10^4 a	地层厚度/m	盆地沉积速率/（cm/a）	河道沉积速率/（cm/a）
1	19.8	0.20	3.04
2	44.7	0.22	3.43
3	64.9	0.22	3.31
4	73.8	0.19	2.84
5	80.7	0.16	2.47
6	88.4	0.15	2.25
8	100.6	0.13	1.93
10	114.0	0.11	1.75
11	121.2	0.11	1.69
20	135.0	0.07	1.04
30	146.7	0.05	0.75
40	161.2	0.04	0.61
50	175.7	0.04	0.54
60	183.0	0.03	0.48
70	189.6	0.03	0.41
80	240.2	0.03	0.46
90	294.0	0.03	0.51

注：距今时间及地层厚度数据资料根据童国榜等（1998）的 CK1 钻孔沉积柱剖面读取。银川盆地宽度是该段河流平均宽度的 15.33 倍。

（2）拟合出的指数衰减函数关系式（图 2-17b）如下：

$$y = 0.478 + 3.231 \times e^{(-x/11.21)} \tag{2-2}$$

式中，y 为沉积速率，cm/a；x 为距今时间，10^4 a；决定系数 R^2 为 0.979，公式简单，相关性同样很好。但模糊了 1 万年以来的沉积速率减小现象。

在式（2-1）和式（2-2）中，当时间变量 x 为 0 时，可分别求得目前的沉积速率为 0.51 cm/a 和 3.71 cm/a。这两个数值相差较大，那么，哪个数值更接近目前的实际沉积速率数值呢？下面，将根据现代实测数据来解答这个问题。

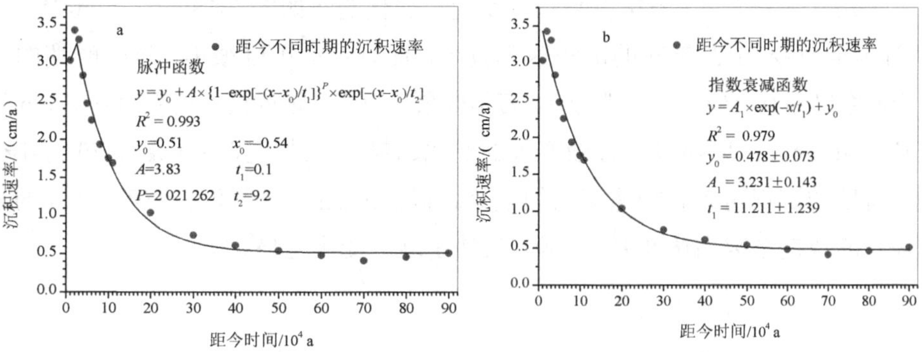

图 2-17　黄河银川平原段 90 万年以来的河道平均沉积速率变化（王随继，2012）

2.3.1.3　70 万年以来的盆地沉积速率变化趋势

这里选取 CK1 钻孔柱剖面不同深度处地层的实测年龄来计算银川盆地 70 万年以来的沉积速率，与前述计算河道沉积速率不同之处在于，首先，这里以给定地层厚度的中间值的形成时间来表示该套地层的形成时间；其次，不考虑近 1 万年以来的沉积速率，因为这时期形成的地层受到人类活动（干预河道、河岸堤防建设、钻孔地点处地表可能受到的人工改造等）干扰巨大，其估算值未必准确。进行相应处理后的计算结果列于表 2-3。

表 2-3　黄河上游银川盆地 70 万年以来不同沉积地层的平均沉积速率

距今年份/ka	底层深度/m	地层厚度/m	持续时间/ka	沉积速率/（mm/a）
12	25.2	13.5	3.7	3.64
18	41.8	16.6	6	2.76
33.6	61.0	19.3	15.6	1.24
44.3	77.0	16.0	10.7	1.49
110	121.5	44.6	65.7	0.68
200	135.4	13.9	90	0.15
300	148.9	13.5	100	0.13
400	162.1	13.2	100	0.13
500	175.9	13.8	100	0.14
600	183.4	7.6	100	0.08
700	189.6	6.2	100	0.06

银川盆地距今 70 万年以来的沉积速率变化趋势如图 2-18 所示，其中在距今 70 万年至距今 11 万年间的沉积速率较小，而且波动幅度很小，这一时期的平均沉积速率仅为 0.115 mm/a。距今 11 万年以来，银川盆地的沉积速率由 0.68 mm/a 增大到 3.64 mm/a，明显具有逐渐变大的变化趋势。由此可见，在距今 70 万年以来银川盆地的沉积速率有加速变大的趋势。拟合出的距今时间与沉积速率间的幂函数关系的决定系数高达 0.977，基本反映了这一变化趋势。

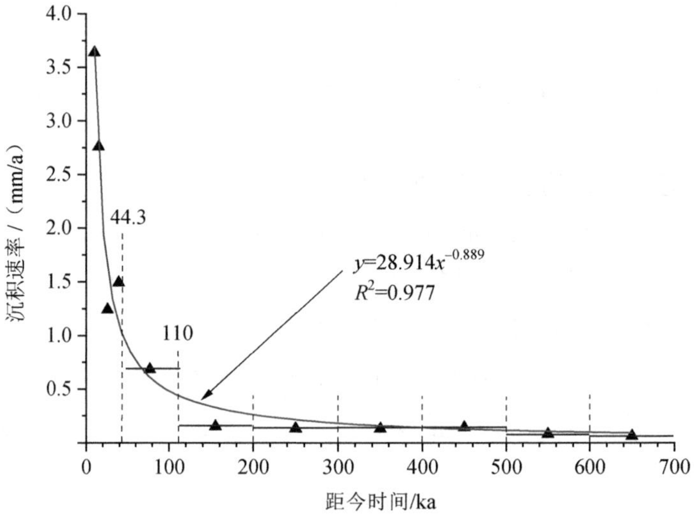

图 2-18 黄河上游银川盆地距今 70 万年以来的沉积速率及其变化趋势

$$y = 28.914x^{-0.889} \tag{2-3}$$

式中，x 为距今时间，ka；y 为黄河上游银川盆地的沉积速率，mm/a。

2.3.1.4 盆地北部河段的现代河道沉积速率

现代河流沉积速率至少可以通过两种方法获得，其一是利用相关水文站多年实测水文资料来比较一定时间间隔中同流量下的水位高程变化来进行计算（王随继，2009）。其二是利用河道断面实测数据来比较给定断面处一定时间间隔中的河床平均高程的变化来计算。虽然黄河在银川平原的首尾两端分别设立了青铜峡水文站和石嘴山水文站并有多年的水文泥沙观测资料，但因为两个水文站位于峡谷区，其河床质以卵石质为主，显示其主要处于侵蚀过程中，而黄河在银川平原的河段主要为砂质河床，主要为辫状河型，这类河型的河道冲淤演变复杂，迅速多变，洪水期及平水期的河道宽度相差大。因此，这两个水文站的水位变化显然不能反映黄河在该河段的沉积速率。下面利用研究区河道断面的实测资料来计算该河段的河床沉积速率。这里共收集到银川平原北部河段 1993 年和 2001 年分别进行实测的断面 9 个，位置见图 2-19。近几十年来黄河在银川平原北部河段没有发生改道和在冲积平原上的漫溢沉积，因此该河段的淤积泥沙基本都在河道中。

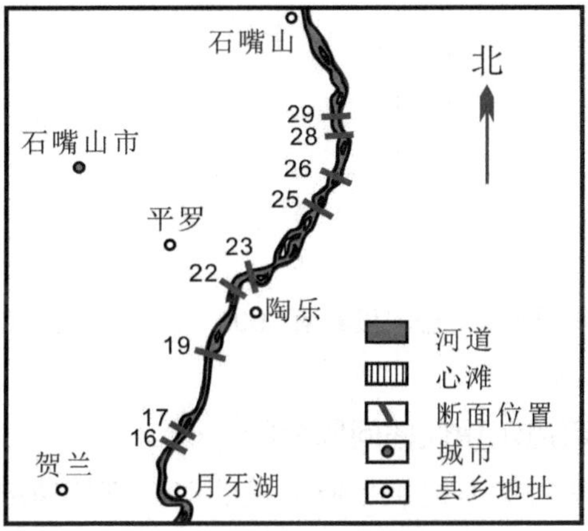

图 2-19　黄河银川平原北段实测河道断面位置

根据断面实测数据作图，对上述不同年份的断面分别计算其平滩点以下的河道断面面积，再用断面面积除以河道的宽度获得河道的平均深度，最后用平滩高程减去河道平均深度就可获得河床的平均高程，将每个断面的上述两个年份的河床高程差除以间隔年份，即可获得该时段内的平均沉积速率（王随继，2012）。通过上述方法计算得到的上述 9 个断面的平均沉积速率见图 2-20。

由图 2-20 可见，1993—2001 年，黄河银川平原北部河段的 9 个断面，表现为净沉积的断面为 7 个，但河床平均沉积速率均不超过 4 cm/a。最大沉积速率出现在 QS25 断面并为 3.5 cm/a。而河床表现为净侵蚀的断面仅有 2 个，最大侵蚀速率出现在 QS19 断面并为 –9.7 cm/a，QS26 断面为 –0.7 cm/a。该河段 9 个断面的平均沉积速率为 0.3 cm/a。QS19 断面侵蚀速率很大，如果不考虑这个断面，则其他 8 个断面的平均沉积速率为 1.55 cm/a。

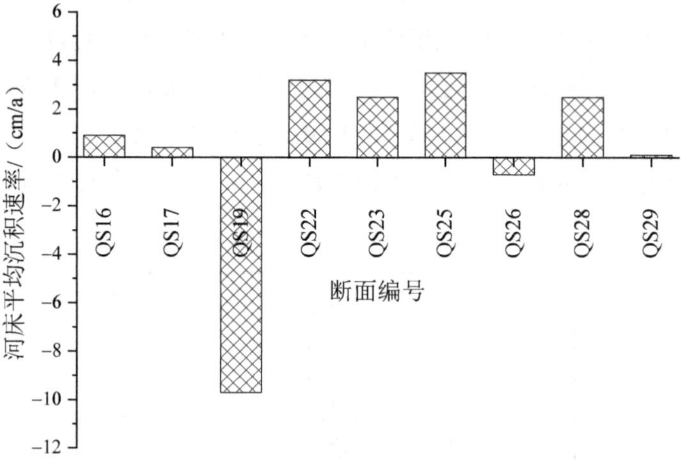

图 2-20 黄河银川平原北部河段断面 1993—2001 年的河床平均沉积速率

2.3.1.5 银川盆地及河道沉积速率问题分析

上述运用三种方法对黄河银川平原河段的河床沉积速率分别进行了估算，所得结果有较大差别。

第一种方法是在地质年代范围内的估算，据此计算的研究区河床平均沉积速率在晚更新世以来为 3.22 cm/a，而银川盆地的平均沉积速率也达到 0.21 cm/a，后者与近年来水准测量的盆地沉降速率为 0.20～0.30 cm/a（戴英生，1986）相当。通常情况下，盆地沉积速率应与其沉降速率大致相等才能维持盆地的升降平衡。根据该方法得到的河道沉积速率基本能够满足盆地表层的动态平衡。

第二种方法是根据钻孔地层及其测年数据进行的估算，其年龄精确到万年尺度，盆地沉积速率自距今 90 万年以来呈现脉动函数变化趋势，并且成功拟合出了距今 2 万年左右的峰值，其中 4 万年以来盆地的平均沉积速率为 0.21 cm/a，这与上述的水准测量值非常接近。而 4 万年以来该河段河道的平均沉积速率为 3.16 cm/a。上述两种方法计算的河道平均沉积速率非常接近。

第三种方法是根据给定时段的河床平均高程差估算河道的沉积速率，该方法的特点是直接计算河床沉积速率，并不像其他两种方法那样先求得盆地沉积速率，再根据盆地/河道宽度比转化为河床沉积速率；计算针对特定的河道断面，而不同断面有不同的数值、有侵蚀有沉积；时段的选取不可能很长，这就显得时间尺度的代表性不足。另外，这样的河道断面设置在空间上代表性不足，因为不同位置设立的断面所计算得到的沉积速率有较大的差别。无论如何，据此断面比较方法计算的 1993—2001 年银川平原北部河段河床的平均沉积速率为 0.3 cm/a，即使忽略 QS19 断面，其他断面的平均沉积速率也只有 1.55 cm/a。考虑到银川平原南部河段处于上游地段，其河流水动力要大于北部河段的现状，可以预见，南部河段的河床平均沉积速率应该更小。显然，目前的沉积速率小于 4 万年以来的平均沉积速率。

许多研究者认为人类活动加剧了该河段的河床沉积，从而使河床沉积速率明显变大，造成了近年来的较大的凌汛灾害。但距今 2 万年左右该河段河床的沉积速率为 3.43 cm/a 这一极大值，而那时人类活动对河流的冲淤过程几乎没有影响。可知，上述沉积速率的变化趋势及其极大值的出现是盆地与河流相互作用过程中自然演化的结果。

根据上述讨论可以得出：

（1）至少在距今 90 万年以来，银川平原的沉积速率应该与其盆地的沉降速率大致相当，但在近百年来，人为影响限制了河道的侧向大幅度迁徙，致使银川盆地的沉积速率几乎变为 0。

（2）黄河银川平原河段的河床平均沉积速率自距今 90 万年以来具有明显增大的趋势。在距今 2 万年左右达到最大值 3.43 cm/a。根据拟合的脉冲函数计算得到，现代河床沉积速率为 0.51 cm/a。

（3）根据河道断面实测数据计算的近年来该河段河床的平均沉积速率 0.3 cm/a，约是该河段距今 4 万年以来河道平均沉积速率 3.16 cm/a 的 1/10。近年来，研究区上游流域的水土保持、大坝建设、农业灌溉过程中的引水引沙等人类活动使得进入银川平原河段的粗颗粒泥沙明显减少，从而降低了该河段的河床沉积速率。

（4）在不考虑近 1 万年以来的人类活动的潜在影响的情况下，银川盆地 70 万年以来的沉积速率具有加速增大的趋势，地层的形成时间与地层沉积速率之间最好的拟合关系为幂函数关系。

2.3.2 河套盆地沉积速率

根据李祥根（2003）的报道，河套断陷盆地断裂系，由狼山—色尔腾山和乌拉山、大青山断裂组成河套盆地北界控边断裂，鄂尔多斯北缘断裂为盆地南界控边断裂。北界控边断裂自始新世以来在第一期和第二期华夏裂谷运动下发生了强烈的北部山地上升，南部盆地下陷活动，促使盆地呈持续单断式下降，形成北深南浅不对称地堑式伸展断陷盆地。新构造时期，青藏高原强烈隆起影响了本区域，河套盆地受到南西—北东方向挤压应力作用，使原北（西）—南（东）方向的拉伸作用得到加强，单断式伸展盆地持续发展。

另据邓起东、尤惠川（1985）的研究结果，乌拉山山前断裂自中晚更新世以来的垂直运动速率为 1～1.5 mm/a；大青山山前断裂平均垂直活动速率为 3.3 mm/a，局部地段伴有左旋剪切作用。盆地南界控边断裂—鄂尔多斯北缘断裂是一条东西走向，向北倾斜的左旋走滑正断层，垂直断距 300 多 m，在地表形成 20～50 m 高的地形陡坎，并使晚第四纪形成的河流发生左旋变位。

上述研究结果表明，河套盆地的沉降受到地质构造的严格控制，其沉积作用也受到构造的强烈影响，而巨厚的新生代沉积地层是盆地凹陷作用、沉积补偿作用的真实记录。尽管在河套盆地的沉积类型和沉积相转换的时期方面有着比较大的争议，例如，河套盆地晚更新世以来所经历的由湖泊向河流转化的环境变化问题经过了不同研究者的广泛讨论（聂宗笙，李克，1988；窦素芹等，1990；潘保田等，1994，1995；童国榜等，1995；李吉均等，1996；吴锡浩等，1998；贾铁飞等，2001；王苏民等，2001；马保起等，2004；李建彪等，2005，2007；聂宗笙等，2007），“吉兰泰—河套”古湖泊的发育和消亡的时代问题（陈发虎等，2008a，2008b），等等，但是，河套盆地作为一个受构造控制的长期沉降性的盆地、沉积补偿作用形成的巨厚沉积地层的事实，加上研究区的地貌特征，可以预见，该盆地不仅在过去，而且在将来很长时期，都会是沉积区，不会变为侵蚀区。

综合多方面的研究结果，河套盆地内的 3 个凹陷区在距今不同的时限中，其最大沉积厚度和据此计算的最大沉积速率结果见表 2-4。

表 2-4　黄河内蒙古段河套盆地新生代地层最大厚度与最大沉积速率

时代	临河断陷		白彦花凹陷		呼和浩特凹陷	
	厚度/m	沉积速率/（mm/a）	厚度/m	沉积速率/（mm/a）	厚度/m	沉积速率/（mm/a）
第四纪（Q）	2 400	1.00	2 000	0.83	2 300	0.95
上新世（N_2）	6 000/4 000	2.14	900	0.32	1 800	0.64
中新世（N_1）	3 800/3 400	0.20	1 200	0.06	2 300	0.12
渐新世（E_3）	2 600	0.20	1 000	0.08	1 000	0.08
新生代（K_Z）	14 800	0.40	5 100	0.14	7 400	0.20

注：地层厚度据长庆油田地调处 1981—1984 年资料，国家地震局鄂尔多斯活动断裂课题组于 1988 年发表，转引自李祥根（2003）。

2.4　盆地沉积与其上游基岩河床侵蚀的耦合关系

根据数据资料的完整情况及上游山地下游盆地比邻分布特征，这里选取银川盆地上游的黑山峡来分析山地基岩河床的侵蚀速率变化特征，进而分析黑山峡河道的侵蚀速率与银川盆地沉积速率之间可能存在的耦合关系。

2.4.1　黄河黑山峡基岩河床不同时期的下蚀速率

邢成起等（2002）利用多种方法对黑山峡黄河 1～9 级阶地进行了测年，并得到各个阶地的形成年代（表 2-5），本书作者根据这些原始数据计算了不同阶地形成过程中黑山峡黄河河床的下蚀速率（表 2-5）。

表 2-5　黑山峡黄河阶地测年数据及据其计算的河床下蚀速率

阶地描述及原始观测数值（邢成起等，2002）					河床下蚀速率计算		
编号	类型	海拔/m	厚度/m	年代/ka	持续时间/ka	中点年代/ka	侵蚀速率/（mm/a）
T1	堆积	1 253	13	4.74	4.74	2.37	2.74
T2	基座	1 270	17	17.92	13.18	11.33	1.29
T3	基座	1 295	25	91.6	73.68	54.76	0.34
T4	基座	1 313	18	139	47.4	115.3	0.38
T5	基座	1 320	7	215	76.0	177.0	0.09

阶地描述及原始观测数值（邢成起等，2002）					河床下蚀速率计算		
编号	类型	海拔/m	厚度/m	年代/ka	持续时间/ka	中点年代/ka	侵蚀速率/（mm/a）
T6	基座	1 325	5	285	70.0	250.0	0.07
T7	基座	1 335	10	360	75.0	322.5	0.13
T8	基座	1 360	25	495	135.0	427.5	0.19
T9	基座	1 380	20	742	247.0	618.5	0.08

注：测年方法：T1 和 T2 是 ^{14}C 测年；T3 是光释光测年；其他阶地是根据砾石 Ca 膜厚度测年。

2.4.2 黑山峡基岩河床侵蚀速率变化趋势分析

据黑山峡河流阶地测年数据计算的黄河在该山地河段距今 70 万年以来的河床下蚀速率变化趋势如图 2-21 所示，其中在距今 70 万年至距今 15 万年间的河床下蚀速率相对较小，而且波动幅度小，其平均值仅为 0.112 mm/a。距今 15 万年以来，河床下蚀速率由 0.38 mm/a 增大到 2.74 mm/a。距今时间与河床下蚀速率之间存在着良好的幂函数关系［式（2-4）］，其决定系数高达 0.985，该函数关系基本反映了这两个参数的相互关系和变化趋势。

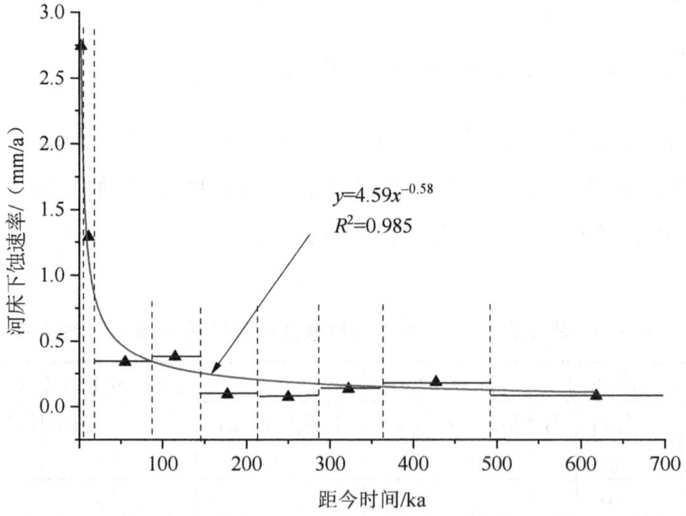

图 2-21 黄河上游黑山峡距今 70 万年以来不同时期的河床平均下蚀速率及其变化趋势

$$y = 4.59x^{-0.58} \tag{2-4}$$

式中，x 表示距今时间，ka；y 表示黄河在黑山峡地段的河床下蚀速率，mm/a。

2.4.3　基岩河床加速下蚀的影响因素甄别

世界上，形成于距今 100 万年以来的许多河流阶地的测年结果表明，这些发育河流阶地处的基岩河床下蚀速率都有随着时间的推移而变大的趋势，尤其是晚更新世（Late Pleistocene，距今 126—10 ka）以来这一增大趋势越加明显。许多研究者对此进行了多方面的解读（Li et al.，1997；Leland et al.，1998；Cheng et al.，2002；Stock et al.，2005；Karlstrom et al.，2007；Cook et al.，2009；Wegmann et al.，2009；Finnegan et al.，2014），最具有代表性的观点有以下 3 类：①活动构造引起地壳抬升的加速；②气候的周期性变化；③河道下切的非稳态特性（Non-steady-state Behaviour）。这些用来解释基岩河床下蚀速率加速增大的学说存在合理的成分，但个别学说也存在着明显不足之处。下面在对这些学说进行评述后，针对尚未被关注的，但对基岩河床下蚀速率增速变化具有直接影响的一类情形，从理论上进行提炼和概括，可以称作为“流域源头面积扩展行为”，如果将来能够上升到理论层次，则会构建“流域源头面积扩展理论”。

2.4.3.1　高原及山地隆升的活动构造强度变化

高原山地的隆升势必会引起山地河流相对快速的下蚀作用（Craddock et al.，2010；Hu et al.，2016），即使高原山地阶段性隆升也会造成山地河流较快速的下蚀作用，山地河流下游的沉积盆地的沉积物中会保存部分构造活动的信息（Li et al.，2017）。造山带持续的活动构造必然引起该区域地壳的持续性抬升，相对于其下游基本稳定的区域侵蚀基准面或者持续沉陷的盆地则必然会引起河道比降的增大，从而在其他水流条件不变的前提下明显增大了河流的水动力，这是导致山地峡谷地带基岩河床下切和阶地形成的根本原因。如果地壳抬升速率加快，则会引起河床下蚀速率加大。显然，在流域内其他流水条件保持不变的前提下，地壳抬升是引起峡谷地带河流基岩河床加速下蚀的原因之一。当然，构造抬升作用如果出现加速，那么，基岩河床的比降也会加速变陡。例如，施雅风等（1998）的研究结果表明，青藏高原的隆升自距今 3.4 Ma 以来经历了三期强烈上升，首期隆升在距今 2.5 Ma 达到 1 500～2 000 m 的平均海拔高度，二期隆升使得距今 0.8 Ma 的地壳平均海拔高度达到 3 000 m，三期隆升从距今 0.15 Ma 延续至今，青藏高原主体平均海拔高度接近 4 000 m。

此外，还有文献也涉及了青藏高原及其边缘地带造山带的加速隆升的讨论（刘百篪等，2003；李祥根，2003；Seong et al.，2008）。黄河上游河段是横贯整个“柴达木—祁连山活动地块”的贯流水系，其中青海共和至宁夏石嘴山段长约 1 800 km 的河段中分布着不同时代、不同厚度、不同时期形成的河流阶地。刘百篪等（2003）对该河段的阶地级数、高度、年代及变形特征分析后认为，该河段的流域可划分为若干个次级活动地块，表现在不同地块之间的阶地抬升幅度和速率存在较大差别。其中活动地块内部在较大程度上具刚性特征，表现在块体内部阶地级数、高度和形成年代基本相当。阶地纵剖面反映的该区域活动地块自距今 1.6 Ma 以来的抬升量大于距今 3.6—1.6 Ma 的抬升量。李祥根（2003）依据大渡河在磨西一带河流阶地相对高度判断，认为青藏高原边缘在距今 1.67—0.73 Ma、0.73—0.15 Ma、0.15—0.01 Ma 和 0.01 Ma 的 4 个地质时期的上升幅度分别为 200 m、100 m、150 m 和 260 m，由此推断出的上述时期高原地区的平均隆升速率分别为 0.21 mm/a、0.17 mm/a、1.07 mm/a 和 26 mm/a，表现出明显加速隆起的变化趋势。

上述将不同级别的河流阶地的高差简单地认为是对应时期高原的隆升幅度或者抬升量，这在很大程度上是不准确的。因为，将河流阶地的高差等同于高原隆升幅度或者抬升量的这种说法，只有在高原隆升幅度与河流下蚀幅度相等时才是正确的，而这在自然界中是罕见的，在同一条河流的侵蚀下切中，仅存在某个河段在特定时期中才会呈现的，而在相当长的河段和大量不同时期中二者是不可能完全相等的。这时候则存在着高原隆升幅度大于或者小于河流下蚀幅度。因此，一是从本质上讲，河床下蚀幅度（阶地厚度）和高原隆升幅度不能简单地认为是相等的；二是不能简单地根据河流阶地的高差和所经历的时间来简单地计算地壳的抬升速率。

高原隆升的幅度并不会总是等于河流的下蚀幅度，这一是取决于山地或者高原的隆升幅度，二是取决于山地河流侵蚀能力的阶段性变化，三是取决于山地河床基岩不同层位岩石的抗蚀能力变化，四是取决于区域侵蚀基准面的相对变动。

此外，与所考察的下蚀河段所在河流流域的位置，以及相对于隆升的高原或山地的相对位置等都密切相关。与此相反，根据河流阶地的相对高度来计算河流的下蚀速率，在理论上是可行的，因为阶地的高差显示的就是河流的实际下蚀厚度，因此，上述高原平均隆升速率数值分别被当作河流的平均下蚀速率值则会显得更为确切。显然，与黑山峡河流阶地所展示的基岩河床下蚀速率加速增大的现象一致，大渡河自距今 73 万年以来的侵蚀速率也具有加速增大的变化趋势。前述的有关黄河在青海共和至宁夏石嘴山河段活动地块的抬升量，解读为该河段自距今 1.6 Ma 以来的河流下蚀量或下蚀速率相较距今 3.6—1.6 Ma 的较大更为准确，这也展示了至少自晚上新世以来该河段河流的下蚀速率就有所增大。实际上，随着青藏高原的隆升，高原周边地区的山地河流的基岩河床都会处于加速下蚀过程中，但受制于高原周边地势地形的影响，其具体下蚀速率数值各有不同。

2.4.3.2　气候变化的影响及其周期的局限性

河流下蚀速率问题往往依据河流阶地的厚度及其所经历的时间来解答，因此，阶地的形成模式及其控制因素历来是河流地貌学家所关注的科学问题之一，国内外地貌学家也对其进行过必要和深入的探讨（杨景春等，1987，1998；Bull，1979；Antoine，1994；Brakenridge，1980；Burnett et al.，1983；Chappell，1983；杨达源等，1996；Antoine et al.，2000；Vandenberghe et al.，2001；周厚云等，2001；刘小凤，刘百篪，2003；史兴民等，2003；魏全伟等，2006；Vandenberghe，2015），形成了几种具有代表性的阶地形成演变模式，如构造模式、气候模式、构造-气候旋回模式等。构造模式认为，河流阶地的发育主要受控于构造抬升，气候变化只起一定的作用，阶地发育的时间并不与特定的气候状态严格对应（杨景春等，1998；史兴民等，2003）。气候模式源于对第四纪以来地质构造相对稳定、地壳升降主要受冰盖生长和消融控制的欧洲大陆与北美地区河流阶地的研究（Brakenridge，1980；Chatters et al.，1992；周厚云等，2001）。这个阶段的阶地的形成被归因于米兰科维奇天文周期控制的全球冰期-间冰期变化，其中冰期对应于河流的侧蚀加积期，间冰期对应于河流的下蚀切割期。构造-气候旋回模式（Chappell，1983；刘小凤等，2003）认为，河流阶地是在构造运动和气候变化共同作用下形成的，导致河流下切的构造抬升和导致河流加积的构造稳定时期分别与气候转为暖湿的间冰期和气候转为干冷的冰期之间存在着紧密的关系。这里所讲到的控制阶地形成的构造模式实际上与前述的高原山地隆升的构造强度变化模式是类似的，而气候模式以及构造-气候旋回模式都与气候变化具有密切的联系。

气候变化是影响地表径流量变化和地表风化剥蚀强度的主要因素之一。温度和降水等气候条件的变化可以引起植被覆盖度、地表剥蚀率和土壤侵蚀量、河流流量和径流量等的变化，从而引起河流的冲淤强度发生变化，河流阶地的侵蚀厚度和速率可以反映其中的部分信息。气候偏暖湿时，可使流域植被更加发育，侵蚀作用趋缓，被侵蚀物质的平均粒径趋小，同时化学风化作用加强，风化产物颗粒更细，其中次生黏土矿物含量更高，二者气候偏干冷时情况则会相反（周厚云等，2001；魏全伟等，2006）。Brakenridge（1981）认为，河流的下切与稳定的湿热气候同期，河流加积作用发生在气候由干向湿或者由湿向干的过渡时期，气候变化通过流域降水量、植被发育、风化、侵蚀过程等因素的调控，对各种河流地貌过程和河流沉积物产生重要影响，可以通过对河流阶地沉积的研究反演气候的变化。海平面变化、冰期-间冰期演替等都是全球气候变化的证据，海面相对上升的时候，河流中下游河谷发生溯源堆积；而在海面相对下降期间发生溯源侵蚀，可以形成阶地；冰期基准面降低，河流下蚀能力增强，阶地容易形成（Brakenridge，1981；魏全伟等，2006）。

尽管气候变化对河流阶地的形成在特定时期具有重要影响，但是，对于距今约 70 万年以来基岩河床下蚀速率的系统性影响则具有明显的局限性。第四纪全球气候变化研究表明，自中更新世（Middle Pleistocene，距今 780—130 ka）以来，气候周期性变化的时间尺度主要表现为冰期和间冰期的交替发生，占优势的气候变化周期约为 10 万年，这一周期远未能够包含更长时间尺度下的基岩河床下切速率趋势性变化的整体时段，即用气候周期变化难以解释距今 10 万年以前基岩河床下蚀速率相对较小，且无明显阶段性或者趋势化变化的现象。因此，气候的这类变化只能解释一个气候变化周期内的侵蚀速率变化是增加趋势还是减小趋势等现象，不能用来充分解释包含多个气候变化周期的更长时间尺度的侵蚀速率较低的现象（Finnegan et al.，2014）。有关俄罗斯北极地区东北部的气候变化显示上新世温暖、更新世则阶梯式变冷（Brigham-Grette et al.，2013），这里似乎存在一个很长时间尺度的气候变冷趋势，但是，其阶段性特征则又表示期间仍然存在着周期较小的气候循环。总之，气候的周期性及其尺度的不同，对于理解气候对河流阶地的形成和演变的影响具有明显的局限性。

显然，气候变化所存在的周期性这一局限性难以解释中更新世以来基岩河床下蚀速率由平缓变化到加速变化的气候驱动机制。

中国晚更新世（距今 130—11 ka）气候严寒干冷，可分为末次间冰期（距今 130—75 ka）与末次冰期（距今 75—11 ka）2 个不同阶段（曹伯勋，1995），其中末次间冰期气候相对温暖，中国西部山地冰川有所退缩，而末次冰期在大理冰期早冰阶（距今 75—45 ka）气候干冷势头有所加强；大理冰期间冰阶（距今 45—25 ka）气候相对温暖，中国西部高山高原有湖积物形成，黄土高原发育灰棕色强土，华北区生活着萨拉乌苏动物群，东北区此时猛犸象相对较少；大理冰期晚冰阶（距今 25—11 ka）是中国自距今 130 ka 以来气候最严寒酷冷时期，中国东部寒冷气候带向南扩大并超过早更新世晚期。中国晚更新世气候总体上在变得干冷，地表植被覆盖度有所变差、地表剥蚀速率相对增大，事件性洪水出现的机遇增大，有可能增大峡谷河段基岩河床的下蚀速率。由此可见，对于大致符合气候周期的时间尺度来说，河流下蚀速率的加速变化与气候趋势性变化的关联性则显得较为明显，这时，气候因素是引起基岩河床下蚀速率增大变化的关键影响因素之一。当然，不能排除更长时间尺度上多个旋回的气候变化无法解释河流下蚀速率的低幅度和无趋势性变化的情况。

2.4.3.3　基岩河床下蚀的非稳态行为

基岩河床下蚀的“非稳态行为”（Non-steady-state Behaviour）观点（Finnegan et al.，2014）表明，某一地质时期由于河道发生沉积事件（如地震或大洪水事件引起的岸坡崩塌、泥石流堆积等）导致了基岩河床上覆大量的碎屑沉积物，河流在进一步侵蚀河床基岩时必须先磨蚀细化并搬运走这些碎屑堆积物，这样，由于河流需要额外搬运这些事件性堆积物而消耗动能和时间，就会导致基岩河床存在较小的下蚀速率。这一观点可以部分地解释研究区黑山峡基岩河床在中更新世较低的下蚀速率。

但是这一解释尚存在诸多疑问，难以用来解释晚更新世以来基岩河床下蚀速率显著增大的现象，也未能明晰基岩河床加速下蚀的内在机制。这是因为山地隆升过程中其隆升速率要大于地表的剥蚀速率，随着山地地壳的逐渐抬升和河床持续下蚀，峡谷处的河谷深度在逐渐增加，这反而会使得两岸的滑塌或者崩塌现象变得更为频繁。随着时间的推移，河道接受滑塌等碎屑沉积物的几率反而在逐渐变大，这样，造成水流额外磨蚀和搬运这些碎屑物所需要的动能和时间都在持续增加。因此，在其他条件不变的前提下，河床沉积物的不时出现会逐渐降低基岩河床的平均侵蚀速率，这与基岩河床下蚀速率加速变大的现象相悖。所以，河道侵蚀的非稳态行为观点尚未达到可以经受事实验证的理论高度，还存在难以自圆其说的缺陷。

2.4.3.4 流域源头面积扩展行为

需要注意的是，至少自第三纪以来，地球不同区域的阶段性构造运动使得造山运动曾经出现过相对活跃时期和相对沉寂时期的交替分布现象，而在持续较长的构造相对沉寂时期，地球表面的夷平作用占据了优势，山地地表相应地发育了展布范围较为广阔的夷平面；多期次构造活动的系列间歇期会导致系列夷平面的出现。而当地球重新进入新的构造活动期后，地壳的抬升会导致这些夷平面所在区域不同程度地上升。比如，青藏高原上常常可见数级夷平面，但这些夷平面目前已抬升至海拔 3 000 m 以上。差异抬升造就了抬升区边缘地带以及高原内部部分区域的地表坡度增大，从而导致相应地带的河流坡度增强、侵蚀程度增强，伴随着夷平面边缘地带河流流域的溯源侵蚀的持续发展，高原内部原有的小流域系统的面积也在不断扩展中。

迄今所报道的河床基岩下切加速的河流基本上都发源于高原地区，如黄河发源于青藏高原并且流经黄土高原，科罗拉多河发源于科罗拉多高原，尼罗河发源于非洲中部的布隆迪高原，印度河、恒河发源于青藏高原，等等。这些高原在第四纪仍然处于抬升状态。相对于高原周边地势梯度较高的山地地区，这些高原地区内部的地势相对平缓，在这里形成的一系列河流水系具有以下特性：①流域面积相对较小，汇水区域有限，河流流量和径流量也较小，因而其河流下切基岩的能力相对较小；②小流域的侵蚀作用常常形成宽谷阶地，表明河流的侧向摆动范围较大，体现了低比降河流动能相对较低的特性，显示河道下蚀能力也较弱；③宽谷阶地中河床较宽，相近流量的水流剥蚀同样厚度基岩河床所需要的时间较多，由此可知其下蚀速率较小；④高原内部有相当多的小流域在其发育早期都是内流水系，其主要径流汇集于高原湖泊中，即使在目前，也有许多高原上的河流仍然是内流水系，并未与外流水系连通。

伴随着构造运动高原持续抬升，高原边缘地带的高动能山地河流及其支流系统的溯源侵蚀持续发展，溯源侵蚀过程中会以河流袭夺的方式将高原边缘地带的个别河流以及高原内部的部分河流逐渐纳入自己的流域系统中，导致具有极强溯源侵蚀能力的河流的流域面积处于持续扩大之中。其结果是，即使所在地区的构造运动和气候状况没有明显的变化、河道比降维持不变，具有极强溯源侵蚀能力的河流的径流量仍会因汇水面积的持续增大而逐渐增大，这就使得其流水的侵蚀能力和搬运泥沙的能力也会持续增大，从而造成基岩河床下蚀速率的加快。虽然构造运动的变化、气候循环可以改变特定时期中的河流侵蚀速率，但这不是近百万年来河流下蚀速率增大的根本原因。可以将河流溯源侵蚀引起给定峡谷以上地区的河流流域面积持续增大从而引起峡谷处基岩河床下蚀速率增大的机制称作流域源头面积扩展行为（Basin-source-area Expansion Behaviour）。

总而言之，构造运动是引起基岩河床下切的根本原因，高原山地的加速隆升可能会引起下游峡谷地带基岩河床的加速下蚀；气候循环或者周期性变化会在一定程度上调整侵蚀速率的相对大小，但对于超过气候周期性变化的长时间尺度内的河床下蚀速率的趋势性影响有待更深入探讨；基岩河床下切的非稳态行为学说明显存在着“先天不足”，无法正确解释基岩河床下蚀速率加剧的客观原因。显然，与构造运动紧密联结的流域源头面积扩展行为学说，从河流不断地向高原内部溯源侵蚀及时常发生的河流袭夺现象分析，进而推知该河流参考点（如发育阶地的基岩河谷）以上区域的汇水面积持续扩大，其结果导致河流流量和径流量总体上不断增大，这是引起基岩河床下蚀速率加速增大的不可忽视的主要原因之一。

今后，需要对气候周期性影响学说、非稳态行为学说和流域源头面积扩展行为进行更多、更深入的分析和理论论证，也需要通过典型流域的空间演化实例研究或者数值模拟进行情景分析，或许由此可以获得河流下蚀速率增大与流域源头面积增大之间的定量关系，从而明晰峡谷段基岩河床下蚀速率加速变化的作用机制。

2.4.4 沉积速率与河床下蚀速率间的耦合关系

2.4.4.1 二者间耦合关系的表达形式

如前所述，距今 70 万年以来，黄河上游银川盆地的沉积速率和该盆地上游附近黄河黑山峡河段的基岩河床下蚀速率都具有加速变大的趋势。但是，根据前述测年及其计算的速率数值难以直接建立峡谷侵蚀速率和下游盆地沉积速率间的相关关系。因为数据资料所限，这两类速率数值分别对应的时间点并不相同。为了有效建立二者的关联性，这里有必要根据二者各自的速率变化与时间之间的拟合关系进行给定时间间隔点的计算，从而获得相同时间点所对应的盆地沉积速率和峡谷基岩河床下蚀速率数值，据此有可能会建立盆地沉积速率与上游峡谷基岩河床下蚀速率之间的关联性，从而有可能揭示其间潜在的耦合关系。

银川盆地沉积速率变化趋势和黄河黑山峡基岩河床下蚀速率变化趋势都分别可以拟合出相关性很高的幂函数关系［式（2-3）和式（2-4）］，因而，这两个关系式是进一步计算同时期沉积速率和下蚀速率数据的基础。依据物理机制和数学规则，可以采用距今 70 万年以来的任一时间间隔作为自变量，将其分别代入式（2-3）和式（2-4）就会得到相应时期内的沉积速率数值和河床下蚀速率数值。

为方便起见，这里给出的自变量时间数值介于 1 万～70 万年，其间隔为 1 万年，构成 1 万年，2 万年，3 万年，……，70 万年这一时间序列，据此可以计算出这 70 个时间点所对应的银川盆地的沉积速率和黑山峡基岩河床的下蚀速率数值。在此基础上，将银川盆地的这些沉积速率作为自变量，其对应时间段的黑山峡基岩河床下蚀速率作为因变量，绘制出银川盆地沉积速率与黑山峡基岩河床下蚀速率的由 70 个散点构成的散点图（图 2-22）。由图 2-22 可以发现，这些散点在坐标图上的分布具有很高的趋势性，也即盆地沉积速率和其上游峡谷基岩河床下蚀速率这两类数据总体上具有很高的相关性。

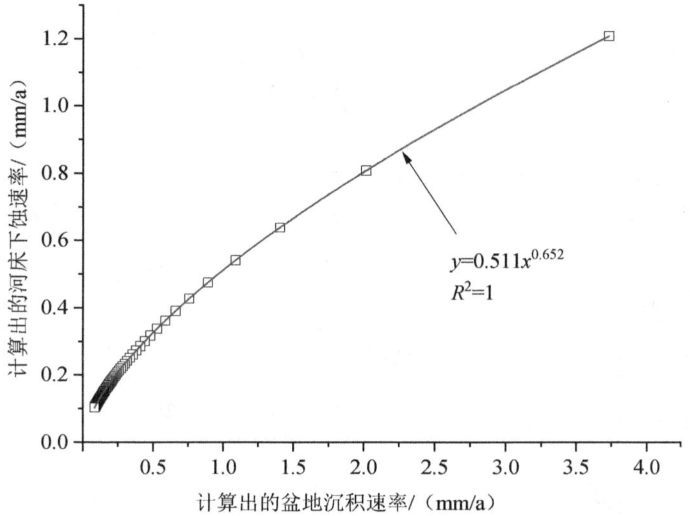

图 2-22　黄河上游银川盆地沉积速率与黑山峡河床下蚀速率之间的非线性相关曲线

进一步对这些散点进行非线性拟合分析，可获得二者间存在如式（2-5）所示的良好的幂函数关系，显示二者之间的耦合关系清晰明了。

$$y = 0.511x^{0.652} \tag{2-5}$$

式中，x 为银川盆地的沉积速率，mm/a；y 为黑山峡黄河基岩河床的下蚀速率，mm/a。该式的相关系数高达 1，表明二者的耦合关系极好。

当然，也可以对这些散点进行线性关系拟合分析，由此所得的拟合图如图 2-23 所示，所得线性关系式见式（2-6），其决定系数高达 0.961，虽然次于前者幂函数关系的相关系数，但也显示出该线性关系的相关性非常高。

$$y = 0.107 + 0.332x \tag{2-6}$$

显然，无论是线性拟合还是非线性拟合，其拟合结果都揭示了黄河在银川盆地的沉积速率与其上游黑山峡黄河基岩河床的下蚀速率间具有紧密关联性，二者的发展演变过程中存在着客观的耦合关系，这是基于第四纪活动构造引起的山地隆升、盆地沉降背景下黄河上游流域地貌演变的规律性。

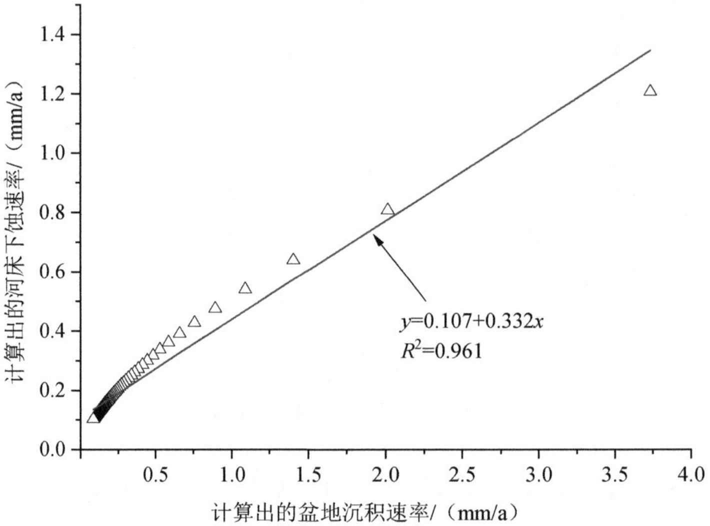

图 2-23 银川盆地沉积速率与黑山峡河床下蚀速率之间的线性相关曲线

考虑到银川盆地沉积速率和黑山峡基岩河床下蚀速率的相对变化，非线性拟合关系式（2-5）和图 2-22 展示了上述二者间更细微的内在关系，即在揭示出二者之间极高的相关性外，还揭示了二者变化速率的差异性，这种速率变化的差异性在图 2-24 更为直观。

图 2-24 展示的 70 万年以来盆地沉积速率和峡谷下蚀速率都随时间的变化而呈现出增大趋势，但是，盆地沉积速率的增速显然大于黑山峡基岩河床下蚀速率的增速，与此相适应，盆地沉积速率与峡谷基岩河床下蚀速率的比值也是呈现逐渐增大的变化趋势。

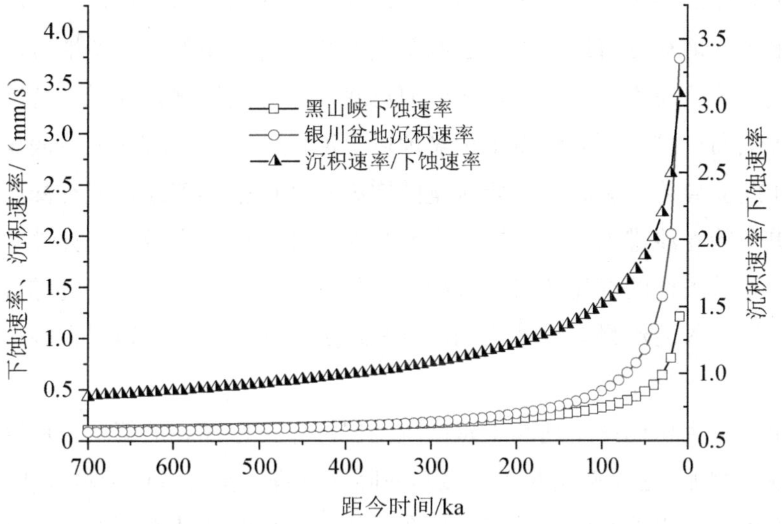

图 2-24　银川盆地沉积速率与黑山峡河床下蚀速率变化趋势比较

2.4.4.2　存在耦合关系的原因分析

要解答盆地沉积速率和其上游峡谷段基岩河床的下蚀速率间的耦合关系，需要分别厘清这两类速率数值大小的变化趋势及其原因。其中黄河黑山峡基岩河床下蚀速率的变化趋势及其主要影响因素在前文已经做了较为详细的论述。这里，需要对银川盆地沉积速率变化趋势及其成因作出概要性分析。

某一沉积盆地中碎屑沉积物的沉积速率大小取决于盆地沉降速率和来沙量这两个必要条件。已有的关于银川盆地第四系钻井剖面（YE07 钻孔）的研究结果（白雪等，2017）表明，银川盆地的沉积环境自中更新世初期以来主要受到气候和构造因素的影响而发生过明显变化，湖沼、河流和河湖交替沉积环境分别出现在距今 722—664 ka，664—126 ka 和 126 ka 以来。这表明银川盆地自中更新世初期以来沉降速率具有增大趋势，由此导致该盆地在同时期具有持续增大的沉积空间，这是银川盆地沉积速率增大的原因之一。如前所述，包括银川盆地在内的中国西北部在中更新世以来处于末次冰期，晚更新世以来气候变得更为干冷，不利于地表植被的生长，故而引起植被退化和植被覆盖度的持续减小，地表松散的风化物质易被事件性降雨形成的洪流而带入河水并在沉积盆地中发生大量沉积。此外，随着青藏高原的持续抬升，青藏高原东北缘的祁连山造山带也在持续隆升。与此相反，银川盆地却在持续沉降。这两个因素会引起银川盆地上游地带，尤其是黑山峡地段的黄河河道比降增大，导致河流水动力逐渐增强。同时，持续发生的黄河流域源头面积扩展行为使得银川盆地以上河段的黄河流域的汇流面积也在不断增大，如此会导致暴雨时期洪峰流量的增大，从而使得黄河水流在暴雨洪水期能够搬运更多的泥沙进入银川盆地。青藏高原及祁连山造山带的差异性地壳隆升、山地河流地貌条件的变化和气候持续干冷化造成的暴雨多发态势的综合作用会引起银川盆地输入泥沙量的持续增加，这是造成银川盆地沉积速率自晚更新世以来明显增大的另一个原因。

银川盆地沉积速率增速高于黑山峡基岩河床下蚀速率的第一个原因是流域来沙量在逐渐增加，这显然响应了青藏高原隆升过程中黄河源区流域面积扩展行为；第二个原因是银川盆地的沉降速率也在增加，如果沉降速率不增大甚至减小，则盆地的沉积速率只能表现出降低的趋势。这两个影响因素相辅相成、缺一不可。

盆地作为河流过境的平坦地区，有助于河流释放其水流所携带的部分泥沙，或者以湖盆的形式成为河流水沙的最终汇集区，成为其区域基准面。上述两类盆地都会发生河流泥沙沉积。相对于其上游区域山地的隆升，盆地基本上都处于或者在特定时期处于沉降状态，其在任何一个时期的沉降幅度能够被沉积的泥沙厚度所补偿，就会形成均衡补偿沉降盆地。当河流所携带的泥沙少导致所沉积的泥沙厚度不足以补偿盆地的沉降幅度时，则盆地会逐渐发展成为深度渐增的断陷湖泊；当河流携带的泥沙太多导致所沉积的泥沙厚度超过了盆地的沉降幅度时，则盆地就会呈现出沿着河流流向发生明显的沉积厚度逐渐减小的现象，导致盆地趋于坡地化。

目前的银川平原是比较平缓的，其纵向坡度很小，成为黄河水灌溉的被誉为“塞外江南”的银川平原，这表明盆地的泥沙沉积和盆地的沉降处于均衡补偿状态。也即是说，河流携带的泥沙的沉积厚度与盆地的沉降幅度总是处于动态平衡之中。由此可见，银川盆地的加速沉积与盆地的沉降速率应该保持一致；同时，盆地的沉降与上游高原山地的抬升在强度上会保持一种对应情形。因此，银川盆地在晚更新世以来沉积速率的加速增大与盆地的沉积速率变大有关，也与上游来沙量的增大有关。

自距今 70 万年以来，黄河在银川盆地的沉积速率和在黑山峡基岩河床的切割速率高度相关，意味着这两种速率之间存在耦合关系。耦合关系要求彼此关联的两个要素间在变化趋势性上具有很好的一致性，在增减速率或者拐点发生上具有同步性。图 2-24 表明，黑山峡下蚀速率与银川盆地沉积速率在距今 70 万年以来的变化趋势具有很好的一致性，而且，它们迅速增大的拐点年份所在的时间范围相同，速率增大所呈现的加速趋势也非常一致。同时，银川盆地的沉积速率与黑山峡河床下蚀速率的比值具有持续性增高的趋势，该比值迅速增大的时间范围与上述两个因子各自加速变化的时间范围也保持同步。因此就不难理解，在青藏高原及其东北缘祁连山造山带的持续隆升的背景中，黑山峡黄河基岩河床下蚀速率能够保持加速增大，这同时为银川盆地的泥沙输入的增加创造了先决条件，与此同时，银川盆地断陷构造作用引起的持续沉降为泥沙的大量沉积提供了空间条件，从而形成了黄河黑山峡基岩河床加速下蚀与黄河在银川盆地中加速沉积间的耦合关系。

第3章　黄河宁蒙河段水沙量变化及水库淤积速率

河流的水沙过程是塑造河流形态的关键因素，是研究河流冲淤变化中不可回避的内容。其中流量的大小直接决定了河道的规模，而泥沙的冲淤则是决定河道稳定性的关键因素之一。河流泥沙包括河床质和悬移质两大类，其中河床质粒度较粗，在水流作用下多以滚动和跳跃方式发生运移，塑造着河床的各类床形，例如，平坦床沙、沙丘、逆行沙丘等，这类泥沙的运移速度缓慢，要确定其输沙量非常困难。悬移质是以悬浮方式被水流输送，输送距离远，漫滩水流中的部分悬移质泥沙可以参与天然堤、泛滥平原的沉积过程，其输沙量的测定也相对简单，只要测得水流含沙量，就可以乘以流量而得到悬移质输沙率，再乘以历时就可以获得输沙量数值。

本章基于黄河宁蒙河段多年观测的相关水文站的实测水文泥沙资料，分析黄河宁蒙河段的水沙变化过程及其变化趋势，在此基础上进一步揭示相关水文站点的水沙关系，并对其原因进行必要的探讨。

3.1　黄河宁蒙河段水沙输移的年际变化特征

黄河宁蒙河段（黑山峡—头道拐）（图 3-1）有几个长期观测的水文站，如下河沿、青铜峡、石嘴山、巴彦高勒、三湖河口和头道拐等。这些水文站自 20 世纪 50 年代以来都有详细的水文泥沙观测数据，其中流量及悬移质含沙量的日观测数据，为我们研究宁蒙河段的水沙过程提供了基础，并可以用来计算不同河段及不同时段悬移质泥沙的冲淤量。

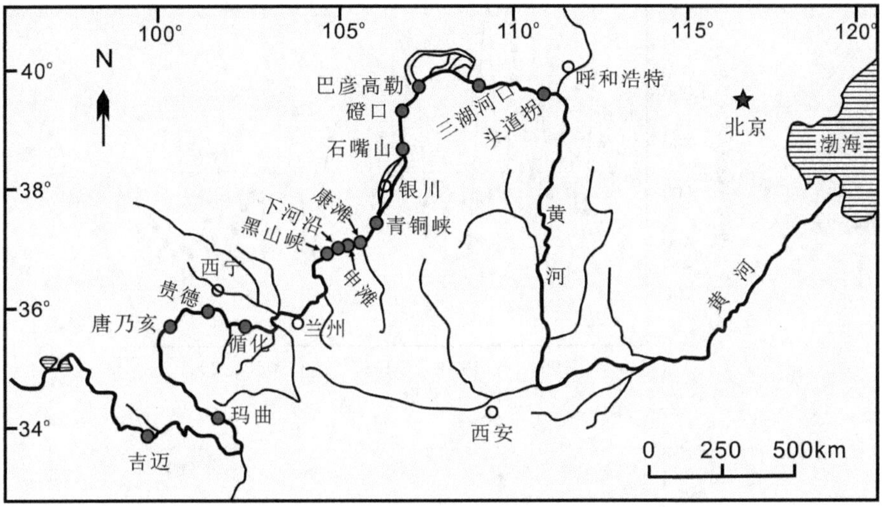

图 3-1 黄河宁蒙河段头道拐及其他水文站位置图

3.1.1 头道拐水文站流量和沙量阶段性变化特征

头道拐水文站（图 3-1）是宁蒙河段出口的水文泥沙观测站，其水沙的年际变化及各时段的平均流量及平均输沙量基本反映了宁蒙河段水沙输出的变化情况。

3.1.1.1 径流量及输沙量阶段性变化特征

图 3-2 点绘了头道拐水文站年均径流量和年输沙量的变化特征（冉立山等，2009）。从图 3-2a 可以看出，头道拐断面多年平均径流量为 689 m^3/s，年均径流量的年际变化趋势大致可以分为三个时段：第一时段（1950—1968 年），这一时段的径流量变幅较大，19 年间平均径流量为 841 m^3/s，远高于多年平均值。第二时段（1969—1986 年），上游来水量减小，这一时段多年平均径流量为 755 m^3/s，同时年际变化幅度减小。第三时段（1987—2006 年），年平均径流量明显小于多年平均径流量值，年际变化幅度也达最小。

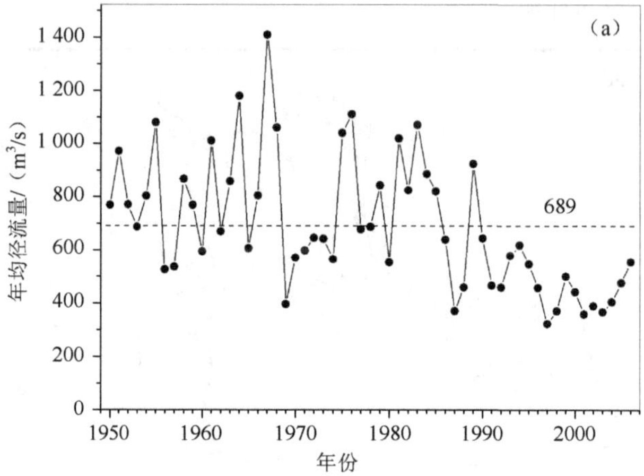

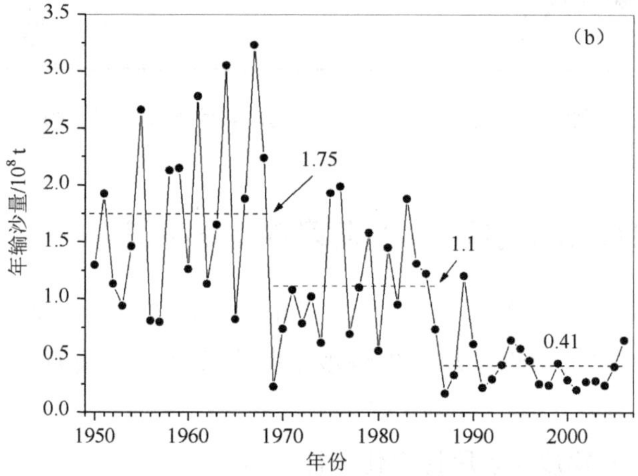

图 3-2 头道拐水文站年均径流量（a）与年输沙量（b）的年际变化

（虚线为时段多年平均值）

对于年输沙量来说，同样表现出与年均径流量类似的阶段性变化趋势，从图 3-2b 可以看出，在第一时段（1950—1968 年），悬移质输沙量年际变幅大，多年平均值为 1.75×10^8 t。在第二时段（1969—1986 年），悬移质输沙量年际变幅变小，多年平均值为 1.1×10^8 t。此后（1987—2006 年），悬移质输沙量多年平均值减小至 0.41×10^8 t，且其年际变化幅度最小。对比图 3-2a、b 可以发现，年输沙量和年均径流量呈正相关关系。

3.1.1.2　含沙量阶段性变化特征

在图 3-3 中点绘的是头道拐水文站年均含沙量的年际变化情况（冉立山等，2009）。从该图可以看出，头道拐水文站年均含沙量的年际变化也明显表现为三阶段特征，同时年均含沙量在研究时段内呈减小趋势。其具体特征为：1950—1968 年，这一时段内多年平均含沙量为 6.37 kg/m^3，并且年际变幅较大。1969—1986 年，年平均含沙量较第一阶段明显减小，时段内多年平均含沙量为 4.42 kg/m^3，年际变化较第一时段有所减小。1987—2006 年，时段多年平均含沙量较第二时段再次减小，仅为 2.5 kg/m^3，同时年际变化幅度也是三时段中最小的。另外，年均含沙量在 1969 年和 1987 分别只有 1.82 kg/m^3 和 1.44 kg/m^3，为所在时段的最低点。

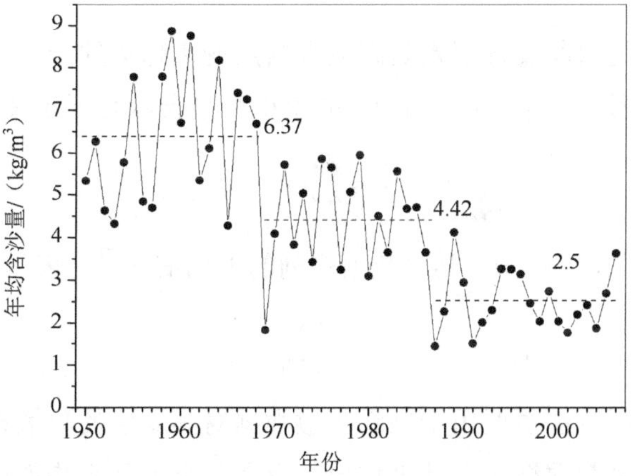

图 3-3　头道拐水文站年均含沙量变化（虚线为时段多年平均值）

3.1.2　流量及含沙量突变的累积距平分析

为了揭示宁蒙河段头道拐水文站径流量和年均含沙量年际变化中的突变情况，采用累积距平方法对这两个变量进一步分析（图 3-4）。

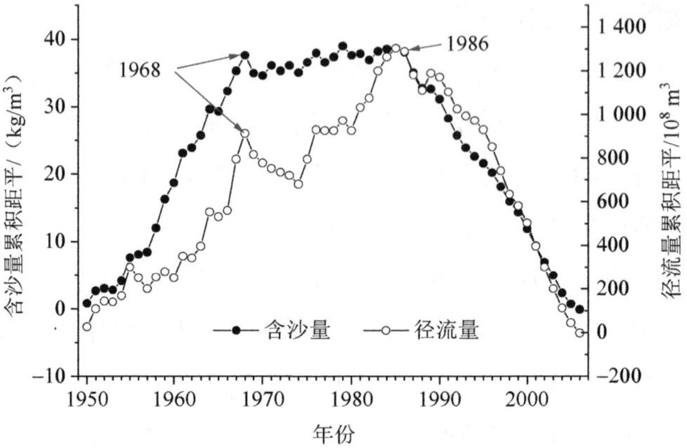

图 3-4 宁蒙河段头道拐水文站径流量及含沙量累积距平值的年际变化

累积距平法是由曲线直观判断离散数据点变化趋势的一种统计方法。其数学定义为：对于序列 x，其在某一时刻 t 的累积距平表示为下述关系式：

$$\overline{X} = \sum_{i=1}^{t}(x_i - \overline{x}) \tag{3-1}$$

上式中 t=1，2，…，n，其中数据序列的平均值（$\overline{x}$）表示如下：

$$\overline{x} = \frac{1}{n}\sum_{i=1}^{n}x_i \tag{3-2}$$

累积距平分析方法主要用于判断离散数据对其均值的离散程度，若累积距平值为正数，表明离散数据大于其平均值，反之则小于其平均值；累积距平值的绝对值越大，表明离散数据越远离其平均值。在图 3-4 中，变量 x 分别为年均径流量和年均含沙量，由累积距平分析可知，无论是含沙量还是径流量，都表现为三阶段性，分别以 1968 年和 1986 年为分界（突变）点。第一时段：1950—1968 年，年均径流量和年均含沙量的距平值大多高于其多年平均值，特别是自 1960 年以后，年均含沙量的累积距平值增幅加大，表明年均含沙量显著增加。第二时段：1969—1986 年，年均含沙量的累积距平值变化不大，表明年均含沙量跟多年平均含沙量相接近；而年均径流量的累积距平值前期下降、后期显著上升，年际变幅总体上较第一时段有所减小，其中 1969—1974 年的年均径流量小于多年平均值，在该时段后期有较大幅度的波动。第三时段：自 1987 年以来，年均含沙量和径流量的累积距平值都随时间变化逐渐减小，两变量年均值大多低于各自的多年平均值，而且年际间变幅也有所减小。

3.1.3　悬移质中值粒径变化特征

水库投入运行后，拦水蓄流，水坝上游由于水流流速减缓，动能减小，大量泥沙随之沉降在库区内，因此在水库的下泄水流中，泥沙含量较入库前大大减小，下泄水流为满足其挟沙能力，势必要对下游河床进行侵蚀，河床中的部分细粒泥沙重新悬移，导致河床发生粗化现象。距离水库位置越远，河床发生粗化响应的时间越长，同时，水库下游河道调整一定距离后将恢复到先前的平衡状态或达到新的平衡，粗化现象将逐渐减弱。由于河道发生粗化现象，原先沉积在河床上的泥沙重新进入水流，在床面泥沙的重新搬运过程中，泥沙中值粒径的变化将表现出一定的规律性。

在图 3-5 中点绘了头道拐水文站悬移质泥沙中值粒径在 1958—2006 年的变化趋势（冉立山等，2009）。

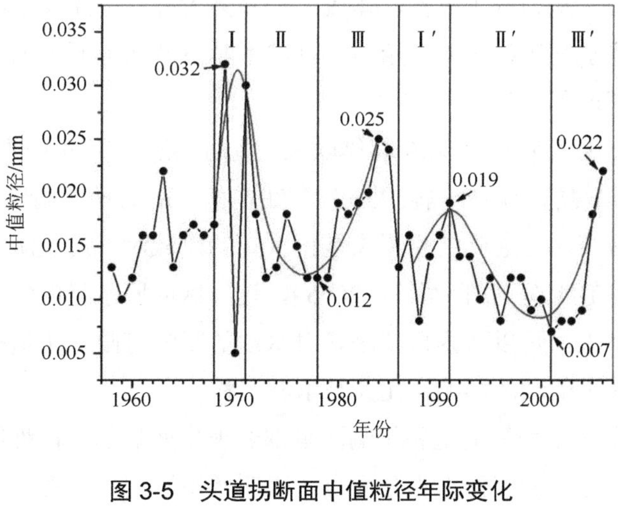

图 3-5　头道拐断面中值粒径年际变化

由图 3-5 可见，1968 年以前，尽管三盛公水利枢纽已投入运行，但由于其主要是拦水分流，拦沙效果并不显著，悬移质泥沙中值粒径在其运行前后未发生显著变化，且年际变化不大。青铜峡、刘家峡和龙羊峡水库相继投入运行后，悬移质泥沙中值粒径经历了一个先增大，然后减小，最后又增大的曲线变化过程。按其变化趋势同样可以分为三个阶段：第Ⅰ阶段，在水库投入运行后初期的3～5年，头道拐水文站的悬移质中值粒径呈增大趋势。第Ⅱ阶段，悬移质中值粒径值逐渐减小，持续时间7～10年。第Ⅲ阶段，悬移质泥沙中值粒径又表现为增大的趋势，持续时间5～8年。

纵观整个研究时段，1987年龙羊峡水库与其他一系列水库联合运行以后的泥沙中值粒径变化幅度明显小于1969—1986年的。泥沙中值粒径也呈减小趋势，其中，1969—1986年悬移质泥沙的中值粒径平均为0.018 mm，而自1987年以来，其中值粒径减小为0.012 mm。

3.1.4 水沙突变及悬沙粒径阶段性变化的主要原因

3.1.4.1 水沙突变的主要原因

河流系统的调整受到流域自然因素和人类活动的双重影响，当流域水沙情况发生改变后，河流通常能够通过自身的不断调整，逐步达到新的平衡状态。黄河上游因其落差大、水力资源丰富，建成了一系列大型的水库及水闸用于防洪、发电和灌溉。这些水利工程投入运用后，打破了其下游河道原先的准平衡状态，促使其发生再造床过程。

从流域自然因素来看，自1950年以来，黄河上游水量的主要来源区（兰州以上流域），降水量尽管年际变幅较大，且存在丰枯水的周期性循环，但并没有发生明显的增多或减少。考虑到兰州至头道拐区间的流域对黄河上游干流水量的补给只占到其总水量的1%（张世军等，2005），这一区间降水量的年际变化对整个上游水量的影响不大，可以认为自然因素对水沙的影响有限，头道拐水文站水沙的突变主要受到人类活动的影响，尤其是水利工程。

在图3-2中，年均径流量和年输沙量都表现出明显的阶段性特征，且各时段正好以水库投入运用的年份作为分界点，表明水库运用后改变了头道拐水文站的输水输沙情况。受水库拦水蓄沙作用的影响，头道拐水文站的年均含沙量在研究时段内呈阶段性减小。径流量和含沙量的累积距平值分别在1968年和1986年产生拐点，表明水沙特性在上述两个年份发生了突变，在自然因素未发生明显变化的情况下，头道拐水文站水沙情况的改变是由刘家峡、龙羊峡等水利工程的运用所引起的。水库在拦蓄来自流域的细颗粒泥沙后排放的清水对水库下游的冲积河道具有较大的侵蚀能力，使临近水库的下游冲积河床最先发生粗化现象，此后粗化过程逐渐向下游方向推进（许炯心，师长兴，1995；Zahar et al.，2008），使得河床质泥沙中较细颗粒充分输送后，河道水流与河床质泥沙之间达到新的准平衡状态。这一过程由近及远，由强渐弱，直到最后消失。由于水流的挟沙能力与比降成正相关，随着下游河道比降趋于平缓，水流中相对粗的泥沙将逐渐沉积于河床，较细颗粒泥沙的搬运距离则较远。

3.1.4.2　悬沙粒径阶段性变化的主要原因

受水流挟沙能力沿程减小的影响，河流挟带的悬移质泥沙粒径沿程变细，但在有挟带更粗颗粒泥沙的支流汇入时，则支流汇入后的干流泥沙粒径反倒会增大。由于无论是青铜峡水库、刘家峡水库，还是龙羊峡水库，距离水库下游最近的一段河道都位于山地峡谷河段，床面以基岩或卵石质为主。对于河道上修建的一系列水库，当都具有蓄水调沙功能时，位于河道上游方向的水库所引发的粗化泥沙大多被其下游水库所拦蓄而沉降在库区内，因而这一部分泥沙很难经水流向下游搬运。在黄河上游修建的一系列水库中，综合考虑其库容和运用方式，可以得出导致头道拐断面悬移质泥沙中值粒径增大（第Ⅰ阶段）的泥沙主要来自青铜峡水库以下至磴口区间，因为无论是刘家峡水库，还是龙羊峡水库，其引发的河床粗化使得侵蚀进入水流的粗颗粒泥沙大多沉降在青铜峡水库内而不能继续搬运至头道拐断面。

1968 年青铜峡、刘家峡水库相继投入运用后，首先在青铜峡水库下游的比邻河段（主要是黄河宁夏河段）发生粗化现象，该段河床上的部分较粗颗粒泥沙被侵蚀进入水流中并随水流一起向下游搬运，当进入冲积平原段后，由于水动力减弱，水流中较粗颗粒的泥沙便先沉降下来。因此，在水库投入运行后的初始几年里（第Ⅰ阶段），头道拐水文站的悬移质泥沙中值粒径大于水库运行前的中值粒径均值，在时间序列上表现为水库运行后中值粒径值增大，3～5 年后，山地峡谷段的粗化过程结束，粗化现象向下游冲积平原段推进。

如果青铜峡水库下游河段河道粗化过程结束后，水流中所挟带的泥沙仍未满足其挟沙能力时，其下游河道将继续发生粗化现象。在第Ⅱ阶段，表现为磴口断面以下河段河道的粗化过程。由于磴口至三湖河口区间的河段床面主要由砂质—

粉砂质泥沙组成，因此，当粗化过程推进到这一河段后，尽管床面上的大量细颗粒泥沙重新被水流搬运，但是搬运不远就会发生沉积，因该段距离头道拐断面仍然较远，因此头道拐断面的悬移质泥沙中值粒径将减小，该河段的粗化现象历时7～10 年。此后，在第Ⅲ阶段，粗化过程继续向下游方向推进（三湖河口断面以下）。黄河上游自三湖河口断面以下，由于支流（主要是十大孔兑）携带一定量的粗颗粒泥沙汇入干流，加之河床比降沿程减小，因此，在上游水库投入运行前，水流挟沙能力较小，支流汇入的粗颗粒泥沙极易沉降在河床上，造成床面物质组成较粗（赵文林等，2002）。在水库投入运行后，下泄清水增大了水流的挟沙能力，三湖河口断面以下河段水流对粗颗粒泥沙的搬运能力增强，这些粗颗粒泥沙经水流搬运通过头道拐断面时，其断面的悬移质泥沙中值粒径就相应增大。

对比青铜峡、刘家峡水库和龙羊峡水库运行后头道拐断面的泥沙中值粒径可以发现，前两个水库运行后的中值粒径变幅明显大于后一水库运行后的，原因在于：第一，龙羊峡水库至头道拐断面的距离远较前两个水库远，同时龙羊峡水库上游的流域来沙很少，其主要拦蓄清水，对泥沙输移的调节本身较弱，水库运行后，只改变了水量的年内、年际分配，而对含沙量未有明显的影响；第二，即使龙羊峡水库投入运行后，坝下河道发生粗化现象，从床面上重新进入水流中的较粗颗粒泥沙也被沿程的其他水库所拦蓄而沉积，这些粗颗粒泥沙很难进入宁蒙河段。因此，在龙羊峡水库投入运行后，头道拐断面泥沙中值粒径的变化幅度明显小于青铜峡、刘家峡水库单独运行阶段的变化幅度。

3.2 黄河宁蒙河段径流量和输沙量沿程变化特征

为了详细分析黄河宁蒙河段不同区段在不同时段的水沙变化情况，这里根据宁蒙河段的地貌特征及现有的水文站分布状况，将黄河宁蒙河段划分为下河沿—青铜峡、青铜峡—石嘴山、石嘴山—巴彦高勒、巴彦高勒—三湖河口、三湖河口—头道拐五个区段，各区段的分界点水文站位置见图 3-1。

研究的总时间段为 1952—2003 年，在分析总时段内的径流量和输沙量的沿程变化外，也考虑划分更细的时段来对比分析。时间段划分中要考虑 1966 年以后青铜峡水库、刘家峡水库的建成以及 1986 年龙羊峡水库的建设完成和投入运行等因素，将各区段水沙变化的时间段划分为 1952—1966 年、1967—1986 年、1987—1993 年和 1994—2003 年四个时段。

3.2.1 黄河宁蒙河段径流量沿程变化特征

黄河宁蒙河段不同时段的年均径流量沿程变化趋势如图 3-6a 所示。通常情况下，径流量的沿程变化在内流河及外流河各有不同的变化趋势，在干旱沙漠地区的地下水及融雪补给的河流因为沿程无支流补给或支流补给量很小，远不及由于沿程强烈的蒸发作用所导致的水流沿程减小量；但在不受人类活动影响的天然情况下，一条河流从上游向下游，其流域面积不断增大、沿程汇入的支流数目持续增加，从而造就了河流的径流量沿程增加。黄河宁蒙河段在 1952—1966 年，除了石嘴山站的年均径流量略大于其上游的青铜峡站的之外，其他各站的年均径流量基本呈现沿程减小的趋势。这说明黄河在宁蒙河段的沿程引水灌溉导致河流年均径流量发生沿程减小趋势。

1967—1986 年，在宁夏河段中，年均径流量以下河沿站最大、青铜峡站最小、石嘴山站介于二者之间为特征。与前一时段相比，下河沿站和石嘴山站的年均径流量略大，但青铜峡站的却大幅度减小，因为这时青铜峡水库已经建成运行，所蓄的水有相当一部分用于银川平原的农田灌溉，从而引起青铜峡站的年均径流量减少。石嘴山站年均径流量增加的原因一方面是银川平原农田排水的回流，另一方面是沿程支流的入汇所致。该时段内蒙古河段的三个水文站的年均径流量相差不大，并以巴彦高勒站最小、三湖河口最大、头道拐介于二者之间为特征。但与上一时段相比，巴彦高勒站的年均径流量明显减小，这也是该站之上三盛公水利枢纽向河套平原大量引水灌溉的结果。

1987—1993 年和 1994—2003 年两个时段，宁蒙河段的径流量沿程变化趋势与 1967—1986 年时段的非常一致，唯一不同之处在于，各个水文站的年均径流量比各自在上一时段的小。1986 年龙羊峡水库建成运行，是否是此后两个时段中宁蒙河段年均径流量持续减小的主要影响因素呢？这样就有必要对比分析其汛期和非汛期径流量的减小幅度。

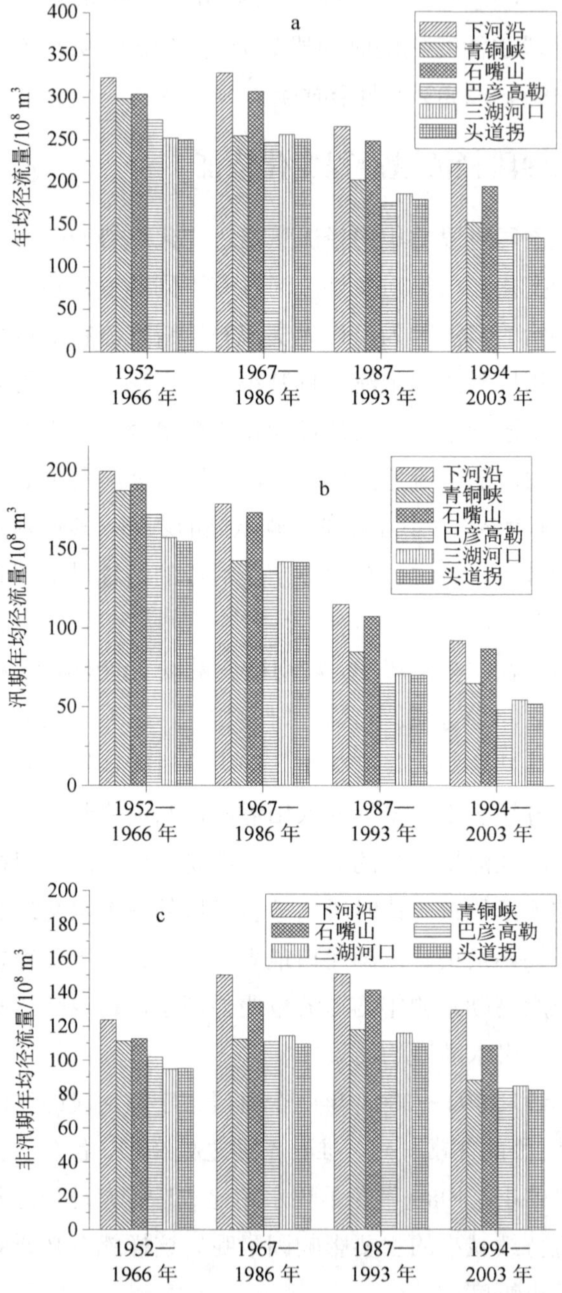

图 3-6 黄河宁蒙河段不同时段的径流量沿程变化特征

由图 3-6b 可知，在上述四个不同时段黄河宁蒙河段年均汛期（每年 7—10 月）径流量与同一时段年均径流量的沿程变化趋势非常相似，但年均汛期径流量在不同时段间的相对减小幅度要比年均径流量的更为明显。年均非汛期径流量在上述四个不同时段间差别相对不明显（图 3-6c），沿程变化趋势与年均径流量及年均汛期径流量基本一致，但沿程的相对增减幅度差别明显。另外可以发现，年均非汛期径流量在青铜峡水库、刘家峡水库建成后的 1967—1986 年和龙羊峡水库建成后的 1987—1993 年，黄河宁蒙河段的每个站的非汛期径流量都要比这些水库修建之前的 1952—1966 年的要大一些。这可能是上述水库在汛期为防洪而蓄水、非汛期排水所导致的结果。

3.2.2　黄河宁蒙河段悬移质输沙量沿程变化特征

由图 3-7a 可见，黄河宁蒙河段的年均悬移质输沙量在没有人类活动极大影响的 1952—1966 年，从青铜峡站起具有明显的沿程减小趋势，这表明，随着河道比降的降低，部分较粗的悬移质沿程发生沉积。下河沿站的年均悬移质输沙量比其下游的青铜峡和石嘴山的要小，这是下河沿站与青铜峡站之间来自黄土高原的挟带大量悬移质泥沙的支流清水河入汇所导致的。

1967—1986 年，随着青铜峡水库和刘家峡水库的相继建成，它们既会拦截河床粗泥沙也会拦截大量悬移质泥沙，使得黄河宁蒙河段的年均悬移质输沙量相比以前大幅度减小，青铜峡水库上游的下河沿站年均悬移质输沙量远比青铜峡水库以下的青铜峡站的要大，这说明青铜峡水库直接拦截的悬移质输沙量在该时段非常可观。自青铜峡站向下，悬移质年均输沙量大体上沿程增加，表明青铜峡水库下泄的清水对河道上的细粒泥沙具有明显的侵蚀作用，使部分已经沉积的细粒泥沙重新悬浮并参与搬运之中。

1987—1993 年，黄河宁蒙河段的年均悬移质输沙量较前一时段略有减少，虽然黄河上游最大的水库龙羊峡水库在 1986 年建成并运行，但它拦截的悬移质泥沙有限，因为黄河上游兰州以上河段的悬移质泥沙来量非常小。除了石嘴山站的年均悬移质输沙量在该河段的六个水文站呈现最大值之外，从其他各站的年均悬移质输沙量大小可以看出，该河段悬移质总体上呈现沿程变小的趋势。

1994—2003 年，黄河宁蒙河段下河沿—巴彦高勒四个水文站的年均悬移质输沙量分别较前一时段略有增加，而三湖河口站的基本持平、头道拐站的略有减少。该时段黄河宁蒙河段的年均悬移质输沙量的沿程变化趋势与1952—1966年的完全一致，虽然各个站点的绝对值要小很多。这说明，上游水库对悬移质泥沙输沙量的影响趋于结束。

与年均径流量的变化一样，不同时段相比较年均悬移质输沙量的减小主要发生在每年的汛期。由图3-7b可见，年均汛期悬移质输沙量在极大程度上决定了年均悬移质输沙量，同时也决定着悬移质输沙量的沿程变化趋势。而年均非汛期悬移质输沙量对此并无明显的影响（图3-7c）。

由上述径流量和悬移质输沙量的变化过程和变化趋势可以发现，刘家峡水库和龙羊峡水库在拦蓄径流量方面具有较大的作用，对黄河宁蒙河段的径流量变化具有较大影响，但在拦截悬移质泥沙方面的作用不是非常明显，尤其是对黄河宁蒙河段的悬移质输沙量的影响甚微。青铜峡水库因为库容很小，在拦蓄径流量方面的作用相对弱了许多，但其建成初期在拦截悬移质泥沙方面的作用非常大，黄河宁蒙河段的悬移质输沙量的减少主要受到该水库的影响。

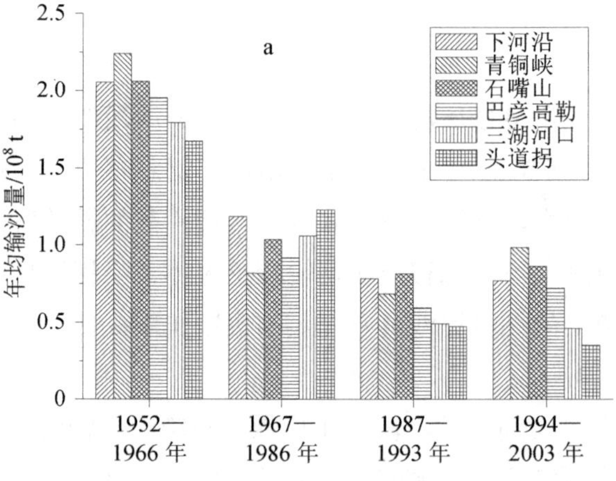

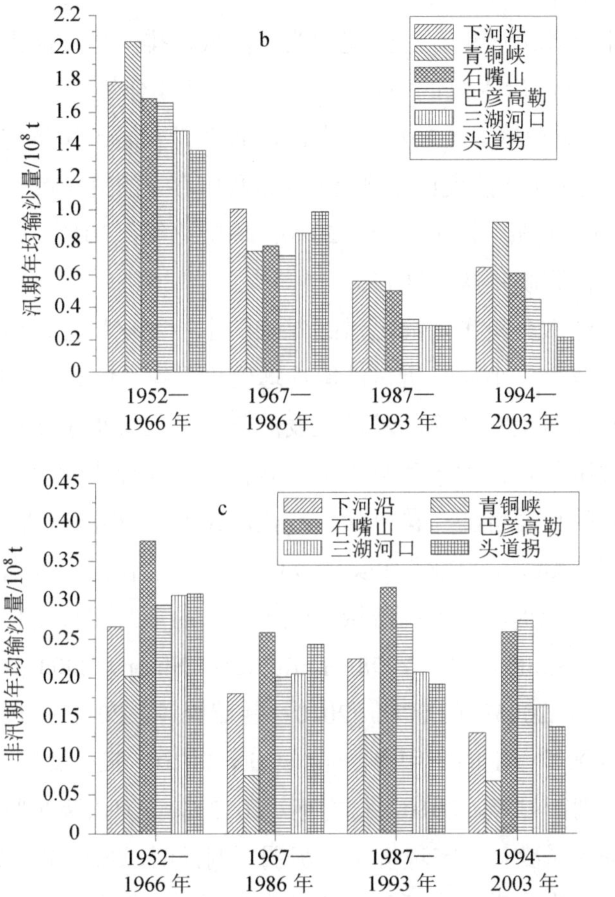

图 3-7　黄河宁蒙河段不同时段的输沙量沿程变化特征

3.3　黄河宁蒙河段径流量和输沙量变化的周期性

径流是河流演变的首要驱动因子，对河道演变起着非常重要的作用（冉立山，王随继，2010；张晓华等，2013）。近年来，全球及局地气候发生了明显变化，引起流域内年降水量分布发生变化（Ghil，Vautard，1991；Schlesinger，Ramankutty，1994；Mann et al.，1995），在气候变化、水库调节、灌溉区引水引沙以及十大孔兑等支流的共同影响下，黄河流域的水沙条件发生了显著变化，导致部分河段淤积速率增加，主槽萎缩严重，过流能力明显降低，排洪排凌能力降低，出现了小水大灾的情况，给沿岸人民的生命财产安全以及社会经济发展造成了严重影响（秦毅等，2011；胡兴林等，2012）。为此，研究者开展了大量有关水沙变化及河床演变的研究，揭示了水沙变化趋势及变化过程中存在的突变点（Shen et al.，2007；Hou et al.，2010；王随继，范小黎，2010；周丽艳等，2012；师长兴等，2012；郑艳爽等，2013；张晓华等，2013）。

虽然研究者深入分析了黄河上游近年来的水沙变化特征，但涉及水沙变化周期特征的研究还较少。小波分析是法国地球物理学家 Morlet 于 1980 年在分析地震数据时提出、在傅里叶变换的基础上发展起来，它继承了傅里叶变换的优点，同时引入了小波函数，在时域和频域上具有很好的局部化性质，能够很好地揭示水文序列的多时间尺度特征（葛哲学，沙威，2007）。小波分析方法自 1993 年被引入到水文领域（Kumar，Foufoula，1993）以来，已在国内外诸多流域水文研究中得到了广泛应用，揭示了不同流域径流等序列的多时间尺度特征及与气象要素等的关系（例如：Smith et al.，1998；Lafreniere，Sharp，2003；Coulibaly，Burn，2004；Labat et al.，2005；闫宝宏，2010；钟瑞森等，2011）。近年来，小波分析也在黄河流域得到了一定的应用（Liang et al.，2010；张少文等，2004；王秀杰，连继建，2008；刘衍君等，2010；张艳艳，2012）。黄河内蒙古临河段属于大陆性季风气候区，降水量少，生态环境十分脆弱（刘昌明，郑红星，2003）。该河段河道极不稳定，经常发生改道和迁移，因此有必要对该河段水沙变化特征进行深入分析。黄河临河段水沙的多时间尺度变化存在什么特征以及造成不同时间尺度的周期性变化的原因是什么，是研究该河段水沙变化的科学问题之一。该研究工作期望利用小波分析方法对黄河临河段近 60 年来的年径流量及年输沙量序列进行分析，探究该河段水沙变化的时间尺度特征，以期为更加有效地治理黄河、提高防灾减灾能力提供借鉴作用。

3.3.1　基础数据与研究方法简述

3.3.1.1　基础数据类型和来源

该项工作主要研究黄河内蒙古临河段的水沙变化，采用巴彦高勒水文站多年观测数据，包括年径流量和年输沙量两类，其时间序列均为 1952—2012 年。这些数据由黄河水利委员会根据国家标准由日测量数据汇总而成，来源于黄河流域水文资料（黄河水利委员会，1952—2012）。

3.3.1.2　小波变换分析方法简述

设 $\varphi(t)$为一平方可积函数，即 $\varphi(t)\in L_R^2$，若其傅里叶变换 $\Psi(\omega)$ 满足容许条件：

$$C_\varphi=\int_{-\infty}^{+\infty}\frac{|\Psi(\omega)|^2}{\omega}\mathrm{d}\omega<\infty \tag{3-3}$$

则 $\varphi(t)$称为一个基本小波或小波母函数，将小波函数 $\varphi(t)$进行伸缩和平移，得到连续小波 $\varphi_{a,\tau}(t)$：

$$\varphi_{a,\tau}(t)=\frac{1}{\sqrt{a}}\varphi\left(\frac{t-\tau}{a}\right),\ a,\tau\in R, a>0 \tag{3-4}$$

对于任意函数 $f(t)\in L2(R)$的连续小波变换为：

$$W_f(a,\tau)=f(t),\ \varphi_{a,\tau}(t)=\frac{1}{\sqrt{a}}\int_{-\infty}^{+\infty}f(t)\varphi?\left(\frac{t-\tau}{a}\right)\mathrm{d}t \tag{3-5}$$

式中，a 是尺度因子，τ 为平移因子。

该研究工作选用 Morlet 小波函数进行分析计算，Morlet 小波函数表达式为：

$$\varphi(t)=\mathrm{e}^{i\omega_0 t}\mathrm{e}^{-t^2/2} \tag{3-6}$$

将式（3-6）代入式（3-5）后，计算得到了相应的小波系数。

Morlet 小波函数时间序列的周期 T 与时间尺度 a 存在如下关系：

$$T=\left(\frac{4\pi}{\omega_0+\sqrt{2+\omega_0^2}}\right)\times a \tag{3-7}$$

经计算，当 ω_0=6.2 时，$T\approx a$，因此计算中将 ω_0 值取为 6.2。

通过小波系数反映时间尺度特征需要计算小波方差，其形式如式（3-8）所示。

$$\mathrm{Var}(a)=\int_{-\infty}^{+\infty}\left|W_f(a,\tau)\right|^2\mathrm{d}\tau \tag{3-8}$$

小波方差随时间尺度变化，其峰值对应的时间尺度为主要时间尺度，主要时间尺度下小波系数波动最强烈，最能代表原序列的变化规律。

这里采用 Morlet 小波函数，经小波变换对巴彦高勒站 1952—2012 年的年径流量、年输沙量序列进行了小波分解，从而求得各序列的主要时间尺度以及不同时间尺度下小波系数的变化规律。

3.3.2 典型水文站径流量变化的周期性

将黄河临河段巴彦高勒水文站 1952—2012 年的实测径流量的距平值代入式（3-3）中，求得小波系数。不同的 a、b 组合得到不同的小波系数，最终得到一个小波系数矩阵，利用 MATLAB 软件绘制小波系数矩阵的等值线图，如图 3-8a 所示。由于选定的基准面是以径流量多年平均值为代表的平面，等值线上正或负的量值表示年径流量在时间域上相对多年平均值丰枯变化的特性。从图 3-8a 中可以清晰看出小波系数在（a—b）平面上变化的强弱情况，反映出小波系数所表征的年径流量在不同时间尺度下随时间丰枯交替变化的特性和突变点的位置。巴彦高勒站年径流量距平序列在 3*a*、7*a*、27*a* 时间尺度下波动较为明显，径流量丰枯交替变化较为清晰，波动极值点分布规律明显，这些时间尺度下小波系数的变化特征可以反映巴彦高勒站径流量的变化规律。

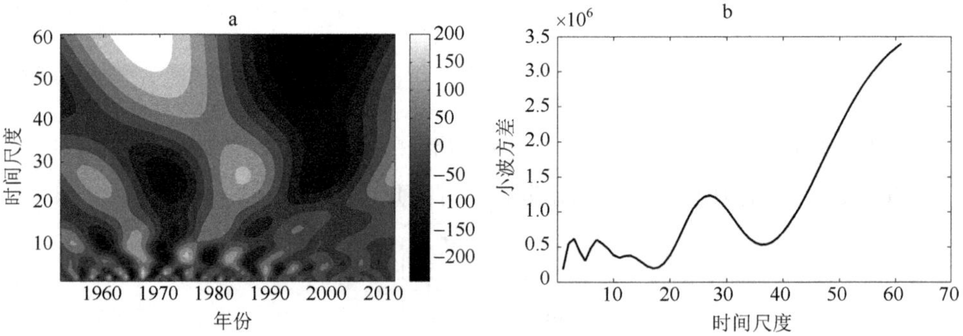

图 3-8 巴彦高勒站径流量距平序列时频分布图（a）及小波方差图（b）

为进一步确定巴彦高勒站年径流量序列的主要时间尺度，需要计算不同时间尺度下的小波系数方差，绘制出的径流量距平序列的小波方差如图 3-8b 所示。小波方差图能够反映不同时间尺度下小波系数能量大小的分布规律，其峰值对应的时间尺度下小波系数波动最为明显，该时间尺度即为主要时间尺度。从图 3-8b 可以看出，小波方差峰值对应的时间尺度为 3*a*、7*a*、27*a*。

如图 3-8a 所示，27*a* 的时间尺度上清晰地呈现出四个能量集中中心，共同影响到整个时域，所以巴彦高勒站年径流量以 27*a* 为周期的波动影响整个时域，但在不同时段波动的强弱随不同波动中心能量强度的不同有所变化。从 1952 年至 2012 年，小波系数所表征的年径流量经历了丰水期—枯水期—丰水期—枯水期—丰水期的交替变化过程，其中 1952—1964 年、1978—1991 年、2007—2012 年为丰水期，1965—1977 年和 1992—2006 年为枯水期。3*a* 时间尺度下的能量中心多出现在 1985 年以前，表明 3*a* 时间尺度在 1985 年以前影响明显；7*a* 时间尺度下的能量中心多出现在 1964—1991 年，表明 7*a* 时间尺度在 1964—1991 年表现明显。

通过对比可以发现，27*a* 的大时间尺度影响到整个时域，而 3*a*、7*a* 的小时间尺度则在近期波动减弱。这三个时间尺度下小波系数年际变化过程如图 3-9 所示，从图中可以看出，27*a* 时间尺度下，年径流波动在 60 年间经历了两个周期的变化，波幅变化基本一致；7*a* 时间尺度下，年径流在 1964—1991 年波幅变化基本近似，且明显高于前后两个时期；3*a* 时间尺度下，1952—1991 年波形近似、除个别年份外波幅变化较大，1991—2012 年波幅变化小且明显小于前一时期。因此，巴彦高勒站径流量序列的大时间尺度特征在整个时域中无明显变化，而小时间尺度特征自 1991 年起明显减弱。

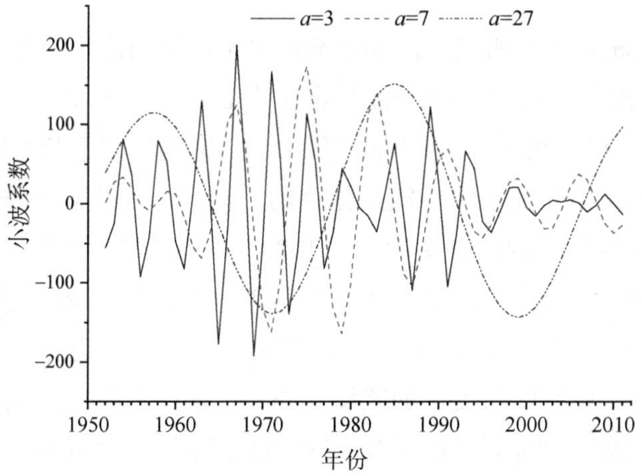

图 3-9　巴彦高勒站径流距平序列主要时间尺度的小波系数变化过程

3.3.3 典型水文站输沙量变化的周期性

黄河临河段巴彦高勒站年输沙量距平序列的小波系数等值线图如图 3-10a 所示。图 3-10a 显示巴彦高勒站输沙量距平序列在 2*a*、9*a*、19*a*、31*a* 的时间尺度下波动较为明显。

巴彦高勒站年输沙量距平序列的小波方差如图 3-10b 所示，小波方差峰值对应的时间尺度为 2*a*、9*a*、19*a*、31*a*，表明这四个时间尺度下小波系数的波动最为明显。显然，2*a*、9*a*、19*a*、31*a* 是巴彦高勒站年输沙量距平序列的主要时间尺度，这几类时间尺度下小波系数的变化可以揭示巴彦高勒站年输沙量的变化规律。

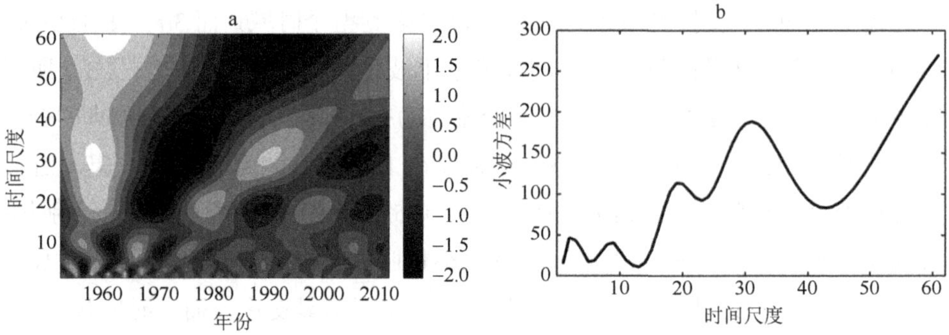

图 3-10 巴彦高勒站输沙量距平序列时频分布图（a）及小波方差图（b）

根据图 3-10a 可以分析巴彦高勒站输沙量不同时间尺度的影响范围及相对多少变化。31*a* 的时间尺度上有四个能量集中中心，对应的年份分别为 1958 年、1974 年、1990 年和 2006 年，四个能量集中中心共同影响了整个时域，但在不同时段波动的强弱随不同波动中心能量强度的不同有所变化。小波系数在 1952—1966 年为“+”，1967—1982 年为“−”，1983—1998 年为“+”，1999—2012 年为“−”，分别表征年输沙量经历了多沙期—少沙期—多沙期—少沙期这一交替变化过程。2*a* 时间尺度下的能量中心多出现在 1971 年以前，表明 2*a* 时间尺度在 1971 年以前影响明显；9*a* 时间尺度下的能量中心多出现在 1972 年以前，表明 9*a* 时间尺度在 1972 年以前表现明显，并且 2*a* 与 9*a* 的时间尺度影响的时间范围基本一致。19*a* 时间尺度下的能量中心基本穿越整个年输沙量的时间序列（图 3-10a），故其影响也存在于整个时间序列，但在年径流量变化中并不存在这一时间尺度的周期。

通过对比可以发现，31a 的大时间尺度和 19a 的中等时间尺度影响到整个时域，而 2a 和 9a 的小时间尺度则从 1971 年起逐渐减弱。这四个时间尺度下小波系数变化过程如图 3-11 所示，从图中可以看出，31a 时间尺度下，年输沙量波动经历了两个周期的变化，波幅变化较为一致，说明整个时域中 31a 的时间尺度无明显变化；19a 的中等时间尺度在年输沙量时间序列中正好出现三个周期的变化，其波动幅度自 20 世纪 80 年代后明显减小。9a 时间尺度下，年输沙量在 1971 年前经历了近两个周期的变化，波幅变化基本一致；1971 年以后，波幅明显小于前一时期，表明 9a 的时间尺度在 1971 年以后波动性明显降低。2a 时间尺度下，波幅以 1971 年为界，1971 年以前的变化较为一致且波幅较大；1971 年以后的明显减少，2a 时间尺度的波动性明显减弱。因此，巴彦高勒站输沙量序列的大时间尺度特征在整个时域中无明显变化，而中、小时间尺度的波动性分别自 1980 年和 1971 年起迅速减弱。

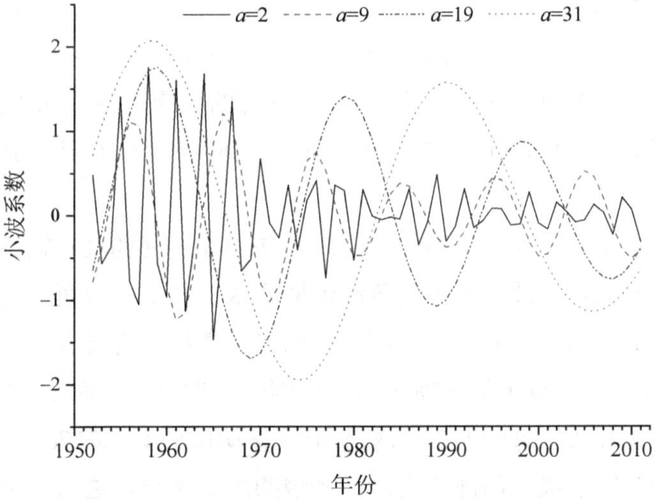

图 3-11　巴彦高勒站输沙量距平序列主要时间尺度的小波系数变化过程

3.3.4　径流量和输沙量周期性变化的影响因素分析

3.3.4.1　天气系统及天体运动的影响

水文、气象序列的周期变化受到海-气相互作用和太阳黑子活动的影响，天体运动直接影响气温和降水等的气象要素的周期变化，进而在一定的下垫面条件下，影响径流、输沙等的河流水文特征的周期变化（徐国昌，董安祥，1982；杨建平等，2005）。因此，需要分析水沙量周期特征与天体运动影响下气象要素周期特征的关系。通过对巴彦高勒站径流量和输沙量距平序列的小波分析，黄河临河段水沙序列具有 2～3*a*、7～9*a*、27～31*a* 三个主要周期。

黄河临河段水沙量变化的第一主周期为 27*a* 左右，刘俊萍和田峰巍（2003）的研究结果指出黄河上、中、下游径流变化的第一主周期均为 22 年，其中在对上游的分析时选取兰州站径流量作为研究对象。李占杰和鱼京善（2010）应用最大熵谱分析法对黄河流域 32 个气象站 1951—2003 年的月降水数据的分析结果表明黄河流域降水序列明显存在 25*a* 的年代际尺度。因此，黄河内蒙古段 27*a* 左右的第一主周期与降水序列的年代际尺度周期特征较为一致。李可军等（2005）分析指出太阳黑子具有准 11*a* 的活动周期以及 22*a* 的磁性倒转周期，张仲荣（2008）指出 22*a* 左右的周期时，太阳黑子数序列与黄河上游径流量序列具有较强的正负相关性。太阳黑子活动引起磁场强度的变化，这种变化必定通过改变太阳辐射强度等方式引起地球大气系统的反应，进而影响到流域的水沙周期特征，因此，黄河临河段 27*a* 左右的年代际尺度与太阳黑子的活动周期密切相关。

此外，径流量和输沙量序列 2～3*a* 以及 7～9*a* 的周期具有较高的一致性。陈效逑等（2012）通过小波分析得出黄河流域降水、气温、水面蒸发量等气候因子的主要波动周期为 3*a*、7*a*、18*a*，可见，以巴彦高勒站为代表的黄河内蒙古河段水沙序列 2～3*a*、7～9*a* 的周期特征与气候因子周期一致。而 2～3*a* 和 7*a* 的气候变化周期与副高脊线位置的准 3*a* 周期及地极移动振幅变化的 7*a* 左右的周期一致。这两个因素均是影响我国西部广大地区降水的重要系统，进而影响水文要素的变化（徐国昌，董安祥，1982；杨建平等，2005）。可见，黄河临河段 2～3*a* 以及 7～9*a* 的周期特征与天气系统造成的区域气象因子周期变化有关。

3.3.4.2 水库建设和运行的影响

通过对巴彦高勒站径流量和输沙量序列主要时间尺度下小波系数的变化过程来看，黄河临河段年径流量与年输沙量的小时间尺度周期特征分别在 1991 年、1971 年前后明显减弱，这与上游龙羊峡水电站、刘家峡水电站的运行时间较为吻合。刘家峡水电站于 1968 年投入运行，库容 57 亿 m^3；龙羊峡水电站于 1986 年正式运行，库容 247 亿 m^3，是一个多年调节型的水库。刘家峡水电站投入运行后，其拦水拦沙改变了研究区域的来水来沙量，输沙量在小时间尺度的变化特征相对减弱，但由于库容有限，对年径流量的小时间尺度变化影响不明显。龙羊峡水电站投入运行后，因为其库容约是刘家峡库容的 4.3 倍，拦蓄水量比刘家峡多出很多，但其上游来沙有限故拦沙量不大。龙羊峡水库的跨年调节明显削弱了年径流量变化的小时间尺度特征。因此，黄河临河段年径流量及年输沙量相对小时间尺度变化在近年来的减弱是上述两个水库联合运行的必然结果。水沙多周期变化特征受气候变化和人类活动的共同影响，人类活动改变了相对小的时间尺度的水沙变化特征，但大的时间尺度上仍然受到气候变化的控制。此外，巴彦高勒水文站的水沙变化也会受到青铜峡水库的蓄水拦沙的影响，但由于该水库的库容仅分别相当于上述刘家峡水库和龙羊峡水库库容的 1/9 和 1/41，而且在不到 10 年的时间内其库容几乎因为泥沙淤积而消耗殆尽，因此，青铜峡水库对其下游河段包括巴彦高勒断面的水沙过程的长期影响相对有限，但在 20 世纪 70 年代初期对输沙量的周期变化的影响还是明显的，这也与 1971 年前后小时间尺度周期明显减弱相一致。为了揭示青铜峡水库的库容变化以及泥沙淤积量和淤积速率的变化，下一节将会专门对其进行详细的分析。

3.4　黄河宁蒙河段典型水库的水沙过程及淤积速率

3.4.1　黄河宁蒙河段现有的水利枢纽简介

黄河宁蒙河段干流上较早兴建的水利枢纽有青铜峡水库和三盛公拦河闸，几年前建成的海勃湾水利枢纽。因为其库容都非常小，因而它们对于上游的来水仅有日调节功能。下面对这几个水利枢纽的基本情况做一简述。

3.4.1.1　青铜峡水库

青铜峡水库位于宁夏回族自治区青铜峡市境内青铜峡出口处，1958 年 8 月开工，1960 年 2 月工程截流，1967 年 12 月建成运行。坝址以上流域面积 275 010 km^2，多年平均流速 952 m^3/s，按百年一遇洪水设计流速 7 300 m^3/s、千年一遇洪水校核流速 9 280 m^3/s，多年平均输沙量 2.36 亿 t，实测最大含沙量 431.35 kg/m^3，多年平均含沙量 7.2 kg/m^3，悬移质泥沙平均中值粒径 0.032 5 mm。库区年均降水量 208 mm，多年平均蒸发量 1 500 mm。青铜峡水利枢纽坝址区地层为中奥陶系砂页岩和灰页岩互层，坝肩两岸上部分布有第三系砂砾岩及泥岩（黏土岩）；坝址河床基岩上覆盖的第四系松散砂砾石厚度达 8～15 m。

正常蓄水位下的水库库区长 46 km，设计最高蓄水水位时的水面面积为 113 km^2（张晓华等，2008）。库区因为包括青铜峡峡谷河段，建库前天然河道的平均比降为 0.707‰，是黄河银川平原（古城湾至石嘴山区间，河道比降为 0.186‰）冲积段河道平均比降的 3.8 倍。水利枢纽工程大坝全长 687.3 m，最大坝高 42.7 m，坝顶高程 1 160.2 m。

青铜峡库区可以明显划分为两个区别较大的区段，即以距离坝址 8.2 km 处为界，以下区段为峡谷段，其水面宽度为 300～500 m；以上区段为宽阔河谷区段，汊道、河心滩、滩地串沟等均较多，水面宽度介于 1 500～5 000 m。

青铜峡水库的正常蓄水位和设计洪水位及最高运用水位均为 1 156.00 m，校核洪水位为 1 158.80 m。汛期限制水位、最低运用水位和死水位均为 1 151.00 m。总库容（校核洪水位以下）6.06 亿 m^3，正常蓄水位以下库容为 5.7 亿 m^3，调节库容仅 3.2 亿 m^3（表 3-1），为具有日调节性能的径流式水电站，装机容量为 30.2 万 kW。

表 3-1 黄河宁蒙河段现有水利枢纽基本参数

水库名称	控制面积/万 km^2	总库容/亿 m^3	正常蓄水位/m	相应库容/亿 m^3	调节库容/亿 m^3	调节性能	开工年月	竣工年月
沙坡头	25.4	0.26	1 240.5	0.26	0.1	径流	2002 年 4 月	2004 年 3 月
青铜峡	27.5	6.06	1 156	5.70	3.2	日	1958 年 8 月	1967 年 12 月
海勃湾	31.3	4.87	1 076	4.87		日	2010 年 4 月	2014 年 5 月
三盛公	31.4	0.80	1 055	0.80	0.2	日	1959 年 6 月	1961 年 5 月

3.4.1.2 三盛公水利枢纽

三盛公水利枢纽位于巴彦淖尔市磴口县境内，始建于 1959 年 6 月，于 1961 年 5 月建成，是中国唯一的自流灌溉节制闸，其库容仅有 0.8 亿 m^3，调节库容为

0.2 亿 m^3（表 3-1），装机容量 0.2 万 kW。三盛公水利枢纽是闸坝工程，建成后抬高闸前水位 5 m 左右。承担着河套灌区 865 万亩的农田灌溉任务，控制灌溉面积达 1 700 万亩，是整个河套地区及鄂尔多斯市部分灌区的水利大动脉，是一座以灌溉为主，兼有防凌防汛、航运、公路运输、发电及工业供水，渔业养殖综合利用的闸坝工程。

3.4.1.3　海勃湾水利枢纽

黄河海勃湾水利枢纽位于内蒙古自治区乌海市境内，水坝上距石嘴山水文站 50 km，下距三盛公水利枢纽 87 km，是一座以防凌、发电等综合利用为主的大型平原水库。左岸为阿拉善盟，右岸为乌海市。其建设任务是防凌、发电等综合利用工程，为大（2）型Ⅱ等工程，是黄河内蒙古段唯一的一座调节控制性枢纽工程。2010 年 4 月开工，2014 年 5 月建成。

海勃湾水利枢纽坝址以上黄河主河道长约 2 837 km，控制流域面积 31.34 万 km^2。水库正常蓄水位 1 076.0 m，死水位 1 069.0 m，总库容 4.87 亿 m^3（表 3-1）。设计洪水标准为 100 年一遇，校核洪水标准为 2000 年一遇。土石坝布置在黄河左岸，坝长 6 371 m，顶宽 7 m，最大坝高 16.2 m；泄洪闸共 16 孔，布置在黄河主河槽中左部；水电站布置在河床坝段右岸，装机 4 台，总装机容量 9 万 kW，多年平均发电量 3.82 亿 kW·h。正常蓄水情况下可以形成超过 100 km^2 的水面。

在防洪方面也有显著作用，通过该水利枢纽拦蓄汛期洪水，可使内蒙古河段的设防标准由 50 年一遇提高到 100 年一遇。

3.4.1.4　沙坡头水利枢纽

黄河沙坡头水利枢纽主要任务是灌溉和发电，2002 年 4 月开工，2004 年 3 月竣工。总控制灌溉面积 134 万亩，总库容 0.26 亿 m^3，调节库容 0.1 亿 m^3；总装机 12.03 万 kW（表 3-1）。最大坝高 37.8 m，坝顶长 867.65 m，坝顶高程 1 242.6 m。泄洪闸设计泄洪流量 6 550 m^3/s。

考虑三盛公和沙坡头水利枢纽的调节库容很小，对于坝址上游来水来沙的调节能力有限；海勃湾水利枢纽虽然库容略次于青铜峡水库，但因建成时间晚，库区水沙资料缺乏，因此，下面将以青铜峡水库的水沙变化过程及库容淤积特征为研究对象，论述研究河段典型水库的泥沙冲淤过程及其淤积速率变化特征。

3.4.2 青铜峡水库泥沙淤积量及库容变化

青铜峡水库在1966—1976年的年悬移质泥沙入库量和出库量（图3-12）表明，在大坝尚未合龙之前的1966年，进出库区的悬沙量非常接近；而在大坝合龙后当年1967年，入库悬沙量高达3.44亿t，出库悬沙量为1.26亿t，当年净淤积悬沙量2.18亿t。1967—1972年，青铜峡水库的入库悬沙量都远大于出库悬沙量，这是青铜峡水库严重淤积时期，库容减小到仅有0.79亿m^3。此后直至1976年，进出库悬沙量非常接近，库区基本保持冲淤平衡状态。也就是仅用了6年时间，青铜峡水库已经明显失去了水沙调控作用。因此，对其下游河道泥沙输移和河道冲淤来说，青铜峡水库影响的时限大致就是1967—1972年。

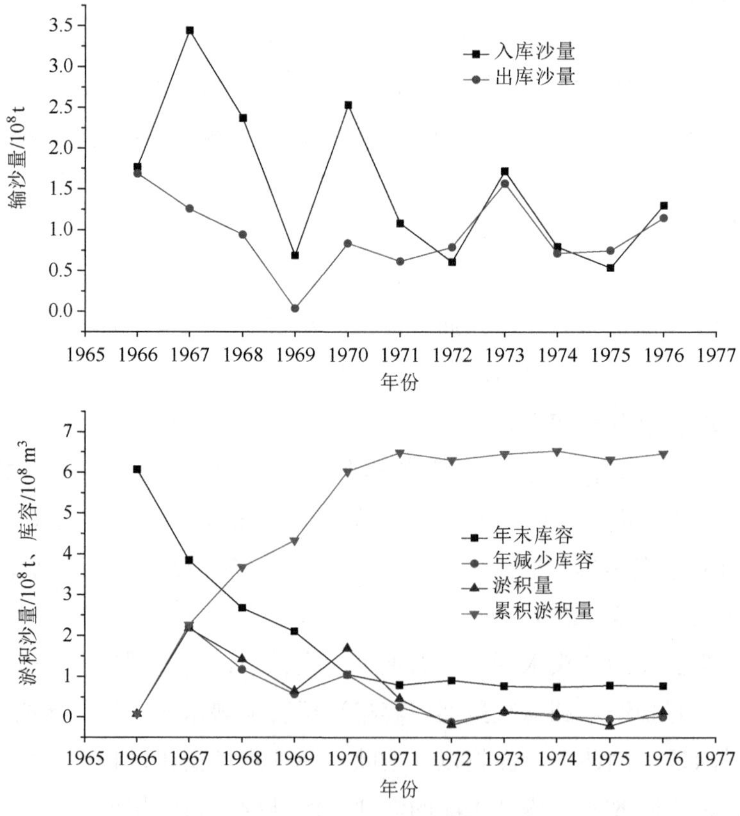

图3-12 青铜峡水库入、出库沙量，淤积沙量及库容年际变化

3.4.3　青铜峡水库泥沙淤积速率时空变化特征

用泥沙收支平衡方法和多个横断面变化比较方法可分别获得不同时期库区泥沙淤积速率的总体变化和空间变化。

尽管青铜峡水库库容小、短时期内库容因为泥沙淤积而大幅度减小，但库区不同时期的泥沙淤积速率还是有着较大的差异。将青铜峡水库开工建设的初始年到 1976 年作为考察期，结合前述的淤积量变化的差异性，可将该时期划分为入库泥沙略微大于出库泥沙的 1963—1966 年、入库泥沙远大于出库泥沙的 1967—1971 年和入库泥沙略微小于出库泥沙的 1972—1976 年三个时段（图 3-13），由此可以计算获得这三个时段的悬移质泥沙的淤积速率分别为 0.039 5 亿 t/a、1.281 6 亿 t/a 和 –0.004 6 亿 t/a（图 3-13），分别呈现出轻微淤积、强烈淤积和略微冲刷状态。

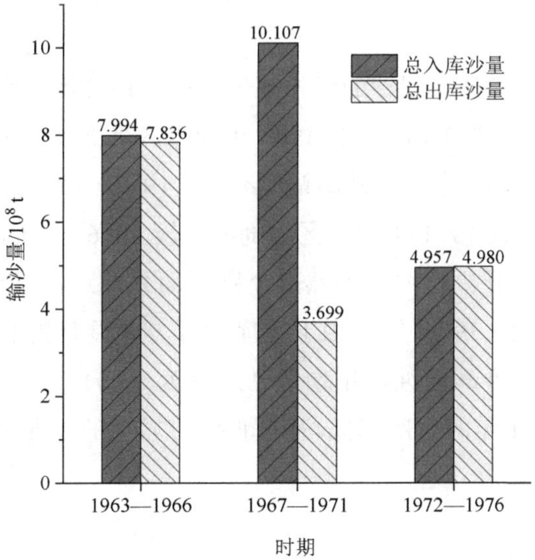

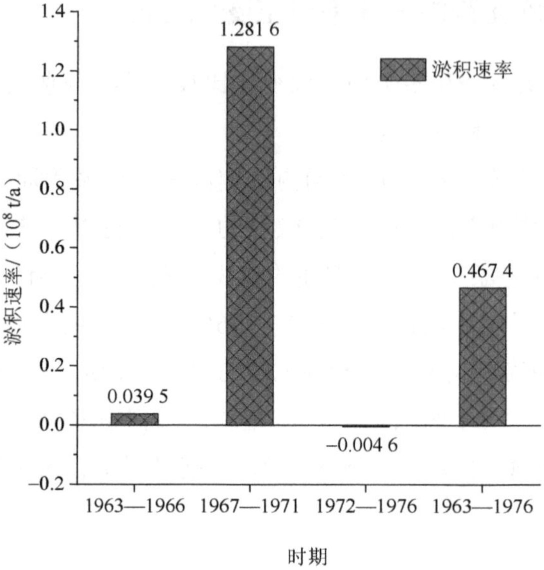

图 3-13　青铜峡水库不同时期入、出库泥沙总量及悬沙淤积速率

由于不同时期的悬移质泥沙的淤积速率不同，由此造成青铜峡水库纵剖面呈现出阶段性变化特征，图 3-14 表明，1963 年的库区纵剖面与 1966 年的基本相似，由于泥沙淤积速率很小，纵剖面升高幅度有限。1967—1971 年呈现出的极大悬移质泥沙淤积速率，导致 1971 年的库区纵剖面相较 1966 年的显著升高，也基本呈现出越靠近坝址处其升幅越大，当然，个别断面处如距坝里程为 18.31 km 处其升幅相对较小。1972—1976 年，由于水库运行方式调整为非汛期蓄水、汛期排沙，使得库区发生泥沙净侵蚀，年均侵蚀速率为 0.004 6 亿 t/a，这导致 1976 年的库区纵剖面比 1971 年的有所降低，而降低幅度较大的断面基本位于纵剖面中部附近。

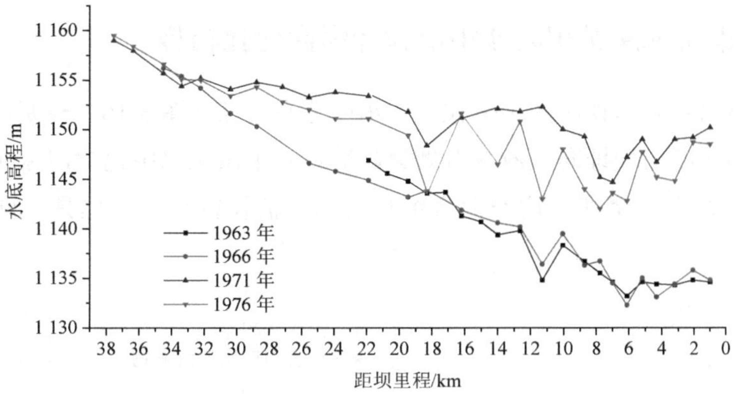

图 3-14　青铜峡水库不同年份水底纵剖面变化特征

不同年份间青铜峡库区纵剖面淤积升高或者侵蚀降低的幅度不同，表明不同时期沿纵剖面的有关测点的沉积速率也会不同，因而有必要比较青铜峡水库在库容变化较大时期的沉积速率的空间变化特征。1963—1966 年的库区纵剖面的泥沙淤积速率波动明显，但多数测点（横断面）为正值，表明以沉积占优势（图 3-15）。1967—1971 年，沿着纵剖面越向库尾（向上游）沉积速率越小，而越向坝址沉积速率越大。1972—1976 年，仅在库尾的几个横断面处呈现出较小的沉积速率数值，而水库中前部几乎所有的横断面都呈现出波动较大的侵蚀速率。

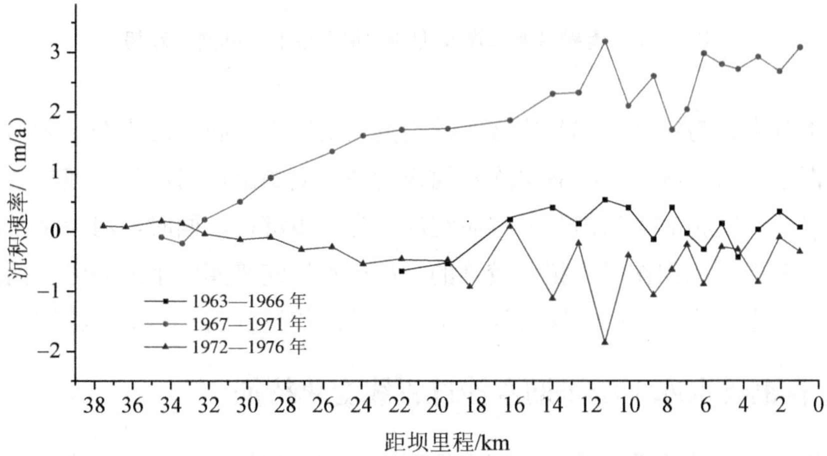

图 3-15　青铜峡水库不同时期泥沙淤积速率沿纵剖面的变化特征

3.4.4 青铜峡水库淤积泥沙中值粒径纵向变化趋势

青铜峡水库淤积物质的中值粒径的纵向分布特征（图 3-16）表明，悬移质泥沙淤积物的粒度由坝址向上游具有增大趋势；水下淤积物中包含河床质物质的样品基本出现在水库尾部，这类混合沉积物的中值粒径很大，也具有向上游变大趋势。

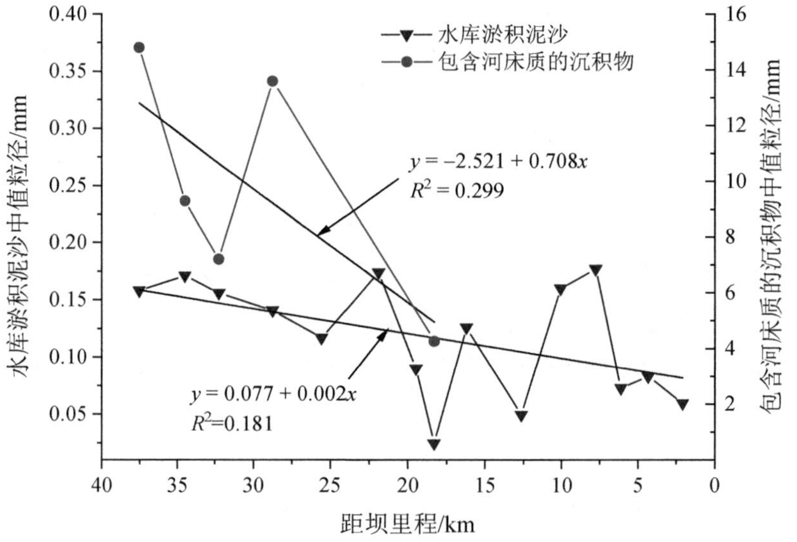

图 3-16 青铜峡水库淤积泥沙中值粒径的空间变化趋势

这类分布趋势实际上也是库区水动力变化的客观反映，因为在上游河流携带悬移质泥沙进入库区时，随着水库水面作为基准面的出现河流的流速将会显著变小，这导致粒度相对大的部分悬移质泥沙首先发生沉积，同时，河流携带的推移质也发生分选性沉积作用；相对较细的悬移质泥沙随着库区水流的流动而向坝址方向逐渐发生分选性沉积，这就导致了淤积泥沙的粒度的上述变化特征。

3.4.5 青铜峡水库下游汛期水沙过程线变化特征

青铜峡水文站位于青铜峡水库大坝下游，因而青铜峡水文站的水沙观测数据会反映出青铜峡蓄水及悬移质泥沙冲淤的影响。图 3-17 反映的是青铜峡水文站分别在 1956 年、1966 年、1976 年、1990 年和 2006 年的汛期流量及其对应的含沙量过程线。

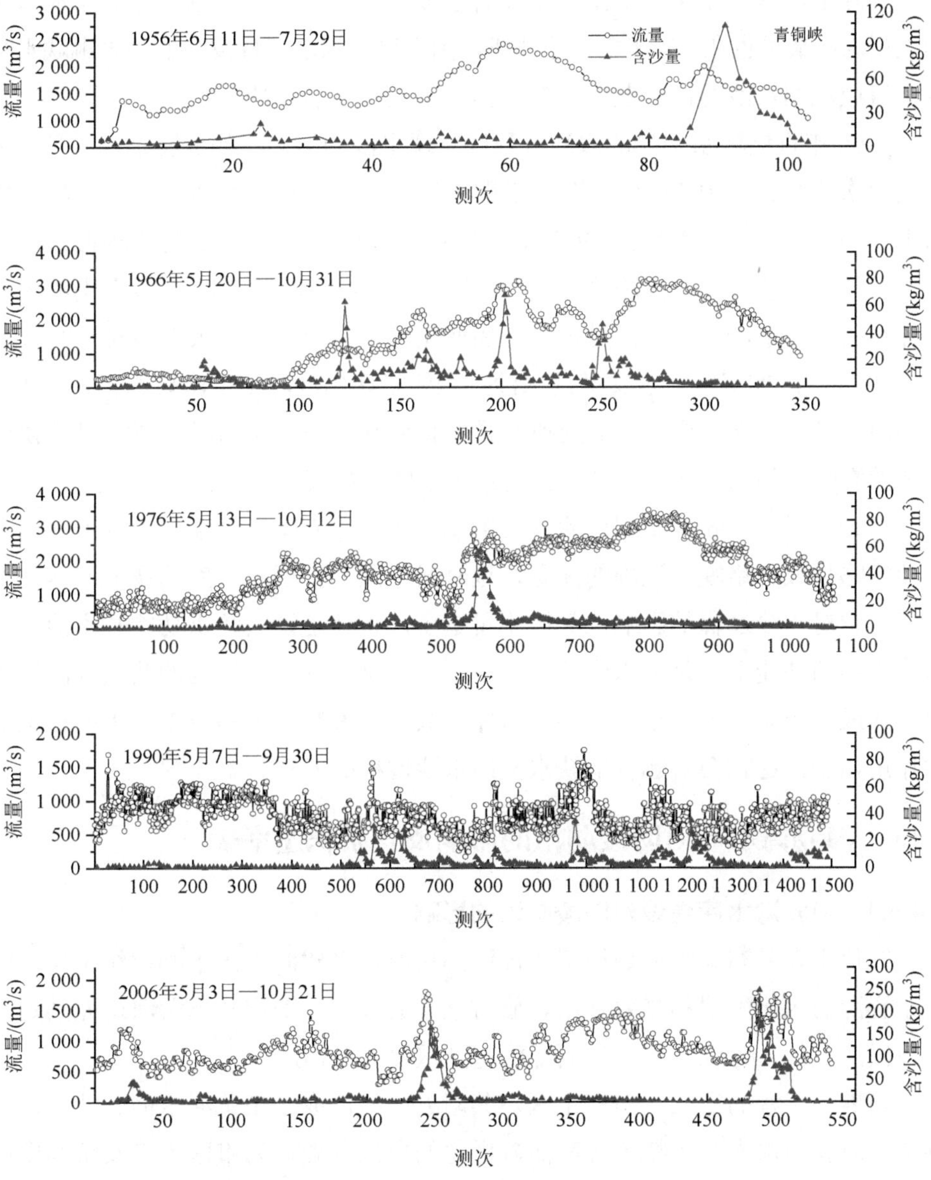

图 3-17　青铜峡水文站典型年份汛期流量—含沙量过程线比较

1956 年青铜峡水文站的流量和含沙量这一水沙过程线呈现出洪峰远早于沙峰的特征，同时，主沙峰较少（最明显的仅 1 次）并且发生在当年整个汛期的晚期。实际上，这时候黄河上游几乎没有建成任何大型水库，包括青铜峡水库在内的大型水库最早也在 12 年之后才建成，因而这一水沙过程反映的是青铜峡水文站以上流域汛期水沙的自然发展组合过程，未受人类活动的影响。

1966 年青铜峡水文站的水沙过程线呈现出沙峰早于洪峰的特征，并且，主沙峰出现次数明显较 1956 年增多（较明显的有 3 次），此外可以发现，沙峰发生在汛期早期。青铜峡水库是在 1958 年 8 月开工，而在 1960 年 2 月工程截流，也就是说，自 1960 年 2 月起青铜峡大坝可以初步蓄水拦沙。显然，在没有别的大型水库存在的条件下，汛期水沙过程的上述变化肯定会受到青铜峡大坝建设的影响。

1976 年汛期青铜峡水文站的水沙过程线呈现出沙峰早于洪峰的特征，并且明显的沙峰仅有 1 次，这实际上受到青铜峡水库 1971—1976 年实行的蓄清排洪运行模式的影响，因为是人为排沙，因此最大沙峰的出现是人为控制的结果。

1990 年和 2006 年青铜峡水文站的水沙过程线基本上呈现出洪峰沙峰同期或者沙峰略早或者略晚于洪峰的现象，这时候，因为青铜峡水库的调节库容几乎消失了，它对水沙过程的影响已经微不足道了，也就是说其防洪功能基本消失，该水库尚存的功能主要是引水灌溉和发电了。但是，这时候遥远的黄河源区等河段已经建成了一系列大大小小的各型水库，其中刘家峡水库和龙羊峡水库在汛期蓄洪作用显著，这就会引起青铜峡水文站水沙过程的调整。

3.4.6 海勃湾水库对防凌防汛的影响及其淤积速率

3.4.6.1 海勃湾水库建设对防凌防汛的影响

在位于乌兰布和沙漠边缘干旱地区的乌海市兴建海勃湾水利枢纽工程，对黄河水资源的优化配置和高效利用、旅游景观的改善、增进其下游河道尤其是河套平原段河道行洪等综合治理方面都将起到重要促进作用。

随着该工程的完工，乌海市区及其附近已经形成了集黄河水面、沙漠、人工湖泊（海勃湾水库）等特色鲜明而多样化的自然景观，为市区人口及游客提供了深度体验的干旱区沙漠沙丘与广阔湿地比邻共生的旅游景观，湿地面积的扩大也会有益于当地的小气候状况，有利于对风沙灾害的治理和生态系统的恢复。

黄河内蒙古河段是黄河主河道迁徙嬗变的最北段，一般在冬季封河期和春季开河期容易出现严重凌情，造成灾害。在初冬其水面流冰时期上游河段和下游河段都尚未开始结冰，会引起宁蒙河段的河道因流冰拥塞而出现凌汛；而当次年初春，冰层解冻时也会出现流冰拥塞，引起春汛。由于宁蒙河段所在的地区四季分明，气温变化引起河道水面封冻和解冻的交替发生难以避免，因而凌汛年年必发，这成为河道决口和发生洪灾的潜在风险。黄河源区修建的龙羊峡水库、刘家峡水库可以进行防凌调度，这在一定程度上提高了黄河宁蒙河段的防洪标准，减轻了宁蒙河段的凌灾损失，但是，由于这两个水库远离黄河内蒙古河段，在该河段凌汛灾害防治的流量调度的灵敏性上有所欠缺（张志红，高治定，2000）。海勃湾水利枢纽工程的建成可以配合上述两个水库的防凌调度，适时调控凌汛期流量，提高黄河内蒙古河段的防洪标准，减轻宁蒙河段的凌灾损失。

研究表明（芦璐，安鹏，2021），海勃湾水库建成和运行后，黄河内蒙古河段首凌日期推后，首封日期提前；巴彦高勒断面流凌、封河日期明显推后，开河日期明显提前；巴彦高勒断面冰厚显著变小，三湖河口及头道拐断面冰厚略增大；凌汛期槽蓄水增量减小，最大 10 天水量及桃汛洪峰流量显著减小。

3.4.6.2　海勃湾水库建设的生态环境效应

枢纽电站可充分利用水能发电，向蒙西电网提供年均 3.8 亿 kW·h 的清洁能源。同时，海勃湾水利枢纽建成后，在正常蓄水位条件下，可形成 118 km^2 多的水面面积，在黄河上游内蒙古干旱区河段形成一个面积广阔的人工湖泊，不但有利于改善乌兰布和、库布齐、毛乌素三大沙漠交汇区域的小气候，提高自然生态的修复功能，促进我国主要沙尘源区域生态环境的改善，而且有利于改善城市环境，提升城市品位和居民生活质量，改善当地民生，对促进地方经济社会发展和生态文明建设都具有十分重要的意义。

3.4.6.3　海勃湾水库建成初期的淤积速率及效应

海勃湾水库的初始总库容为 4.87 亿 m^3，于 2013 年 8 月下闸蓄水运用，至 2016 年 7 月，累计淤积泥沙 0.456 亿 m^3（韦诗涛等，2018）。最初三年的年均淤积速率为 0.152 亿 m^3/a，如取泥沙干容重为 1.7 t/m^3，换算后则得到年淤积的泥沙重量为 0.258 亿 t/a，这比水库建设设计指标前 10 年年均拦沙量 0.426 亿 t 小了近 40%。该水库的建设主要是用来促进黄河内蒙古河段的防凌防汛、生产清洁能源、改善区地生态条件，而不是用来拦截河流携带来的泥沙，从这些方面综合考察，海勃湾水库运行初期数年的泥沙蓄积量明显小于设计允许的淤积量，这很好地保持了该水库的蓄水库容，有助于其防灾功能、清洁能源生产功能和生态改善功能的持续发挥。

3.4.6.4 海勃湾水库建成对下游河道的影响

海勃湾水利枢纽的建成和运行对其下游的黄河内蒙古河段的水流和泥沙冲淤存在明显影响（图 3-18、表 3-2）。首先，海勃湾水利枢纽运行后，对坝下一定范围内的水动力与热力因素产生影响，水库坝下 30～40 km 河段将不再出现封冻而保持常年自由水面状态（赵凝等，2021）；其次，海勃湾水库运行初期的拦沙量相对较大，这造成了石嘴山至该水库水坝间这一河段泥沙明显淤积，客观导致石嘴山—巴彦高勒河段相对于以往有更多的泥沙淤积，但是，该水坝至巴彦高勒河段的泥沙淤积量理论上有所减小。水库下泄的水流因为含沙量相较以往更低，这就会引起水库以下至头道拐河段的河道冲刷量相对增大。根据设计数据，海勃湾水利枢纽运用前 10 年共拦沙 4.26 亿 t，年均拦沙 0.426 亿 t，平均拦沙率达 46.4%，在运用 50 年内共拦沙 6.41 亿 t，平均拦沙率为 14%（赵凝等，2021），显然，该水利枢纽对下游河道冲淤的影响在最初 10 年影响较为明显，此后逐渐变弱。

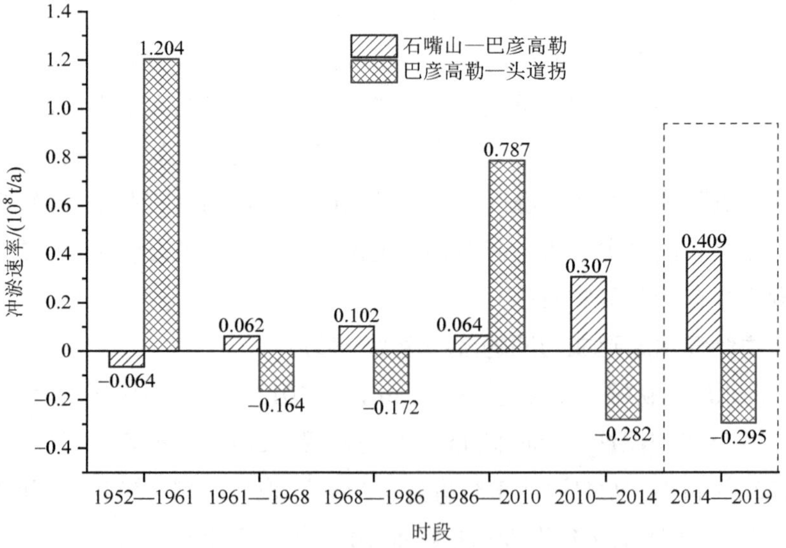

图 3-18 海勃湾水库修建前后其下游河道冲淤速率对比

表 3-2　黄河内蒙古河段年均冲淤量［据赵凝等（2021）增补］

单位：10^8 t/a

时期	石嘴山—巴彦高勒	巴彦高勒—三湖河口	三湖河口—头道拐	巴彦高勒—头道拐
1952—1961 年	–0.064	0.349	0.855	1.204
1961—1968 年	0.062	–0.203	0.039	–0.164
1968—1986 年	0.102	–0.333	0.161	–0.172
1986—2010 年	0.064	0.181	0.606	0.787
2010—2014 年	0.307	–0.311	0.029	–0.282
2014—2019 年	0.409	–0.287	–0.008	–0.295

3.4.6.5　海勃湾水库建成对河流悬沙输移的影响

海勃湾水库运行后，由于库内淤积下泄含沙量很低，甚至下泄清水，从而引起下游河道长距离冲刷，水库下泄含沙量不断恢复，加之前期冲刷使河道的挟沙能力降低，随着运用年限的增加，水库的拦沙作用逐渐减弱，对下游河道的减淤作用也相应减弱，由于下泄水沙过程不相适应，会产生冲淤交替变化，该河段会处于微冲或微淤状态。

受海勃湾水库建设拦沙及运用方式的影响，水库下游的巴彦高勒断面悬移质泥沙粒径明显变粗，其中值粒径由 2009—2013 年的平均值 0.03 mm 增大至 2014—2017 年的平均值 0.07 mm，但是，对三湖河口断面的悬沙粒径影响较小，而对头道拐断面的几无影响。此外，由泥沙颗粒级配曲线分布特征可知，海勃湾水库建成后巴彦高勒断面的悬移质泥沙粗粒部分占比明显增大，具体表现为小于 0.062 mm 径级的泥沙体积百分数较建库之前变小，而大于 0.062 mm 各粒径级的体积百分数所占比例较建库之前明显增加，其中 0.25 mm 粒级泥沙的相应体积百分数增加近 1 倍（屈利红，吴小爽，2019）。三湖河口、包头和头道拐断面的悬沙颗粒级配曲线分布在海勃湾水库建成前后基本重合，表示这些断面所在处的河流受到该水库的影响很小，海勃湾水库的建成和运行对这些河道段的泥沙输移能力几乎没有明显影响。可见，水库建设和运行主要对坝下附近的河道及其水沙输移功能的影响较大，越到下游受到的影响越小。

3.4.7　三盛公水库泥沙淤积速率及效应

3.4.7.1　三盛公水库库容变化趋势

三盛公水利枢纽属于大型闸坝式平原低水头水库，1961 年投入运用。水库设计总库容为 0.8 亿 m^3，建库前实测 1 055 m（黄河高程）以下库容为 9 525 万 m^3，经过近 50 余年的运行，至 2018 年汛后库容为 5 551 万 m^3，占设计总库容的 69.4%。由三盛公水利枢纽建库至 2018 年汛前汛后库容年际变化（图 3-19）可见，库容 2001 年前明显具有减小趋势，而且汛前库容总体上大于汛后库容，个别年份例外。而在 2001 年之后，无论是汛前库容还是汛后库容总体上都趋于增大，汛后库容大于汛前库容的年份所占的比例较先前显著变大。

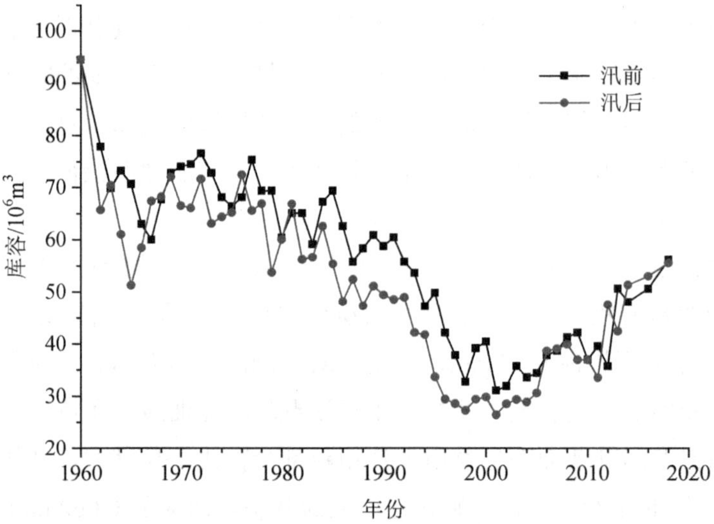

图 3-19　三盛公水库汛前汛后库容年际变化

3.4.7.2　三盛公水库泥沙淤积速率年际变化特征

三盛公水库 1961—2018 年各年汛期库容增减幅度和泥沙冲淤量如图 3-20 所示，其中库容的增加和减小量分别可用来表示水库中泥沙的冲刷和淤积的体积。这里用泥沙的年冲淤重量来表示水库的泥沙淤积速率，则泥沙年冲淤速率可由泥沙干容重乘以水库库容的年变化量得到，这里采用的泥沙干容重为 1.7 t/m^3。由

图 3-20 可见，在上述时期内各年的汛期库容变化和泥沙汛期冲淤速率变化基本上以 1995 年为界可以划分出两个明显不同的变化时期：1995 年之前的库容随着时间的变化具有波动减小趋势，而年泥沙淤积速率则具有波动增大趋势；1995 年之后的各年汛期水库库容随着时间的变化具有明显的波动增大趋势，而水库中汛期的泥沙淤积速率则具有显著的波动减小趋势。此外，从图 3-20 中还可以发现，1982—2005 年以水库淤积为主，而在 2012 年之后水库有连续年份的净冲刷，这与其上游海勃湾水库的开工建设和建成运行相关。在 1982 年之前的个别年份出现了净冲刷，这可能与当年汛期来水来沙的组成变化有关。

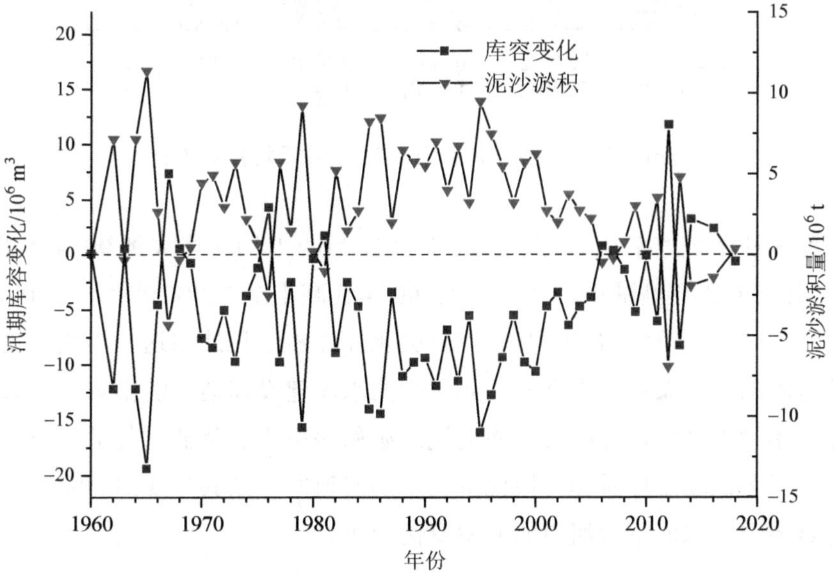

图 3-20　三盛公水库汛期库容增减幅度和泥沙淤积量年际变化

3.4.7.3　三盛公水库淤积速率年代际变化对比

三盛公水库不同年代泥沙平均淤积速率（其中 21 世纪 10 年代的数据为 2010—2018 年 9 年数据的平均值）具有显著差别，并且有明显的变化规律（图 3-21）。

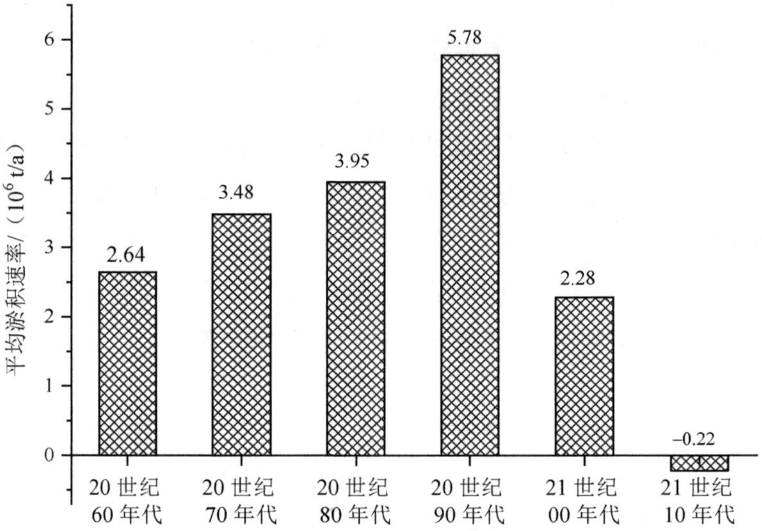

图 3-21　三盛公水库不同年代泥沙平均淤积速率

水库泥沙淤积速率从 20 世纪 60 年代的 2.64×10^6 t/a 增大到 90 年代的 5.78×10^6 t/a，然后开始逐渐减小，至 21 世纪 00 年代减小至 2.28×10^6 t/a，而到 10 年代再减小到 -0.22×10^6 t/a（净冲刷）。三盛公水库泥沙淤积速率这一年代变化趋势表明，该水库的泥沙淤积速率严格受到海勃湾水库建设和运行的影响，当海勃湾水库截流开始拦沙之后，三盛公水库的泥沙淤积速率明显降低，甚至变为净冲刷。如果将三盛公低坝水库看作一段比降较小的河道段，则其呈现出的泥沙冲淤变化态势完全体现了水库下游河道的冲淤变化规律。

第4章　黄河宁蒙冲积河段悬沙冲淤量及冲淤速率

河道演变主要是对流域内诸如气候、地表物质组成、泥沙供给等自然因素变化的响应。然而，随着流域内人口数量的增加和人类活动的加强，人类活动成为河道演变中越来越重要的影响因素。正如 Brown（1997）所指出的，人类与河流之间悠久的相互作用历史贯穿了整个全新世。人类活动对河道动力的影响随着人口的持续增加而加剧，特别是在 19 世纪的工业革命之后。人类活动，如水库建设、河道采砂、护岸工程建设和土地利用的改变都在很大程度上影响和改变着河道的天然动态（Brandt，2000；Batalla et al.，2004；Kesel，2003；Surian，1999；Surian and Rinaldi，2003；Wellmeyer et al.，2005）。

人类对河道形态和河流过程的影响包括间接和直接影响两个方面，例如，流域内土地利用变化与河流管理的实施措施作为间接影响因素可以改变河流的产流和产沙量；大坝和淤地坝的大量建设作为一种直接的影响因素可以拦截来自河流上游的泥沙，这从根本上改变了河流的水文过程（Draut et al.，2011）。尽管人类活动对河道动力响应的研究取得了很大进展，但泥沙输移方式和输移量的变化以及大坝下游河道的响应机制在许多河流流域仍不清楚（Williams and Wolman，1984；Grant et al.，2003；Walling and Fang，2003；Renwick et al.，2005；Wang et al.，2006；Yang et al.，2007；刘成等，2008；Kummu et al.，2010；Ran et al.，2010；Draut et al.，2011；Wang and Li，2011），因而，这仍然是河流地貌学家需要持续关注的研究领域。

黄河因含沙量高、下游淤积速度快而闻名于世。1950—2004 年，黄河下游年均泥沙淤积量为 1.58 亿 t/a（刘成等，2008），黄河下游泥沙淤积使河床不断抬升，形成“悬河”，给防洪带来巨大压力（Xu，2002）。近几十年来，黄河上游的宁蒙（宁夏—内蒙古）（图 4-1）冲积段河床上升明显，其中临河附近约 150 km 长的河道也像黄河下游河道一样出现了“悬河”。这一现象对该河段的洪水管理造成了前所未有的压力。辫状河段频繁的河道移动和曲流河段的迁移导致河岸侵蚀和河道决口，危及附近的定居点和基础设施（Yao et al.，2011）。人类在泛滥平原区的住宅建设和生产活动也有所增加，导致洪灾造成的经济损失不断增加（Hoffmann et al.，2010）。因此，黄河宁蒙冲积河段的河道变迁造成了严重的社会、经济和环境问题（Ta et al.，2008；吴加敏等，2006）。例如，1981 年 8 月发生的洪水，其洪峰流量为 5 450 m^3/s，在三湖河口站的水位高程为 1 019.63 m，造成 9 处决口、淹没农田 18 480 hm^2，许多建筑物、桥梁、灌渠和道路被毁（黄河水利委员会黄河志编辑室，1991）。相比之下，1996 年 3 月发生的洪水，其洪峰流量只有 1 490 m^3/s，但在三湖河口站的洪峰水位高程为 1 020 m，与 1981 年 8 月大洪峰流量下的洪水水位基本相当，造成的损失与 1981 年洪水的相同。也就是说，随着河床的淤积升高，小流量高水位现象经常发生，使该河段的洪水灾害自 20 世纪 80 年代以来变得更加频繁。有研究认为，宁蒙冲积河段河道淤积是在上游水库调节引起汛期相对小的流量条件下、黄土高原支流侵蚀泥沙不断输送并长期淤积的结果（王彦成等，1996；赵文林等，1999），还有研究表明，该河段的河道淤积是由周围沙漠沙的常年输入引起的（Ta et al.，2008；杨根生，2002）。例如，Ta 等（2008）强调，在过去四十年中，宁蒙冲积河段的河道在没有风成沉积物供应的情况下已经退化。这些研究结果表明，宁蒙冲积河段的河道变化规律及其驱动因素尚不清楚。此外，由于悬移质泥沙供给和人类活动的复杂性，研究区不同河段和不同时期的河道变化也可能不同。

本章研究目的是分析 1952—2007 年研究区不同尺度河段上悬移质泥沙冲淤速率的时空变化，揭示影响悬移质泥沙冲淤时空变化的主要驱动因素。

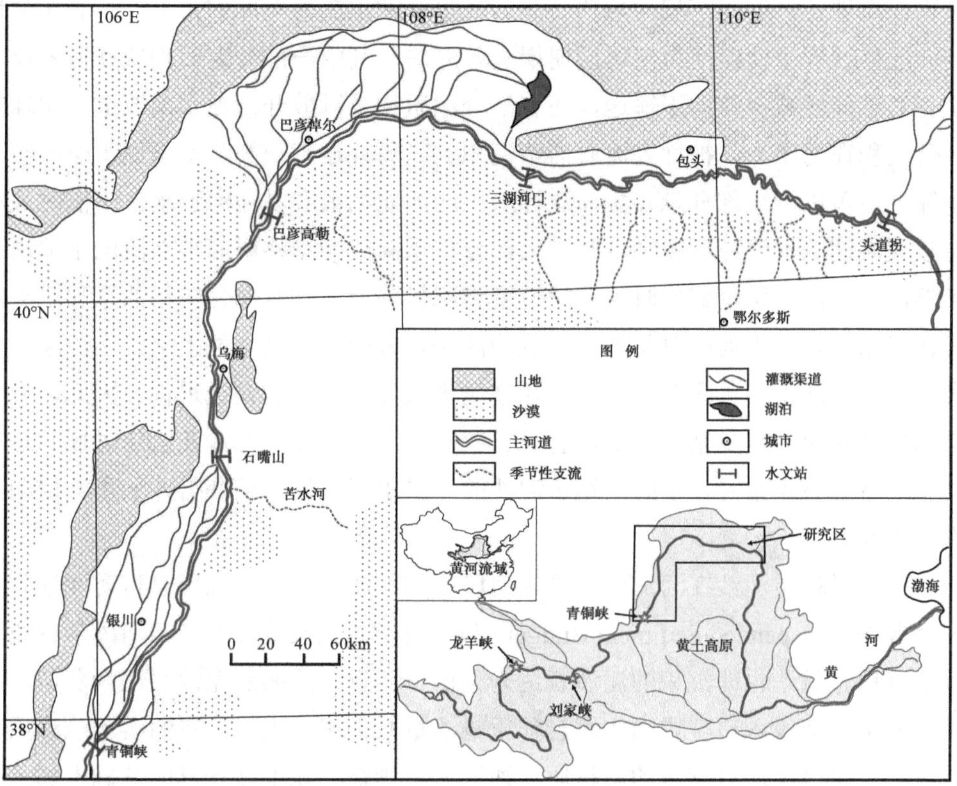

图 4-1　黄河宁蒙冲积河段及主要水文站位置图示

4.1　宁蒙冲积河段悬沙冲淤速率的时间变化

4.1.1　悬沙冲淤量和冲淤速率的计算方法

河道冲淤包括河床的冲淤和河岸带的冲淤两个方面。由于黄河宁蒙冲积河段的河床质由宁夏卫宁河段的卵石质变为青石河段上段的砾质，再变化为砂质，并且砂质河床质在内蒙古河段基本有沿程变细的趋势，因此，这类河床质的冲淤变化导致的河床抬高或刷深，与水流挟带的悬移质泥沙关系不是非常密切。实际上，一个给定河段，水流挟带的悬移质泥沙如果要发生沉积，那么它主要在高水位时沉积在滩地上，这样沉积的悬移质此后就很难被水流再次冲刷带走。只有在河道侧向迁移过程中使得河岸泥质层崩塌进入河道，其中一部分泥质物散开后悬浮再次变为悬移质被水流向下输送，还有部分泥质物难以散开而被水流改造成泥球或泥砾沉积在河床上，被称为泥质滞留沉积物。另外还有一类，就是低水位时缓坡岸滩上也可以沉积部分悬移质，这样沉积的泥质物很容易在河流水位上涨时被相对较大流速的水流冲刷侵蚀，其中大部分将重新成为悬移质而被水流向下输送。当然，当河流水位足够低时水流的速度将明显降低，这时部分较粗的悬移质会沉积在河床上，由于河床总是处于水流的冲刷过程中，一旦水位上涨、水流速度增大，这些泥沙将会再次悬浮，成为悬移质再次参与向下的输送过程。因此，悬移质的冲淤状况非常复杂，但是，基于了解某个河段悬移质泥沙在给定时段的总冲刷量或者总淤积量时，不必纠结于泥沙的冲淤机理，仅需要获得冲淤量数值即可满足需要。

对于悬移质泥沙在河流体系给定河段中的冲淤变化，可以用悬移质泥沙收支平衡方法（Suspended Sediment Budget）进行计算。如果重点要考察河段悬移质泥沙的沉积总量，也即沉积的泥沙表达为正值，相反，冲刷的泥沙表达为负值，那么，就可用河段入口位置的实测悬移质输沙量减去河段出口位置的实测悬移质输沙量。如果区间还有支流的悬移质泥沙输入，则需要在上述计算的基础上加上这部分悬移质输沙量；如果区间还有分流的悬移质泥沙输出，则需要在上述计算的基础上减去这部分悬移质输沙量。这样，基于河段沉积泥沙为正值的泥沙收支平衡方程可表达如下：

$$D_{\mathrm{S}} = S_{\mathrm{in}} - S_{\mathrm{ex}} + St_{\mathrm{in}} - Sd_{\mathrm{out}} \quad (4\text{-}1)$$

式中，D_{S} 为河段悬沙沉积量；S_{in} 为河段入口实测悬移质输沙量；St_{in} 为河段内支流的悬沙输入量；Sd_{out} 为河段内分流的悬沙输出量；S_{ex} 为河段出口实测悬移质输沙量。

如果重点要考察河段悬移质泥沙的侵蚀（冲刷）总量，也即侵蚀的泥沙表达为正值，相反，沉积的泥沙表达为负值，那么，就可用河段出口位置的实测悬移质输沙量减去河段入口位置的实测悬移质输沙量。如果区间还有支流的悬移质泥沙输入，则需要在上述计算的基础上减去这部分悬移质输沙量；如果区间还有分流的悬移质泥沙输出，则需要在上述计算的基础上加上这部分悬移质输沙量。

$$E_S = S_{ex} - S_{in} - St_{in} + Sd_{out} \tag{4-2}$$

式中，E_S 为河段悬沙侵蚀量。

本章还有一个目标是计算悬移质泥沙的冲淤速率。根据前述泥沙收支平衡方法计算获得给定河段、给定时段的悬移质净冲刷量或者净淤积量，据此可以根据需要即可计算同地同期悬移质泥沙的冲淤速率，比如，单位时间的冲淤速率、单位河长的冲淤速率，等等。本章计算中涉及的悬沙冲淤速率有三类，其计算公式分别为：

$$R_T = D_S / T \tag{4-3}$$

式中，R_T 为单位时间的悬沙沉积速率；D_S 为河段悬沙沉积量；T 为时间序列的长度。如果所得数值为负值，则是侵蚀速率；或者用总侵蚀量除以持续时间，可得侵蚀速率。

$$R_L = D_S / L \tag{4-4}$$

式中，R_L 为单位河道长度上的悬沙沉积速率；D_S 为河段悬沙沉积量；L 为河段长度。如果所得数值为负值，则是单位河长侵蚀速率；或者用总侵蚀量除以河段长度，可得单位河长的侵蚀速率。

$$R_{TL} = D_S / (T \cdot L) \tag{4-5}$$

式中，R_{TL} 为单位河道长度及单位时间的悬沙沉积速率；D_S 为河段悬沙沉积量；T 为时间序列的长度；L 为河段长度。如果所得数值为负值，则是单位河长、单位时间的侵蚀速率；或者用总侵蚀量除以持续时间再除以河段长度，可得单位河长、单位时间的侵蚀速率。

4.1.2　宁蒙冲积河段悬沙冲淤速率的年际变化

黄河宁蒙冲积河段专指青铜峡—头道拐河段（图 4-1）。1952—2007 年宁蒙冲积河段不同亚河段的悬移质泥沙冲淤速率的年际变化如图 4-2 所示。

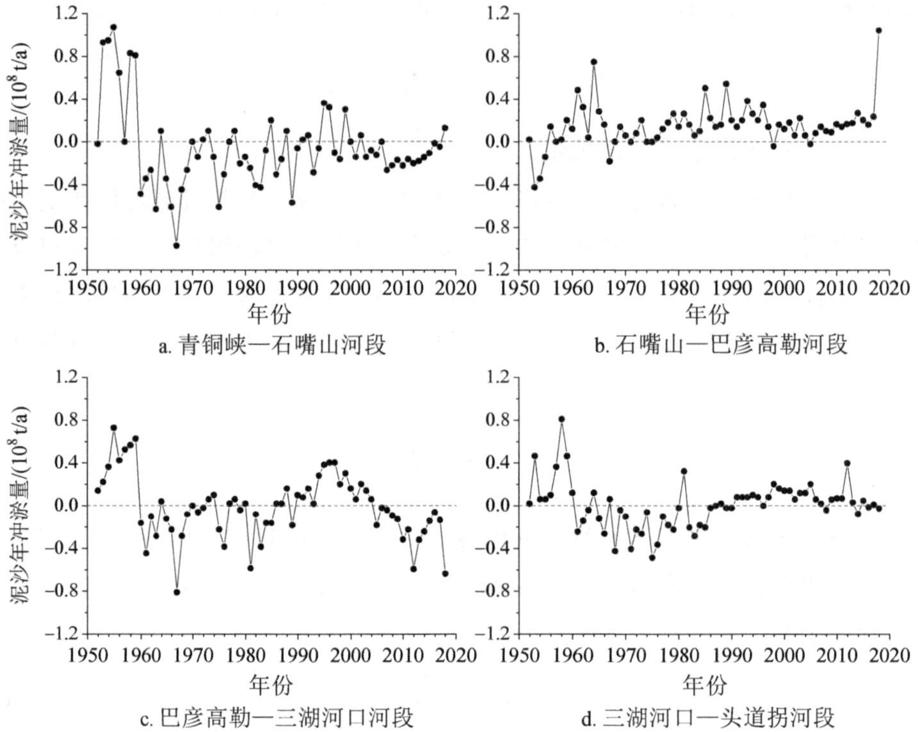

图 4-2 黄河宁蒙冲积河段悬移质泥沙冲淤速率的年际变化

青铜峡—石嘴山亚河段在 1952—1959 年的年均悬移质泥沙淤积速率为 0.653 亿 t/a；而在 1960—2007 年的大多数年份中发生泥沙净侵蚀，该时期年均悬移质泥沙淤积速率为−0.161 亿 t/a（图 4-2a）。如此看来，1960 年可以算作该河段河道从沉积变为侵蚀的一个转折年。其中，1955 年的悬移质泥沙淤积速率最大，达到 1.073 亿 t/a；而最大的悬移质泥沙侵蚀速率出现在 1967 年，当年侵蚀泥沙量达 0.972 亿 t/a。1952—2007 年，青铜峡—石嘴山河段的年均悬移质泥沙淤积速率为−0.045 亿 t/a，河段表现为泥沙净侵蚀。

对于石嘴山—巴彦高勒亚河段来说，1952—2007 年的悬移质泥沙沉积是其主要过程，悬沙净侵蚀仅发生在少数几年内（图 4-2b），其年均悬移质泥沙淤积速率为 0.138 亿 t/a。对于巴彦高勒—三湖河口和三湖河口—头道拐两个亚河段来说，在 1952—1959 年和 1986—2007 年悬移质泥沙的净沉积起主导作用，而在 1960—

1985 年悬沙侵蚀占主导地位（图 4-2c、d）。巴彦高勒—三湖河口亚河段的年均泥沙淤积速率在 1952—1959 年为 0.45 亿 t/a，在 1960—1985 年为 –0.166 亿 t/a，在 1986—2007 年为 0.125 亿 t/a，在 1952—2007 年为 0.037 亿 t/a。三湖河口—头道拐亚河段的年均泥沙淤积速率在上述时段分别为 0.294 亿 t/a、–0.152 亿 t/a、0.077 亿 t/a 和 0.002 亿 t/a。

图 4-3 展示的是整个黄河宁蒙冲积河段（青铜峡—头道拐）和内蒙古河段（石嘴山—头道拐）的悬移质泥沙冲淤速率的年际变化特征。该图同样表明，这两个河段悬移质泥沙净淤积主要发生在 1952—1959 年和 1985—2007 年；而泥沙侵蚀主要发生在 1960—1984 年。这两个河段在 1952—2007 年的泥沙年均淤积速率分别为 0.131 亿 t/a 和 0.307 亿 t/a。

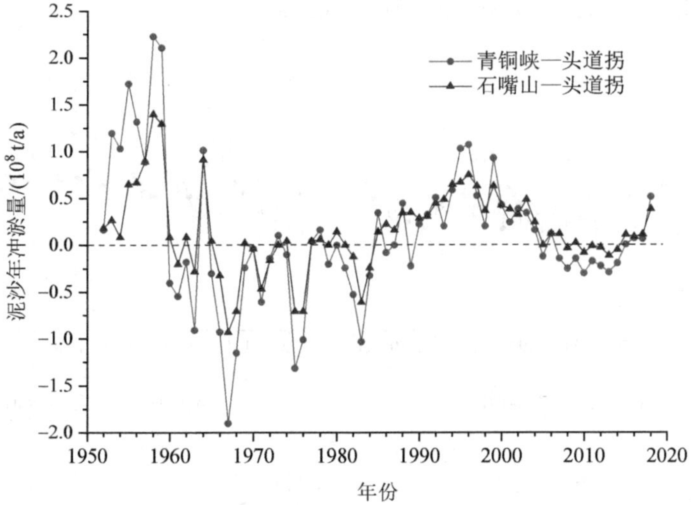

图 4-3 青铜峡—头道拐以及石嘴山—头道拐河段悬沙冲淤速率年际变化

注：正值为沉积速率，负值为侵蚀速率。

4.1.3 宁蒙冲积河段单位河长悬沙冲淤速率年际变化

黄河宁蒙冲积河段不同亚河段每年每千米河道长度上的悬移质泥沙冲淤速率如图 4-4 所示。青铜峡—石嘴山、巴彦高勒—三湖河口和三湖河口—头道拐三个亚河段在 1952—1959 年的每年每千米悬移质泥沙冲淤速率分别为 16.6 万 t/（km·a）、

16.3 万 t/（km·a）和 7.8 万 t/（km·a），在 1960—1985 年的每年每千米悬移质泥沙冲淤速率分别为 –12.79 万 t/（km·a）、–7.50 万 t/（km·a）和 –5.06 万 t/（km·a），在 1986—2007 年的每年每千米悬移质泥沙冲淤速率分别为 –2.82 万 t/（km·a）、5.66 万 t/（km·a）和 2.58 万 t/（km·a）。石嘴山—巴彦高勒亚河段在上述三个时期中的每年每千米悬移质泥沙冲淤速率分别为 –4.63 万 t/（km·a）、11.68 万 t/（km·a）和 12.57 万 t/（km·a）。

1952—2007 年，青铜峡—石嘴山、石嘴山—巴彦高勒、巴彦高勒—三湖河口和三湖河口—头道拐四个亚河段的每年每千米悬移质泥沙冲淤速率分别为 –2.28 万 t/（km·a）、9.7 万 t/（km·a）、1.65 万 t/（km·a）和 0.06 万 t/（km·a）。1952—2007 年，黄河宁蒙冲积河段和内蒙古河段的每年每千米悬移质泥沙冲淤速率分别为 1.53 万 t/（km·a）和 2.66 万 t/（km·a）。

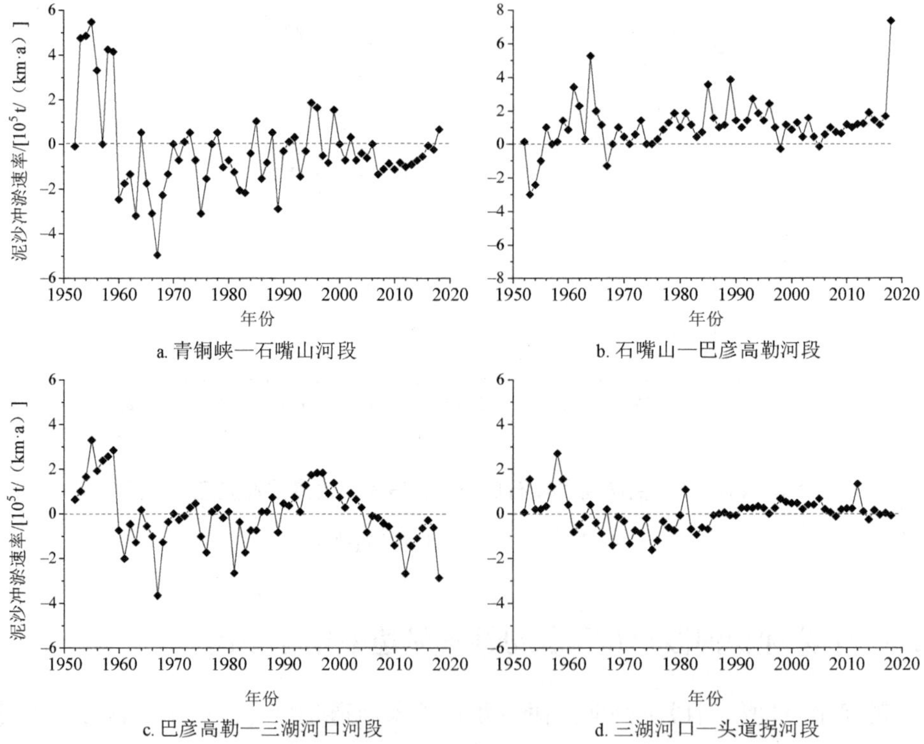

图 4-4　黄河宁蒙冲积河段不同亚河段的每年每千米悬移质泥沙冲淤速率

注：正值为沉积速率，负值为侵蚀速率。

4.1.4　宁蒙冲积河段不同时期悬移质泥沙冲淤速率比较

根据黄河宁蒙冲积河段设立的长期水文观测站自 20 世纪 50 年代以来的观测数据，将黄河宁蒙冲积河段在 1952—2007 年的悬移质泥沙观测序列划分为如下 5 个时期：1952—1959 年、1960—1968 年、1969—1986 年、1987—1997 年和 1998—2007 年，针对上述不同时期内不同区间悬移质泥沙收支平衡进行计算，所得结果列于表 4-1。

表 4-1　黄河宁蒙冲积河段典型区间在不同时期的悬移质泥沙冲淤量和冲淤速率

时期	冲淤量及冲淤速率	青铜峡—石嘴山	石嘴山—巴彦高勒	巴彦高勒—三湖河口	三湖河口—头道拐	青铜峡—头道拐
1952—1959 年	冲淤量/10^8 t	5.222 7	−0.526 3	3.603 2	2.348 3	10.647 8
	冲淤速率/（10^8 t/a）	0.652 8	−0.065 8	0.450 4	0.293 5	1.331 0
1960—1968 年	冲淤量/10^8 t	−3.988 0	1.983 8	−2.388 7	−0.931 1	−5.323 9
	冲淤速率/（10^8 t/a）	−0.443 1	0.220 4	−0.265 4	−0.103 5	−0.591 5
1969—1986 年	冲淤量/10^8 t	−2.833 9	2.550 5	−1.902 9	−3.036 4	−5.222 7
	冲淤速率/（10^8 t/a）	−0.166 7	0.150 0	−0.111 9	−0.178 6	−0.307 2
1987—1997 年	冲淤量/10^8 t	−0.364 4	2.733 0	1.842 0	0.485 9	4.696 5
	冲淤速率/（10^8 t/a）	−0.045 6	0.341 6	0.230 3	0.060 7	0.587 1
1998—2007 年	冲淤量/10^8 t	−0.546 5	0.971 6	0.890 7	1.234 8	2.550 7
	冲淤速率/（10^8 t/a）	−0.054 7	0.097 2	0.089 1	0.123 5	0.255 1
1952—2007 年	冲淤量/10^8 t	−2.510 1	7.712 6	2.044 3	0.101 5	7.348 4
	冲淤速率/（10^8 t/a）	−0.048 3	0.148 3	0.039 3	0.002 0	0.141 3

注：该表的计算方法是用区间悬移质的输入量减去输出量。区间来沙包括区间入口的主流悬移质来量、区间支流的悬移质来量；区间输出沙量包括主流输出沙量和区间灌溉引水引出的沙量。不包括沿程进入黄河的风沙中存在的少量悬移质沙量。

由表 4-1 可见，在人类活动影响有限的 1960 年以前，即 1952—1959 年，宁蒙冲积河段的年均淤积速率达到 1.331 亿 t/a，是所有各时期中的最大值。而淤积速率最小的时段为 1960—1968 年，其年均淤积速率为−0.591 5 亿 t/a，也即整个宁蒙冲积河段表现为净冲刷，其年均悬移质泥沙冲刷量为−5.323 9 亿 t/a。

从变化趋势来看，在 1952—1959 年到 1960—1968 年两个时期内，宁蒙冲积河段的年均悬移质泥沙淤积速率明显减少，由1.331亿t/a减小到–0.591 5亿t/a。在1960—1968年、1969—1986年和1987—1997年三个时期，宁蒙冲积河段的年均悬移质泥沙淤积速率又逐渐增大，由–0.591 5亿t/a增至–0.307 2亿t/a，再增加到0.587 1亿t/a。而在1998—2007年，相对前一时期宁蒙冲积河段的泥沙淤积速率明显减小，减小至0.255 1亿t/a。总之，黄河宁蒙冲积河段在1952—1959年为剧烈沉积期，在1960—1986年为较强冲刷期，而在1987—2007年又转变为较强沉积期。

4.2 宁蒙冲积河段悬沙冲淤速率的拐点分析

4.2.1 累积悬沙冲淤量变化曲线所揭示的突变年份

图4-5展示了1952—2007年黄河宁蒙冲积河段不同亚河段累积悬沙淤积量和单位河长累积悬沙淤积量的年际变化曲线特征，其中青铜峡—石嘴山河段和巴彦高勒—三湖河口河段在其各自的累积悬沙淤积量曲线的突变年份均为1959年，而三湖河口—头道拐亚河段的累积悬沙淤积量曲线的突变年份为1960年。这两个突变年份都是累积悬沙淤积量变化曲线上由上升段向下降段的突变点。与此不同的是，累积悬沙淤积量曲线上还存在着由下降段变为上升段的突变点，而且不同河段彼此之间有所不同：青铜峡—石嘴山河段的为1994年，石嘴山—巴彦高勒河段的为1955年，巴彦高勒—三湖河口河段的为1985年，三湖河口—头道拐河段的为1987年。

图4-6展示了1952—2007年整个黄河宁蒙冲积河段和内蒙古河段的累积悬沙淤积量年际分布特征（也即悬沙年淤积速率的变化特征）。这两个不同河段具有以下共同特性：从上升段到下降段的突变年份为1969年，从下降段到上升段的突变年份为1984年。此外可以发现，黄河内蒙古河段的累积悬沙淤积量变化曲线在所有年份中总是处于整个黄河宁蒙冲积河段这类变化曲线的上部，表明黄河宁蒙冲积河段的关键淤积段在内蒙古河段。对于泥沙淤积极为严重的石嘴山—巴彦高勒河段来说，其累积悬沙淤积量变化曲线高于整个黄河宁蒙冲积河段的累积悬沙淤积量变化曲线的时段为1977—2003年，而高于内蒙古河段的累积悬沙淤积量变化

曲线的时段为 1983—1993 年，这表明，石嘴山—巴彦高勒河段是黄河内蒙古河段悬沙淤积的主要区段。

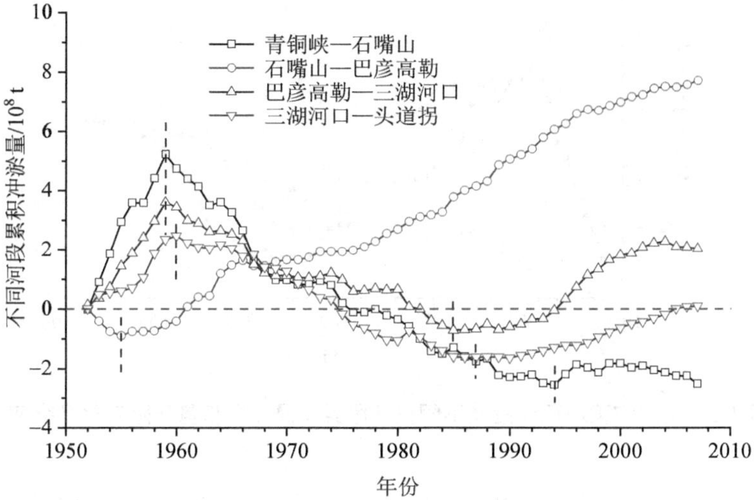

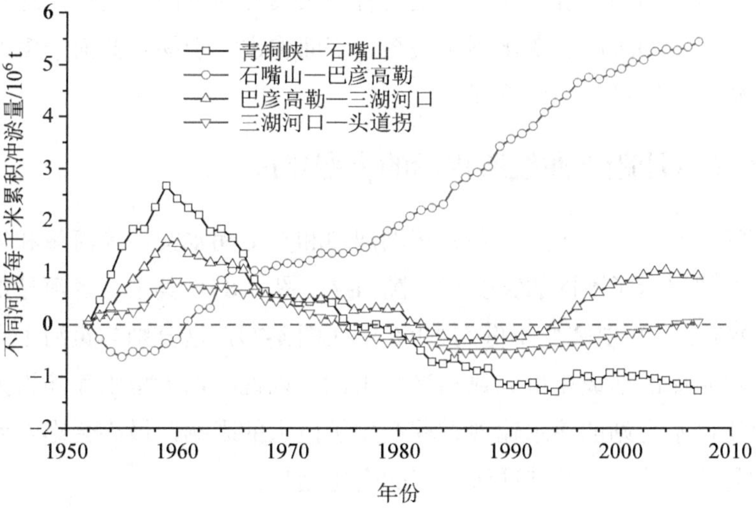

图 4-5　黄河宁蒙冲积河段不同区间累积悬沙冲淤量

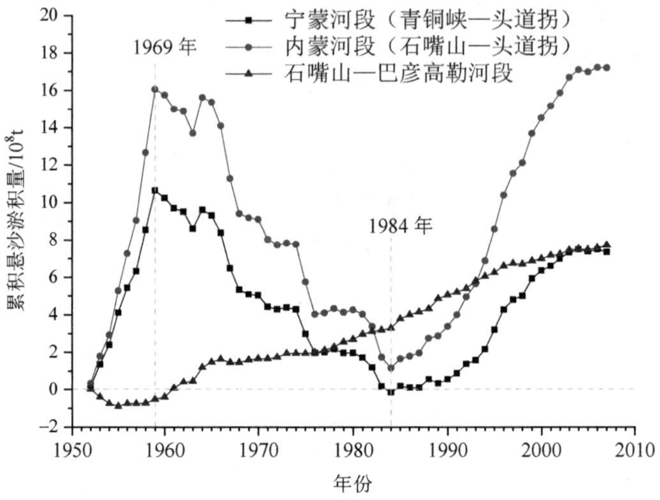

图 4-6　黄河宁蒙冲积河段及不同亚河段累积悬沙淤积量年际变化及突变年份

这些突变年份的存在表明，研究区不同河段泥沙冲淤量及淤积速率在整个时期内的演变具有不同的阶段性，甚至具有冲淤反转的不同趋向性，这与各个河段径流量和输沙量的阶段性变化不无关系。下面将进一步揭示黄河宁蒙冲积河段不同水文站输水输沙量的突变特征。

4.2.2　累积水沙距平曲线所揭示的突变年份

青铜峡、石嘴山、巴彦高勒、三湖河口和头道拐水文站径流量和输沙量累积距平变化曲线揭示了不同的突变点（图 4-7、图 4-8）。其中，径流量的主要突变年份为 1985 年，次要突变年份为 1968 年（图 4-7），这分别与黄河上游刘家峡水库和龙羊峡水库的建成年份大致相当。由此可以说，以大型水库建设为特征的人类活动对不同水文站的输水输沙过程产生了巨大的影响，最终会影响到研究区给定河段的悬沙净冲淤量及其冲淤速率的变化趋势。

输沙量的突变年份与上述径流量的突变年份具有明显的相同和相异处。相同之处在于，输沙量的突变年份主要是 1968 年，个别还有次要突变年份 1986 年（图 4-8）。不同之处在于，首先，输沙量的上述两个突变年份与径流量相应的突变年份主次反转；其次，青铜峡水文站只有 1964 年这一个转折点，这在青铜峡水库的建设期（1958—1968 年）内，与该大坝于 1960 年合龙有关；头道拐和三湖河口存在 1986 年这一次要转折年份，石嘴山、巴彦高勒和三湖河口三个水文站几乎没有次要转折年份。显然，输沙量的突变也与水库修建及其拦沙运行密切相关，但受到早期建成的水库的影响更为显著。

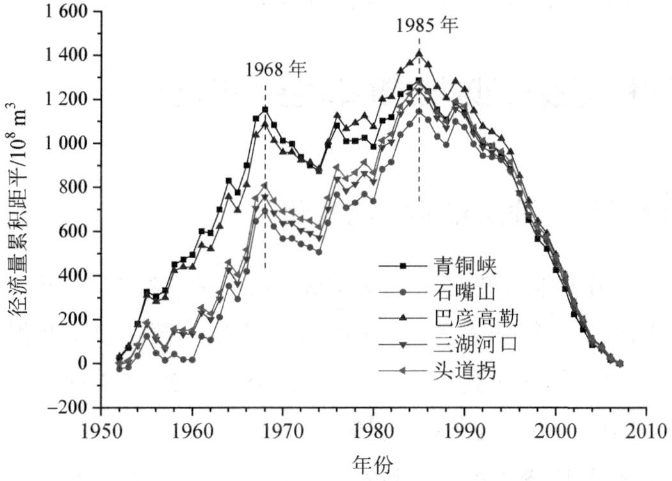

图 4-7　研究区各水文站径流量累积距平年际变化及突变年份

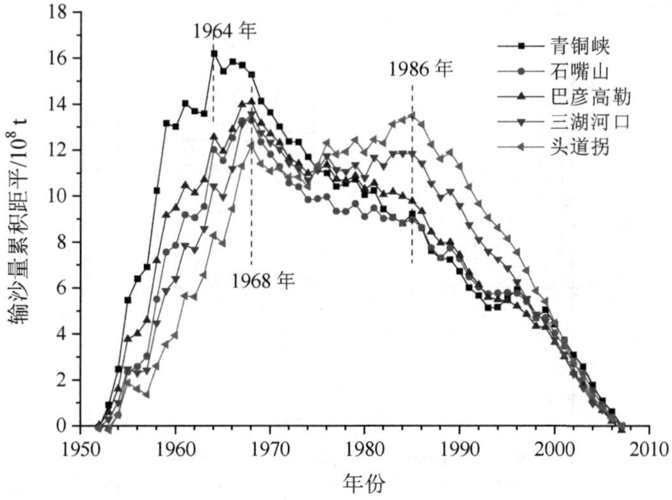

图 4-8　研究区各水文站输沙量累积距平年际变化及突变年份

从上述分析可知，黄河宁蒙冲积河段及其各个亚河段悬沙冲淤量及悬沙冲淤速率的阶段性变化及突变年份的存在，主要受到该河段水沙量的阶段性变化及其突变年份存在的影响，而后者主要受到该河段以上相关大型水库的建设和蓄水拦沙等运行的影响。也就是说，河段冲淤速率的阶段性变化及存在突变年份是人类活动所导致的，而自然因素变化的影响有限。

4.3 宁蒙冲积河段悬沙冲淤速率的空间变化

4.3.1 不同时段悬沙冲淤量的空间变化

根据前述分析中所揭示的有关突变年份，可以考虑将 1959 年、1960 年、1985 年、1986 年和 1987 年等作为潜在的拐点年份来揭示黄河宁蒙冲积河段不同时期内悬沙冲淤速率的沿程空间变化特征。这里将 1952—2007 年这一总的时间序列划分为 1952—1959 年、1960—1968 年、1969—1986 年、1987—1997 年和 1998—2007 年五个时段，这些时段内黄河宁蒙冲积河段的各个亚河段的悬沙冲淤量和冲淤速率的计算结果见表 4-1。下面将分析上述不同时段内悬沙淤积总量在青铜峡—石嘴山、石嘴山—巴彦高勒、巴彦高勒—三湖河口和三湖河口—头道拐四个亚河段中的沿程变化特征（图 4-9）。

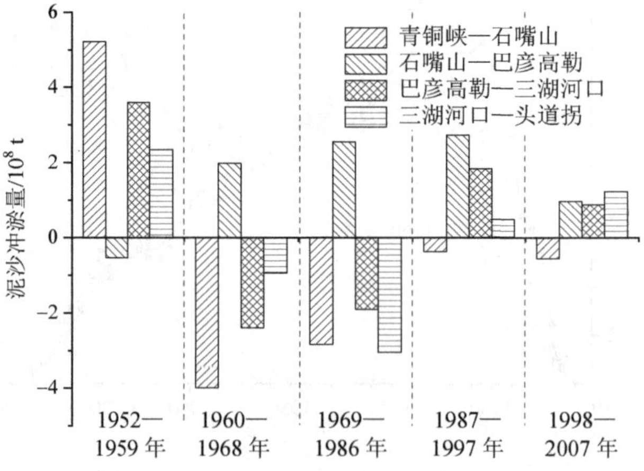

图 4-9 研究区不同时期悬沙冲淤量的空间变化特征

1952—1959 年，黄河宁蒙冲积河段的悬沙总淤积量在青铜峡—石嘴山亚河段的最大，在巴彦高勒—三湖河口亚河段的次之，在三湖河口—头道拐亚河段的较小。而在石嘴山—巴彦高勒亚河段表现为净冲刷。其在所有四个亚河段沿程均呈现出淤积量最大→侵蚀量最大→淤积量较大→淤积量较小的空间变化特征。

1960—1968 年的悬沙冲淤量与前一时段基本呈现出相反的变化特征，即在所有四个亚河段沿程的变化趋势均呈现出冲刷量最大→淤积量最大→冲刷量较大→冲刷量较小的空间变化特征。在 1969—1986 年的悬沙冲淤量的沿程冲淤变化趋势与前一时段相同，仅淤积或者冲刷的量值有所不同，即在所有四个亚河段的沿程均呈现出冲刷量较大→淤积量最大→冲刷量最小→冲刷量最大的空间变化特征。

1987—1997 年，悬沙冲淤量的空间变化与前述的变化趋势差别明显，其中在青铜峡—石嘴山亚河段表现出净冲刷，而以下的三个亚河段都表现出净淤积，并且淤积量呈现出沿程减小的变化趋势，即在所有四个亚河段的沿程均呈现出净冲刷→淤积量最大→淤积量较大→淤积量较小的空间变化特征。1998—2007 年的悬沙净淤积和净冲刷的变化特征与前一时期的基本相同，但淤积或者冲刷的量值有所不同，其沿程表现出净冲刷→淤积量较大→淤积量较小→淤积量最大的空间变化特征。

4.3.2　不同时段悬沙冲淤速率的空间变化

黄河宁蒙冲积河段的悬沙年冲淤速率的空间变化特征如图 4-10 所示。1952—1959 年，悬沙年淤积速率在青铜峡—石嘴山亚河段的最大，在巴彦高勒—三湖河口亚河段的次之，在三湖河口—头道拐亚河段的较小。而在石嘴山—巴彦高勒亚河段表现为净冲刷。其在所有四个亚河段的沿程变化趋势均呈现出年淤积速率最大→年侵蚀速率最大→年淤积速率较大→年淤积速率较小。

1960—1968 年的悬沙冲淤速率与前一时段的变化趋势相反，即在所有四个亚河段沿程的变化趋势均呈现出年侵蚀速率最大→年淤积速率最大→年侵蚀速率较大→年侵蚀速率较小。1969—1986 年的悬沙冲淤速率的沿程变化趋势与前一时段相同，仅淤积速率或者侵蚀速率的量值有所不同，即在所有四个亚河段的沿程变化趋势均呈现出侵蚀速率较大→淤积速率最大→侵蚀速率较小→侵蚀速率最大。

1987—1997 年，悬沙冲淤速率的空间变化与前述的变化趋势明显不同，其中在青铜峡—石嘴山亚河段为净冲刷，侵蚀速率较小，而以下的三个亚河段都表现出净淤积，并且其淤积速率呈现出沿程减小的变化趋势，即在所有四个亚河段的沿程变化趋势均呈现出侵蚀速率较小→淤积速率最大→淤积速率较大→淤积速率最小。1998—2007 年的悬沙冲淤速率的变化特征与前一时期的基本相同，但淤积速率或者侵蚀速率的量值有所不同，其空间变化趋势表现出侵蚀速率较小→淤积速率较大→淤积速率较小→淤积速率最大。

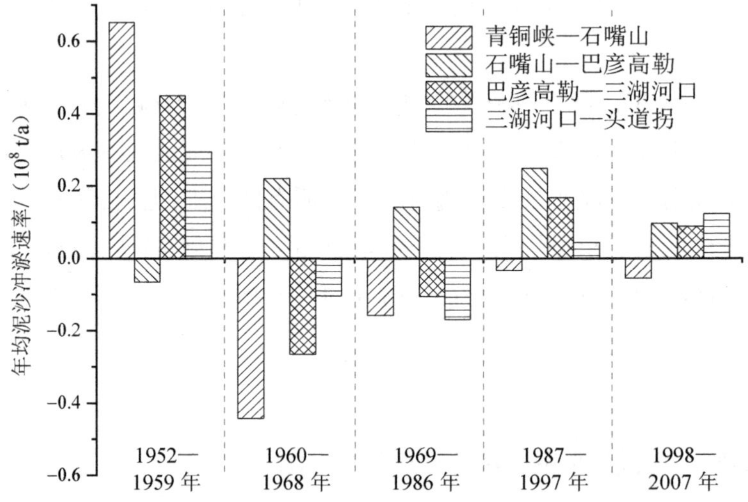

图 4-10 研究区不同时期悬沙年淤积速率的空间变化特征

4.3.3 单位河长上悬沙年冲淤速率的空间变化

由于不同亚河段的河道长度不同，因此，不能直接比较不同亚河段的悬沙年冲淤速率大小。为此，需要进行归一化处理，这里进一步计算出不同亚河段单位河长的悬沙年冲淤速率（表 4-2），计算所依据的方法为式（4-5）。这就为不同亚河段间的悬沙冲淤速率大小的可直接比较带来了方便。

表 4-2　黄河宁蒙冲积河段不同时期单位河长悬沙年冲淤速率的空间变化

单位：万 t/（km·a）

时期	青铜峡—石嘴山	石嘴山—巴彦高勒	巴彦高勒—三湖河口	三湖河口—头道拐	青铜峡—头道拐
1952—1959 年	33.30	−4.63	20.40	9.78	15.50
1960—1968 年	−22.60	15.50	−12.00	−3.45	−6.89
1969—1986 年	−8.03	9.98	−4.78	−5.62	−3.38
1987—1997 年	−1.69	17.50	7.58	1.47	4.97
1998—2007 年	−2.79	6.84	4.03	4.12	2.97

黄河宁蒙冲积河段的单位河长悬沙年冲淤速率的空间变化特征如图 4-11 所示。1952—1959 年，单位河长悬沙年冲淤速率在青铜峡—石嘴山、巴彦高勒—三湖河口和三湖河口—头道拐亚河段的分别为 33.30 万 t/(km·a)、20.40 万 t/(km·a) 和 9.78 万 t/（km·a)，呈现出沿程变小趋势。而在石嘴山—巴彦高勒亚河段表现为净冲刷，其单位河长悬沙年侵蚀速率为 4.63 万 t/（km·a)。

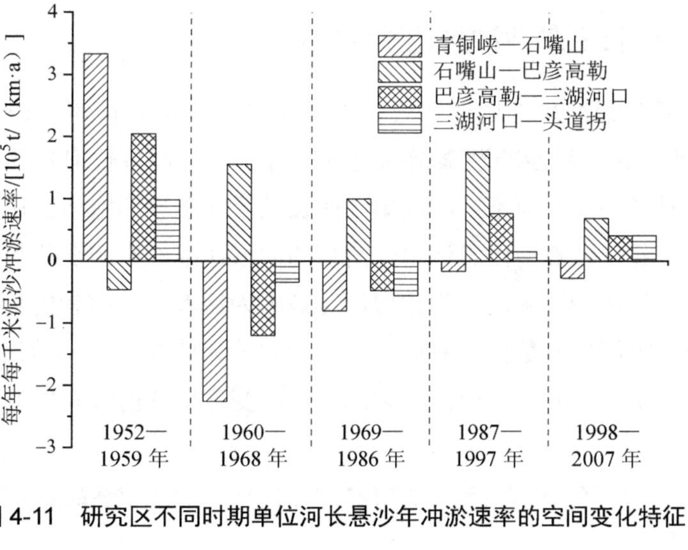

图 4-11　研究区不同时期单位河长悬沙年冲淤速率的空间变化特征

1960—1968 年，单位河长悬沙年冲淤速率与前一时段的变化趋势相反，除了在石嘴山—巴彦高勒亚河段表现为净淤积，并且其单位河长悬沙年淤积速率为

15.50 万 t/（km·a）外，其他三个亚河段（青铜峡—石嘴山、巴彦高勒—三湖河口和三湖河口—头道拐）都为净侵蚀，单位河长悬沙年侵蚀速率分别为22.60 万t/(km·a)、12.00 万 t/（km·a）和 6.45 万 t/（km·a），也即单位河长悬沙年侵蚀速率具有沿程减小的变化趋势。

1969—1986 年，单位河长悬沙年冲淤速率在上述四个亚河段依次为–8.03 万 t/（km·a）、9.98 万 t/（km·a）、–4.78 万 t/（km·a）和–5.62 万 t/（km·a）。显然，与前一时段一样，在不考虑淤积速率时，单位河长悬沙年侵蚀速率也具有沿程减小的变化趋势。

1987—1997 年，单位河长悬沙年冲淤速率在上述四个亚河段依次为–1.69 万 t/（km·a）、17.50 万 t/（km·a）、7.58 万 t/（km·a）和 1.47 万 t/（km·a），即在不考虑侵蚀速率时，单位河长悬沙年淤积速率具有沿程减小的变化趋势。

1998—2007 年，单位河长悬沙年冲淤速率在上述四个亚河段依次为–2.79 万 t/（km·a）、6.84 万 t/（km·a）、4.03 万 t/（km·a）和 4.12 万 t/（km·a），相较前几个时段，该时段各河段间的单位河长悬沙年冲淤速率数值相对接近。

4.3.4 单位河长上悬沙冲淤速率的空间变化

黄河宁蒙冲积河段不同亚河段在不同时段的单位河长的冲淤量计算结果见表 4-3，当然，这一悬沙冲淤量指标也可以看作是悬沙单位河长的冲淤速率，依据式（4-4）计算所得。而不同时段单位河长悬沙冲淤量的空间变化特征如图 4-12 所示。总体上看，各亚河段悬沙单位河长的冲淤速率的空间变化特征和趋势与单位河长的悬沙年冲淤速率的极为相似，这是因为后者是用前者的具体数值除以间隔年份所得，因而仅从数值上看前者是后者的放大倍数而已，因为进行比较的空间变化趋势总是位于同一时段内，因此，空间变化特征前者和后者没有区别。

表 4-3 黄河宁蒙冲积河段不同时期单位河长悬沙冲淤量的空间变化

单位：万 t/km

时期	青铜峡—石嘴山	石嘴山—巴彦高勒	巴彦高勒—三湖河口	三湖河口—头道拐	青铜峡—头道拐
1952—1959 年	266.50	–37.10	163.00	78.30	124.00
1960—1968 年	–203.50	139.70	–108.10	–31.00	–62.00

时期	青铜峡—石嘴山	石嘴山—巴彦高勒	巴彦高勒—三湖河口	三湖河口—头道拐	青铜峡—头道拐
1969—1986 年	−144.60	179.60	−86.10	−101.20	−60.80
1987—1997 年	−18.60	192.50	83.30	16.20	54.70
1998—2007 年	−27.90	68.40	40.30	41.20	29.70

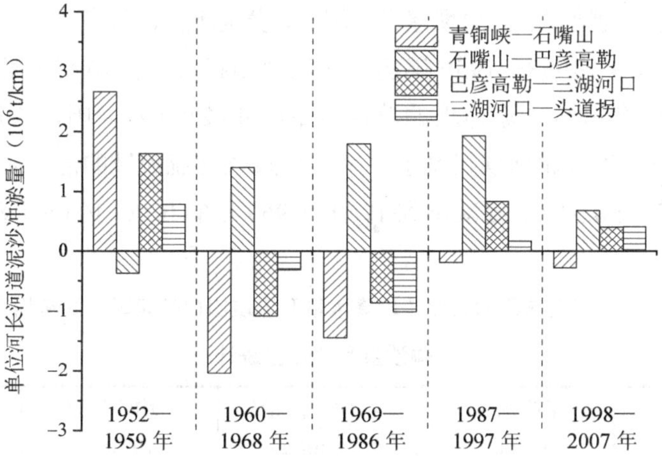

图 4-12　研究区不同时期单位河长悬沙冲淤速量的空间变化特征

4.4　悬沙冲淤量及冲淤速率变化的影响因素

影响黄河宁蒙冲积河段悬沙冲淤变化的因素除了气候变化等自然因素外，主要有支流流域的来水来沙量变化因素、研究区段上游主河道大型水库的建设和运行模式调整因素等。

4.4.1　主要支流流域的水土保持因素

在三湖河口以上的研究河段，没有面积较大的支流，也没有来沙量显著的支流。但是，在青铜峡以上的下河沿—青铜峡区间，右岸先后有祖厉河和清水河两个较大型的一级支流从右岸汇入黄河主流。根据 1955—2003 年的数据资料统计分析可得，这两条支流每年输送到黄河干流的悬移质泥沙分别为 0.56 亿 t 和 0.28 亿 t，成为黄河宁蒙冲积河段悬移质泥沙输入的主要贡献者。因此，这些支流输沙量的阶段性变化势必会影响到研究区的水沙变化和悬移质泥沙冲淤速率变化。

流域黄河宁蒙冲积河段的青铜峡—石嘴山、巴彦高勒—三湖河口和三湖河口—头道拐亚河段在 1952—1959 年的悬沙淤积速率远高于其他时段的，这时期黄河上游甚至尚未建设任何大型水库，仅在 1958 年开始在黄土高原地区的黄河上游支流流域中有计划地开展淤地坝建设。例如，黄河上游流经黄土高原地区的一级支流清水沟流域，在 1958—1959 年建成的淤地坝拦截了 4.16 亿 t 泥沙，占该流域在 1958—2000 年建成的淤地坝的总拦沙量的 45.2%（左仲国，2002）。由于相当一部分悬移质泥沙被淤地坝拦截了下来，导致该支流流域的悬移质泥沙输沙量由 1955—1959 年的 0.54 亿 t/a 减小到 1960—1969 年的 0.187 亿 t/a（表 4-4）。

表 4-4　清水河流域不同时期年均降水量及流域出口处泉眼山站年均径流量、输沙量和含沙量统计

时期	年降水量/（mm/a）	年均径流量/（10^8 m^3/a）	年均输沙量/（10^8 t/a）	年均含沙量/（kg/m^3）
1955—1959 年	359.5	1.770	0.540	305.1
1960—1969 年	365.5	1.390	0.187	134.5
1970—1979 年	328.8	0.783	0.192	245.2
1980—1989 年	308.4	0.744	0.180	241.9
1990—2003 年	—	1.280	0.392	306.3

黄土高原的各类水保措施中，淤地坝及水库的拦沙效益非常明显，已有的研究结果表明，拦沙量与其累积有效蓄水面积有关（王随继等，2008），显然，蓄水面积与其库容呈正相关关系。表 4-5 记录了清水河流域自 1958 年以来各类水库的历年建设数量、库容变化等，1958—1959 年，清水河流域修建了大中型水库 5 座，总库容 41 900 万 m^3；小型水库 2 座，总库容 630 万 m^3。这两年修建的水库总库容 41 930 万 m^3，占该流域 1958—2000 年修建的全部水库库容 90 719 万 m^3 的 46.2%。图 4-13 绘制了该流域年增库容及累积库容的年际变化情况，1958 年、1959 年和 1960 年是该流域水库建设的高峰年份，累积线斜率高、增幅大，此后

其他年份的新增库容很少，累积线斜率很小、增幅小。显然，这些水库拦蓄了 1/3 左右的径流量，但拦截的泥沙比例更大，几乎达到多年平均的一半左右，拦蓄的径流量比例明显小于拦截的泥沙比例，从而导致进入黄河的水流的含沙量减为各时段的最小值。这是 1960—1969 年泥沙大幅度减小的主要原因。此后，因上述水库及新建的水库持续拦水拦沙，直至进入 1990 年以后，早期的淤地坝及水库有的因为已淤满而无法再有效拦截泥沙，即其有效拦沙库容明显减小（图 4-14），有的发生溃坝事件，导致其拦沙能力严重降低并释放早期存储的泥沙，从而造成黄河宁蒙河段 1990—2007 年输沙量再度明显增大的现象。显然，该流域的拦沙量变化是影响宁蒙冲积河段 1960—1969 年泥沙大幅度减小的主要因素。

表 4-5　清水河流域各年份修建水库的库容量统计

年份	大中型水库		小型水库		合计库容/10^4 m^3	累计库容/10^4 m^3
	数量/座	库容/10^4 m^3	数量/座	库容/10^4 m^3		
1958	1	17 500	1	500	18 000	18 000
1959	4	23 800	1	130	23 930	41 930
1960	1	14 300	2	321	14 621	56 551
1961	0	0	1	20	20	56 571
1962	0	0	2	90	90	56 661
1963	0	0	2	110	110	56 771
1965	0	0	5	146	146	56 917
1966	0	0	9	1 138	1 138	58 055
1968	0	0	1	245	245	58 300
1970	0	0	2	190	190	58 490
1971	0	0	8	825	825	59 315
1972	0	0	20	2 095	2 095	61 410
1973	2	3 870	12	901	4 771	66 181
1974	2	3 190	3	568	3 758	69 939
1975	1	1 320	12	1 240	2 560	72 499
1976	0	0	12	2 524	2 524	75 023
1977	0	0	2	796	796	75 819
1978	0	0	1	970	970	76 789
1979	0	0	1	647	647	77 436
1980	1	1 489	0	0	1 489	78 925

年份	大中型水库		小型水库		合计库容/10^4 m^3	累计库容/10^4 m^3
	数量/座	库容/10^4 m^3	数量/座	库容/10^4 m^3		
1982	0	0	1	210	210	79 135
1983	0	0	1	294	294	79 429
1985	0	0	1	240	240	79 669
1986	0	0	1	250	250	79 919
1988	0	0	2	406	406	80 325
1990	0	0	2	870	870	81 195
1992	0	0	2	1 110	1 110	82 305
1993	0	0	1	320	320	82 625
1994	0	0	2	260	260	82 885
1995	0	0	2	412	412	83 297
1996	1	3 562	2	880	4 442	87 739
1997	0	0	4	1 258	1 258	88 997
1998	0	0	1	130	130	89 127
2000	1	1 302	2	290	1 592	90 719
合计	14	70 333	121	20 386	90 719	90 719

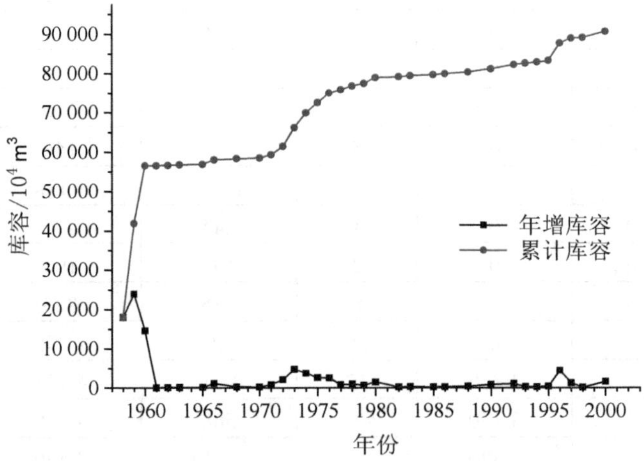

图 4-13 清水河流域水库年增库容及累计库容历年变化

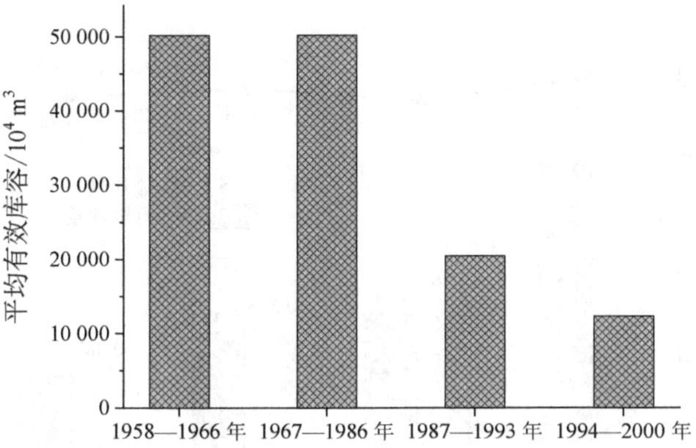

图 4-14　清水河流域水库有效库容的阶段性变化

黄河上游的一级支流祖厉河流域，其年均径流量和年均悬移质输沙量都自 20 世纪 50 年代的最大值开始阶段性减小（谢玉亭等，2002）。不同阶段中每年 6—9 月的径流量占全年径流量的比例超过了 74%，而 6—9 月的输沙量占全年输沙量的比例超过了 92%（图 4-15），也就是说，这条支流汛期的来沙量几乎等于该流域全年的来沙量。该流域悬移质输沙量由 1955—1959 年的 1.000 亿 t/a 减小到 1960—1969 年的 0.583 亿 t/a、1970—1979 年的 0.508 亿 t/a 和 1980—1989 年的 0.382 亿 t/a。

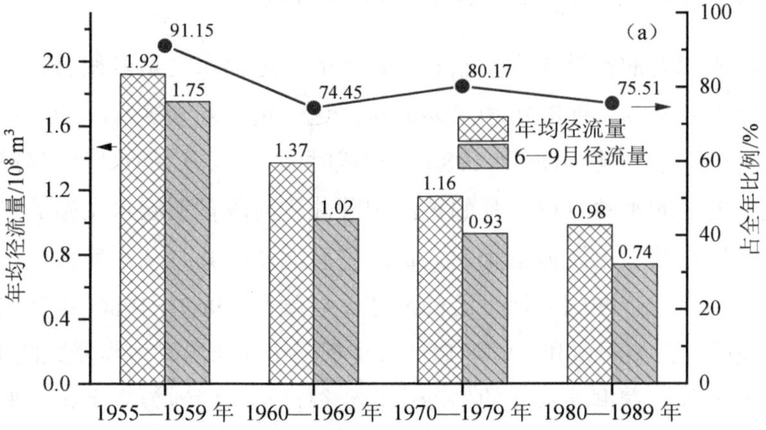

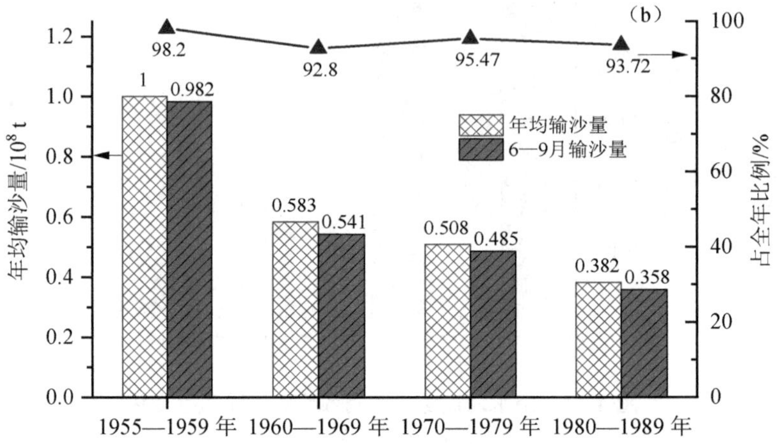

图 4-15 祖厉河流域年均径流量（a）和年均输沙量及 6—9 月占比变化（b）

清水河和祖厉河这两条支流输入到黄河干流的悬沙输沙量占黄河青铜峡水文站悬沙输沙量的百分比由 1955—1959 年的 59.2%减小到 1960—1969 年的 34.4%，这导致了黄河宁蒙冲积河段悬沙淤积量和淤积速率在 1960 年之后明显减小。显然，人类开展的水土保持活动对研究区悬沙冲淤量和冲淤速率的变化影响巨大。

4.4.2 黄河上游主河道大型水库建设的因素

研究区入口处的青铜峡水文站和出口处的头道拐水文站累积悬移质输沙量距平的拐点年份分别为 1968 年和 1986 年，这分别与刘家峡水库和青铜峡水库于 1968 年建成以及龙羊峡水库于 1986 年建成时间一致。这些水库的建成和运行将会影响到研究区的水沙过程。紧邻黄河宁蒙冲积河段青铜峡水文站的青铜峡水库在建成的初期拦截了上游输送来的大量悬移质泥沙，其时从水库释放出的相对清澈的水流又会进一步冲刷大坝下游的河道，这就是 1969—1986 年青铜峡—石嘴山、巴彦高勒—三湖河口和三湖河口—头道拐三个亚河段发生净侵蚀的主要原因。随着时间的推移，青铜峡水库的拦沙库容变得很小、拦沙效率大幅变低，其对下游河道泥沙冲淤的影响也随之变小了，可是后来建成的刘家峡水库和龙羊峡水库则会接力式产生影响。

尽管刘家峡水库和龙羊峡水库由于所控制区间的产沙模数小、水库拦沙量也很小，但是，为了达到防汛的目的，河流管理者在每年汛期会使这两个水库拦截大量的径流，对于黄河宁蒙冲积河段来说，其洪峰流量和汛期水流的侵蚀能力则明显降低，对悬沙淤积量和淤积速率的增大具有潜在影响。随着青铜峡水库由于泥沙的持续沉积而造成拦沙库容的逐渐损失，更多的悬沙会被从水库释放，这是 1990 年之后悬沙淤积量增加和淤积速率增强的关键原因。

4.4.3 青铜峡水库运行模式改变的因素

石嘴山—巴彦高勒亚河段的悬沙冲淤变化趋势与青铜峡—石嘴山亚河段极不相同，这表明，当青铜峡—石嘴山亚河段悬沙淤积较强烈的时候，在石嘴山—巴彦高勒亚河段则会发生较为强烈的河道侵蚀冲刷这一主导的河道演变过程。相反，当青铜峡—石嘴山亚河段发生较强烈的泥沙侵蚀冲刷的时候，在石嘴山—巴彦高勒亚河段则会发生较为强烈的悬沙淤积这一主导的河道演变过程。其差异性可能是这两个河段水动力条件存在差别所致。当青铜峡水库以拦沙模式运行时，流出水库的相对较清的水流将会对水库下游的河道进行冲刷，较为强烈的冲刷作用尤其会发生在紧邻该水库的青铜峡—石嘴山亚河段，而在该河段冲刷的悬沙被带到下一河段——石嘴山—巴彦高勒亚河段，河流水动力的减小使得过载悬移质会在这一河段发生沉积。当青铜峡水库以泄沙模式运行时，含沙量较大的出库水流因河流水动力的逐渐减小会在青铜峡—石嘴山河段发生悬沙淤积，这时，石嘴山—巴彦高勒亚河段的河道则会发生相对较清水流的侵蚀冲刷现象。头道拐水文站水沙关系具有很高的相关性（r=0.915），但青铜峡水文站水沙关系的相关性较差（r=0.541）（图 4-16），由此可以发现，人类通过改变青铜峡水库的运行模式会使青铜峡水文站的水沙关系受到直接而严重的影响，相对来说，头道拐水文站的水沙关系由于流经很长河道的水流经过了冲淤的充分自然调整，其水沙关系具备相对的天然过程。

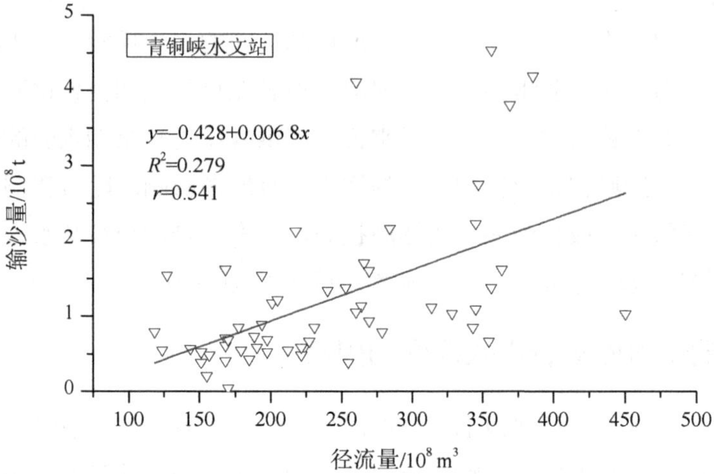

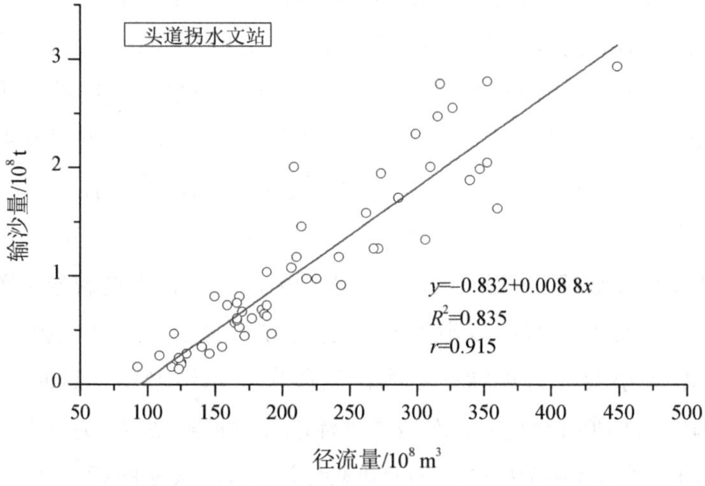

图 4-16 青铜峡水文站、头道拐水文站水沙关系

4.4.4 季节性河流十大孔兑来沙的影响

前面分析黄河宁蒙河段悬沙冲淤量时并未提到季节性河流十大孔兑来沙的影响，主要是因为这些季节性支流的面积很小，都小于 1 200 km^2；河道长度很短，都小于 111 km；年均输沙量小于 530 万 t/a（表 4-6）。但是，考虑到这些季节性

河流的独特性和暴雨期间短期输沙量大的特征，需要简要分析一下十大孔兑来沙对于黄河宁蒙冲积河段尤其是三湖河口—头道拐河段悬沙冲淤的影响程度和范围。

表 4-6　十大孔兑流域状况及水文泥沙特征（部分数据引自杨根生，2002）

支流名称	长度/km	流域面积/km^2	年均径流量/$10^4\ m^3$	年均流量/（m^3/s）	年输沙量/10^4 t	输沙模数/[t/（$km^2·a$）]
毛不拉孔兑	110.9	1 261	901	0.24	331	2 624.9
色太沟	73.8	545.9	430	0.17	158	2 894.3
黑赖沟	89.2	943.8	998	0.45	367	3 888.5
西柳沟	106.6	1 193.8	3 220	0.95	481	4 029.2
罕台川	90.4	874.7	1 880	0.69	274	3 132.5
壕庆河	34.2	213.3	335	0.17	84	3 938.1
哈什拉川	92.4	1 088.6	3 510	1.04	524	4 813.5
木哈尔河	77.2	406.7	669	0.39	177	4 352.1
东柳沟	75.4	451.2	669	0.43	167	3 701.2
呼斯太河	65.0	406.0	590	0.39	148	3 645.3
平均*	81.5	738.5	1 320	0.49	271	3 671.0

注：* 各平均值根据各支流有关数据计算，其中输沙模数是加权平均值。

十大孔兑位于内蒙古自治区伊克昭盟北部，均在鄂尔多斯高原分水岭以北，都向北流入黄河干流南部入汇主河道。其上游是黄土丘陵区，中游为库布齐沙漠，下游为平缓的冲积扇及黄河干流的冲积平原区，均是黄河的一级支流。这些河流都是季节性河流，汛期易发洪水，由于其流域的风成沙丰富、河道比降大，因此汛期的输入黄河干流的泥沙颗粒较粗，尤其是来自风成沙的粗沙的比例很高，是黄河宁蒙冲积河段的主要粗泥沙来源区，但是，这些泥沙的绝大多数会沉积在黄河干流河床中，而作为悬沙参与干流悬沙冲淤的量较少。

由表 4-6 可见，十大孔兑的各条支流的年均流量仅为 0.49 m^3/s，表明这些季节性支流在一年内大多数时间为干涸的，各支流的多年平均输沙量为 271 万 t/a，占黄河宁蒙冲积河段年均悬移质泥沙净淤积量 0.141 3 亿 t/a 的 19.2%，考虑到其影响的范围仅限于三湖河口—头道拐河段，那么，该数值则是三湖河口—头道拐河段年均悬沙淤积量 20 万 t/a（表 4-1）的 10.3 倍。显然，对于整个宁蒙冲积河段来说，十大孔兑年均输入黄河干流的 271 万 t/a 的输沙量就已经不少了，而对于三湖河口—头道拐河段的实际泥沙淤积量来说则是起着决定作用的因素。这也就是十大孔兑洪水动能强，高含沙水流带来的粗悬移质及河床质，成为黄河三湖河口—头道拐河段河道不断向左岸迁移（河道北移）的主要原因。

第 5 章　黄河宁蒙典型河段现代河床沉积速率

5.1　获取河道沉积速率的主要研究方法

冲积河流的河道冲淤是流水与河道边界物质之间相互作用的直观表现，当流水的动能足够大且其挟带的泥沙没有满足其挟沙能力时，河道以冲刷为主，而当流水动能降低，原来挟带的部分泥沙将要沉积在河道中，这时河道以沉积为主。冲积河流塑造了广阔的冲积平原，而接受沉积的冲积平原总是处于构造沉降地带，地壳的沉降和河流体系的沉积在一个相当长的时期内会处于动态平衡之中。但在短期内，以及在不同的河段，流域来水来沙条件的改变以及河道边界物质的差异，会引起局部河段表现出不同的冲淤现象。这在任何冲积河流中都是明显存在的，对于黄河宁蒙冲积河段也不例外。

要分析河床的冲淤特性，可以有多种方法，但经常被用到的方法有河道断面的监测，以及同流量下水位高程差分析方法等。河道断面监测是根据一定时间间隔内对固定河道断面的实际测量所反映的河床平均高程的增减，这是比较精确的研究方法。但是，世界上一些大河，经常能够进行观测的断面相对于河道的长度来说显得很少，而长期观测断面总是布置于河道相对比较稳定的河段，而这些断面之间的河道段如何演化则仍然不清楚，因此，以少量的观测断面来判断断面间河道的整体演化显然是不充分的，但是对断面的演变特征的揭示则又是非常细致的。另外，根据不同任务的需要，一些观测机构可以对某些河道断面进行短时期的多断面加密观测，其特点是密度较大，可以反映稳定及不稳定河段的演变特点，但正因为是短期的，其长期的变化趋势不是非常清楚。无论如何，断面观测手段可以给研究河道冲淤演变提供翔实的数据资料。同流量下水位高程差分析方法，是根据那些长期连续观测的水文站水位随流量的变化过程中提取特定的流量来比较其水位的相对高低，以此替代指标来判断河床的冲淤态势。这些断面的位置也大多位于河道相对稳定的河段，在反映不稳定河段的变化上也有所欠缺。无论如何，在没有更多更好的观测断面的情况下，根据上述断面来分析计算河道断面上的沉积速率也是非常必要的研究手段。

本章以黄河宁蒙冲积河段为研究对象，首先，利用长期进行观测的固定断面的实测数据来研究这些断面处的河道冲淤特点，计算河床的沉积速率。其次，利用研究区相关水文站多年实测资料，分析给定流量下的水位变化特征，并以同流量水位高程差这一河床升降替代指标来计算这些断面处的河床沉积速率。期望通过上述两个方面的研究来揭示黄河宁蒙冲积河段在有关观测时期的河道冲淤特征、沉积速率的沿程分布及其变化趋势。

5.2 黄河宁夏河段断面变化揭示的沉积速率

本节主要根据宁蒙河段一些观测断面在不同年份的实测数据来计算各个河道断面的相关几何参数，包括平滩高程、河道深度、河道断面面积、河床平均高程等。其中断面面积通过对断面实测数据进行积分计算可以获得；河道平均深度由河道断面面积除以河道宽度可求得；断面的河床平均高程由平滩高程减去河道平均深度可得。在一定年份间隔内所测定的两个断面的平均河床高程差即可求得该时段内河床的平均沉积厚度或侵蚀厚度，再除以间隔年份，从而可以最终获取不同年份间的河床沉积速率。再结合不同河道段的河道平面形态特征，来综合分析给定河段和给定时期的河床冲淤状况及演变趋势。

5.2.1 宁夏卫宁河段的河床沉积速率

5.2.1.1 宁夏卫宁河段河道断面参数计算结果

宁夏境内青铜峡以上河段的河道演变主要考虑中卫—中宁河段，因为这段为冲积性河道，即便河床质以卵石质为主，但其河道边界在河流的作用下会发生相对明显的变化，而黄河在宁夏境内峡谷段的河床由基岩构成的河道边界变化不明显，因而不必考虑。中宁以下的青铜峡库区由于缺乏断面资料，因此在此没有考虑。这些冲积性河床段的部分河道断面的分布见图 5-1。实测河道断面有 21 个，个别断面位于多河道段，每个断面分别进行了 3 次测量，测量年份为 1993 年、1999 年和 2001 年。各个断面在上述不同年份的河道特征参数（包括平滩高程、河道宽度、断面面积、河道平均深度等）见表 5-1。

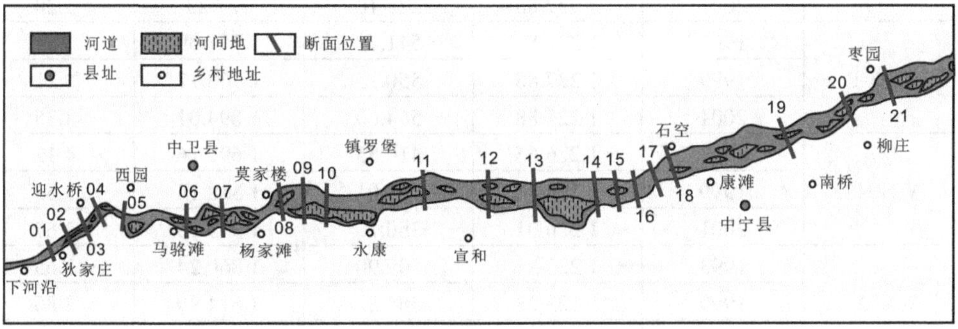

图 5-1　黄河卫宁（WN）河段 21 个观测断面的分布

这些参数在河道演变研究中的意义在于：平滩高程可以代表平滩流量时的水位，同时，平滩高程的增高表明洪水期间泛滥洪水越岸频繁，并能够沉积悬移质泥沙；河道断面面积可以间接反映平滩流量时的流速相对大小，因为水流连续方程的表达式为流量等于流速乘以水流断面面积；河道宽度与深度的比值可以反映河道的稳定性，越稳定的河道其宽深比越小，越不稳定的河道其宽深比越大。

表 5-1　宁夏中卫—中宁（WN）河段河道断面参数计算结果

断面编号	年份	平滩高程/m	宽度/m	断面面积/m^2	平均深度/m
WN01	1993	1 234.10	261.50	1 608.67	6.15
	1999	1 234.17	275.00	1 668.84	6.07
	2001	1 234.26	265.90	1 645.31	6.19
WN02-L	1993	1 227.74	151.50	360.56	2.38
	1999	1 228.30	153.33	401.13	2.62
	2001	1 228.62	154.00	406.27	2.64
WN02-M	1993	1 227.74	193.59	541.40	2.80
	1999	1 228.30	167.22	532.20	3.18
	2001	1 228.62	233.52	576.97	2.47

断面编号	年份	平滩高程/m	宽度/m	断面面积/m^2	平均深度/m
WN02-R	1993	1 227.74	150.38	383.44	2.55
	1999	1 228.30	168.80	330.03	1.96
	2001	1 228.62	158.30	264.56	1.67
WN03-L	1993	1 227.88	238.74	711.63	2.98
	1999	1 227.88	226.56	713.95	3.15
	2001	1 227.88	227.10	727.23	3.20
WN03-R	1993	1 227.88	541.78	1 717.69	3.17
	1999	1 227.88	550.25	1 766.17	3.21
	2001	1 227.88	564.60	1 894.01	3.35
WN04	1993	1 226.65	410.55	1 691.16	4.12
	1999	1 225.86	363.01	1 318.14	3.63
	2001	1 226.01	360.70	1 323.15	3.67
WN05	1993	1 223.31	509.90	1 860.24	3.65
	1999	1 223.28	564.22	1 614.99	2.86
	2001	1 223.02	506.50	1 704.76	3.37
WN06	1993	1 217.38	235.10	744.04	3.16
	1999	1 217.70	283.40	871.47	3.08
	2001	1 217.38	207.05	729.56	3.52
WN07	1993	1 215.86	542.60	1 573.42	2.90
	1999	1 216.23	535.59	1 818.17	3.39
	2001	1 216.23	537.20	1 772.72	3.30
WN08	1993	1 212.46	1 193.15	2 196.65	1.84
	1999	1 212.46	710.74	1 479.14	2.08
	2001	1 212.46	706.33	1 216.82	1.72
WN09	1993	1 209.12	499.37	1 107.61	2.22
	1999	1 209.13	627.60	1 022.34	1.63
	2001	1 209.27	387.58	941.21	2.43
WN10	1993	1 207.27	1 039.60	1 627.89	1.57
	1999	1 207.29	1 037.52	1 727.52	1.67
	2001	1 207.31	1 012.52	1 515.52	1.50
WN11	1993	1 200.13	662.20	1 945.85	2.94
	1999	1 199.57	737.20	1 872.34	2.54
	2001	1 199.50	749.97	1 511.09	2.01
WN12-L	1993	1 197.09	321.50	629.66	1.96
	1999	1 197.09	322.77	553.86	1.72
	2001	1 197.09	316.50	491.00	1.55

断面编号	年份	平滩高程/m	宽度/m	断面面积/m^2	平均深度/m
WN12-R	1993	1 197.09	588.70	1 271.56	2.16
	1999	1 197.09	581.54	1 330.31	2.29
	2001	1 197.09	592.02	1 392.15	2.35
WN13	1993	1 193.22	745.25	1 771.47	2.38
	1999	1 193.22	756.62	1 886.49	2.49
	2001	1 193.22	707.10	2 056.53	2.91
WN14	1993	1 189.79	1 219.70	2 456.86	2.01
	1999	1 189.67	1 265.00	2 562.55	2.03
	2001	1 189.60	1 272.20	2 559.12	2.01
WN15-L	1993	1 187.00	362.82	707.49	1.95
	1999	1 187.96	412.10	859.26	2.09
	2001	1 187.75	436.60	786.10	1.80
WN15-R	1993	1 187.00	249.95	383.61	1.53
	1999	1 187.96	235.58	464.22	1.97
	2001	1 187.75	282.70	488.49	1.73
WN16	1993	1 186.76	543.00	1 729.13	3.18
	1999	1 186.95	461.55	1 680.23	3.64
	2001	1 186.67	535.90	1 550.57	2.89
WN17	1993	1 185.00	1 022.30	2 565.50	2.51
	1999	1 185.00	1 039.30	2 280.50	2.19
	2001	1 185.52	987.80	2 566.66	2.60
WN18	1993	1 182.54	837.67	2 937.28	3.51
	1999	1 182.67	722.19	3 338.75	4.62
	2001	1 182.77	779.70	3 346.55	4.29
WN19	1993	1 174.70	1 085.36	3 002.39	2.77
	1999	1 174.77	1 070.76	2 736.73	2.56
	2001	1 174.34	1 039.00	2 259.26	2.17
WN20	1993	1 169.35	1 220.76	2 585.71	2.12
	1999	1 169.49	1 222.35	2 856.10	2.34
	2001	1 169.33	1 229.73	2 470.18	2.01
WN21	1993	1 164.12	1 177.70	2 094.12	1.78
	1999	1 164.12	1 279.64	2 084.52	1.63
	2001	1 164.12	1 350.90	2 099.71	1.55

注：表中断面编号后的 L、M 和 R 分别代表多河道河段的左汊道、中汊道和右汊道。

从表 5-1 可以看出，黄河宁夏卫宁河段的不同断面，在 1993—1999 年和 1999—2001 年两个时期，河道平滩高程的变化幅度相对较小，而河道宽度的变化较大，表明一些断面上河道边界不是很稳定，河岸容易受到流水的冲刷侵蚀。

从河道平面形态（图 5-2）特征可知，黄河在宁夏境内青铜峡以上河段，除了入境处的基岩河道外，大部分为辫状河型，心滩较多，河岸较不稳定，但一些心滩的位置相对稳定，可多年存在，这与典型的砂质辫状河型有所不同。根据野外考察，宁夏境内青铜峡以上的辫状河型以卵石质河床为主，其粒度大、抵抗水流侵蚀的能力强，这是其平面形态变化相对较弱的原因。其中大部分心滩呈现植被茂盛的河间湿地特性，这又表明其滩地表层为较细的洪泛泥质沉积层，它既有利于植被的生长，也有助于维持滩地的稳定性。这些辫状河道的辫指数变化较大，最多的可以达到 5 以上，当然，个别河段也呈现单一河道的特性。

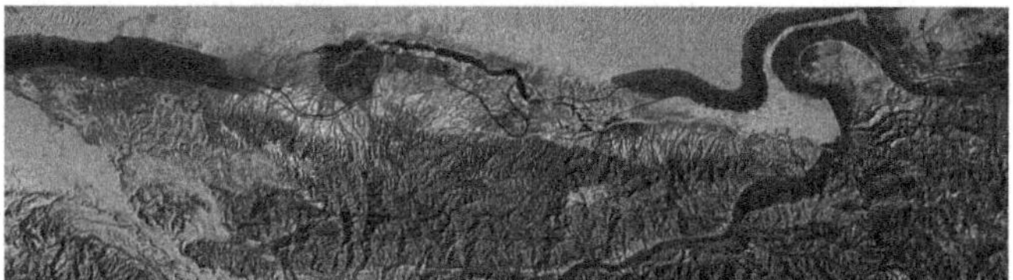

图 5-2　黄河宁夏境内青铜峡水库以上河段河道的主要平面形态

5.2.1.2　宁夏卫宁河段的河床平均沉积速率

该河段不同河道断面在 1993 年、1999 年和 2001 年的平均河床高程计算结果见表 5-2。根据不同年份的这些河床高程计算的各断面处在 1993—1999 年、1999—2001 年以及 1993—2001 年三个不同时期的河床平均沉积速率也见表 5-2。沉积速率为正值，表明河道断面处的河床以沉积作用占优势，河床处于升高状态；沉积速率为负值，表明河道断面处的河床以下蚀作用占优势，河床处于降低状态。

表 5-2　宁夏中卫—中宁（WN）河段 21 个断面河床平均高程及沉积速率变化特征

断面编号	河床平均高程/m			河床平均沉积速率/（cm/a）		
	1993 年	1999 年	2001 年	1993—1999 年	1999—2001 年	1993—2001 年
WN01	1 227.95	1 228.10	1 228.07	2.6	−1.5	1.6
WN02	1 225.36	1 225.68	1 225.98	5.3	15	7.8
WN03	1 224.80	1 224.70	1 224.61	−1.5	−4.9	−2.6
WN04	1 222.53	1 222.23	1 222.34	−5.0	5.6	−2.4
WN05	1 219.66	1 220.42	1 219.65	12.6	−38.2	−0.1
WN06	1 214.22	1 214.62	1 213.86	6.8	−38.4	−4.5
WN07	1 212.96	1 212.84	1 212.93	−2.1	4.7	−0.4
WN08	1 210.62	1 210.38	1 210.74	−4.0	17.9	1.5
WN09	1 206.90	1 207.50	1 206.84	10.0	−33.0	−0.8
WN10	1 205.70	1 205.62	1 205.81	−1.3	9.4	1.4

断面编号	河床平均高程/m			河床平均沉积速率/（cm/a）		
	1993 年	1999 年	2001 年	1993—1999 年	1999—2001 年	1993—2001 年
WN11	1 197.19	1 197.03	1 197.49	−2.7	22.7	3.7
WN12	1 195.00	1 195.10	1 195.10	1.0	2.5	1.4
WN13	1 190.84	1 190.73	1 190.31	−1.83	−7.0	−6.63
WN14	1 187.78	1 187.64	1 187.59	−2.2	−2.8	−2.3
WN15	1 185.30	1 185.90	1 186.00	11.2	3.0	9.1
WN16	1 183.58	1 183.31	1 183.78	−4.4	23.4	2.5
WN17	1 182.49	1 182.81	1 182.92	5.3	5.8	5.4
WN18	1 179.03	1 178.05	1 178.48	−16.4	21.5	−6.9
WN19	1 171.93	1 172.21	1 172.17	4.7	−2.4	2.9
WN20	1 167.23	1 167.15	1 167.32	−1.3	8.4	1.1
WN21	1 162.34	1 162.49	1 162.57	2.5	3.7	2.8

图 5-3 是黄河宁夏境内青铜峡水库以上卫宁河段有关监测断面的河床沉积速率的沿程变化图。从该图可见，河床的侵蚀和淤积沿程呈现交替分布特征。在 1993—1999 年时段，总体上以沉积作用占优势，其中有 10 个断面表现出净沉积，沉积速率在 13 cm/a 以下，有 6 个断面的沉积速率达到或超过 5 cm/a，其中最大沉积速率出现在 WN05，达到 12.6 cm/a。以侵蚀为主的断面有 11 个，除了断面 WN18 的河床侵蚀速率达到 16.4 cm/a 以外，其他 10 个断面的都小于 5 cm/a。

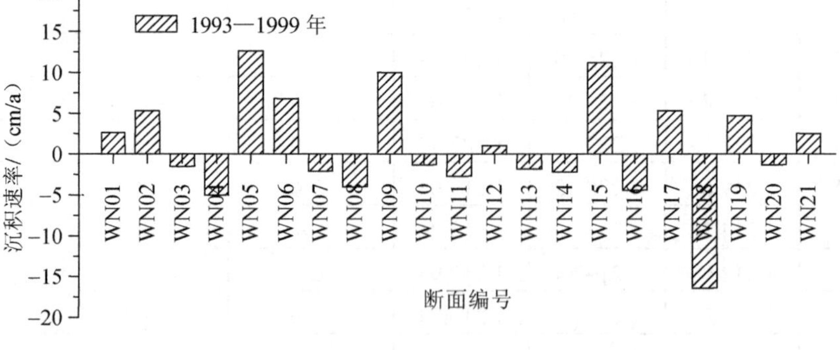

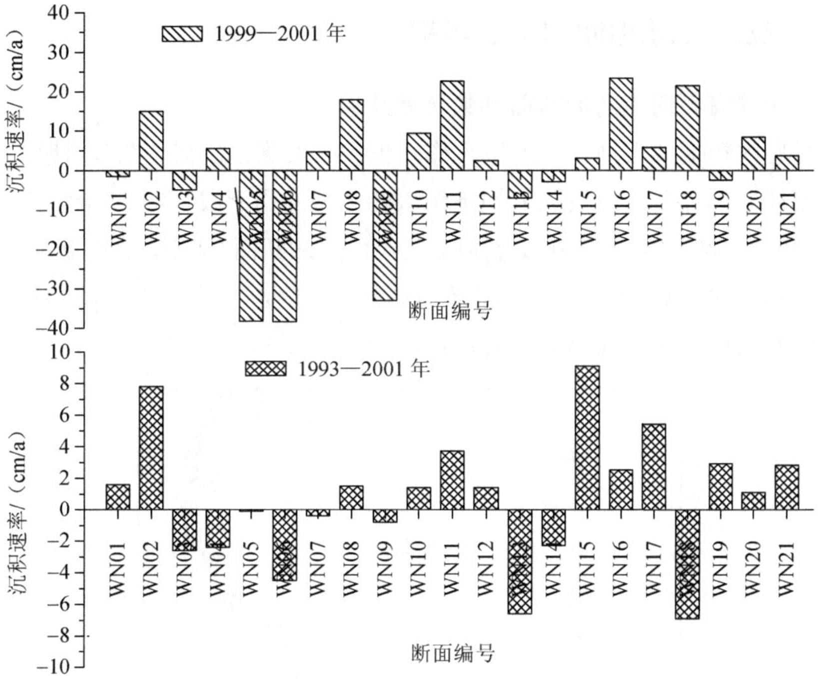

图 5-3　黄河宁夏卫宁河段不同时期的河床沉积速率

在 1999—2001 年，河床表现为净沉积的断面达到 13 个，沉积速率超过 10 cm/a 的断面有 5 个，其中超过 20 cm/a 的有 3 个。最大沉积速率出现在断面 WN16，达到 23.4 cm/a。而河床表现为净侵蚀的断面有 8 个，其中 WN05、WN06 和 WN09 断面的河床侵蚀速率超过 30 cm/a，最大侵蚀速率出现在 WN06 断面，达到 38.4 cm/a。

在 1993—2001 年，河床表现为净沉积的断面达到 12 个，沉积速率均不超过 10 cm/a。最大沉积速率出现在 WN15 断面，为 9.1 cm/a。而河床表现为净侵蚀的断面有 9 个，但侵蚀速率均小于 7 cm/a，最大侵蚀速率出现在 WN18 断面，达到 6.9 cm/a。

卫宁河段的河床平均沉积速率的沿程变化特征：1993—1999 年，总体上在上段最大，下段较小，同时，沉积段和侵蚀段交替分布。1999—2001 年，沉积速率在下段较大，上段较小，其中下段以沉积作用为主导，上段以侵蚀冲刷占优势。1993—2001 年，上段以侵蚀为主，下段以沉积为主，沉积速率在下段较大。

5.2.2 宁夏青石河段的河床沉积速率

5.2.2.1 宁夏青石河段河道断面参数计算结果

宁夏境内青铜峡大坝以下河段称作青铜峡—石嘴山河段（青石河段），这段河道除了大坝以下几公里河段因为坝下清水的强烈冲刷而成为卵石质河床之外，下游大部分河段为砂质河床。共收集到不同年份实测断面 22 个，这些断面的位置及其沿程分布见图 5-4。每个断面分别在 1993 年、1999 年和 2001 年进行过 3 次测量。这些断面在上述不同年份的河道特征参数见表 5-3。

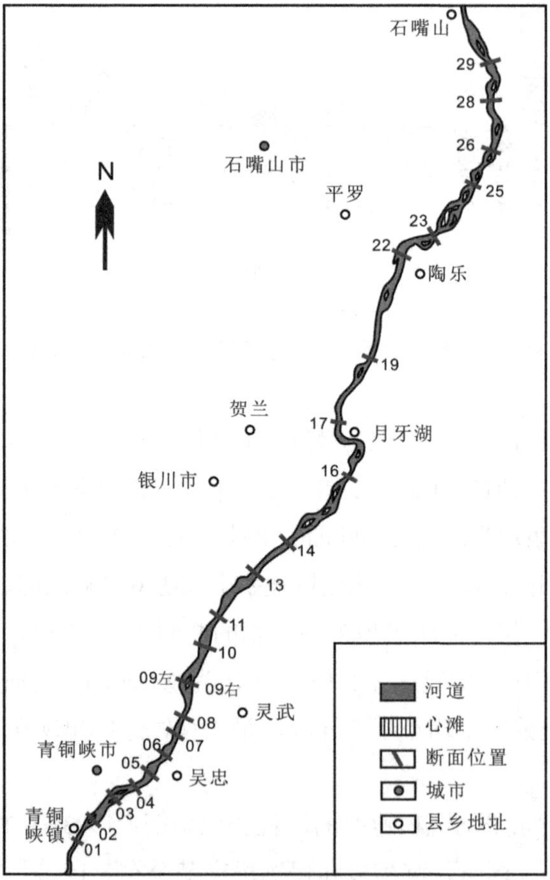

图 5-4 黄河青石河段（QS）实测横断面位置示意图

表 5-3　宁夏青石（QS）河段河道断面参数演变特征

断面编号	年份	平滩高程/m	河道宽度/m	断面面积/m^2	平均深度/m
QS01	1993	1 137.19	809.30	3 294.33	4.07
	1999	1 137.19	815.22	3 380.16	4.15
	2001	1 137.19	822.10	3 321.25	4.04
QS02	1993	1 134.23	1 254.57	3 190.93	2.54
	1999	1 134.22	1 254.90	3 012.68	2.40
	2001	1 134.22	1 249.56	3 135.94	2.51
QS03	1993	1 131.32	1 217.46	2 666.85	2.19
	1999	1 131.29	1 213.90	2 412.93	1.99
	2001	1 131.30	1 198.00	2 277.40	1.90
QS04	1993	1 129.68	1 494.85	4 912.15	3.29
	1999	1 129.68	856.50	2 537.34	2.96
	2001	1 129.68	850.40	2 536.45	2.98
QS05	1993	1 125.22	1 713.11	2 950.77	1.72
	1999	1 125.22	1 157.13	3 039.29	2.63
	2001	1 125.22	1 162.00	2 799.13	2.41
QS06	1993	1 121.76	882.90	2 924.09	3.31
	1999	1 121.76	877.35	3 023.74	3.45
	2001	1 121.76	877.80	2 920.49	3.33
QS07	1993	1 116.22	456.00	2 033.10	4.46
	1999	1 116.30	453.39	1 850.50	4.08
	2001	1 116.28	453.60	1 972.04	4.35
QS08	1993	1 114.15	624.08	2 038.71	3.27
	1999	1 114.19	707.16	2 249.78	3.18
	2001	1 114.08	653.34	1 949.07	2.98
QS09-L	1993	1 111.94	1 705.19	2 748.97	1.61
	1999	1 111.94	1 732.95	2 486.42	1.43
	2001	1 111.94	1 731.44	2 117.39	1.22
QS09-R	1993	1 111.94	297.30	668.74	2.25
	1999	1 111.94	293.20	545.75	1.86
	2001	1 111.94	292.40	553.16	1.89
QS10	1993	1 112.65	2 410.40	5 821.56	2.42
	1999	1 112.65	2 133.00	5 302.45	2.49
	2001	1 112.65	2 404.22	6 265.38	2.61

断面编号	年份	平滩高程/m	河道宽度/m	断面面积/m^2	平均深度/m
QS11	1993	1 110.65	1 144.40	2 537.86	2.22
	1999	1 110.65	1 121.89	2 107.13	1.88
	2001	1 110.65	1 242.45	2 207.09	1.78
QS13	1993	1 109.29	1 743.40	3 766.19	2.16
	1999	1 109.29	1 823.28	3 396.27	1.86
	2001	1 109.29	1 732.50	3 414.92	1.97
QS14	1993	1 109.74	2 010.80	6 725.19	3.34
	1999	1 109.76	2 002.23	6 384.76	3.19
	2001	1 109.54	1 953.37	5 832.15	2.99
QS16	1993	1 103.88	2 303.10	4 656.03	2.02
	1999	1 103.88	2 403.60	4 425.97	1.84
	2001	1 103.88	2 573.14	5 017.78	1.95
QS17	1993	1 102.08	1 863.49	2 695.06	1.45
	1999	1 102.43	1 410.05	2 521.42	1.79
	2001	1 102.37	1 423.19	2 431.96	1.71
QS19	1993	1 100.32	3 096.30	3 910.82	1.26
	1999	1 100.32	3 078.06	3 490.98	1.13
	2001	1 100.70	3 097.30	7 508.11	2.42
QS22	1993	1 097.39	4 737.80	6 974.34	1.47
	1999	1 097.39	4 856.00	6 155.84	1.27
	2001	1 097.39	4 727.50	5 711.23	1.21
QS23	1993	1 096.88	3 042.30	5 268.02	1.73
	1999	1 096.70	3 011.90	3 740.73	1.24
	2001	1 096.71	2 974.00	4 055.54	1.36
QS25	1993	1 093.24	2 094.00	3 244.56	1.55
	1999	1 093.24	1 321.60	2 255.98	1.71
	2001	1 093.24	1 343.10	1 710.64	1.27
QS26	1993	1 093.20	2 013.90	3 005.48	1.49
	1999	1 093.24	2 055.30	3 186.17	1.55
	2001	1 093.24	2 055.81	3 263.72	1.59
QS28	1993	1 090.91	1 860.73	4 438.96	2.39
	1999	1 090.91	1 859.35	4 213.51	2.27
	2001	1 090.91	1 848.40	4 048.04	2.19
QS29	1993	1 089.20	1 164.36	4 050.91	3.48
	1999	1 089.20	1 167.86	3 813.11	3.27
	2001	1 089.22	1 170.31	4 085.06	3.49

注：表中断面编号后的 L 和 R 分别代表多河道河段的左汊道和右汊道。

从表 5-3 可见，大部分河道断面的平滩高程在不同年份保持稳定。但在部分断面，其平滩高程在不同年份之间有数厘米的冲淤变化，其中 QS03、QS07、QS23、QS26 和 QS29 略有下蚀，但总体上下蚀幅度很小；在断面 QS08、QS14 和 QS17 先为沉积淤高后再侵蚀下降，变化幅度不大。而断面 QS19 的平滩高程在上述年份总体上处于升高状态，表明洪水常常发生越岸泛滥现象，使得滩地发生冲淤变化。

河道的宽度沿程变化较大，呈现宽窄交替分布特征（图 5-5、图 5-6、表 5-3）。一些断面的河道宽度在上述不同年份之间也有较大的变化幅度，其中有的明显展宽，有的明显变窄，有的先展宽后变窄，有的先变窄再展宽。与此相适应，河道的断面面积和河道深度也分别沿程呈现大小交替和深浅交替特征。

图 5-5　黄河宁夏青石河段河道非汛期的主要平面形态（吴忠市以上约 9 km 长河段）

图 5-6 黄河宁夏青石河段汛期河道的主要平面形态（平罗附近约 9 km 长河段）

5.2.2.2 宁夏青石河段的河床平均沉积速率

宁夏青石河段不同河道断面在 1993 年、1999 年和 2001 年的平均河床高程计算结果见表 5-4。根据这些断面不同年份的河床高程计算的各断面处在 1993—1999 年、1999—2001 年以及 1993—2001 年三个不同时期的河床平均沉积速率也见表 5-4。

表 5-4 宁夏青石（QS）河段 22 个断面河床平均高程及沉积速率变化特征

断面编号	河床平均高程/m			河床平均沉积速率/（cm/a）		
	1993 年	1999 年	2001 年	1993—1999 年	1999—2001 年	1993—2001 年
QS01	1 133.12	1 133.04	1 133.15	−1.3	5.5	0.4
QS02	1 131.69	1 131.82	1 131.71	2.2	−5.5	0.2
QS03	1 129.13	1 129.30	1 129.40	2.8	5	3.4
QS04	1 126.39	1 126.72	1 126.70	5.5	−1	3.9
QS05	1 123.50	1 122.60	1 122.81	−15.0	10.5	−8.6
QS06	1 118.45	1 118.31	1 118.43	−2.3	6	−0.2
QS07	1 111.76	1 112.22	1 111.93	7.7	−14.5	2.1

断面编号	河床平均高程/m			河床平均沉积速率/（cm/a）		
	1993 年	1999 年	2001 年	1993—1999 年	1999—2001 年	1993—2001 年
QS08	1 110.88	1 111.01	1 111.10	2.2	4.5	2.7
QS09	1 110.33	1 110.51	1 110.72	4.8	4.5	4.7
QS10	1 110.23	1 110.16	1 110.04	−1.2	-6	−2.4
QS11	1 108.43	1 108.77	1 108.87	5.7	5	5.5
QS13	1 107.13	1 107.43	1 107.32	5.0	−5.5	2.4
QS14	1 106.40	1 106.57	1 106.55	2.8	−1	1.9
QS16	1 101.86	1 102.04	1 101.93	3.0	−5.5	0.9
QS17	1 100.63	1 100.64	1 100.66	0.2	1	0.4
QS19	1 099.06	1 099.19	1 098.28	2.2	−45.5	−9.7
QS22	1 095.92	1 096.12	1 096.18	3.3	3	3.2
QS23	1 095.15	1 095.46	1 095.35	5.2	−5.5	2.5
QS25	1 091.69	1 091.53	1 091.97	−2.7	22	3.5
QS26	1 091.71	1 091.69	1 091.65	−0.3	−2	−0.7
QS28	1 088.52	1 088.64	1 088.72	2.0	4	2.5
QS29	1 085.72	1 085.93	1 085.73	3.5	−10	0.1

从表 5-4 可见，河床由于直接受到流水的冲淤作用，在不同年份都有比较明显的变化，在某一时段，河床平均高程增大，表明河床以沉积为主；河床平均高程减小，则河床以侵蚀为主。

图 5-7 是黄河宁夏境内青石河段 22 个监测断面在不同时期的河床平均沉积速率及其沿程变化趋势图。与卫宁河段相比，该河段大多数河道断面的沉积速率为正值，大部分河段以沉积作用为主，表明河流动力较卫宁河段已经明显变小。在 1993—1999 年，仅有 6 个断面的河床以侵蚀为主，其他 16 个断面以沉积为主。沉积速率为 −15～8 cm/a，其中最大沉积速率出现在 QS07 断面，为 7.7 cm/a；最大侵蚀速率出现在 QS05 断面，为 −15 cm/a。

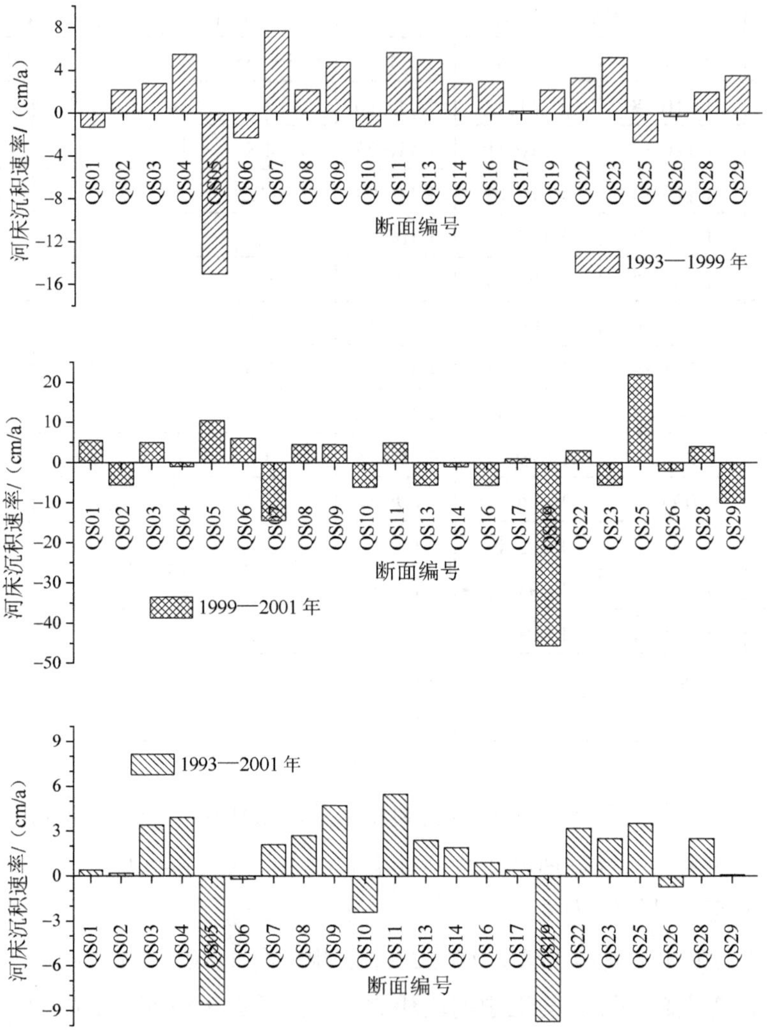

图 5-7　宁夏青石河段不同时期不同断面的河床平均沉积速率

在 1999—2001 年，河床冲淤沿程交替发生，净沉积升高和净侵蚀降低的断面各占一半，都为 11 个。其中有 18 个断面的沉积速率介于 −10～10 cm/a。最大沉积速率出现在断面 QS25，为 22 cm/a；最大侵蚀速率出现在 QS19 断面，为−45.5 cm/a。与滩地冲淤不同，河床的冲淤在短期内会发生明显的变化。

在 1993—2001 年，河床表现为净沉积的断面达到 17 个，沉积速率均不超过

6 cm/a。最大沉积速率出现在 QS11 断面，为 5.5 cm/a。而河床表现为净侵蚀的断面仅有 5 个，最大侵蚀速率出现在 QS19 断面，为–9.7 cm/a，次大侵蚀速率值出现在 QS05 断面，为–8.6 cm/a，其他表现为河床侵蚀的断面平均侵蚀速率均在–3 cm/a 以内。

黄河在宁夏青石河段的河床平均沉积速率的沿程变化特征：在 1993—1999 年，沉积速率在中段最大，并在该河段的初段和末段都有一个由侵蚀到沉积，沉积速率由小到大的变化趋势。在 1999—2001 年，沉积速率总体上在上段较大，但最大沉积速率出现在下段；而最大侵蚀速率也出现在下段。在 1993—2001 年，在断面 QS05 至断面 QS09 河段，河床明显呈现由侵蚀向沉积的转化过程，沉积速率表现为由小到大的变化趋势；而在断面 QS11 至断面 QS19 河段，河床明显呈现由沉积向侵蚀的转化过程，沉积速率由大渐小。

5.3　黄河内蒙古河段断面变化揭示的沉积速率

5.3.1　内蒙古多样化的河道平面形态

黄河在内蒙古河段呈现多样化的河道平面形态。图 5-8a 所示的是黄河在内蒙古磴口以南的部分河段，图片范围位于东经 106°42′～107°07′、北纬 40°00′～40°13′。该段河流的平面形态呈现限制性弯曲河型，局部辫状化。西边的乌兰布和沙漠是该河段的主要风沙来源区，东边除了风沙补给，还有小流域径流的泥沙供给。

图 5-8b 是黄河在内蒙古磴口以北的部分河段，图片大致位于东经 107°9′～107°22′、北纬 40°31′～40°38′。该段河流的平面形态呈现典型辫状河型，在河道中可以清晰地看到纵向沙坝、斜向沙坝、菱形沙坝等，这些沙坝的形状和位置在洪水前后变化剧烈，一些沙坝在洪水期会被水流淹没。河流西边是河套平原的农田，东边在狭窄的冲积平原之外是库布齐沙漠。这里，比邻沙漠的河道可以接受风沙的泥沙补给。

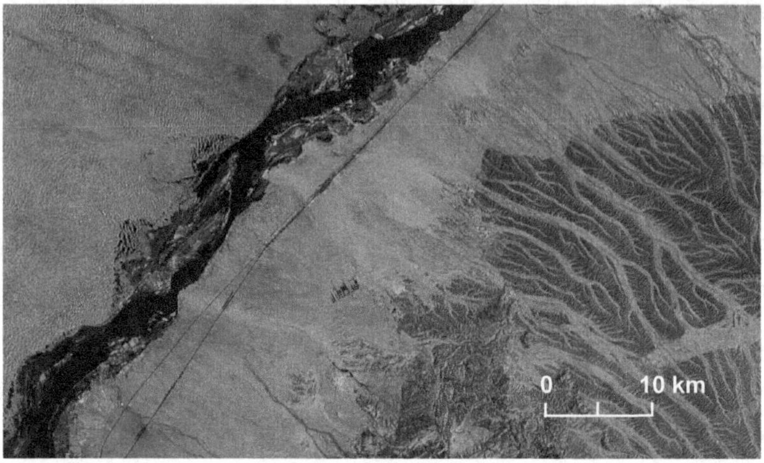

a. 磴口以南限制性弯曲河段

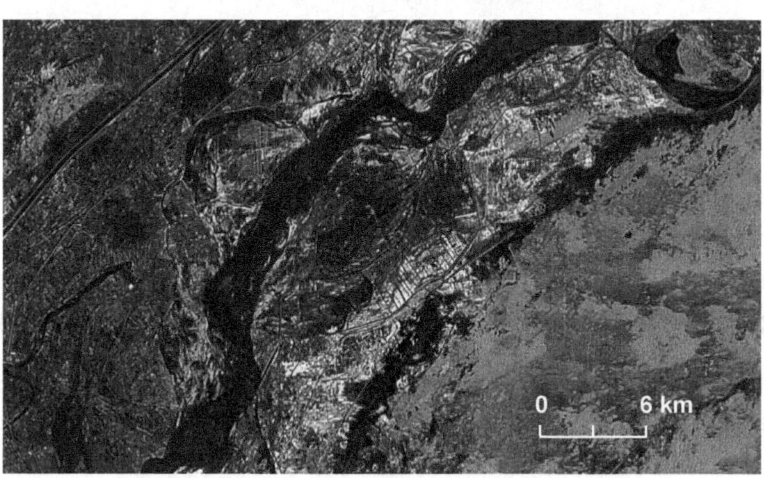

b. 磴口以北辫状河段

图 5-8　黄河在内蒙古磴口南北河段的平面形态特征及其两岸地貌类型

图 5-9a 是黄河在内蒙古乌拉特前旗附近的部分河段，该河段是河流由辫状河型向弯曲河型转化的河段，图片大致位于东经 108°22′～108°47′、北纬 40°35′～40°49′。该段河流的弯曲度明显增大，但在乌拉特前旗以西的河道中仍然可以看到各类沙坝，不过边滩不发育，而在乌拉特前旗以东的河道基本呈现弯曲河型，但是河道弯曲总是呈现不规则的形态。弯曲河段不同于辫状河段的典型特征除单

河道为主外，河道的弯曲度明显增大，曲流带的边滩非常发育，同时在边滩上可见洪水期漫滩冲刷而成的串沟。河流南部仍然是库布齐沙漠，东北部是乌拉山西缘，风沙的粗泥沙供给量依然比较大。

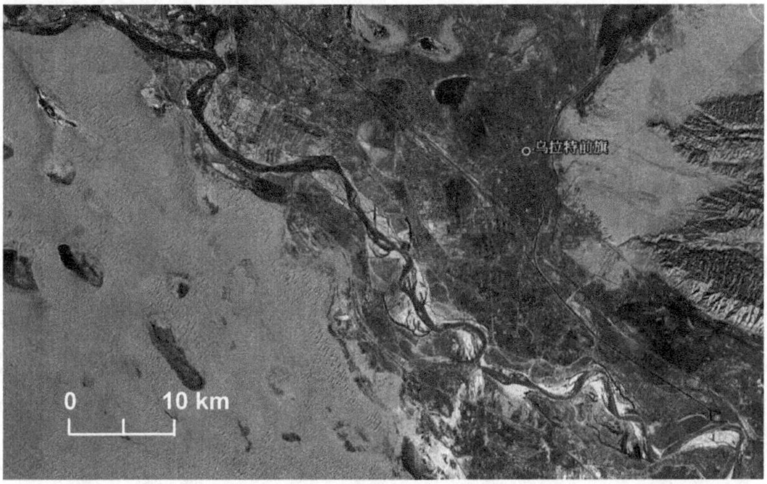

a. 乌拉特前旗河段

b. 头道拐附近河段

图 5-9　黄河在内蒙古的平面形态特征

图 5-9b 是黄河在内蒙古头道拐附近的部分河段，该河段是由弯曲河型向顺直河型转化的河段，图片大致位于东经 110°42′～111°07′、北纬 40°10′～40°22′。该

河段中，上游大部分河段为弯曲河段，弯曲度较大，边滩发育，还可见心滩及废弃河道，其中废弃河道是弯曲河流曲流带侧向迁移达到一定程度后由河流裁弯取直作用所形成的，它的存在表明弯曲河流发育程度较高。顺直河段位于该段河流的末段，弯曲度非常小（<1.1），河岸无边滩，河床也不见心滩，河道位置比较稳定，无河道迁移的痕迹。

多样化的河型是河床沉积速率研究中不可回避的因素之一。

5.3.2 内蒙古河段河道断面参数计算结果

黄河内蒙古河段除了石嘴山至磴口之间部分河段属于以侵蚀为主的河道外，磴口以下河段基本上都是以砂质河床为主的冲积性河道，河岸物质由上层泥质和下层砂质组成的典型二元结构。同时，这些冲积性河道沿程分化出辫状河流、弯曲河流和顺直河流三类不同的河型。为了研究黄河内蒙古境内河道的冲淤特点及其近年来的河床沉积速率，向内蒙古水利科学研究院等单位收集到实测的河道断面总共有 35 个，其中位于辫状河段的有 12 个、弯曲河段的有 20 个、顺直河段的有 3 个。这些河道断面的分布位置见图 5-10。每个断面分别进行了 3 次测量，测量年份为 1962 年、1982 年和 1991 年。各个断面在上述不同年份的河道特征参数（包括实测的平滩高程、河道宽度，以及计算得到的断面面积、河道平均深度等）见表 5-5。

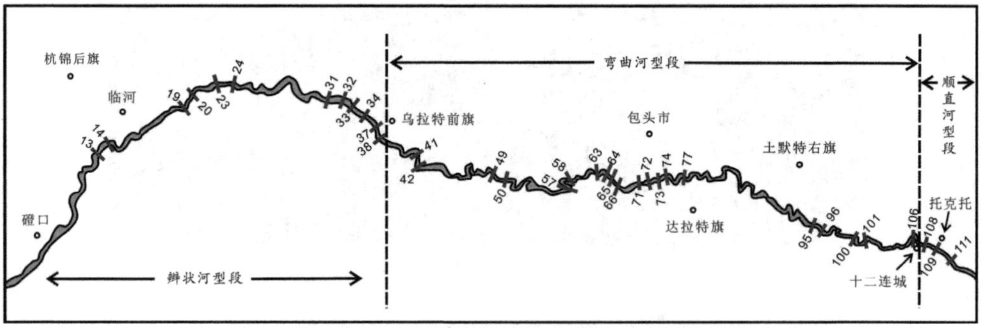

图 5-10 黄河内蒙古河段实测河道断面位置

表 5-5　黄河内蒙古河段河道断面参数及其演变特征

断面编号	测量年份	平滩高程/m	河道宽度/m	断面面积/m^2	平均深度/m
13#	1962	1 041.90	4 363.63	8 236.10	1.89
	1982	1 041.95	5 643.38	8 839.79	1.57
	1991	1 042.05	5 660.28	9 784.77	1.73
14#	1962	1 041.40	4 088.50	9 003.90	2.20
	1982	1 041.40	4 440.50	10 076.70	2.27
	1991	1 041.40	4 352.00	9 692.80	2.23
19#	1962	1 034.55	2 280.16	2 279.53	1.00
	1982	1 034.55	1 292.54	1 917.26	1.48
	1991	1 034.55	1 832.81	2 373.59	1.30
20#	1962	1 033.45	1 355.00	1 764.75	1.30
	1982	1 033.65	2 392.00	3 130.80	1.31
	1991	1 033.70	1 932.92	2 669.40	1.38
23#	1962	1 030.60	2 570.80	2 506.48	0.97
	1982	1 030.60	2 832.60	3 097.56	1.09
	1991	1 030.60	2 158.05	1 806.33	0.84
24#	1962	1 029.60	2 536.67	2 695.43	1.06
	1982	1 029.60	1 530.00	2 058.00	1.35
	1991	1 029.90	2 900.00	3 040.00	1.05
31#	1962	1 023.30	1 883.78	1 952.07	1.04
	1982	1 023.10	2 112.25	2 702.98	1.28
	1991	1 023.25	3 213.20	2 956.90	0.92
32#	1962	1 022.50	2 976.15	4 773.38	1.60
	1982	1 022.55	2 025.00	2 663.75	1.32
	1991	1 022.55	2 748.65	3 132.06	1.14
33#	1962	1 021.75	1 284.42	2 006.14	1.56
	1982	1 021.95	1 195.00	2 630.25	2.20
	1991	1 021.75	2 009.60	2 538.80	1.26
34#	1962	1 020.90	2 501.03	2 761.53	1.10
	1982	1 020.75	1 650.00	2 677.50	1.62
	1991	1 020.70	2 430.00	4 611.00	1.90
37#	1962	1 019.05	2 955.95	4 740.85	1.60
	1982	1 019.12	2 870.40	4 462.05	1.55
	1991	1 019.20	2 620.00	4 434.00	1.69

断面编号	测量年份	平滩高程/m	河道宽度/m	断面面积/m^2	平均深度/m
38#	1962	1 019.30	990.08	2 368.54	2.39
	1982	1 019.30	1 106.33	4 212.17	3.81
	1991	1 019.30	1 090.03	3 407.58	3.13
41#	1962	1 018.20	2 957.00	5 267.40	1.78
	1982	1 017.45	3 538.44	7 995.78	2.26
	1991	1 017.45	4 722.27	5 363.61	1.14
42#	1962	1 016.95	1 353.60	1 653.52	1.22
	1982	1 016.95	3 787.80	7 853.21	2.07
	1991	1 016.95	3 793.90	8 046.61	2.12
49#	1962	1 012.95	1 903.22	3 186.70	1.67
	1982	1 012.95	2 169.75	2 778.26	1.28
	1991	1 012.55	2 441.60	3 712.08	1.52
50#	1962	1 012.30	1 770.00	2 331.00	1.32
	1982	1 012.63	2 291.90	4 316.70	1.88
	1991	1 012.75	2 509.70	3 778.67	1.51
57#	1962	1 009.12	5 220.22	5 318.41	1.02
	1982	1 010.10	5 862.95	10 935.79	1.87
	1991	1 010.10	5 331.45	9 317.64	1.75
58#	1962	1 009.90	4 772.33	8 096.07	1.70
	1982	1 009.60	4 240.00	7 594.00	1.79
	1991	1 010.15	3 683.50	7 287.52	1.98
63#	1962	1 007.75	3 204.45	4 884.49	1.52
	1982	—	—	—	—
	1991	1 007.75	3 240.00	6 040.00	1.86
64#	1962	1 006.70	1 664.18	2 870.01	1.72
	1982	1 006.70	2 683.30	4 018.11	1.50
	1991	1 006.70	2 721.60	2 514.72	0.92
65#	1962	1 006.80	1 109.70	2 555.96	2.30
	1982	1 006.50	1 874.90	3 446.85	1.84
	1991	1 006.80	1 053.90	2 976.52	2.82
66#	1962	1 006.10	960.00	1 918.50	2.00
	1982	1 006.10	1 700.00	3 710.00	2.18
	1991	1 006.05	2 235.00	3 441.75	1.54
71#	1962	1 005.00	1 697.00	3 305.00	1.95
	1982	1 005.00	2 189.14	4 375.70	2.00
	1991	1 005.00	2 063.06	2 915.30	1.41

断面编号	测量年份	平滩高程/m	河道宽度/m	断面面积/m^2	平均深度/m
72#	1962	1 004.90	1 603.95	2 319.35	1.45
	1982	1 004.90	1 919.76	4 016.82	2.09
	1991	1 004.90	1 517.76	2 957.02	1.95
73#	1962	1 004.50	1 329.60	2 433.20	1.83
	1982	1 004.75	1 668.41	3 804.95	2.28
	1991	1 004.75	1 738.04	3 515.69	2.02
74#	1962	1 004.05	1 077.67	1 824.56	1.69
	1982	1 004.30	1 137.00	2 929.10	2.58
	1991	1 004.55	1 739.70	3 315.64	1.91
77#	1962	1 003.55	2 512.12	4 468.03	1.78
	1982	1 004.25	2 457.20	5 373.10	2.19
	1991	1 004.40	2 663.10	3 767.64	1.41
95#	1962	996.25	3 307.62	7 916.42	2.39
	1982	996.20	2 992.00	5 910.40	1.98
	1991	996.20	4 395.45	6 687.29	1.52
96#	1962	995.50	3 537.40	4 501.70	1.27
	1982	995.50	2 655.00	4 242.50	1.60
	1991	995.70	2 738.71	3 673.55	1.34
100#	1962	993.00	460.00	1 251.13	2.72
	1982	993.30	683.18	2 558.06	3.74
	1991	993.00	1 459.90	2 700.70	1.85
101#	1962	993.30	2 176.50	3 007.45	1.38
	1982	993.30	2 637.30	3 100.09	1.18
	1991	993.30	1 954.70	2 783.51	1.42
106#	1962	990.85	1 753.42	3 266.21	1.86
	1982	990.23	2 061.90	6 035.24	2.93
	1991	990.60	2 860.20	4 854.12	1.70
108#	1962	990.00	2 523.70	5 133.00	2.03
	1982	990.00	1 820.70	3 073.00	1.69
	1991	990.00	1 670.00	4 280.00	2.56
109#	1962	990.60	812.43	3 019.69	3.72
	1982	990.60	801.57	3 015.22	3.76
	1991	990.60	710.00	3 246.25	4.57
111#	1962	989.50	826.50	2 660.78	3.22
	1982	989.50	777.10	2 468.30	3.18
	1991	989.50	948.10	3 643.79	3.84

对比 1962 年、1982 年和 1991 年三个年份的平滩高程可以发现，在一些断面基本没有变化，大多数断面有持续沉积升高的趋势，个别断面先降低后升高或先升高后降低，还有断面呈现持续降低的趋势。这些变化类型表明不同断面经历的洪水过程和强度是不同的，虽然洪水在多数断面上引起滩地淤积，但也导致部分断面的滩地发生冲刷侵蚀，这可能与滩地的地形有关。

黄河内蒙古河段的河道宽度总体上明显比黄河宁夏河段的大，其中最大接近 6 km，沿程宽窄变化明显并有交替分布的特点。与此相应，河道断面面积大小也具有沿程交替分布的特点。河道平均深度总体上比黄河宁夏河段的显著变小，大多数断面的河道平均深度小于 2 m，并且也具有沿程交替分布的特点。

5.3.3 黄河内蒙古河段的河床平均沉积速率

黄河内蒙古河段不同河道断面在 1962 年、1982 年和 1991 年的平均河床高程计算结果见表 5-6。根据这些断面不同年份的河床高程计算的各断面处在 1962—1982 年、1982—1991 年以及 1962—1991 年三个不同时期的河床平均沉积速率见表 5-6。

表 5-6 黄河内蒙古河段 35 个断面的河床平均高程及平均沉积速率变化特征

断面编号	河床平均高程/m			河床平均沉积速率/（cm/a）		
	1962 年	1982 年	1991 年	1962—1982 年	1982—1991 年	1962—1991 年
13#	1 040.01	1 040.38	1 040.32	1.85	−0.67	1.07
14#	1 039.20	1 039.13	1 039.17	−0.35	0.44	−0.10
19#	1 033.55	1 033.07	1 033.25	−2.4	2.00	−1.03
20#	1 032.15	1 032.15	1 032.32	0	1.89	0.59
23#	1 029.63	1 029.51	1 029.76	−0.6	2.78	0.45
24#	1 028.54	1 028.25	1 028.85	−1.45	6.67	1.07
31#	1 022.26	1 021.82	1 022.33	−2.2	5.67	0.24
32#	1 020.90	1 021.23	1 021.41	1.65	2.00	1.76
33#	1 020.19	1 019.75	1 020.49	−2.2	8.22	1.03
34#	1 019.80	1 019.13	1 018.80	−3.35	−3.67	−3.45
37#	1 017.45	1 017.57	1 017.51	0.6	−0.67	0.21
38#	1 016.91	1 015.49	1 016.17	−7.1	7.56	−2.55

断面编号	河床平均高程/m			河床平均沉积速率/（cm/a）		
	1962 年	1982 年	1991 年	1962—1982 年	1982—1991 年	1962—1991 年
41#	1 016.42	1 015.19	1 016.31	−6.15	12.44	−0.38
42#	1 015.73	1 014.88	1 014.83	−4.25	−0.56	−3.10
49#	1 011.28	1 011.67	1 011.03	1.95	−7.11	−0.86
50#	1 010.98	1 010.75	1 011.24	−1.15	5.44	0.90
57#	1 008.10	1 008.23	1 008.35	0.65	1.33	0.86
58#	1 008.20	1 007.81	1 008.17	−1.95	4.00	−0.10
63#	1 006.23	—	1 005.89	—	—	−1.17
64#	1 004.98	1 005.20	1 005.78	1.1	6.44	2.76
65#	1 004.50	1 004.66	1 003.98	0.8	−7.56	−1.79
66#	1 004.10	1 003.92	1 004.51	−0.9	6.56	1.41
71#	1 003.05	1 003.00	1 003.59	−0.25	6.56	1.86
72#	1 003.45	1 002.81	1 002.95	−3.2	1.56	−1.72
73#	1 002.67	1 002.47	1 002.73	−1	2.89	0.21
74#	1 002.36	1 001.72	1 002.64	−3.2	10.22	0.97
77#	1 001.77	1 002.06	1 002.99	1.45	10.33	4.21
95#	993.86	994.22	994.68	1.8	5.11	2.83
96#	994.23	993.90	994.36	−1.65	5.11	0.45
100#	990.28	989.56	991.15	−3.6	17.67	3.00
101#	991.92	992.12	991.88	1	−2.67	−0.14
106#	988.99	987.30	988.90	−8.45	17.78	−0.31
108#	987.97	988.31	987.44	1.7	−9.67	−1.83
109#	986.88	986.84	986.03	−0.2	−9.00	−2.93
111#	986.28	986.32	985.66	0.2	−7.33	−2.14

从表 5-6 可见，砂质河床易被流水冲刷而导致其河床床形的变化相对砾石质河床来说更为明显，从而在相对较短的时期内（常常是一场洪水）能够引起给定断面的河床高程在断面线上发生明显变化。但是，砂质河床通常具有比较宽的河道，一定时期内整个断面线上的河床平均高程变化未必一定剧烈。河床的平均沉积速率可以反映这个变化幅度和变化趋势。

从图 5-11 可以发现，在 1962—1982 年，全部 35 个断面中，除断面 63#缺乏数据外，以沉积为主的河道断面有 12 个，而以侵蚀为主的河道断面有 21 个，断面

20#的河床不冲不淤。显然，在该时期，黄河在内蒙古河段的河床总体上表现为冲刷侵蚀。其中从断面 13#到断面 38#，也就是辫状河段，其河床的侵蚀速率基本上具有沿程增大的趋势，不过，最大侵蚀速率仅有 −7.1 cm/a；从断面 49#到断面 106#，也就是弯曲河段，河床的侵蚀速率也具有沿程增大的趋势，最大侵蚀速率也仅有 −8.45 cm/a。这时在少数断面表现出沉积，但沉积速率都小于 2 cm/a。

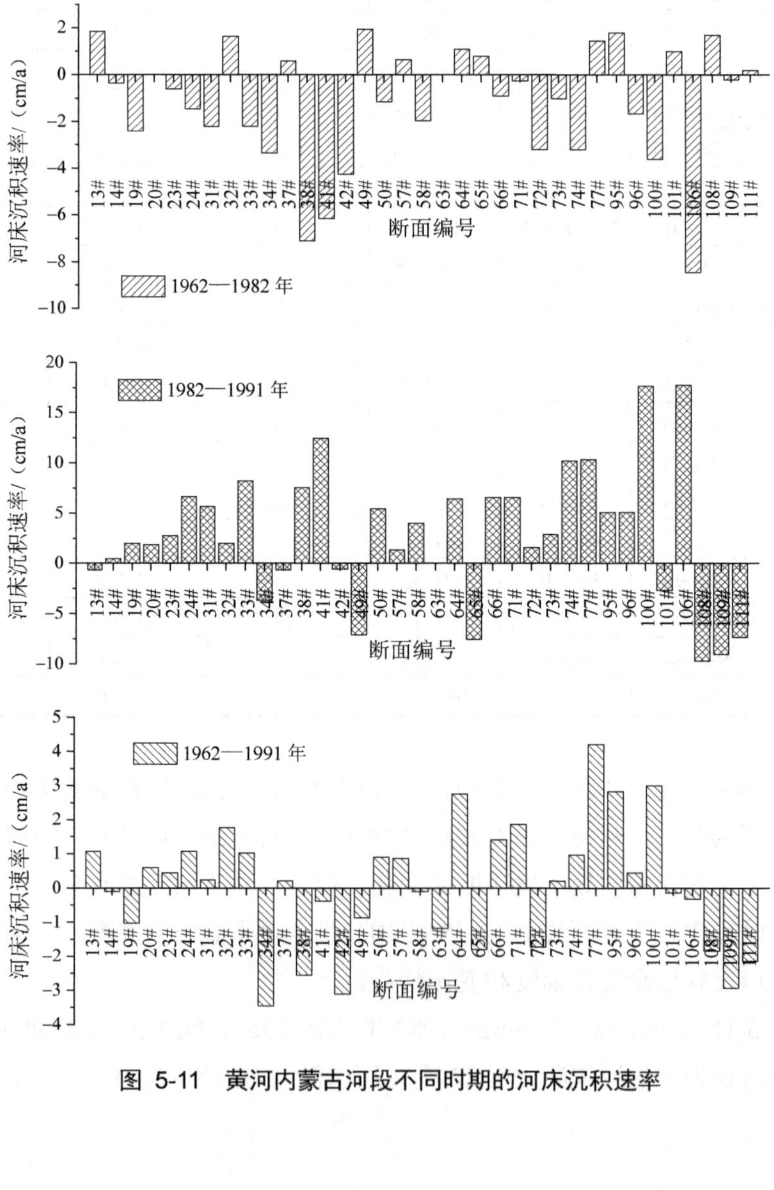

图 5-11 黄河内蒙古河段不同时期的河床沉积速率

在 1982—1991 年，除断面 63#以外的全部 34 个断面中，以沉积为主的河道断面有 24 个，而以侵蚀为主的河道断面有 10 个。显然，在该时期，黄河在内蒙古河段的河床以沉积为主。在辫状河段以及弯曲河段，其河床的沉积速率分别都有沿程增大的趋势，最大沉积速率分别为 8.22 cm/a 和 17.78 cm/a。同时可以发现，弯曲河段的沉积速率总体上大于辫状河段的。在顺直河段的三个断面上河床都表现为侵蚀，侵蚀速率为–9.67～–7.33 cm/a。

在 1962—1991 年，黄河内蒙古河段的河床冲淤交替，并以沉积作用略占优势。其中在 19 个断面的河床上表现为净沉积，77#断面沉积最为强烈，其最大沉积速率为 4.21 cm/a；在 16 个断面的河床上表现为净侵蚀，34#断面侵蚀最强烈，其侵蚀速率为–3.45 cm/a。顺直河段的侵蚀速率为–2.93～–1.83 cm/a。黄河在整个内蒙古河段的沉积速率为 –3.45～4.21 cm/a。

5.4　同流量水位变化揭示的河床沉积速率

前面讨论了有限年份之间的河床冲淤变化及其沉积速率的沿程分布特征，这是根据河道断面的实测值进行积分计算而获得的数据，其精度高，可信度大。但是由于时间尺度相对较短，难以了解研究河段较长时段的冲淤演变状况，也不可能给出较长时间尺度的河床沉积速率数值。本节运用同流量下水位高程对比方法来研究黄河宁蒙河段一些水文站自 20 世纪 50 年代以来的河道冲淤态势及其沉积速率。虽然由于客观条件的限制，这些断面数量相对较少，其空间的距离相对较远，但由于观测的时间尺度相对较长，因而在认识黄河宁蒙河段的冲淤特性上是非常重要的。

根据头道拐水文站的水文资料，黄河宁蒙河段在 20 世纪 90 年代以前其流量远比目前的大，图 5-12 是头道拐水文站 1958—1990 年 33 年中最大的 33 次洪水的洪峰流量，据此统计 2.33 年一遇的洪水为 3 170 m^3/s，也就是该时期的平滩流量。但是，近年来该水文站包括宁蒙河段所有水文站的流量达到或超过 2 000 m^3/s 的机会很少。因此，在研究不同流量级别下水下河床的沉积速率时所选择的流量级别主要有以下三个级别：800 m^3/s、1 000 m^3/s 和 1 500 m^3/s。如果选择更大的流量级别，则有相当多的年份中缺乏该数值，从而失去了年际或不同时段之间进行对比的基础。

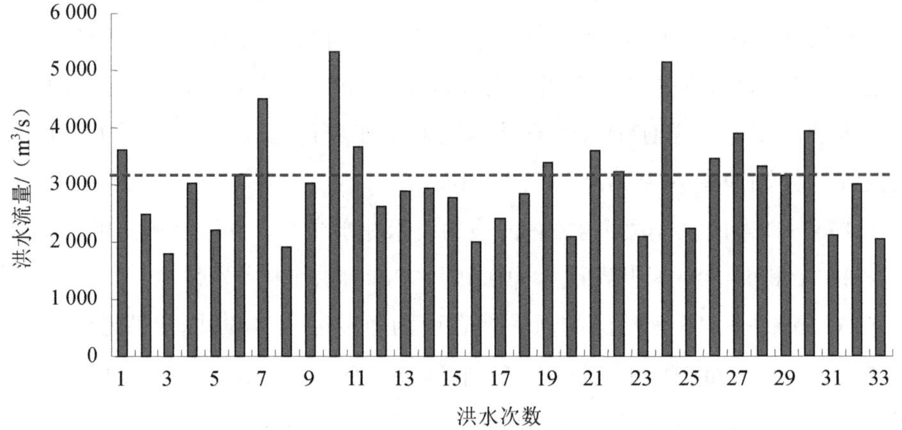

图 5-12 头道拐水文站 1958—1990 年最大的 33 次洪水的洪峰流量

通过对比上述不同流量级别下的宁蒙河段沿程分布的 10 个水文站的水位来估算不同年份之间的河床冲淤幅度、趋势，进而估算其河床沉积速率。利用同流量下水位高程的变化这一代用指标来研究河床冲淤变化的出发点主要有以下三个方面的考虑：①同流量下如果河床保持冲淤平衡，则其水位高程应该保持相同；②如果河床发生净沉积作用导致河床的平均高程升高，则同流量下的水位应该升高；③当河床发生净冲刷作用而使其平均高程降低时，则同流量下的水位也应该降低。虽然根据上述替代指标计算的结果或许与实际情况有一定的出入，但其反映的趋势无疑是明确的，而且国内外水利学界这样的替代研究屡见不鲜，研究结果也得到实践的检验。

5.4.1 流量为 800 m^3/s 时的河床沉积速率

5.4.1.1 流量为 800 m^3/s 时的河流水位年际变化

图 5-13 是黄河宁蒙河段一些水文站在流量为 800 m^3/s 时的水位年际变化趋势，其中黑山峡、下河沿、申滩、康滩、青铜峡和石嘴山水文站位于宁夏境内，磴口、巴彦高勒、三湖河口和头道拐水文站位于内蒙古境内，这些水文站的排列次序为沿程分布。

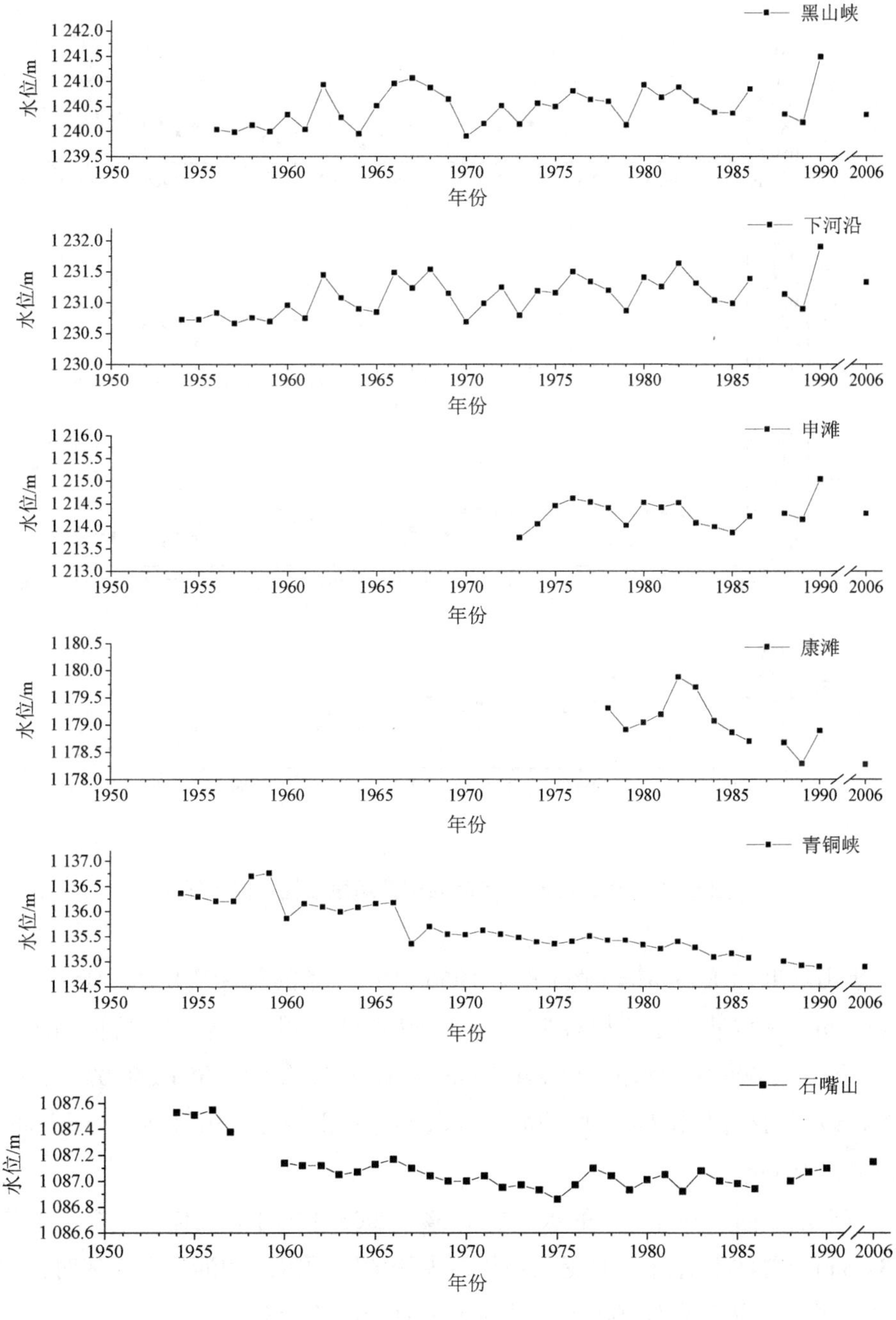
黑山峡
下河沿
申滩
康滩
青铜峡
石嘴山
水位/m
年份
1950
1955
1960
1965
1970
1975
1980
1985
1990
2006

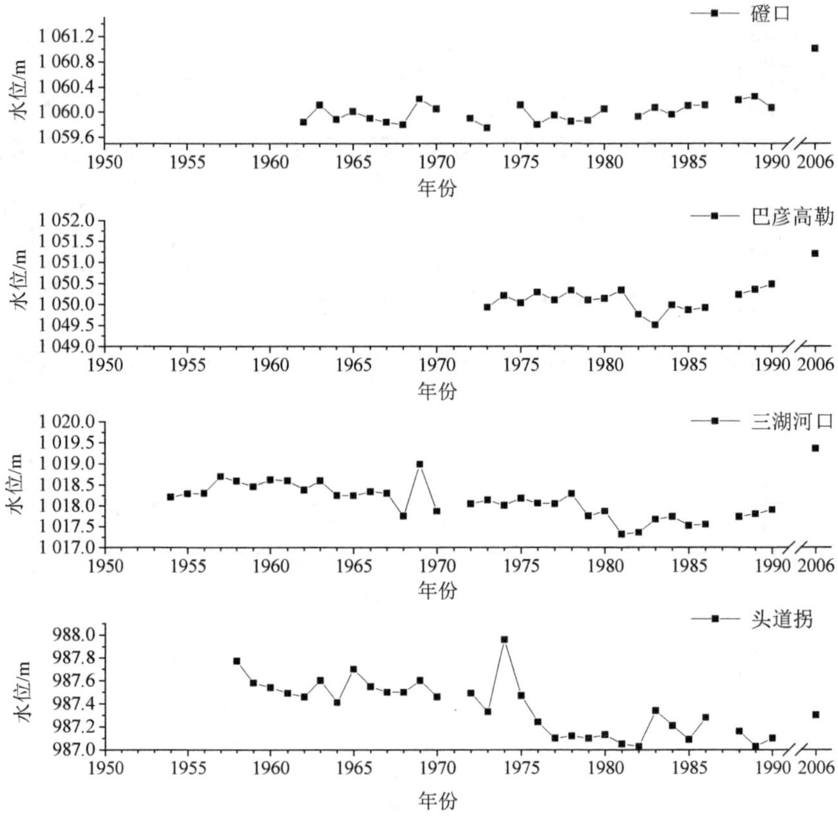

图 5-13 流量为 800 m^3/s 时宁蒙河段沿程水位年际变化

黑山峡断面 800 m^3/s 时的水位 1956—2006 年的年际变化基本介于 1 240～1 241.5 m，水位波动趋势相对明显，而变化趋势不明显，表明年际间河床的冲淤明显；但是，2006 年的水位为 1 240.33 m，仅比 1956 年的水位 1 240.03 m 高 0.3 m，显然，该断面在相对较长时段的河床冲淤不是特别明显，50 年内 800 m^3/s 时的水位仅升高 0.3 m。

下河沿断面 800 m^3/s 时的水位自 1954—2006 年的年际变化基本介于 1 230.6～1 231.6 m，总体上有升高的变化趋势，表明该断面附近的河床在上述时段以沉积为主，从而造成流量为 800 m^3/s 时的水位有升高的趋势。

申滩断面 800 m^3/s 时的水位自 1973—2006 年的年际变化基本介于 1 213.7～

1 215.04 m。其中 1973 年的水位为 1 213.74 m，2006 年的水位为 1 214.28 m，在该时期水位升高了 0.54 m，好像比较显著，但是，1986 年以前的水位年平均值为 1 214.24 m，2006 年的水位仅比 1986 年以前年平均水位值高出 0.04 m，显然，河床的长期冲淤基本处于平衡态势。

上述三个断面的水位在 1990 年都有明显抬升，但在 2006 年又都恢复了常态。

康滩断面 800 m^3/s 时的水位自 1978—2006 年的年际变化基本介于 1 178.3～1 179.8 m，总体上呈现降低的态势。其中 1978 年的水位为 1 179.3 m，2006 年的水位为 1 178.27 m，29 年间 800 m^3/s 流量时的水位降低了 1.03 m，表明该断面附近的河床在上述时段基本处于强烈侵蚀状态。

青铜峡断面 800 m^3/s 时的水位自 1954—2006 年的年际变化基本介于 1 134.8～1 136.7 m，明显呈现逐渐降低的趋势。其中 1978 年的水位为 1 136.36 m，2006 年的水位为 1 134.89 m，29 年间 800 m^3/s 流量时的水位降低了 1.47 m，水位的大幅下降表明该峡谷断面附近的河床在上述时段处于强烈侵蚀状态。

石嘴山断面 800 m^3/s 时的水位自 1954—1960 年明显下降，由 1 087.53 m 降至 1 087.14 m，降低了 0.39 m；此后的年际变化基本介于 1 086.85～1 087.18 m，高差只有 0.33 m，变化趋势不明显，表明该峡谷断面河床在 1954—1960 年明显冲刷侵蚀，此后基本处于冲淤平衡状态。

宁夏河段 800 m^3/s 时的水位变化反映出，该河段除下河沿断面河床沉积占优势外，其他断面以侵蚀为主或处于冲淤平衡状态，而河床冲刷以峡谷段的青铜峡断面最为明显。显然，20 世纪 50 年代以来，黄河在宁夏河段的沉积作用并不占优势。

对于内蒙古河段，磴口断面 800 m^3/s 时的水位在 1962—1990 年基本波动于 1 059.7～1 060.3 m，高差为 0.6 m，无论是变化幅度还是变化趋势都不显著。但在 2006 年，同流量水位升至 1 061.01 m，比 1990 年水位 1 060.07 m 升高 0.94 m，表明自 1990 年起，该断面附近的河床明显淤积升高，从而导致 800 m^3/s 流量时的水位显著上升。

巴彦高勒断面 800 m^3/s 时的水位在 1973—1981 年波动于 1 049.93～1 050.33 m，高差为 0.4 m；1981—1983 年持续降低了 0.83 m；此后基本处于升高状态，2006 年同流量水位达到最高的 1 051.2 m。这表明自 1987 年以后，该断面附近的河床处于持续的淤积状态，河床平均高程因为沉积而升高。

三湖河口断面 800 m^3/s 时的水位在 1954—1981 年总体上呈现降低的趋势，水位波动于 1 017.3～1 019.0 m；自 1985 年以后，水位呈现上升趋势，2006 年达到历史最高的 1 019.36 m。显然，该断面附近的河床在 1954—1981 年以冲刷侵蚀为主，河床平均高程明显降低，1985 年以后以淤积抬升为主，河床的平均高程加积升高。

头道拐断面 800 m^3/s 时的水位在 1958—1982 年总体上呈现降低的趋势，水位波动于 987.03～987.96 m；此后处于波动状态，2006 年的水位高程为 987.3 m，比 1975 年以前的平均水位低 0.28 m。这表明该断面附近的河床在 1982 年以前以冲刷侵蚀为主，此后趋于动态平衡。

内蒙古河段的三湖河口断面及头道拐断面 800 m^3/s 时的水位在 1969 年和 1974 年分别表现出了突然升高的现象，这可能与这些断面所在处的河岸坍塌或临近的支流发生的高含沙洪水的输入有关。在该河段的支流，主要是由黄河主流南岸流入的一些季节性支流，这些支流洪水期高含沙水流的含沙量常常超过 1 000 kg/m^3，最大可以达到 1 550 kg/m^3（表 5-7）。在暴雨时高含沙洪水可以输入黄河大量的粗粒泥沙，而这些粗粒泥沙进入黄河主流后大部分将沉积在主流的河床上，从而引起河床的显著抬升，进而造成同流量水位的大幅升高。例如，1961—1998 年西柳沟、罕台川等支流在黄河的入口处发生 7 次泥沙堵塞黄河的事件，其中西柳沟在 1998 年 7 月 12 日的一次洪水带来的泥沙在入黄口形成长 10 km、宽 1.5 km、厚 7 m 的巨型沙坝，导致黄河水倒流（杨根生，2002）。当然，这些突发因素引起的河床升高会在随后年份的河流调整中对较细的泥沙通过悬移质方式向下游输送、较粗的泥沙通过横向环流的侧向输送沉积在河道边滩，从而使主流线河床刷深，使小流量时的水位降低。

表 5-7 十大孔兑高含沙洪水的含沙量（赵文林等，2002）

时间	河流	洪峰流量/（m^3/s）	最大含沙量/（kg/m^3）
1961-08-21	西柳沟	3 180	1 200
1966-08-13	西柳沟	3 660	1 380
1973-07-17	西柳沟	3 620	1 550
1989-07-21	西柳沟	6 940	1 240
1989-07-21	罕台川	3 090	—
1989-07-21	毛不浪孔兑	5 600	1 500

由 800 m^3/s 同流量水位高程的比较可以发现，黄河内蒙古河段的河床淤积主要在其上段的辫状河段，以巴彦高勒断面为代表。自 20 世纪 80 年代以来，辫状河段和其下的弯曲河段（以三湖河口为代表）沉积作用明显增强，河床处于加积升高状态。河床的侵蚀主要出现在末段的顺直河段，以头道拐断面为代表。

5.4.1.2　流量为 800 m^3/s 时的水下河床沉积速率

同流量水位的变化基本可以反映同流量下河床断面平均高程的变化，黄河宁蒙河段不同时期上述 10 个河道断面在流量为 800 m^3/s 时的水位变化及水下河床的平均沉积速率计算结果见表 5-8。

表 5-8　黄河宁蒙河段流量为 800 m^3/s 时水下河床的沉积速率

河道断面位置	起讫年份		水位高程/m		水位升高幅度/m	河床沉积速率/（cm/a）
	初始年份	终止年份	初始年份水位	终止年份水位		
黑山峡	1956	1978	1 240.03	1 240.59	0.56	2.5
	1978	1986	1 240.59	1 240.84	0.25	3.1
	1986	2006	1 240.84	1 240.33	–0.51	–2.5
下河沿	1954	1978	1 230.72	1 231.19	0.47	2.0
	1978	1986	1 231.19	1 231.38	0.19	2.4
	1986	2006	1 231.38	1 231.32	–0.06	–0.3
申滩	1973	1978	1 213.74	1 214.40	0.66	13.2
	1978	1986	1 214.40	1 214.22	–0.18	–2.3
	1986	2006	1 214.22	1 214.28	0.06	0.3
康滩	1978	1986	1 179.30	1 178.70	–0.60	–7.5
	1986	2006	1 178.70	1 178.27	–0.43	–2.2
青铜峡	1954	1978	1 136.36	1 135.42	–0.94	–3.9
	1978	1986	1 135.42	1 135.07	–0.35	–4.4
	1986	2006	1 135.07	1 134.89	–0.18	–0.9
石嘴山	1954	1978	1 087.53	1 087.04	–0.49	–2.0
	1978	1986	1 087.04	1 086.94	–0.10	–1.2
	1986	2006	1 086.94	1 087.15	0.21	1.1
磴口	1962	1978	1 059.84	1 059.85	0.01	0.1
	1978	1986	1 059.85	1 060.11	0.26	3.2
	1986	2006	1 060.11	1 061.01	0.90	4.5

河道断面位置	起讫年份		水位高程/m		水位升高幅度/m	河床沉积速率/（cm/a）
	初始年份	终止年份	初始年份水位	终止年份水位		
巴彦高勒	1973	1978	1 049.93	1 050.33	0.40	8.0
	1978	1986	1 050.33	1 049.92	−0.41	−5.1
	1986	2006	1 049.92	1 051.20	1.28	6.4
三湖河口	1954	1978	1 018.21	1 018.29	0.08	0.3
	1978	1986	1 018.29	1 017.55	−0.74	−9.3
	1986	2006	1 017.55	1 019.36	1.81	9.1
头道拐	1958	1978	987.77	987.12	−0.65	−3.2
	1978	1986	987.12	987.28	0.16	2.0
	1986	2006	987.28	987.30	0.02	0.1

注：沉积速率栏正值表示河床沉积，负值表示河床冲刷侵蚀。

从表 5-8 可以看出，在上述三个不同时段内当流量为 800 m^3/s 时 10 个水文站的水位高差大多介于±0.5 m，其中水位增幅最大的出现在 1986—2006 年的磴口站、巴彦高勒站和三湖河口站，其水位分别升高 0.9 m、1.28 m 和 1.81 m。而水位降幅最大的出现在 1954—1978 年的青铜峡站，其水位降低 0.94 m，其次为 1978—1986 年的三湖河口站，其水位降低 0.74 m。显然，在流量为 800 m^3/s 时的水下河床上，沉积作用在内蒙古河段的中上段最为强烈，而河床冲刷下蚀作用在宁夏河段的青铜峡上下段最为剧烈。

图 5-14 是黑山峡、下河沿、申滩、康滩、青铜峡、石嘴山、磴口、巴彦高勒、三湖河口和头道拐水文站在 1978 年以前、1978—1986 年及 1986—2006 年三个不同时期当流量为 800 m^3/s 时的水下河床沉积速率的沿程变化，从中可见，1978 年以前，黄河宁夏河段上段的河床处于沉积状态，其中黑山峡、下河沿和申滩的沉积速率分别达到 2.5 cm/a、2.0 cm/a 和 13.2 cm/a；而其下段处于侵蚀状态，青铜峡和石嘴山断面的河床侵蚀速率分别为 4.4 cm/a 和 2.0 cm/a。内蒙古河段在磴口和三湖河口断面的河床基本处于冲淤平衡，沉积速率分别只有 0.1 cm/a 和 0.3 cm/a；在巴彦高勒断面河床大量淤积，沉积速率达到 8.0 cm/a；而在头道拐断面的河床处于冲刷侵蚀状态，其河床侵蚀速率为 3.2 cm/a。

1978—1986 年，宁夏河段申滩由上一时段的强烈沉积变为冲刷状态，沉积速率由 13.2 cm/a 变为−2.3 cm/a，其他断面的冲淤状况与 1978 年以前相比没有明显变化。而内蒙古河段的磴口河床以沉积为主，沉积速率由上一时段的 0.1 cm/a 变为 3.2 cm/a。巴彦高勒断面和三湖河口断面的河床由沉积状态以及准冲淤平衡状态变为强烈侵蚀状态，沉积速率由 8.0 cm/a 和 0.3 cm/a 分别变为 −5.1 cm/a 和 −9.3 cm/a。头道拐断面由侵蚀变为微淤。

1986—2006 年，宁夏河段河床基本处于冲刷侵蚀状态，仅在石嘴山断面微淤，河床沉积速率为 1.1 cm/a，在申滩断面河床近似冲淤平衡，沉积速率为 0.3 cm/a；在表现为侵蚀冲刷的断面上，河床的侵蚀速率在 2.5 cm/a 以内，即侵蚀程度不是非常显著。而内蒙古河段以淤积为主，仅在头道拐断面的河床处于冲淤平衡状态。纵观整个宁蒙河段，从康滩断面至三湖河口断面其河床的沉积速率逐渐升高，由 −2.2 cm/a 升至 9.1 cm/a。

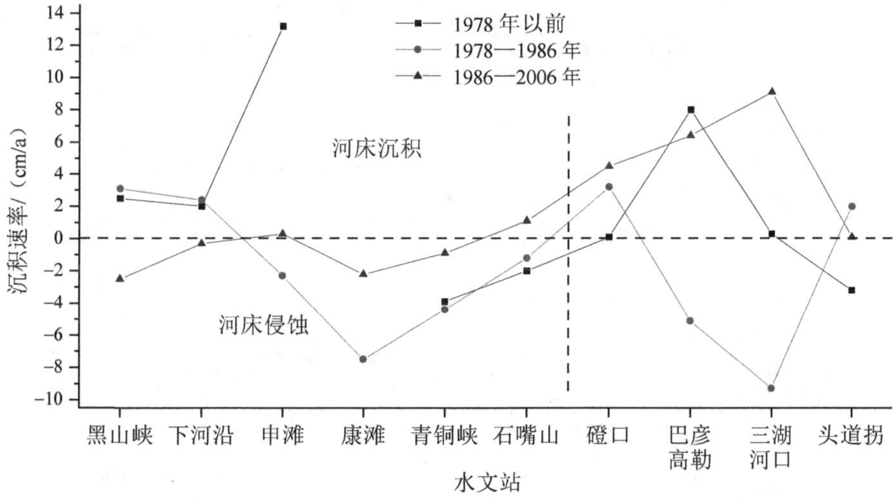

图 5-14　在 800 m^3/s 流量时黄河宁蒙河段的河床沉积速率沿程变化

5.4.2　流量为 1 000 m^3/s 时的河床沉积速率

5.4.2.1　流量为 1 000 m^3/s 时的河流水位年际变化

图 5-15 是黄河宁蒙河段 10 个水文站在流量为 1 000 m^3/s 时的水位年际变化趋势，其中宁夏河段的黑山峡、下河沿、申滩、康滩 4 个断面在 1983 年的水位比相邻年份大幅升高，而在青铜峡和石嘴山断面却没有发生这样的现象。这可能表

明黑山峡以上主支流带来了大量的泥沙，从而在宁夏上游河段的河床发生严重沉积，与上年度相比，上述 4 个断面当年的淤积抬高的幅度依次为 1.8 m、1.2 m、0.8 m 和 0.8 m。青铜峡水库的拦蓄作用，导致洪水泥沙大量沉积在库区，出库水流含沙量大幅度降低，因此没有在青铜峡及石嘴山断面的河床造成明显淤积。类似的现象在 1990 年也曾出现过，但这次造成的河道沉积的幅度和范围比上次小。对比内蒙古河段的 4 个河道断面可以发现，无论是 1983 年还是 1990 年，其河道水位与其上年度相比，没有非常明显的变化，显然，这些洪水泥沙事件并没有影响到内蒙古河段河床的冲淤状况。

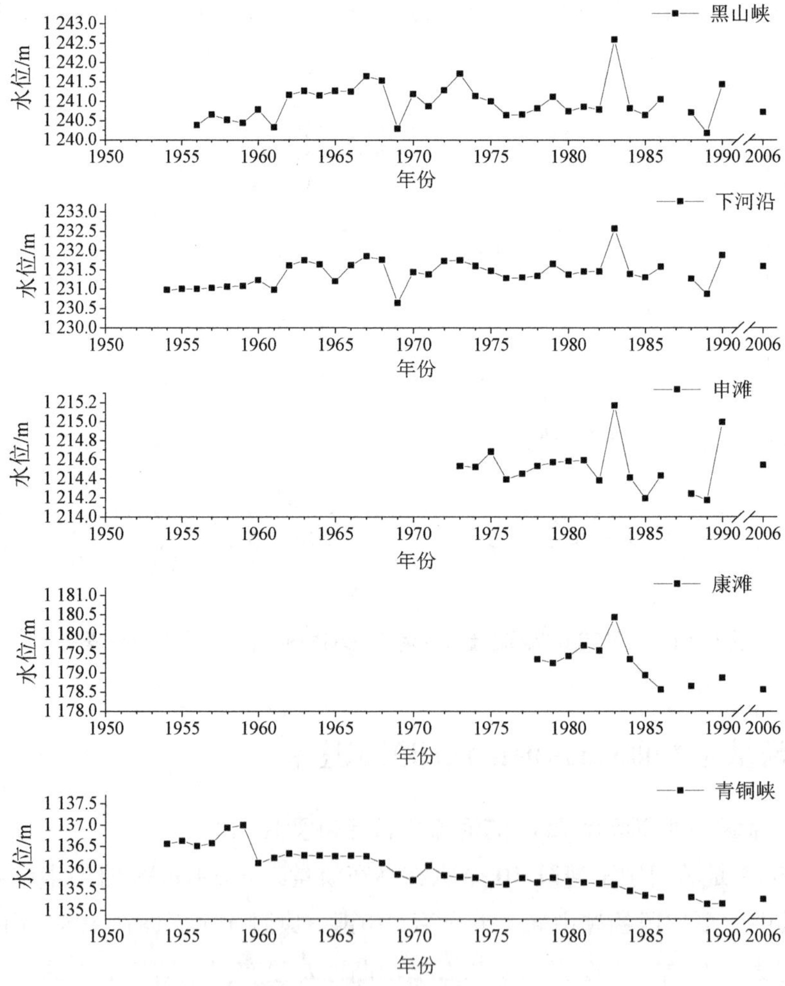

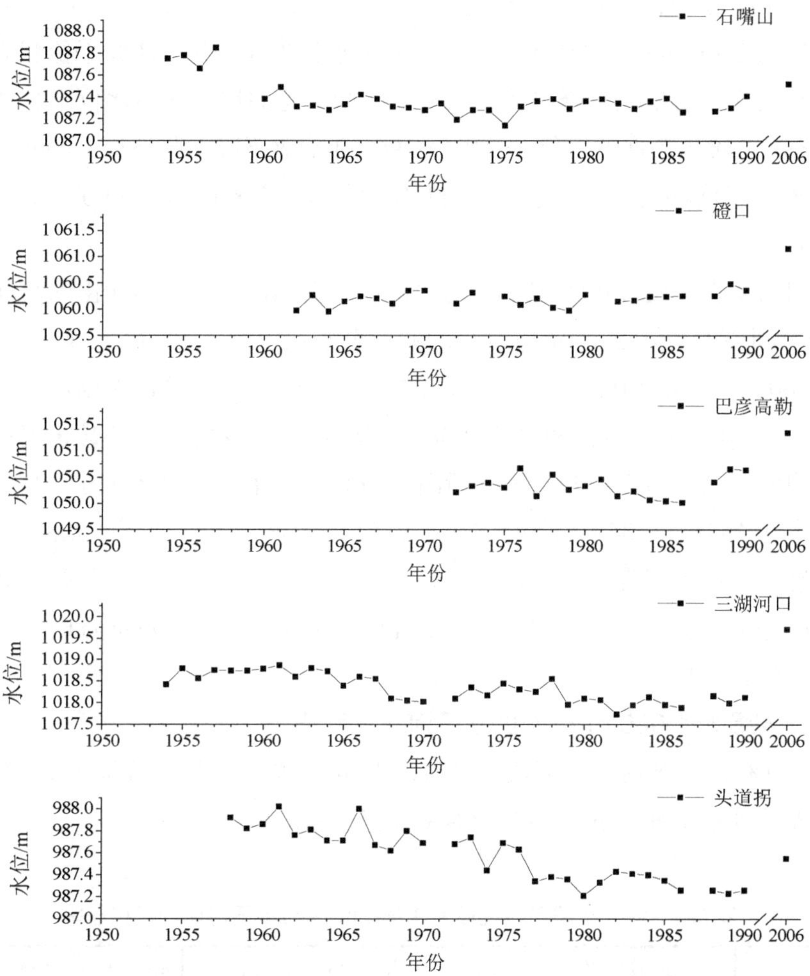

图 5-15 流量为 1 000 m³/s 时宁蒙河段沿程水位年际变化

黄河宁夏河段 1 000 m³/s 时的水位年际变化，在黑山峡断面除个别年份显著波动外没有明显变化趋势；下河沿断面在波动中略有升高，表明该断面附近的河床有少许的加积升高趋势；在申滩断面，2006 年的水位高程基本与 20 世纪 70 年代的相当，可以认为该断面附近的河床基本保持冲淤平衡状态；康滩断面的水位自 1978—1983 年有升高趋势，表明该时段河床沉积占优势，1983—1986 年持续下降，其变化幅度分别达到 1.0 m 和 2.0 m，表明该时段河床冲刷侵蚀占优势，自

1985 年以后，水位波动幅度不超过 0.4 m，其中 1985 年和 2006 年的水位都达到了历史低值 1 178.6 m，表明自 1985 年以后河床总体上保持冲淤平衡状态。青铜峡断面水位总体上呈现下降趋势，表明该断面附近的河床在该水位下总体上处于侵蚀状态。石嘴山断面的水位在 1957—1960 年显著下降，降低约 0.45 m，1960—1990 年则处于低幅度波动状态，波动幅度保持在 0.3 m 以内，1990—2006 年仅升高 0.15 m。

黄河内蒙古河段 1 000 m^3/s 时的水位年际变化，磴口断面和巴彦高勒断面在 1986 年以前为低幅度波动状态，波动幅度分别在 0.5 m 和 0.6 m 以内，但是在 1986—2006 年都明显升高，分别升高 0.9 m 和 1.4 m，表明这两个断面所在河段的河床自 1986 年以后表现出明显的沉积升高态势。在内蒙古河段下段的弯曲河段和顺直河段的三湖河口断面和头道拐断面，1986 年以前水位基本处于下降过程中，其中前者在 1954—1986 年下降 0.5 m，后者在 1958—1986 年下降 0.6 m，显然，河床以冲刷侵蚀下降为特征；上述两个断面在 1986—2006 年，水位基本处于上升状态，升高幅度分别为 1.8 m 和 0.38 m，表明其所在河段 1 000 m^3/s 时的水位以下的河床以沉积升高为主。

5.4.2.2 流量为 1 000 m^3/s 时的水下河床沉积速率

表 5-9 列出了黄河宁蒙河段不同时期上述 10 个水文站在流量为 1 000 m^3/s 时的水位变化及水下河床的平均沉积速率计算结果。

表 5-9 黄河宁蒙河段流量为 1 000 m^3/s 时水下河床的沉积速率

河道断面位置	起讫年份		水位高程/m		水位升高幅度/m	河床沉积速率/（cm/a）
	初始年份	终止年份	初始年份水位	终止年份水位		
黑山峡	1956	1978	1 240.38	1 240.81	0.43	2.0
	1978	1986	1 240.81	1 241.04	0.23	2.9
	1986	2006	1 241.04	1 240.71	−0.33	−1.6
下河沿	1954	1978	1 230.97	1 231.34	0.37	1.5
	1978	1986	1 231.34	1 231.58	0.24	3.0
	1986	2006	1 231.58	1 231.59	0.01	0.0
申滩	1973	1978	1 214.53	1 214.53	0	0
	1978	1986	1 214.53	1 214.43	−0.10	−1.2
	1986	2006	1 214.43	1 214.54	0.11	0.5

河道断面位置	起讫年份		水位高程/m		水位升高幅度/m	河床沉积速率/（cm/a）
	初始年份	终止年份	初始年份水位	终止年份水位		
康滩	1978	1986	1 179.35	1 178.56	−0.79	−9.9
	1986	2006	1 178.56	1 178.56	0	0
青铜峡	1954	1978	1 136.55	1 135.65	−0.90	−3.7
	1978	1986	1 135.65	1 135.30	−0.35	−4.4
	1986	2006	1 135.30	1 135.26	−0.04	−0.2
石嘴山	1954	1978	1 087.75	1 087.38	−0.37	−1.5
	1978	1986	1 087.38	1 087.26	−0.12	−1.5
	1986	2006	1 087.26	1 087.52	0.26	1.3
磴口	1962	1978	1 059.97	1 060.02	0.05	0.3
	1978	1986	1 060.02	1 060.25	0.23	2.9
	1986	2006	1 060.25	1 061.15	0.90	4.5
巴彦高勒	1972	1978	1 050.21	1 050.55	0.34	5.7
	1978	1986	1 050.55	1 050.02	−0.53	−6.6
	1986	2006	1 050.02	1 051.35	1.33	6.6
三湖河口	1954	1978	1 018.42	1 018.55	0.13	0.5
	1978	1986	1 018.55	1 017.89	−0.66	−8.2
	1986	2006	1 017.89	1 019.71	1.82	9.1
头道拐	1958	1978	987.92	987.38	−0.54	−2.7
	1978	1986	987.38	987.26	−0.12	−1.5
	1986	2006	987.26	987.55	0.29	1.4

注：沉积速率栏正值表示河床沉积，负值表示河床冲刷侵蚀。

从表 5-9 可以看出，在不同时段流量为 1 000 m^3/s 时的水位高差大多介于 ±0.5 m，其中水位增幅最大的出现在 1986—2006 年的磴口站、巴彦高勒站和三湖河口站，其水位分别升高 0.9 m、1.33 m 和 1.82 m。而水位降幅最大的出现在 1954—1978 年的青铜峡站，其水位降低了 0.9 m，其次为 1978—1986 年的康滩站，其水位降低了 0.79 m。这些计算结果与流量为 800 m^3/s 时的计算结果非常接近，其变化趋势也非常一致。显然，无论是选取流量为 800 m^3/s 还是 1 000 m^3/s，对计算结果影响都不大。

在 1978—1986 年，宁夏河段黑山峡和下河沿附近的河床以沉积为主，其河床沉积速率分别为 2.9 cm/a 和 3.0 cm/a；申滩、康滩、青铜峡、石嘴山附近的河床以侵蚀为主，其河床侵蚀速率分别为 1.2 cm/a、9.9 cm/a、4.4 cm/a 和 1.5 cm/a。内蒙古河段在磴口附近的河床以沉积为主，河床年均沉积速率为 2.9 cm/a；巴彦高勒、三湖河口和头道拐附近的河床以侵蚀为主，河床年均侵蚀速率分别为 6.6 cm/a、8.2 cm/a 和 1.5 cm/a。

图 5-16 点绘了黄河宁蒙河段上述 10 个水文站在 1978 年以前、1978—1986 年及 1986—2006 年三个不同时期当流量为 1 000 m^3/s 时的水下河床沉积速率的沿程变化，从中看以看出，1978 年以前，黄河宁夏河段的上段以沉积为主，沉积速率自黑山峡到下河沿再到申滩沿程减小，由 2.0 cm/a 降至 1.5 cm/a 直至为 0；下段以侵蚀为主，青铜峡河段的侵蚀速率为 3.7 cm/a。内蒙古河段在磴口和三湖河口断面沉积速率很小，处于微淤状态；巴彦高勒断面河床沉积速率最大，达到 5.7 cm/a；而在头道拐断面的河床处于冲刷侵蚀状态，在该时期平均侵蚀速率为 2.7 cm/a。

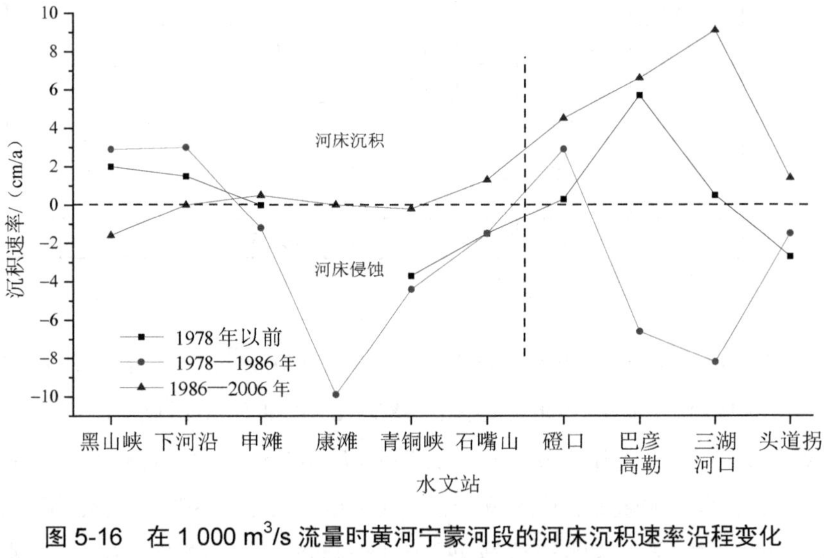

图 5-16 在 1 000 m^3/s 流量时黄河宁蒙河段的河床沉积速率沿程变化

在 1986—2006 年，宁夏河段黑山峡断面附近的河床变为以侵蚀为主，其河床年均侵蚀速率为 1.6 cm/a；下河沿和康滩附近的河床完全处于冲淤平衡状态，其沉积速率为 0；申滩附近的河床微淤，年均沉积速率为 0.5 cm/a；青铜峡附近的河床微蚀，侵蚀速率为 0.2 cm/a；而石嘴山附近的河床明显淤积，年均沉积速率为

1.3 cm/a。总体上，宁夏河段的河床表现出由侵蚀到冲淤平衡再到淤积的沿程变化趋势。该时段内蒙古河段的河床全面淤积，磴口、巴彦高勒、三湖河口和头道拐断面附近的河床的年均沉积速率依次为 4.5 cm/a、6.6 cm/a、9.1 cm/a 和 1.4 cm/a。显然，辫状河段和弯曲河段的沉积速率较大，而顺直河段的最小。

5.4.3　流量为 1 500 m³/s 时的河床沉积速率

5.4.3.1　流量为 1 500 m³/s 时河流水位年际变化

图 5-17 是黄河宁蒙河段 10 个水文站在流量为 1 500 m³/s 时的水位年际变化趋势。

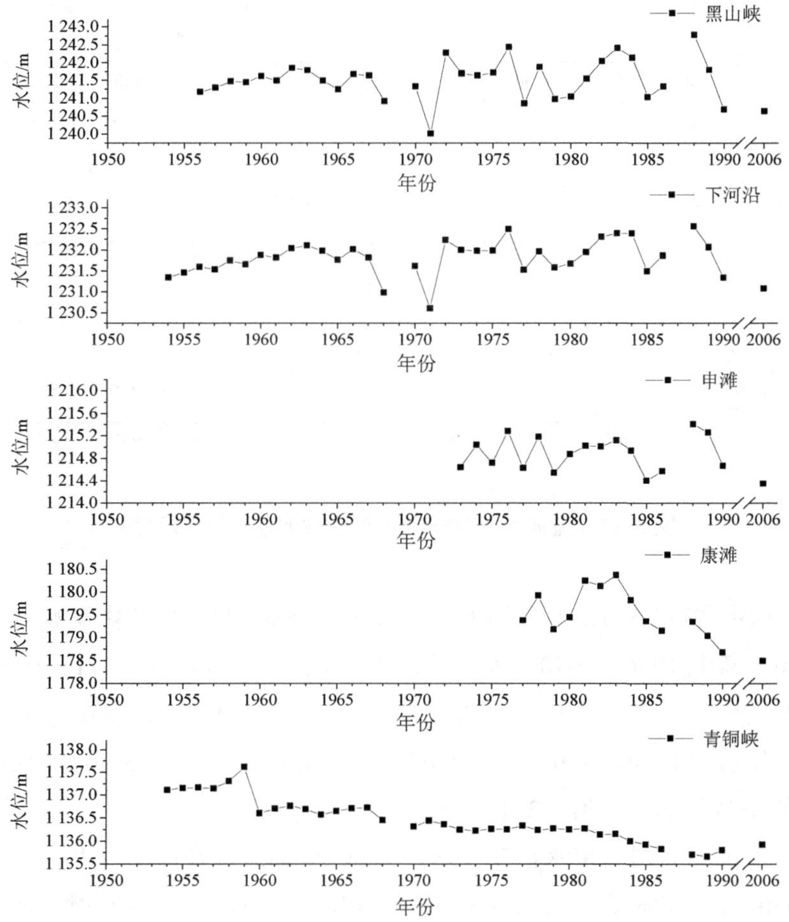

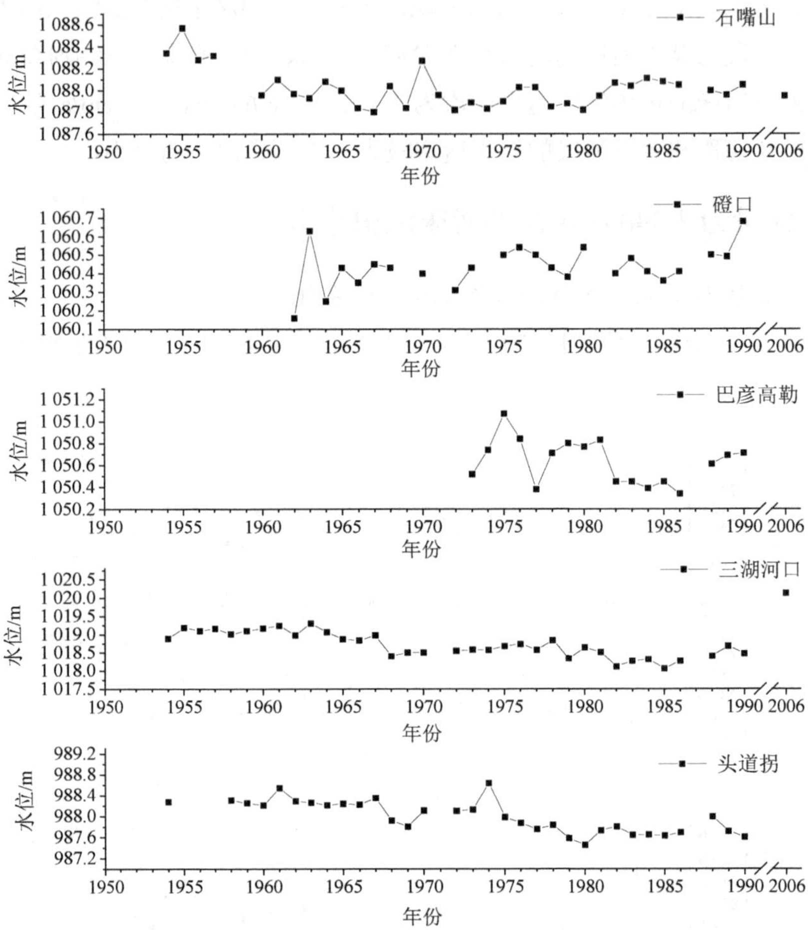

图 5-17 流量为 1 500 m³/s 时宁蒙河段水位年际变化

黑山峡水文站 1 500 m³/s 时的水位自 1956—2006 年的年际变化基本介于 1 240～1 242.8 m，其中 1956—1970 年同流量水位波动在 1 m 以内；1971—1990 年同流量水位波动剧烈，累计波动幅度达到 2.8 m；1990 年和 2006 年的同流量水位非常接近，分别为 1 240.69 m 和 1 240.64 m，变化幅度仅有 0.05 m，而且远远低于 1990 年以前各年的平均值 1 241.56 m。

下河沿水文站同流量水位在 1954—1963 年趋势性升高，由 1 231.34 m 升至 1 232.10 m，表明该时段河床在加积升高；1963—1971 年呈现波动性降低的趋势，并在 1971 年降至最低的 1 230.60 m，表明该时段河床总体上以冲刷侵蚀为主，1971 年河床高程最小；1972—1988 年波动幅度较大，但无明显变化趋势；1988—2006 年同流量水位明显降低，但在 1990—2006 年降低幅度很小，由 1 231.34 m 降至 1 231.08 m，表明河床略微下蚀。

申滩水文站同流量水位在 1973—1988 年波动幅度较大，1988—2006 年持续降低，表明前一时段河床冲淤交替，后一时段河床以冲刷为主。

康滩水文站同流量水位在 1978—1983 年总体上在升高，由 1 179.38 m 升至 1 180.37 m，水位升幅为 0.99 m；1983—2006 年大幅降低，由 1 180.37 m 降至 1 178.49 m，降低了 1.88 m。这表明该水文站附近的河床在上述两个时段分别表现出加积升高和冲刷侵蚀两类不同作用过程，其中河床的冲刷侵蚀处于主导地位。

上述四个水文站同流量水位在 2006 年都处于相对较低的水平，其中申滩和康滩水文站同流量水位处于历史最低水平。

青铜峡水文站同流量水位在 1954—1959 年持续升高，升幅为 0.5 m；在 1959—1989 年总体上具有降低的趋势，由 1 137.61 m 降至 1 135.66 m，降幅为 1.95 m。1989—2006 年略微回升，升幅仅有 0.26 m。同流量水位的大幅下降是全部时段的主要特点，表明大坝下游的该断面附近的河床总体上处于强烈侵蚀状态，但是，自 1989 年以后表现为微淤。

石嘴山水文站同流量水位在 1954—1960 年明显降低，降幅为 0.44 m；1960—1981 年波动幅度较大，无明显变化趋势；1982—2006 年小幅波动，波动范围在 0.16 m 以内。这表明该水文站附近的河床在上述首个时段以侵蚀冲刷为主，河床高程明显降低；在第二个时段，河床的冲淤变幅加剧，但无明显升降趋势；第三个时段，河床冲淤幅度减小。

宁夏河段 1 500 m^3/s 流量时的水位变化表明，该河段的河床沉积作用并不占优势，尤其在 1990 年以后更为明显。

对于黄河内蒙古河段，磴口水文站同流量水位在 1962—1985 年，前三年波动幅度为 0.47 m，相对较大，此后总体波动幅度小于 0.23 m；在 1985—1990 年，基本处于升高状态，升幅为 0.32 m，其中 1990 年达到历史最高水位 1 060.68 m。由于 2006 年该站的流量小于 1 500 m^3/s，因此没有相应的水位高程值以供比较。

巴彦高勒水文站同流量水位在1973—1982年波动频繁，最大幅度达到0.69 m；在1982—1986年低幅变动，最大变幅只有0.11 m；在1986—1990年逐渐升高，总升幅为0.37 m。

三湖河口水文站同流量水位在1954—1963年波动性升高，升幅为0.41 m。在1963—1985年波动性降低，降幅为0.70 m。显然，上述两个时段的同流量水位总体上以降低为主。在1985—2006年同流量水位明显升高，升幅为2.07 m。显然，该时段的河床沉积作用占绝对主导地位。其中2006年的同流量水位为1 020.13 m，比之前实测的最高水位1 019.30 m（1963年）要高出0.83 m。1967年以前的实测水位均值为1 019.06 m，1968—1990年的实测水位均值为1 018.47 m。

头道拐水文站同流量水位在1954—1990年波动性降低，总降幅为0.68 m。但在1974年达到最高的988.64 m，这与1973年汛期该河段支流发生的暴雨高含沙水流的灾害性泥沙的输入有关。

5.4.3.2 流量为1 500 m^3/s时的水下河床沉积速率

表5-10列出了黄河宁蒙河段不同时期上述10个水文站在流量为1 500 m^3/s时的水位变化及水下河床的平均沉积速率计算结果。

表5-10 黄河宁蒙河段流量为1 500 m^3/s时的水下河床沉积速率

河道断面位置	起讫年份		水位高程/m		河床平均高程差/m	河床沉积速率/(cm/a)
	初始年份	终止年份	初始年份水位	终止年份水位		
黑山峡	1956	1978	1 241.17	1 241.87	0.70	3.2
	1978	1986	1 241.87	1 241.32	−0.55	−6.9
	1986	2006	1 241.32	1 240.64	−0.68	−3.4
下河沿	1954	1978	1 231.34	1 231.96	0.62	2.6
	1978	1986	1 231.96	1 231.86	−0.10	−1.3
	1986	2006	1 231.86	1 231.08	−0.78	−3.9
申滩	1973	1978	1 214.64	1 215.18	0.54	10.8
	1978	1986	1 215.18	1 214.57	−0.61	−7.6
	1986	2006	1 214.57	1 214.35	−0.22	−1.1
康滩	1978	1986	1 179.92	1 179.15	−0.77	−9.6
	1986	2006	1 179.15	1 178.49	−0.66	−3.3

河道断面位置	起讫年份		水位高程/m		河床平均高程差/m	河床沉积速率/（cm/a）
	初始年份	终止年份	初始年份水位	终止年份水位		
青铜峡	1954	1978	1 137.11	1 136.23	−0.88	−3.7
	1978	1986	1 136.23	1 135.82	−0.41	−5.1
	1986	2006	1 135.82	1 135.92	0.10	0.5
石嘴山	1954	1978	1 088.34	1 087.85	−0.49	−2.0
	1978	1986	1 087.85	1 088.05	0.20	2.5
	1986	2006	1 088.05	1 087.95	−0.10	−0.5
磴口	1962	1978	1 060.16	1 060.43	0.27	1.7
	1978	1986	1 060.43	1 060.41	−0.02	−0.2
	1986	1990	1 060.41	1 060.68	0.27	6.7
巴彦高勒	1973	1978	1 050.52	1 050.71	0.19	3.8
	1978	1986	1 050.71	1 050.34	−0.37	−4.6
	1986	1990	1 050.34	1 050.71	0.37	9.3
三湖河口	1954	1978	1 018.89	1 018.83	−0.06	−0.2
	1978	1986	1 018.83	1 018.27	−0.56	−7.0
	1986	2006	1 018.27	1 020.13	1.86	9.3
头道拐	1954	1978	988.28	987.83	−0.45	−1.9
	1978	1986	987.83	987.69	−0.14	−1.7
	1986	1990	987.69	987.60	−0.09	−0.5

注：沉积速率栏正值表示河床沉积，负值表示河床冲刷侵蚀。

从表 5-10 可以看出，在不同时段流量为 1 500 m^3/s 时的总共 29 个水位高差计算值中，有 17 个变幅介于±0.5 m。同流量水位增加的仅有 10 个，水位增幅最大的出现在 1986—2006 年的三湖河口站，其水位升高了 1.86 m，其他所有站点的水位升幅不超过 0.7 m。而同流量水位下降的有 19 个，水位降幅都在 0.88 m 以内。

图 5-18 点绘了黄河宁蒙河段上述 10 个水文站在 1978 年以前、1978—1986 年以及 1986—2006 年三个不同时期当流量为 1 500 m^3/s 时的水下河床沉积速率的沿程变化。由图可见，1978 年以前，黄河宁夏河段的上段依然以沉积为主，沉积速率介于 2.6～10.8 cm/a；下段以侵蚀为主，青铜峡与石嘴山两个断面的河床侵蚀速率分别为 3.7 cm/a 和 2.0 cm/a。内蒙古河段在磴口和巴彦高勒断面的河床处于淤积状态，沉积速率分别为 1.7 cm/a 和 3.8 cm/a；三湖河口和头道拐断面的河床分别处于微蚀和侵蚀状态，侵蚀速率分别为 0.2 cm/a 和 1.9 cm/a。

1978—1986 年，黄河宁夏河段在黑山峡、下河沿、申滩、康滩、青铜峡断面的河床都表现为侵蚀状态，侵蚀速率介于 1.3～9.6 cm/a；石嘴山断面表现为沉积状态，沉积速率为 2.5 cm/a。内蒙古河段总体上处于侵蚀状态，其中磴口表现为微蚀，侵蚀速率为 0.2 cm/a；三湖河口的河床侵蚀程度最大，侵蚀速率达到 7.0 cm/a。

1986—2006 年，黄河宁夏河段除青铜峡表现为微淤，沉积速率为 0.5 cm/a 外，其余 5 个断面都处于侵蚀状态，下河沿断面的河床侵蚀程度最大，侵蚀速率为 3.9 cm/a；石嘴山断面的河床侵蚀程度最小，为 0.5 cm/a。对于内蒙古河段，由于 2006 年仅有三湖河口断面的流量达到 1 500 m^3/s，其他各站的流量都小于此值，因此，只计算出了三湖河口断面的河床沉积速率为 9.3 cm/a。

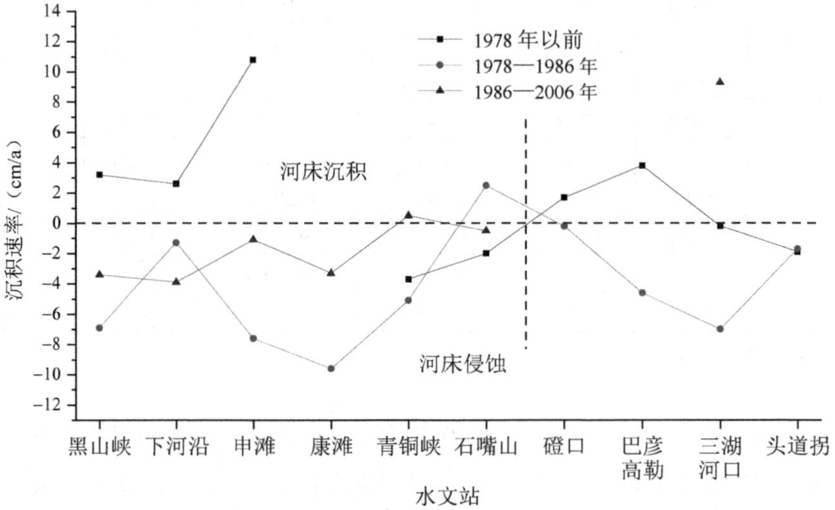

图 5-18 在 1 500 m^3/s 流量时黄河宁蒙河段的河床沉积速率沿程变化

5.5 黄河宁蒙河段三级流量下的河床沉积速率比较

黄河宁蒙河段 10 个不同断面在不同时期和不同流量级别下河床的沉积速率归纳于表 5-11，这里参与比较的共有 3 类流量级别，分别为 800 m^3/s、1 000 m^3/s 和 1 500 m^3/s；同一流量级别所在的数据行自左向右反映了不同断面上相应水位水下的河床沉积速率大小及其空间上的沿程变化情况。

表 5-11 不同流量水位高程差揭示的河床沉积速率

单位：cm/a

时段	流量/（m^3/s）	黑山峡	下河沿	申滩	康滩	青铜峡	石嘴山	磴口	巴彦高勒	三湖河口	头道拐
1978 年前	800	2.5	2.0	13.2	—	−3.9	−2.0	0.1	8.0	0.3	−3.2
	1 000	2.0	1.5	0	—	−3.7	−1.5	0.3	5.7	0.5	−2.7
	1 500	3.2	2.6	10.8	—	−3.7	−2.0	1.7	3.8	−0.2	−1.9
1978—1986 年	800	3.1	2.4	−2.3	−7.5	−4.4	−1.2	3.2	−5.1	−9.3	2.0
	1 000	2.9	3.0	−1.2	−9.9	−4.4	−1.5	2.9	−6.6	−8.2	−1.5
	1 500	−6.9	−1.3	−7.6	−9.6	−5.1	2.5	−0.2	−4.6	−7.0	−1.7
1986—2006 年	800	−2.5	−0.3	0.3	−2.2	−0.9	1.1	4.5	6.4	9.1	0.1
	1 000	−1.6	0	0.5	0	−0.2	1.3	4.5	6.6	9.1	1.4
	1 500	−3.4	−3.9	−1.1	−3.3	0.5	−0.5	6.7	9.3	9.3	0.5

通过对不同时段上述各级流量下的每个断面河床沉积速率进行平均，可以得到各断面平均沉积速率；再对宁夏及内蒙古河段的相关断面进行平均，得到不同河段的平均沉积速率（表 5-12）。然后将三级流量所得的平均沉积速率再进行平均，得到宁夏及内蒙古河段三级流量下的河床平均沉积速率在 1978 年以前分别为 1.40 cm/a 和 1.03 cm/a，在 1978—1986 年分别为−2.72 cm/a 和−3.01 cm/a，而在 1986—2006 年分别为−0.90 cm/a 和 5.22 cm/a（表 5-12）。

表 5-12 宁夏全段及内蒙古全段不同流量时水下河床的平均沉积速率

单位：cm/a

时段	宁夏河段 6 断面水下河床沉积速率				内蒙古河段 4 断面水下河床沉积速率			
	800 m^3/s	1 000 m^3/s	1 500 m^3/s	平均	800 m^3/s	1 000 m^3/s	1 500 m^3/s	平均
1978 年前	2.36	−0.34	2.18	1.40	1.3	0.95	0.85	1.03
1978—1986 年	−1.65	−1.85	−4.67	−2.72	−2.3	−3.35	−3.38	−3.01
1986—2006 年	−0.75	0	−1.95	−0.90	5.03	5.4	—	5.22

第 6 章　黄河宁蒙冲积河道的萎缩速率和迁移速率

黄河上游宁蒙冲积河段的河道演变非常复杂，呈现出时空分异性（王随继等，2014）。同时，多种河型共存于该河段，不同河型之间的河道演变也有着明显的差异性。近几十年来由于流域来水来沙改变及人类活动等因素的影响，河道的淤积呈现加速趋势，主河槽萎缩严重，排洪排凌能力降低，给两岸人民的生产和生活带来潜在危害（赵文林等，1999；杨忠敏等，2004；申冠卿等，2007；冉立山等，2010；刘晓燕等，2009；Wang et al.，2012）。因此，研究者对该河段的河道演变进行了大量研究。李炳元等（2003）根据河道演变历史文献记录、地貌、遥感影像及其他相关资料分析了近 2000 年黄河河套河道演变的时空变化规律。杨根生等（2003）认为黄河内蒙古河道泥沙主要来源于乌兰布和沙漠和库布齐沙漠，主要为粒径大于 0.1 mm 的颗粒，而且 80%为风成沙。王随继等（2014）采用不同年份的遥感影像通过设定固定横断面的方法对黄河银川平原段河岸的摆动速率变化及其原因进行了分析，认为河岸摆动速率在时序上的变化主要受制于汛期流量，在空间上的变化主要受制于河岸组成物质的区域差异。Yao 等（2011，2013）通过不同年份卫星影像的对比对黄河宁蒙河段 1958—2008 年河道平面形态变化进行了分析，并通过对不同年份河岸线叠加形成的不规则多边形面积进行统计估算了河岸区冲淤变化。还有的研究者从水库运行对宁蒙河段水沙变化、河道冲淤变化以及汛期河道断面形态参数变化影响的角度进行了研究（王彦成等，1996；苏腾等，2015）。针对该河段的其他研究工作主要集中在不同河道的河道断面形态变化、水力几何形态对比和河型变化、河道演变及其原因、凌汛过程和特点等方面

（杨赉斐，1992；吴加敏等，2006；王随继，2008；冉立山等，2009；秦毅等，2011；李秋艳等，2012；范小黎等，2010）。在黄河宁蒙河段，临河辫状河段是演变最为复杂的河段，也是地上悬河发育的河段，对其河势时空变化的定量研究还很少见。为此，本书以黄河临河辫状河段（巴彦高勒水文站至三湖河口水文站之间）为研究对象，利用 1977—2014 年共 20 幅遥感影像绘制当年河道平面形态，通过统计左右河岸与固定边界形成多边形的面积变化来估算河岸侧向侵蚀/加积面积及其变化速率，同时对河道面积及其变化速率进行了定量研究，揭示了河岸冲淤及河道萎缩变化规律。该研究有助于了解黄河临河段的河道演变特征，对该河段的河道治理具有参考作用。

6.1　黄河临河段辫状河道的萎缩速率

黄河临河段（图 6-1）河道主要是指巴彦高勒水文站和三湖河口水文站（西山咀）之间的河道，长约 213 km，位于阴山山脉和鄂尔多斯高原之间，穿越河套平原。其河道平均宽度在 1.3 km 左右，平均比降为 0.16‰（冉立山等，2010），河床宽浅，河道横向变化幅度大，滩槽高差不超过 2 m，属于游辫状（荡型）河道（师长兴等，2013）。河岸由砂质组成，在左岸有堤坝和砌石护岸，右岸以砂质滩地为主。该河段无支流汇入，河道泥沙主要为细沙（王彦成等，1996）。

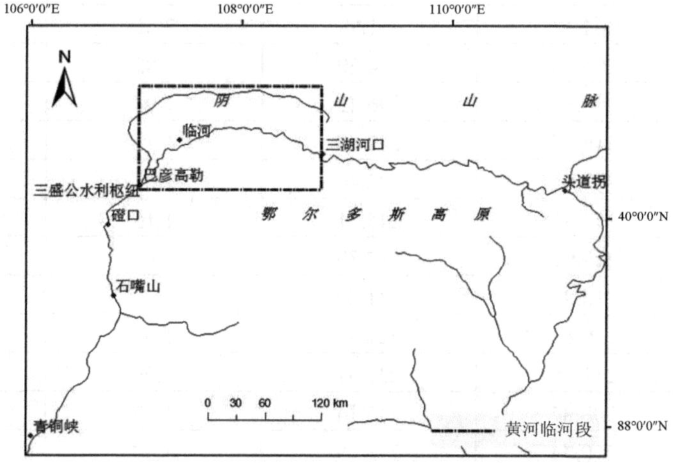

图 6-1　黄河临河段简图

6.1.1 河岸相对演变的定量研究方法

遥感技术较传统监测手段具有快速、宏观、跨时段、可供系统地进行大尺度调查与监测的优势而成为研究者进行河道演变研究的一种方法。本书选用研究区 1977—2014 年共 20 期遥感影像（表 6-1），全部申请自美国地质调查局并从其网站（http://glovis.usgs.gov/）下载，其中 1977 年的是分辨率为 60 m 的 MSS 数据，2010—2014 年的是分辨率为 15 m 的 ETM 影像，其余年份为分辨率为 30 m 的 TM 影像。为了减小河岸提取误差，选择成像日期为汛期（6—9 月）的遥感影像，同时考虑到黄河临河段河道宽浅、水位对河道边界影响较大，在绘制汛期河道边界时为了消除水位涨落对河道宽度的影响，以河畔植被边界作为河道的边界，这也是研究者在提取河道边界时普遍采用的一种方法（Gurnell，1997；亢庆等，1999；Winterbottom，2000；钟凯文等，2006；Nicoll et al.，2010；Yao et at.，2013；王随继等，2014）。

表 6-1　1977—2014 年黄河临河段河道平面形态参数

年份	河道长度/km	河道面积/km^2	河道平均宽度/km	弯曲系数
1977	204.82	469.11	2.29	1.07
1988	205.63	401.44	1.95	1.07
1989	202.23	462.03	2.28	1.05
1991	206.84	391.67	1.89	1.08
1992	204.39	411.88	2.02	1.07
1993	205.75	374.60	1.82	1.07
1995	204.30	396.42	1.94	1.06
2000	216.07	240.18	1.11	1.13
2001	219.04	222.40	1.02	1.14
2002	214.35	245.71	1.15	1.12
2003	219.92	217.39	0.99	1.15
2004	213.87	241.69	1.13	1.11
2005	220.88	227.83	1.03	1.15
2006	211.65	229.91	1.09	1.10
2007	208.87	245.14	1.17	1.09
2009	210.74	278.79	1.32	1.10
2010	209.70	248.01	1.18	1.09

年份	河道长度/km	河道面积/km²	河道平均宽度/km	弯曲系数
2011	211.10	230.92	1.09	1.10
2013	212.71	266.21	1.25	1.11
2014	213.82	241.22	1.13	1.11

注：河道平均宽度为河道面积除以河道长度，河道弯曲系数为河道长度除以围绕鄂尔多斯北缘的弧长。

在 WGS84 坐标系下，对遥感图像进行以下处理：①为了突出反映河道边界及主流线信息，在 ENVI 5.0 中对 MSS 数据进行波段 5、4、3 的假彩色合成，TM 数据和 ETM 数据进行波段 4、3、2 的假彩色合成；②利用 ENVI 的图像处理功能，对 2014 年的遥感影像采用 1∶50 000 地形图选取同名地物点，采用二次多项式方法进行纠正，再以 2014 年的遥感影像的几何精校正为基础，对其他各年份遥感影像按像元间点对应进行配准（误差控制在 0.5 个像元之内）；③利用 ArcGIS 9.3 对不同年份的遥感图像河岸边界进行数字化，绘制各年份的河道平面形态图和不同年代河道套绘图；④在 ArcGIS 9.3 中对河道岸线长度、岸线面积变化及河道面积变化进行定量计算。

为了进行空间差异性对比，根据河道左右河岸摆动特点将研究河段分为 4 段（S1～S4，图 6-2），S1～S4 段在 2014 年的河道长度分别为 61 km、42.5 km、56.5 km 和 54 km。在这四个亚河段的河道右侧分别设定 3 个固定边界，通过计算河岸边界与固定边界围成多边形的面积差来估算河岸的侧向侵蚀/加积面积，这是该研究在方法上的主要创新。

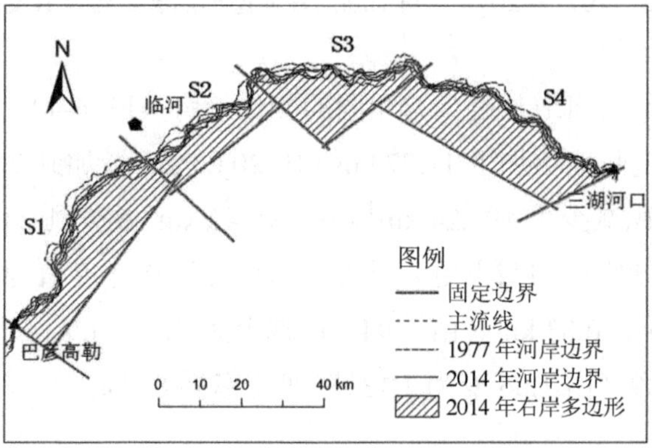

图 6-2　1977 年和 2014 年河势对比及河段位置

6.1.2 河道相关参数变化定量研究

6.1.2.1 河道平面形态参数的变化特征

从黄河临河段1977—2014年河道平面形态参数值及其变化趋势（图6-3）可以看出，河道平面形态参数值在1995—2000年发生了显著的变化。河道面积在1977—2000年具有显著减小趋势，2000年之后则为小幅度波动变化。河道长度在2000年之前在205 km左右波动，在1995—2000年大幅增加，而在2005—2007年显著减小，此后出现增加趋势，增幅较小。

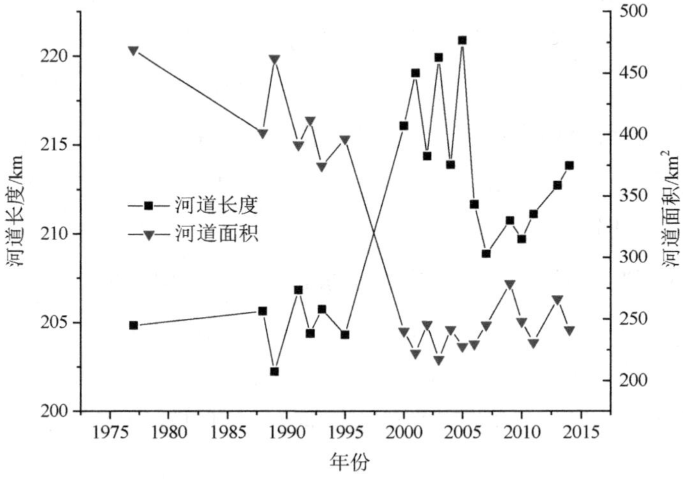

图6-3 1977—2014年黄河临河段河道形态参数值及其变化趋势

河道弯曲系数与河道长度具有相同的变化趋势（图6-4）。在1995—2000年黄河临河段的河道长度增加了11.77 km（由204.3 km增加到216.07 km），变化率为5.4%。河道面积减少了196.24 km^2（由396.42 km^2减少到240.18 km^2），变化率为65%。河道平均宽度的减小更为显著（河道的平均宽度值为河道面积值除以河道长度值），减小了0.83 km（由1.94 km减少到1.11 km），变化率为74.6%。弯曲系数增加了0.09（由1.06变为1.13），变化率为8.5%。

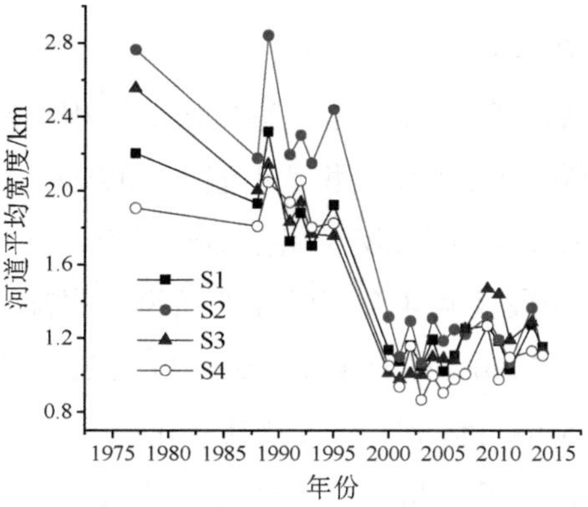

a. 河道平均宽度

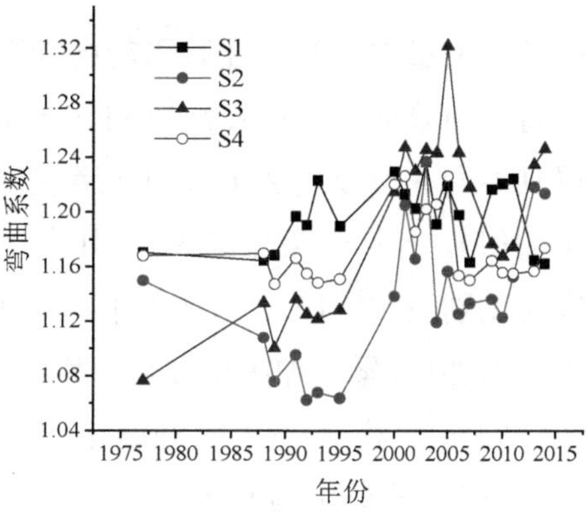

b. 弯曲系数

图 6-4　黄河临河段不同亚河段河道平均宽度及弯曲系数的变化趋势

从河道平均宽度的变化趋势（图 6-4a）可以看出，S1～S4 四个亚河段河道平均宽度的变化趋势相似，而变化幅度有所不同。四个亚河段的河道平均宽度在 2000 年之前总体上在减小，在 1995—2000 年减小幅度最显著，2000 年之后处于最窄时期，且有略微增大的趋势。在 1995 年之前四个亚河段的差距较大，其中 1977 年差距最大，宽度值最大的 S2 段达到了 2.8 km，最小的 S4 段为 1.8 km，在 2000 年之后四个河段的河道平均宽度值差距变小。在四个河段中 S1 段和 S4 段的变化幅度较小，尤其在 1995 年之前。

从弯曲系数变化趋势（图 6-4b）可以看出，四个亚河段的弯曲系数的变化趋势较其他参数复杂。其中 S2 段的弯曲系数在 1995 年之前具有减小趋势（由 1977 年的 1.15 降到了 1995 年 1.06），1995—2003 年增加幅度较大，2004—2010 年维持在 1.13 附近，2011 年起则明显增大。S3 段在 1977—2005 年增加明显（由 1977 年的 1.08 增加到 2005 年的 1.32），之后至 2010 年显著减小，此后又出现增大趋势。S4 段的弯曲系数在 1995 年之前基本维持在 1.16，波动不大，在 1995—2000 年出现了小幅增加，之后到 2004 年在 1.20 附近波动，到 2005 年之后维持在 1.16 附近。S1 段在 1990 年之前基本维持在 1.16，之后河道弯曲系数围绕 1.20 波动，波动幅度不大。弯曲系数的变化趋势能反映一个河段河道的摆动情况，结合河道平均宽度的变化，1977—2014 年黄河临河段河道摆动较为剧烈的为 S2 段和 S3 段，S4

段是最为缓和的。

6.1.2.2 河道左岸侧向迁移引起的冲淤面积变化

将黄河临河段不同亚河段相邻年份中后一年与前一年左岸多边形面积相减即可得到不同亚河段相邻年份间河道左岸侧向侵蚀/加积面积（正值表示侵蚀，负值表示加积），计算结果见图 6-5，其左岸的侧向侵蚀/加积面积在不同年份、不同亚河段间差别较大。1977—2014 年，黄河临河段及其 4 个亚河段的河道左岸都表现为侧向净加积，累计加积总面积分别为 143.12 km^2、33.16 km^2、49.59 km^2、29.52 km^2 和 30.85 km^2。其中 1995—2000 年的短短 5 年间整个临河段及其 4 个亚河段左岸的侧向加积面积分别为 99.92 km^2、28.34 km^2、25.37 km^2、13.93 km^2 和 32.28 km^2，分别是 1977—2014 年河岸侧向加积面积的 85.5%、51.2%、47.2%、104.6%和 69.8%。另外，4 个河段河道左岸同步表现为净侵蚀的时段只有 5 个，其中最大侵蚀面积发生在 1988—1989 年，4 个河段的侧向侵蚀面积分别为 11.07 km^2、17.29 km^2、5.36 km^2 和 3.7 km^2；次大值发生在 2001—2002 年。

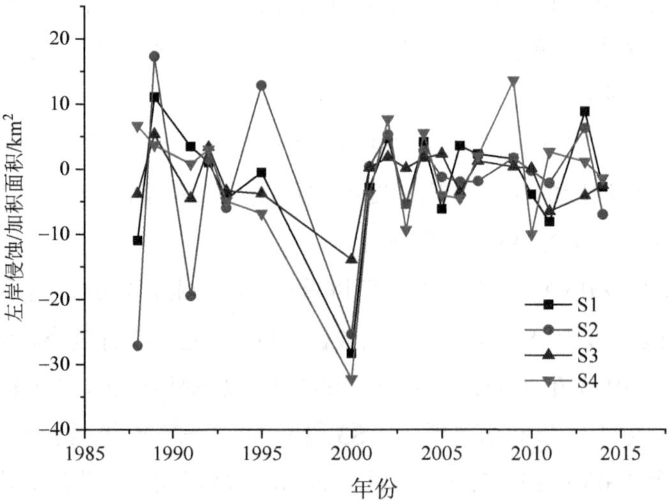

图 6-5 1977—2014 年黄河临河段不同亚河段左岸侵蚀/加积面积变化趋势

6.1.2.3 河道右岸侧向迁移引起的冲淤面积变化

黄河临河段右岸在不同亚河段、不同年份间的侧向侵蚀/加积面积（正值表示加积，负值表示侵蚀）见图 6-6。从中可以看出临河段右岸的侧向侵蚀/加积面积在不同年份、不同亚河段间的差距是比较明显的。1977—2014 年黄河临河段及 4 个亚河段右岸以侧向加积为主，其侧向加积面积分别达到了 84.77 km^2、30.83 km^2、8.74 km^2、26.44 km^2 和 18.76 km^2。1989—1991 年和 1995—2000 年发生较大面积的侧向加积，其中 1995—2000 年 4 个亚河段的侧向加积面积分别为 17.64 km^2、9.78 km^2、17.36 km^2 和 11.55 km^2，分别占了 1977—2014 年右岸侧向加积面积的 57.2%、111.9%、65.7%和 61.6%。1988—1989 年右岸以侧向侵蚀为主，S1、S2 和 S4 段的侧向侵蚀面积分别为 12.73 km^2、3.49 km^2 和 8.7 km^2。

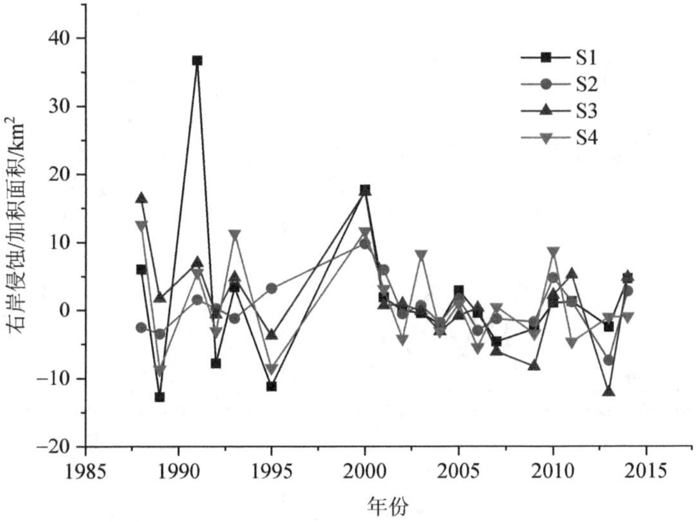

图 6-6　1977—2014 年黄河临河段不同亚河段右岸侵蚀/加积面积变化趋势

6.1.2.4　河道冲淤面积变化特征及其萎缩速率

1）河道面积变化特征

不同年份黄河临河段 4 个亚河段的河道面积如图 6-7 所示，总体上以减小为特征，但可以划分为两个不同演变阶段：1977—2001 年河道面积明显减小；2001 年之后变化不大或者略有增加。利用不同时段河道面积的差值可以得到不同河段河道的侵蚀/加积面积（正值表示侵蚀，负值表示加积，见表 6-2 和图 6-8）。在 2000 年之前，4 个亚河段的河道呈现出侧向加积、侧向侵蚀的交替变化，且变化幅度大，尤其是 S1 段和 S2 段。其中 1977—1988 年、1988—1989 年和 1989—

1991 年整个临河段的河道面积变化值分别为 $-67.67\ km^2$、$60.59\ km^2$ 和 $-70.35\ km^2$，变化最为明显。在 1977—2014 年河道以侧向加积为主，4 个亚河段和整个临河段河道的侧向加积面积分别为 $63.98\ km^2$、$58.34\ km^2$、$55.96\ km^2$、$49.61\ km^2$ 和 $227.89\ km^2$，其中 4 个亚河段河道在 1995—2000 年的侧向加积面积分别为 $45.98\ km^2$、$35.15\ km^2$、$31.28\ km^2$ 和 $43.83\ km^2$，整个临河段河道加积面积为 $156.25\ km^2$，分别占到全时段各亚段河道侧向加积面积的 71.87%、60.25%、55.91%、88.35%和 68.56%。

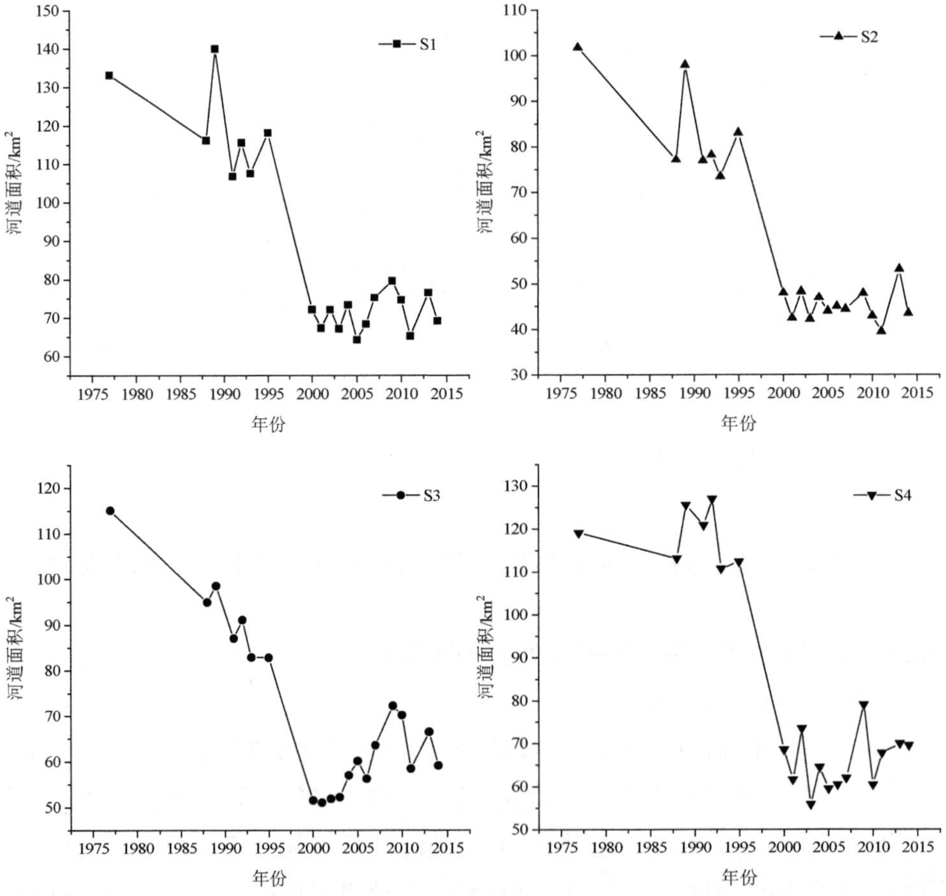

图 6-7 黄河临河段不同亚河段河道面积变化趋势

表 6-2　1977—2014 年不同亚河段河道的冲淤面积及其变化速率

影像年份	冲淤面积/km²					冲淤速率/（km²/a）				
	S1 段	S2 段	S3 段	S4 段	临河段	S1 段	S2 段	S3 段	S4 段	临河段
1977—1988	−16.97	−24.60	−20.16	−5.93	−67.67	−1.54	−2.24	−1.83	−0.54	−6.15
1988—1989	23.80	20.78	3.61	12.40	60.59	23.80	20.78	3.61	12.40	60.59
1989—1991	−33.22	−20.98	−11.46	−4.69	−70.35	−16.61	−10.49	−5.73	−2.35	−35.18
1991—1992	8.83	1.27	4.02	6.08	20.20	8.83	1.27	4.02	6.08	20.20
1992—1993	−8.10	−4.76	−8.22	−16.20	−37.28	−8.10	−4.76	−8.22	−16.20	−37.28
1993—1995	10.63	9.62	−0.05	1.62	21.83	5.32	4.81	−0.02	0.81	10.91
1995—2000	−45.98	−35.15	−31.28	−43.83	−156.25	−9.20	−7.03	−6.26	−8.77	−31.25
2000—2001	−4.82	−5.53	−0.49	−6.94	−17.78	−4.82	−5.53	−0.49	−6.94	−17.78
2001—2002	4.76	5.84	0.85	11.85	23.31	4.76	5.84	0.85	11.85	23.31
2002—2003	−4.96	−6.06	0.32	−17.63	−28.32	−4.96	−6.06	0.32	−17.63	−28.32
2003—2004	6.21	4.69	4.79	8.61	24.30	6.21	4.69	4.79	8.61	24.30
2004—2005	−9.07	−2.96	3.16	−4.98	−13.86	−9.07	−2.96	3.16	−4.98	−13.86
2005—2006	4.04	1.02	−3.91	0.94	2.08	4.04	1.02	−3.91	0.94	2.08
2006—2007	6.91	−0.57	7.34	1.56	15.23	6.91	−0.57	7.34	1.56	15.23
2007—2009	4.37	3.49	8.69	17.10	33.65	2.19	1.74	4.34	8.55	16.82
2009—2010	−4.97	−5.02	−2.12	−18.67	−30.78	−4.97	−5.02	−2.12	−18.67	−30.78
2010—2011	−9.37	−3.38	−11.71	7.37	−17.10	−9.37	−3.38	−11.71	7.37	−17.10
2011—2013	11.35	13.72	8.01	2.22	35.29	5.67	6.86	4.00	1.11	17.65
2013—2014	−7.42	−9.76	−7.33	−0.47	−24.99	−7.42	−9.76	−7.33	−0.47	−24.99
1977—2014	−63.98	−58.34	−55.96	−49.61	−227.89	−1.73	−1.58	−1.51	−1.34	−6.16

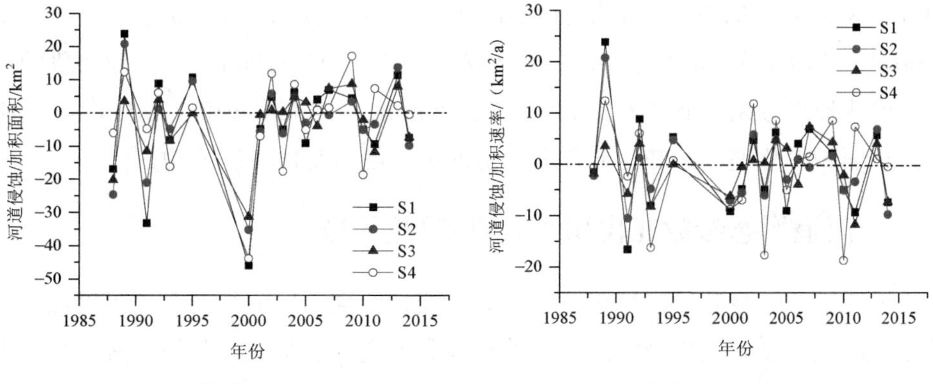

a. 河道侵蚀/加积面积　　b. 河道侵蚀/加积速率

图 6-8　1977—2014 年黄河临河段不同亚河段河道侵蚀/加积面积及速率变化趋势

2）河道面积变化速率

将黄河临河段不同河段的河道侵蚀/加积面积除以其影像间相差年份可以得到不同亚河段的河道面积变化速率（表 6-2 和图 6-8），从中可以看出，S1 段和 S2 段在 2000 年之前河道面积变化速率变化较为剧烈，在 1988—1989 年和 1989—1991 年分别达到了 23.8 km^2/a、–16.61 km^2/a 和 20.78 km^2/a、–10.49 km^2/a，其他各年份间的面积变化速率基本在 5 km^2/a 附近波动。S3 段和 S4 段的河道面积变化速率 2000 年之后要大于 2000 年之前的，S4 段在 2000 年之后有 6 个时期的河道面积变化速率要大于 8.5 km^2/a；S3 段在 2000 年以前的河道面积变化速率仅为 5 km^2/a 左右，最近几年超过了 10 km^2/a。2000 年之前，S1 至 S4 段河道平均侵蚀速率分别为 12.65 km^2/a、8.95 km^2/a、3.81 km^2/a 和 6.43 km^2/a，河道平均加积速率分别为 8.86 km^2/a、6.13 km^2/a、4.41 km^2/a 和 6.96 km^2/a；2000 年之后 4 个亚河段河道平均侵蚀速率分别为 4.96 km^2/a、4.03 km^2/a、3.54 km^2/a 和 5.71 km^2/a，河道平均加积速率分别为 6.77 km^2/a、4.76 km^2/a、5.11 km^2/a 和 9.74 km^2/a。2000 年之后河道平均加积速率要略大于侵蚀速率，在 4 个亚河段中河道面积变化速率较小的为 S2 段和 S3 段，变化速率最大的为 S4 段。

年份间相差较小的年份的河道的面积变化速率要大于年份间相差较大的面积变化速率。黄河临河段最大的河道面积变化速率发生在 1988—1989 年，达到了 60.58 km^2/a，最小的为 1977—1988 年的–6.15 km^2/a，1977—2014 年黄河临河段及 4 个亚河段的河道加积速率分别为 6.16 km^2/a、1.73 km^2/a、1.58 km^2/a、1.51 km^2/a 和 1.34 km^2/a，1977—1988 年的河道面积变化速率仅为 2 km^2/a 左右，要远小于 2000 年之后河道面积变化速率 5 km^2/a 左右。而 1995—2000 年 4 个亚河段的河道加积变化速率分别达到了 9.2 km^2/a、7.03 km^2/a、6.26 km^2/a 和 8.77 km^2/a，要略大于河道面积变化速率，在这 6 年间河道的加积趋势是比较剧烈的。

6.1.3 河道形态参数变化和河道萎缩的原因分析

河流的水沙变化是河床形变的动力因素，汛期造床流量的变化可以最大限度地改变河道形态。河床及河岸物质的组成是河道形态变化的从属因素，含沙水流和河床及河岸组成物质相互作用的过程则是河道发生形变的过程。随着社会经济的发展，人类对河流的干预逐渐加强，例如河道两岸堤岸的建设会改变河道的抗冲性，水库及水坝的建设、流域水土保持措施的实施则会改变河流的水沙过程，进而影响河道的形变过程及形变速率。

黄河临河段的河道平面形态在 1977—2014 年发生了显著变化，其影响因素有年水沙量变化、河岸抗冲性的差异化以及河段水动力变化。图 6-9 为巴彦高勒水文站年径流量和年输沙量的变化趋势，结合图 6-3 可以看出，黄河临河段河道长度随着巴彦高勒站年径流量增加而减小、年输沙量增加而增加，而河道面积随年径流量增加而增加、年输沙量增加而减小的趋势。这与 Yao 等（2013）对青铜峡站的水沙数据和黄河宁蒙河段形态变化之间关系的研究结果相一致。

黄河临河段河岸由砂质泥沙组成，在河道左岸有堤岸和砌石护岸，心滩发育，主流流路不定，常发生横向摆动，属于典型的辫状河道（冉立山等，2010）。该河道段在 1977—2014 年的侧向加积总面积为 227.89 km^2，其中左岸和右岸的侧向加积面积分别为 143.12 km^2 和 84.77 km^2。河道在 1977—2014 年明显萎缩、左岸向内萎缩更大且河流中线整体上向右岸摆动，这主要与汛期水沙量减小及河道左岸护岸工程有关。该河段的四个亚段中，S2 亚段和 S3 亚段河道侧向摆动较其他两个河段更为剧烈，而且其河道也是最宽的（图 6-4a），这与这两段天然河道边界的抗冲性相对较弱、水流分散宽浅使河流能耗较大有关。S1 亚段河道接近其上游 422 m 处的三盛公河流枢纽，该枢纽下泄水流短距离内侧向扩散不易，同时河岸防护较强，不利于河道大幅摆动。S4 亚段位于该辫状河段尾部，由于其上游段的能耗较大使得该亚段水动力减弱，其河岸的摆动能力也要较其他三个亚河段更小。

黄河临河段在 1977—1988 年和 1977—2014 年的河道面积变化速率分别为 6.15 km^2/a 和 6.16 km^2/a，要远小于其他遥感影像间相隔 1～2 年的河道面积变化速率，这主要和多年间河岸摆动出现往复有关。无论如何，该河段在这 12 年和 38 年间的侧向加积面积分别为 67.67 km^2 和 227.89 km^2，表明河道整体上仍处于萎缩状态。在 1995—2000 年河道侧向加积面积达到了 156.25 km^2，其河道侧向加积面积速率也达到了 31.25 km^2/a，在 1988—1989 年和 1989—1991 年河道面积变化速率分别达到了 60.59 km^2/a 和 35.18 km^2/a，显然，20 世纪 90 年代是该河段河道萎缩最显著的阶段，这主要是黄河上游大坝联合运行导致的结果。1986 年建成的龙羊峡水库与早前建成的刘家峡水库的联合运行，主要表现为汛期来水减少，非汛期来水增加，洪峰流量减小（申冠卿等，2007；王彦成等，1996），这引起20 世纪 90 年代河势的大幅度调整，造成河道的侧向加积显著，也是河道急剧萎缩的主要原因。在 2000 年之后，流域管理者为了减小黄河下游河道断流的影响而完善了水库联合运行制度，使得研究河段的河道侧向冲淤变化逐渐变得不是非常剧烈。

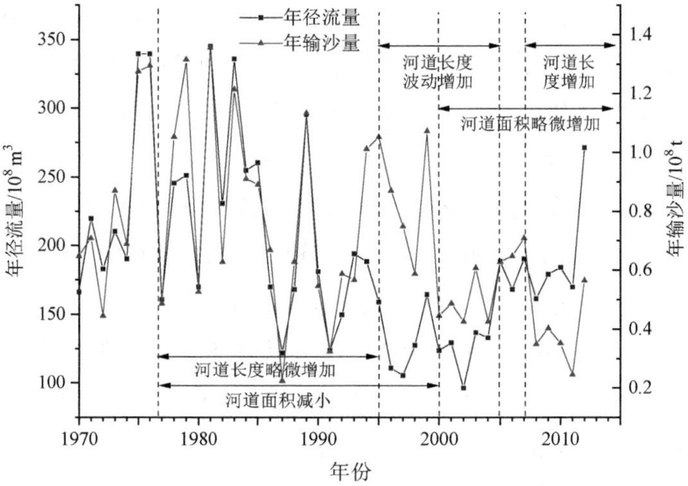

图 6-9 巴彦高勒站年径流量及年输沙量的变化趋势

根据前面的研究结果和原因分析，可得下述主要结论：

（1）黄河临河段河道平面形态值在 2000 年前后分为两个明显不同的阶段，并在 1995—2000 年发生了显著变化。相对于 1995 年，2000 年的河道长度增加了 5.4%，河道面积减少了 65%，河道平均宽度减小了 74.6%，弯曲系数增加了 8.5%。四个河段中河道形态变化最为剧烈的为 S2 段，其次为 S3 段，S1 段和 S4 段相对缓和。

（2）黄河临河段左、右河岸在 1977—2014 年都表现为侧向净加积，其河道面积平均萎缩速率为 6.15 km^2/a。1995—2000 年，四个亚河段左岸的加积面积分别为 28.34 km^2、25.37 km^2、13.93 km^2 和 32.28 km^2，分别占到了其总加积面积的 51.2%、47.2%、104.6%和 69.8%；右岸的加积面积分别为 17.64 km^2、9.78 km^2、

17.36 km^2 和 11.55 km^2，分别占到了其总加积面积的 57.2%、111.9%、65.7%和 61.6%。

（3）1977—2014 年，黄河临河段河道总体上处于萎缩状态，表现为河道因侧向加积而致河道面积减小、河道弯度及长度略有增加。但是，20 世纪 90 年代的变化量几乎占 1977—2014 年总变化量的 50%以上，这主要是黄河上游刘家峡水库及龙羊峡水库联合运行导致汛期水沙量大量减少所致。随着 2000 年后为解决黄河下游断流问题而对水库管理措施进行的有益调整，黄河临河段河道的上述变化趋势明显弱化，河流恶化程度有所好转。

6.2 黄河内蒙古河段河道的迁移速率

6.2.1 研究现状简述及该项研究工作的任务

黄河是世界上最大、最活跃的河流之一，冲积河道总长＞2 000 km，河道总长 5 464 km。黄河下游冲积河段发育了辫状河、曲流河和顺直河三种不同的河型（Wang and Li，2011），而黄河上游内蒙古冲积河段也同样出现了这种河道类型的多样性。不同河型的发展主要是自然过程造成的结果（Twidale，2004），当输沙量的供给超过水流的输沙能力时，河道变成辫状河型，从而形成以一系列心滩为特征的加积河床（Alam et al.，2007；Baki et al.，2012），或者当输沙量大约等于水流的输沙能力时，河流向曲流河型发展。河道变化，如河床下切和垂向淤积（Moshe et al.，2008；Zahar et al.，2008）、河岸侵蚀和河岸的侧向加积（Takagi et al.，2007；Kummu et al.，2008；Baki et al.，2012）、河型的空间转化（Wang et al.，2011）等，都是冲积河流的天然过程（Kummu et al.，2008；Wang et al.，2014）。许多研究已经表明，对于不同河流的河道演变或者对于一条河流的不同河型，可以是多种控制因素所导致的，例如，位于孟加拉国的布拉马普特拉河①（Brahmaputra River）辫状河段的严重变化是频繁的大洪水所引起的（Takagi et al.，2007），而位于美国新墨西哥州的里欧-格兰德河（Rio Grande River），其河道侧向的加速迁

① 布拉马普特拉河，发源于中国西藏自治区，上游名叫雅鲁藏布江。

移是河流动能增加所导致的（Richard et al.，2005），此外，河谷限制因素在控制普拉特河（Platte River）辫状河道的演变中发挥了关键作用（Fotherby，2009）。无论如何，诸如人工堤岸的建设、水库和拦河坝的水沙运行模式，以及河岸防护工程的建设等人类活动，至少在最近几十年以来改变着河流系统的天然地貌动力学，在河道演变中起着越来越重要的作用（Petts，1979，1984；Church，1995；Brandt，2000；Ran et al.，2010；Wang et al.，2011；Hossai et al.，2013）。在这样的河流体系中，作为持续的冲淤过程的结果，河道演变从一个河段到另一个河段都在频繁变化之中（Kammu et al.，2008）。这类河道演变的结果常常会导致河岸带土地的损失和建筑物的损毁、河岸稳定性的降低和洪水灾害的增加（Takagi et al.，2007；Belletti et al.，2015），以及水生态和河岸生态系统的恶化，从而造成了一系列社会经济问题和环境问题。因此，迫切需要更好地了解河道变化，特别是河道的侧向迁移，发现这些变化对河流系统的有效规划和环境管理是非常重要的（Kammu et al.，2008；Hossai et al.，2013）。

黄河内蒙古河段作为黄河上游的典型冲积河段，其河道比降很小，同时，其松软的河床沉积物是由粉砂和细砂构成的，加上流量的变化频繁，这些因素的综合影响就会导致该河段的河道频繁摆动、河道形态变化也非常剧烈（侯素珍等，2007）。因此，由于自身演变和泥沙输移的复杂性以及人类的高强度活动，黄河内蒙古河道的演变越来越受到研究人员的关注，许多研究工作逐渐集中在这些问题上并取得了令人信服的结果。根据卫星图像估算河段河岸侵蚀面积的变化，Yao等（2011）发现，自 20 世纪 60 年代以来该河段的河岸年均侵蚀面积呈下降趋势。Wang 等（2012）进一步研究了该河段悬沙淤积量和沉积速率的时空变化，得出1952—1959 年、1960—1985 年和 1986—2007 年该河段的中下游出现了沉积—侵蚀—沉积的时间变化格局，而该河段的上游河道在 1952—2007 年都以泥沙淤积为主。最近的研究也通过分析河道断面对洪水过程的响应（王随继等，2010）和河道水力几何形态特征分析（Ran et al.，2012）来关注该河段的河道形态演变情况。此外，自然和人类活动对河道演变的双重影响也受到广泛讨论（侯素珍等，2007；申冠卿等，2007；Ran et al.，2010；Wang et al.，2012），相反，对于黄河内蒙古河段的河道迁移速率的研究却很少见，一个关键的问题是如何量化一条河流的河道几何形态数据不足情况下的河道迁移率（Petts，1995；Wang et al.，2014）。

本节的研究目的是：①绘制 1975 年、1990 年、2000 年、2006 年、2010 年和 2011 年黄河上游内蒙古段河道平面图（河势图）和河道中线；②获取上述研究年份的 236 个固定数字断面与河道中线交点的位置数据；③根据 1975—1990 年、1990—2000 年、2000—2006 年、2006—2010 年和 2010—2011 年等不停时期交叉点的位置变化，计算每个横截面的河道迁移率及每个子河段和整个河段的河道平均迁移率；④比较河道迁移率的时空变化，分析其主要影响因素。研究结果对了解河道演变和河道管理具有重要意义。

6.2.2　研究区简况及数据来源和研究方法

6.2.2.1　研究区不同河段地貌地理气候简况

研究河段位于黄河上游石嘴山—头道拐区间，因为该河段几乎都位于内蒙古自治局辖区故通常被称作黄河内蒙古河段。其河道总长 715 km，平均河道比降为 0.000 159（王随继等，2010），沿程分布的五个长期观测的水文站，石嘴山、巴彦高勒、三湖河口、昭君坟和头道拐（图 6-10），都是在 20 世纪 50 年代就设立的。以这些水文站为分界点可以将黄河内蒙古河段划分为彼此相邻的河道长度分别为 151 km、236 km、138 km 和 190 km 的四个河段。

石嘴山—巴彦高勒河段（S—B）黄河沿着乌兰布和沙漠的东缘向北流动，其平均河道比降为 0.000 23，其河道主要呈现出顺直河型，在其上游河段可见基岩露头，河宽介于 300～700 m。该河段以下的三个河段分别为巴彦高勒—三湖河口（B—S）、三湖河口—昭君坟（S—Z）和昭君坟—头道拐（Z—T），这些河段中河水都沿着河套平原的南缘自西向东流，其河道平均比降分别为 0.000 123、0.000 109 和 0.000 104；主要河型有辫状河道（B—S）和弯曲河道（S—Z 和 Z—T）（Wang et al.，2012），当然，在头道拐以下存在较短的顺直河道不在本节的讨论范围。巴彦高勒—头道拐河段的河床总高差为 63 m，河道平均比降为 0.000 11。这三个河段的平均河道宽度介于 500～2 500 m。此外，巴彦淖尔市和包头市的居民约为 450 万人，其总的根底面积为 44 000 km^2。河套平原位于巴彦高勒—头道拐河段的河道左岸。

黄河内蒙古河段属于干旱气候，年均降水量介于 200～250 mm，但年均蒸发量介于 1 000～2 000 mm。这里有一些年均流量很小的季节性河流入汇黄河主干道。石嘴山水文站作为该河段入口的控制性水文站，1952—2007年，其年均径流量为273.21亿m^3/a、年均悬移质输沙量为1.24亿t/a（Wang et al.，2012）、年均含沙量为4.54 kg/m^3，汛期（5—10月）年均含沙量为5.16 kg/m^3。分别于1967年、1968年和1986年建成的三个大型水库——青铜峡、刘家峡和龙羊峡——分别位于石嘴山水文站以上的199 km、783 km和1 117 km处。自从这些水库建成和运行以来，出库水沙尤其是黄河内蒙古河段的水沙过程受到了强烈的影响，水库联合运行加上其他人类活动（灌溉引水、河套平原的生活和工农业用水）和气候变化的影响，导致了年径流量和输沙量的显著减少，例如，石嘴山水文站的年均径流量和年均输沙量从1952—1968年的313.95亿m^3/a和2.02亿t/a分别减少到1969—2007年的255.46亿m^3/a和0.90亿t/a，其减少率分别为18.6%和55.4%，而输沙量减幅尤其显著。

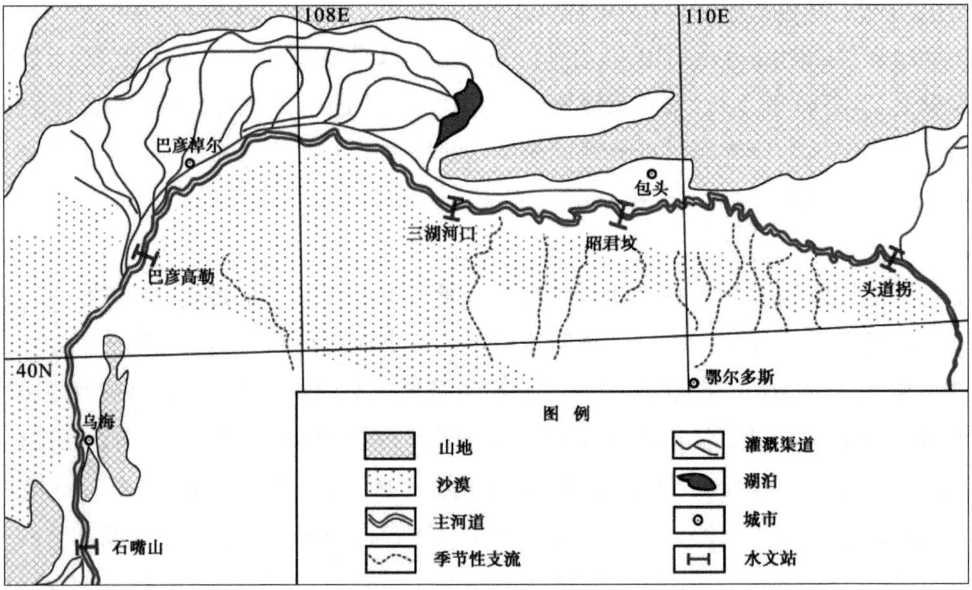

图6-10 黄河内蒙古河段及其主要水文站位置

6.2.2.2 数据资料类型及其时间序列和来源

这里用到的卫星照片分别拍摄于1975年、1990年、2000年、2006年、2010年和2011年每年的汛期6—9月，下载自http://earthexplorer.usgs.gov/（U.S.

Geological Survey）。卫星照片的规格在 1990 年、2006 年、2010 年和 2011 年的为 30M，而 1975 年和 2000 年分别为 80M 和 15M（表 6-3）。根据这些卫星照片首先确定各个年份的河道边界，然后绘制当年的河道中心线，据此，不同年份的河道平面形态（河势）就确定了。这里用到的年径流量和年输沙量数据是三湖河口水文站观测的，涉及的时间序列为 1952—2011 年，主要是用来表达研究区水沙的变化趋势。这些水沙数据来自黄河水文数据资料（黄河水利委员会，1952—2012 年）。

表 6-3　不同年份遥感影像获取日期、平均河道宽度和河道中线数字化时可能的最大相对误差

年份	日期	遥感影像类型	遥感影像规格/M	最大流量/(m^3/s)	平均流量/(m^3/s)	河道长度/km	河道平均宽度/m	最大相对误差/%
1975	6 月 17 日—9 月 14 日	MSS	80	2700	1 608.9	675.1	1205	6.6
1990	7 月 8 日—8 月 27 日	TM	30	1670	802.5	670.1	995	3.0
2000	6 月 11 日—7 月 25 日	ETM	15	1310	634.8	726.9	335	4.5
2006	7 月 31 日—9 月 26 日	TM	30	1660	806.9	718.2	506	5.9
2010	7 月 1 日—9 月 5 日	TM	30	1700	650.9	706.6	514	5.8
2011	6 月 6 日—8 月 7 日	TM	30	788	435.5	745.8	475	6.3

注：2000 年的流量来自头道拐水文站，其他年份的流量来自三湖河口水文站。

6.2.2.3　用于计算河道迁移速率的研究方法

黄河内蒙古河段的水文站非常稀少，仅有 5 个平均间隔河道长度为 179 km 的水文站进行过相对较长时间的水文泥沙和河道断面变化的观测，因此，仅仅根据这些水文站断面资料来研究整个河段的河势变化显然是非常不理想的，因为水文站之间平均近 200 km 长的河道的河势演变情况是不清楚的。作为获取河势变化特征的重要和有力的工具，通过遥感方法获得的卫星照片已经被广泛运用到河流地貌学的研究之中（Khan et al.，2003；Kammu et al.，2008；Yao et al.，2011；Baki et al.，2012；Hossain et al.，2013；Wang et al.，2014）。通常，如果河道宽度随着河流水位的变化不是非常明显，那么，河道边界就可以根据卫星照片显示的水面边界来确定，因为后者在卫星照片上很容易被确定（Nicoll et al.，2010）。无论如何，如果卫星照片的获得时间在某个年份中为汛期，而在另一年份中为非汛期，那么，河流的水面边界则不是辫状河流等具有宽浅河道类型的河道迁移的合适指标。对于黄河内蒙古河段，其中上部河段如巴彦高勒—三湖河口河段呈现出典型的辫状河道特性。虽然植被的边界可以作为河道边界的重要指示物（Gurnell，1997；Winterbottom，2000；Richard et al.，2005；Yao at al.，2013；Wang et al.，2014），但是，由于研究区的干旱气候，植被很少出现在研究区的河道边界，尤其是乌兰布和沙漠和库布齐沙漠沿线的河滨地带。

为了消除汛期和非汛期明显的水位变化对确定河道边界的影响，这里都用不同年份中汛期拍摄的卫星照片的水面边界来勾绘河道的边界，正如 Wang 等（2014）所指出的那样，河道边界勾绘的精度首先取决于遥感图像的精度，这就是说，卫星影像的分辨率主要会影响河岸位置的勾绘精度，但不会极大地影响河岸间远大于分辨率长度的河道宽度值。并且，根据遥感影像数字化河道边界时可能的最大绝对误差是 1 个像素，计算河岸间横断面基线长度的误差则为 2 个像素，那么，根据数字化的河道边界计算河道中心线时，其可能的最大绝对误差则为 1 个像素。此处，考虑到很小的绝对误差，河道中线的迁移速率则被定义为河道迁移速率。河道中线计算中的平均相对误差值见表 6-3。

比较不同时期卫星影像上固定的数字横断面和河道中线交点的位置变化，可以方便地计算河道在不同时期的迁移速率（图 6-11）。数字横断面间的距离可以方便地依据研究的需要进行自由选择，该研究工作中，垂直河道的固定数字横断面依据 1975 年拍摄的卫星影像设立（图 6-12）。如果在该河段采用平行断面，一些断面可能会随着河道较长时期的演变而发生变化，而采用垂直于 1975 年影像中河道的非平行横断面能最大限度地保持这些固定断面在河道演变过程中仍然与河道相交。总之，该研究工作中设立了平均间距约为 3.0 km 的河道数字横断面有 236 条，考虑到弯曲河段曲流带河道演变的巨大差异性，在曲流带设立了间隔距离更小的固定数字横断面，例如，在巴彦高勒—昭君坟和昭君坟—头道拐两个河段的数字固定横断面的平均间距分别为 2.34 km 和 2.75 km。这些河道横断面是矢量并且其位置在不同年份的卫星影像上是固定的。

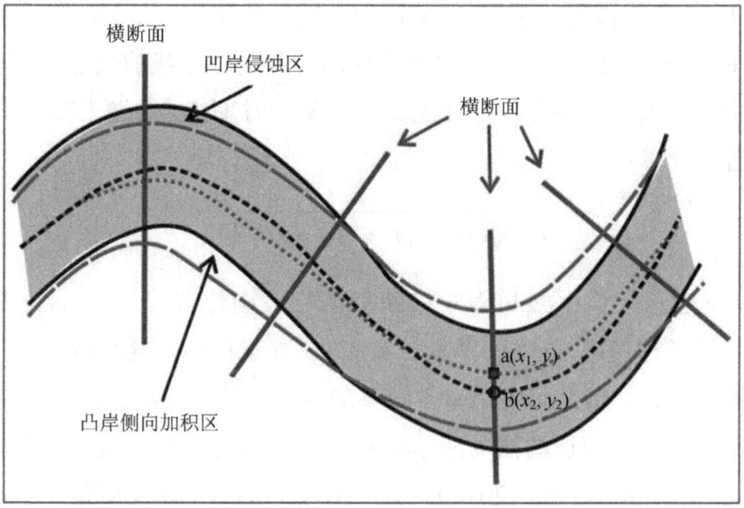

图 6-11　河道中线与固定横断面交点位置变化示意图

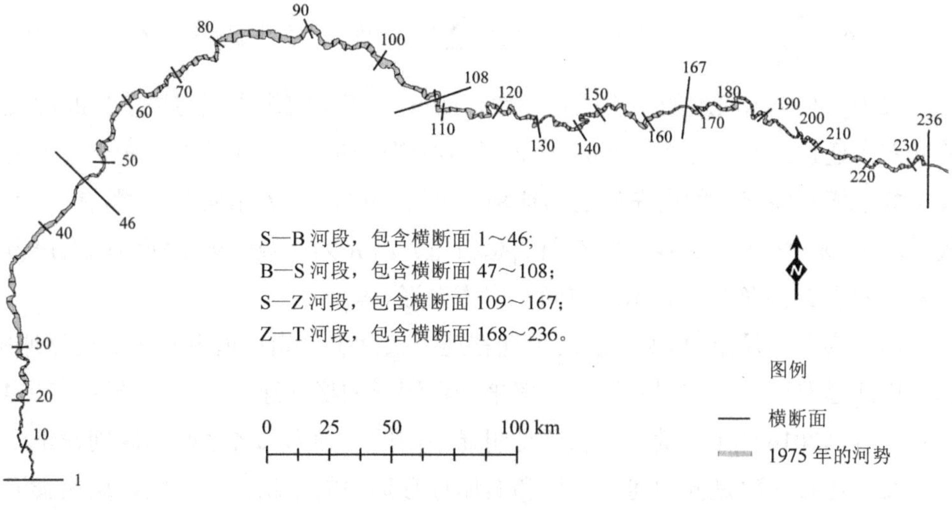

图 6-12　黄河内蒙古河段 1975 年河势图及设立的固定横断面位置图

采用 WGS84 坐标系来数字化河道边界并计算河道的迁移速率。这里用到的卫星影像图首先要基于 1∶50 000 地形图进行校准；为了突出河流水面边界和主流特征，MSS 影像的假彩色合成用 7、4 和 2 波段，而 TM 和 ETM 影像的假彩色合成采用 4、3 和 2 波段。采用 ArcGIS 9.3 软件数字化矢量的河势图和矢量河道中线。此外，采用 FME 软件来获得固定横断面和河道中线的交点，这些获取的交点作为基础数据来计算倡导的迁移速率。在某一时期交点的迁移速率可以依据下述方程式进行计算：

$$r=\sqrt{(x_2-x_1)^2+(y_2-y_1)^2}\,/\,Y \tag{6-1}$$

式中，r 表示河道中线与固定横断面的交点由位置 a（x_1，y_1）变动到位置 b（x_2，y_2）的迁移速率，m/a（图 6-11）。该研究工作中，某个时期内上述交点向右岸方向摆动设为正值，而向左岸方向移动设为负值；Y 表示某一时期的总年份。

对于给定河段，河道的摆动通常会有两个不同的方向：某一短小河段向左而相邻河段向右（Wang et al.，2014）。某一河段河道的平均迁移距离可定义为朝左岸或者朝右岸方向上的净摆动距离，因此，在给定时期内某一河段或者全河段的河道平均迁移速率则可以依据下式计算：

$$R=\sum_{1}^{n}(a_1+a_2+...+a_n)/(n+m)-\sum_{1}^{m}(|b_1|+|b_2|+\cdots+|b_m|)/(n+m) \tag{6-2}$$

式中，R 表示河道的平均迁移速率，m/a；a 表示河道中线与数字横断面交点的向右岸迁移速率，正值，m/a；n 表示向右岸摆动的交点的数量；b 表示河道中线与数字横断面交点的向左岸迁移速率，负值，m/a；m 表示向左岸摆动的交点的数量；（n+m）表示河道数字横断面的总数量。当 R 为正数时表示河道向右岸方向迁移，而当 R 为负数时表示河道向左岸方向迁移。

需要强调的是，这里所说的河道迁移速率实际上是指河道中心线的迁移速率，这与用河道左岸或者右岸的摆动速率来表示河道的摆动速率（王随继等，2014；师长兴等，2016）在数量大小上还是明显不同的，因为二者之间的区别在于，河道中线的迁移速率是同期河道左岸和右岸迁移速率的平均值。显然，这两类河道迁移速率都可以在不同方面反映河道的迁移速率，各有千秋。

为了比较河道迁移速率大小的空间变化，根据环境的复杂性、上述 5 个水文站的地理位置，以及河道的主导河型特征，将黄河内蒙古河段划分为以下 4 个河段：石嘴山—巴彦高勒（S—B）、巴彦高勒—三湖河口（B—S）、三湖河口—昭君坟（S—Z）和昭君坟—头道拐（Z—T）。

6.2.3　河道迁移速率的时空变化特征

研究区上述 4 个河段在 1975 年、1990 年、2000 年、2006 年、2010 年和 2011 年的河道平面形态（河势）变化分别如图 6-13a 所示；基于河势的变化，各个河段在 1975—1990 年、1990—2000 年、2000—2006 年、2006—2010 年和 2010—2011 年 5 个间隔不同的时期内的河道迁移速率的空间变化分别如图 6-13b 所示。在这 5 个不同时期内，上述不同河段河道向两个方向（向右岸及向左岸）的平均迁移速率以及河段及全河段的河道整体的平均迁移速率见表 6-4。

6.2.3.1　石嘴山—巴彦高勒河段的河道迁移速率

石嘴山—巴彦高勒河段的河道最晚自 2000 年就呈现出严重的萎缩态势（图 6-13a），河道的迁移速率也呈现出明显的空间变化特性（图 6-13b），在横断面 1～21 的河段，河道的迁移速率在 –34 m/a 和 35 m/a 之间低幅波动，而在横断面 22～46 的河段，河道的迁移速率在 –133.4 m/a 和 183 m/a 之间大幅变动。在 1975—1990 年、1990—2000 年、2000—2006 年、2006—2010 年和 2010—2011 年 5 个时期，石嘴山—巴彦高勒河段的河道向右岸摆动的最大迁移速率分别为 56.5 m/a、106.2 m/a、61.8 m/a、62.0 m/a 和 182.6 m/a，向左岸摆动的最大迁移速率分别为 29.4 m/a、79.6 m/a、133.4 m/a、91.7 m/a 和 126.0 m/a。

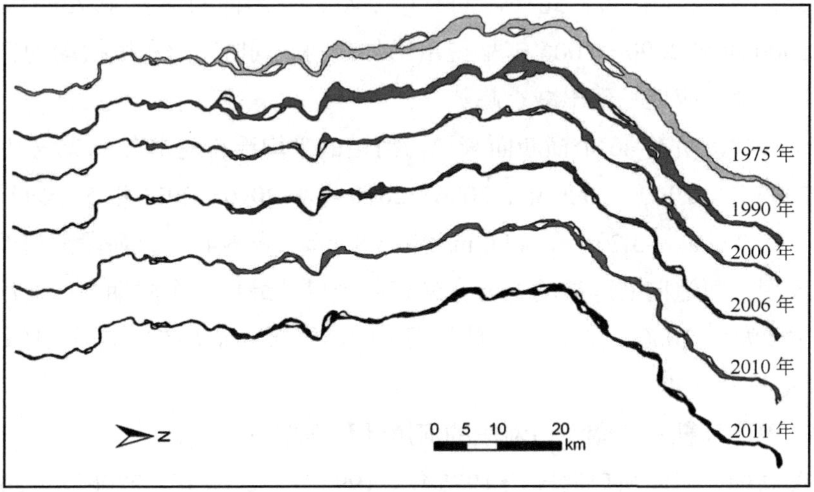

a. 河道平面形态变化

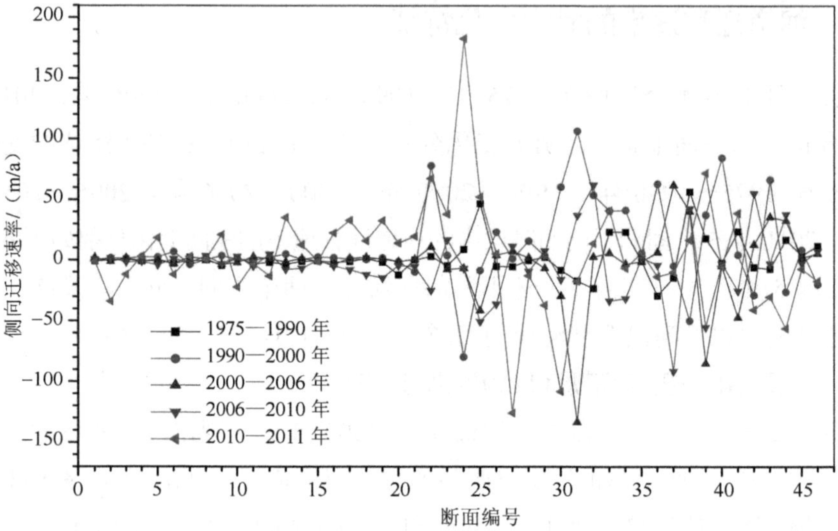

b. 河道迁移速率的空间变化

图 6-13 石嘴山—巴彦高勒（S—B）河段不同年份的河势图及不同时期的河道迁移速率

在该河段内，河道向左岸和右岸摆动的最大平均迁移速率都是在 2010—2011 年，而向左岸和向右岸摆动的最小平均迁移速率则分别发生在 1975—1990 年和 2000—2006 年（表 6-4）。此外，向左岸摆动的横断面数量在 1975—1990 年、1990—2000 年和 2000—2006 年呈现出增加趋势，同时，向右岸摆动的横断面数量在上述时期相应地呈现出减小趋势。

对于该河段所有 46 个横断面来说，河道的平均迁移速率在 1975—1990 年、1990—2000 年、2000—2006 年、2006—2010 年和 2010—2011 年 5 个时期分别为 1.8 m/a、10.7 m/a、–3.2 m/a、–4.0 m/a 和 3.8 m/a（表 6-4）。该河段河道的平均迁移速率表明，河道向右岸摆动主要在最初两个以及最后一个时期中，而河道向左岸摆动主要发生 2000—2010 年。此外还表明，该河段最大的河道平均迁移速率出现在 1990—2000 年。

6.2.3.2 巴彦高勒—三湖河口河段的河道迁移速率

巴彦高勒—三湖河口河段在 1975 年、1990 年、2000 年、2006 年、2010 年和 2011 年的河道平面形态变化如图 6-14a 所示；在 1975—1990 年、1990—2000 年、

2000—2006 年、2006—2010 年和 2010—2011 年等时期内的河道迁移速率的空间变化如图 6-14b 所示。

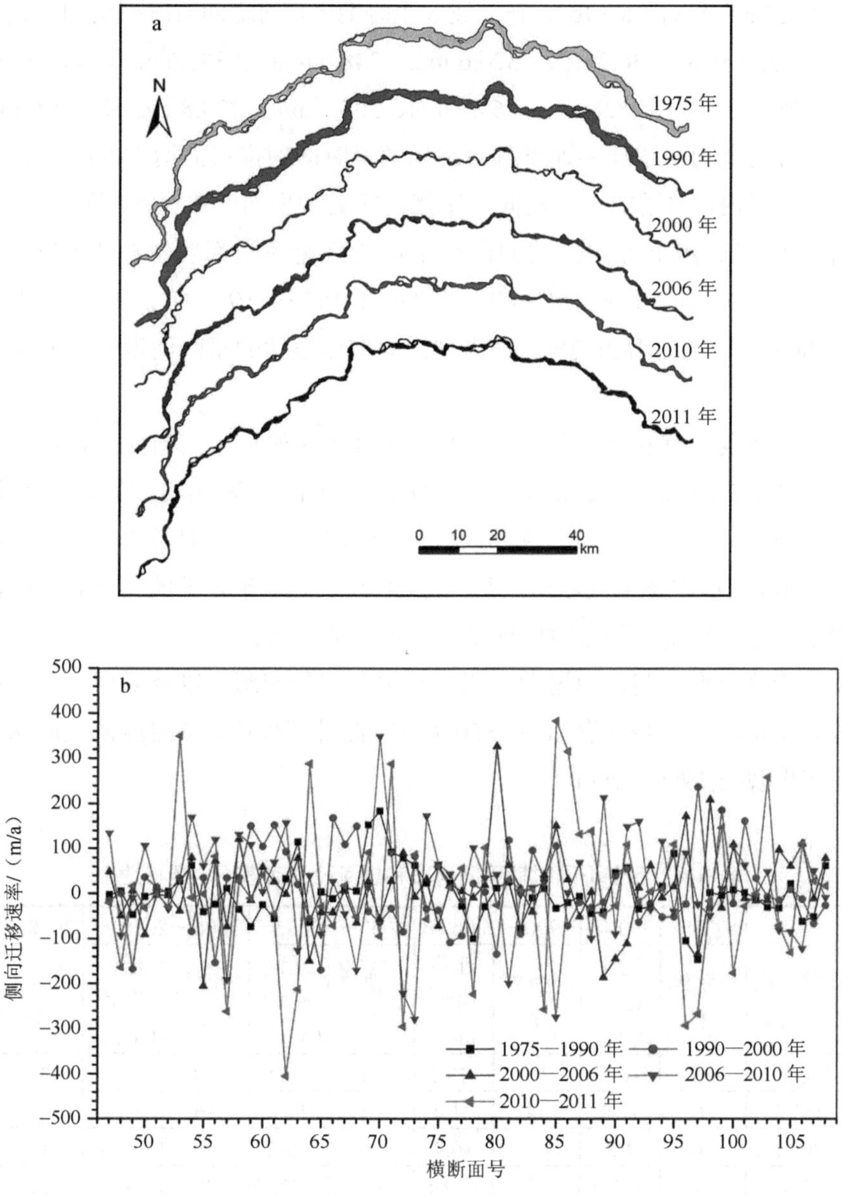

图 6-14　巴彦高勒—三湖河口（B—S）河段不同年份的河势图及不同时期的河道迁移速率

如图 6-14a 所示，巴彦高勒—三湖河口河段的河道也呈现出明显的萎缩变化趋势，尤其表现在心滩的数目自 2000 年起显著减少。河道的侧向迁移速率呈现出空间上的波动性变化（图 6-14b），在上述 5 个时期中，河道向右岸摆动的最大迁移速率分别为 183.5 m/a、236.7 m/a、326.6 m/a、348.0 m/a 和 382.6 m/a，向左岸摆动的最大迁移速率分别为 145.9 m/a、169.9 m/a、205.1 m/a、278.8 m/a 和 405.0 m/a。显然，两个方向上的河道迁移速率都表现出随着时间的推移而增大的趋势。

在该河段内，河道向左岸及向右岸摆动的最大平均迁移速率都发生在 2010—2011 年，而向这两个方向摆动的最小平均迁移速率则都发生在 1975—1990 年（表 6-4）。表现出向左岸摆动的横断面数量在 1975—1990 年、1990—2000 年和 2000—2006 年呈现出增加趋势，而表现出向右岸摆动的横断面数量相应地呈现出减小趋势。

对于该河段所有 62 个横断面来说，在上述 5 个时期中河道的平均迁移速率分别为 1.1 m/a、9.1 m/a、13.0 m/a、17.2 m/a 和 –1.0 m/a（表 6-4）。在前 4 个时期中，河道的平均迁移速率由 1.1 m/a 持续地增加到 17.2 m/a，其比率为 1∶8.3∶11.8∶15.6。该河段河道整体上向右岸迁移，除 2010—2011 年之外的其他时期中，河道的平均迁移速率呈现出随着时间的推进而增大的趋势。

平均迁移速率表明，河道向右岸摆动主要在最初两个以及最后一个时期中，而河道向左岸摆动主要发生 2000—2010 年。此外还表明，该河段最大的河道平均迁移速率出现在 1990—2000 年。

表 6-4　五个不同时期不同河段和总河段的河道平均迁移速率

河段	迁移方向	1975—1990 年		1990—2000 年		2000—2006 年		2006—2010 年		2010—2011 年	
		断面数/个	迁移速率/(m/a)	断面数/个	迁移速率/(m/a)	断面数/个	迁移速率/(m/a)	断面数/个	迁移速率/(m/a)	断面数/个	迁移速率/(m/a)
S—B	向左	26	–6.3	12	–19.5	23	–16.9	30	–15.9	22	–26.7
	向右	20	12.2	34	21.4	23	10.5	16	18.3	24	31.7
	平均	46	1.8	46	10.7	46	–3.2	46	–4.0	46	3.8
B—S	向左	31	–41.0	32	–59.1	29	–57.7	25	–95.4	31	–108.8
	向右	31	42.6	30	77.0	33	68.8	37	85.9	31	107.3
	平均	62	1.1	62	9.1	62	13.0	62	17.2	62	–1.0

河段	迁移方向	1975—1990 年		1990—2000 年		2000—2006 年		2006—2010 年		2010—2011 年	
		断面数/个	迁移速率/(m/a)	断面数/个	迁移速率/(m/a)	断面数/个	迁移速率/(m/a)	断面数/个	迁移速率/(m/a)	断面数/个	迁移速率/(m/a)
S—Z	向左	28	–37.2	23	–35.4	37	–63.6	27	–50.7	28	–61.5
	向右	31	46.4	36	42.6	22	32.0	32	60.6	31	35.6
	平均	59	8.6	59	15.7	59	–35.8	59	12.4	59	–13.5
Z—T	向左	26	–25.8	32	–25.9	36	–26.4	26	–26.1	38	–31.7
	向右	43	30.7	37	28.6	33	22.5	43	35.7	31	47.4
	平均	69	14.1	69	5.0	69	–4.5	69	18.6	69	5.8
S—T	向左	111	–28.3	99	–38.1	125	–42.9	108	–45.5	119	–57.9
	向右	125	34.6	137	41.1	111	35.7	128	54.2	117	56.9
	平均	236	5.0	236	7.9	236	–5.9	236	8.6	236	–1.0

注：S—B 表示石嘴山—巴彦高勒河段，包含沿程分布的 1—46 号横断面；B—S 表示巴彦高勒—三湖河口河段，包含沿程分布的 47—108 号横断面；S—Z 表示三湖河口—昭君坟河段，包含沿程分布的 109—167 号横断面；Z—T 表示昭君坟—头道拐河段，包含沿程分布的 168—236 号横断面。

6.2.3.3　三湖河口—昭君坟河段的河道迁移速率

如图 6-15a 所示，三湖河口—昭君坟河段的河道在 1990 年就明显萎缩、河道显著变窄。该河段的河道萎缩发生时间明显早于其上游的两个河段的。该河段河道的侧向迁移速率呈现出不平衡的空间波动现象（图 6-15b）。在上述 5 个时期中，河道向右岸摆动的最大迁移速率分别为 154.3 m/a、150.2 m/a、197.8 m/a、262.8 m/a 和 132.0 m/a，而向左岸摆动的最大迁移速率分别为 112.8 m/a、138.6 m/a、418.9 m/a、235.0 m/a 和 582.2 m/a。

在三湖河口—昭君坟河段，河道向左岸及向右岸摆动的最大平均迁移速率分别发生在 2000—2006 年和 2006—2010 年，而向这两个方向摆动的最小平均迁移速率则分别发生在 1990—2000 年和 2000—2006 年（表 6-4）。对于该河段所有 59 个横断面来说，在上述 5 个时期中的河道平均迁移速率分别为 8.6 m/a、15.7 m/a、–35.8 m/a、12.4 m/a 和–13.5 m/a。该河段河道平均迁移速率表明，在最初两个时期河道主要向右岸摆动，此后转为向左岸和向右岸交替摆动。最大迁移速率出现在 2000—2006 年。

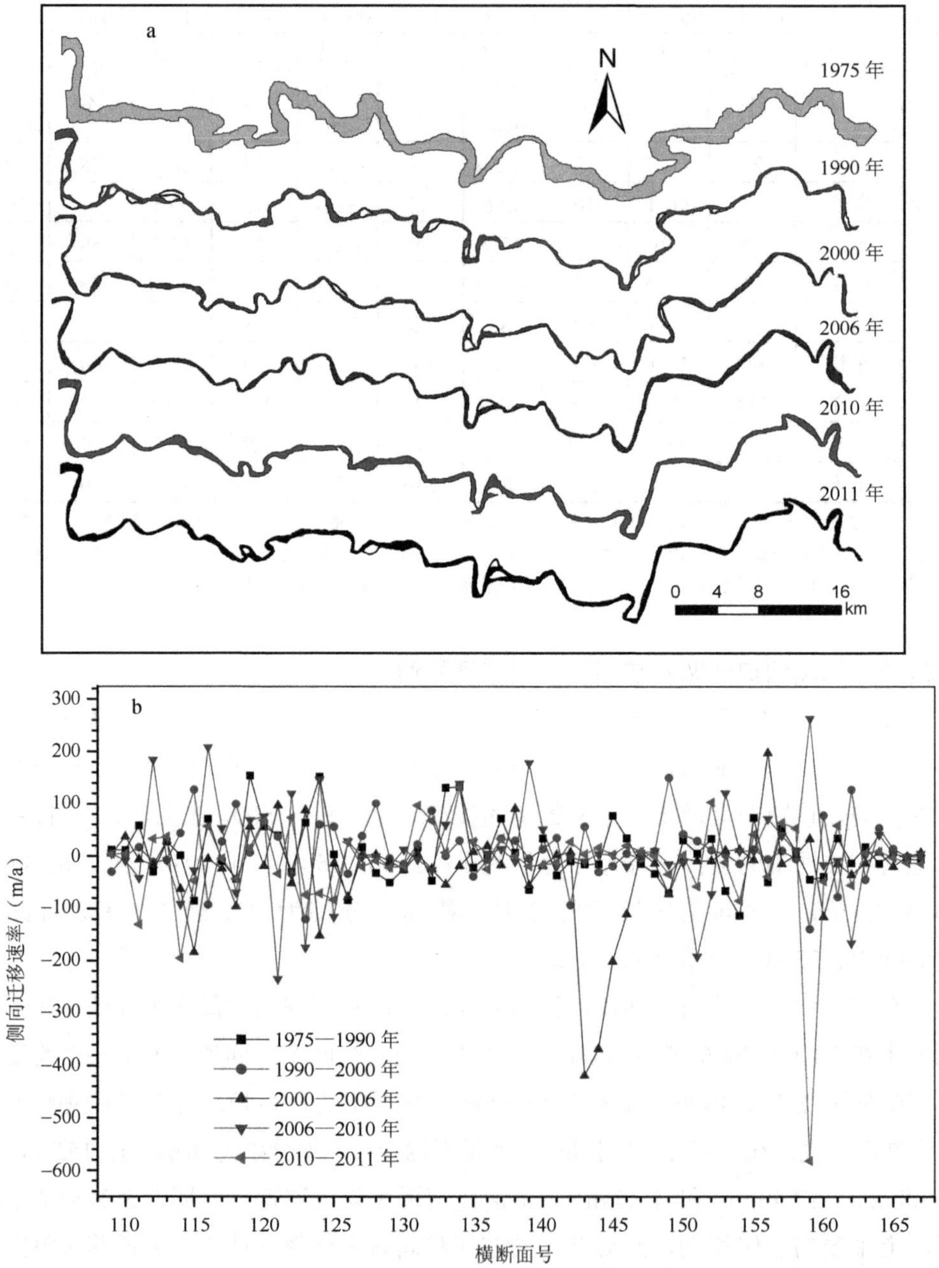

图 6-15 三湖河口—昭君坟（S—Z）河段不同年份的河势图及不同时期的河道迁移速率

6.2.3.4　昭君坟—头道拐河段的河道迁移速率

如图 6-16a 所示，昭君坟—头道拐河段的河道至少也在 1990 年就开始明显萎缩变窄。该河段河道的侧向迁移速率也表现出空间差异性（图 6-16b）。在 1975—1990 年、1990—2000 年、2000—2006 年、2006—2010 年和 2010—2011 年等时期内，河道向右岸摆动的最大迁移速率分别为 122.6 m/a、124.8 m/a、161.8 m/a、175.7 m/a 和 161.9 m/a，而向左岸摆动的最大迁移速率分别为 90.5 m/a、104.7 m/a、182.8 m/a、174.7 m/a 和 188.2 m/a，除个别时期，河道的迁移速率总体上具有随着时间的推移而增大的趋势。

在昭君坟—头道拐河段，河道向左岸及向右岸摆动的最大平均迁移速率都发生在 2010—2011 年，而向这两个方向摆动的最小平均迁移速率则分别发生在 1975—1990 年和 2000—2006 年（表 6-4）。对于该河段所有 69 个横断面来说，在上述 5 个时期中的河道平均迁移速率分别为 14.1 m/a、5.0 m/a、–4.5 m/a、18.6 m/a 和 5.8 m/a。该河段河道平均迁移速率表明，除 2000—2006 年外，该河段的河道整体上向右岸摆动（图 6-17）。

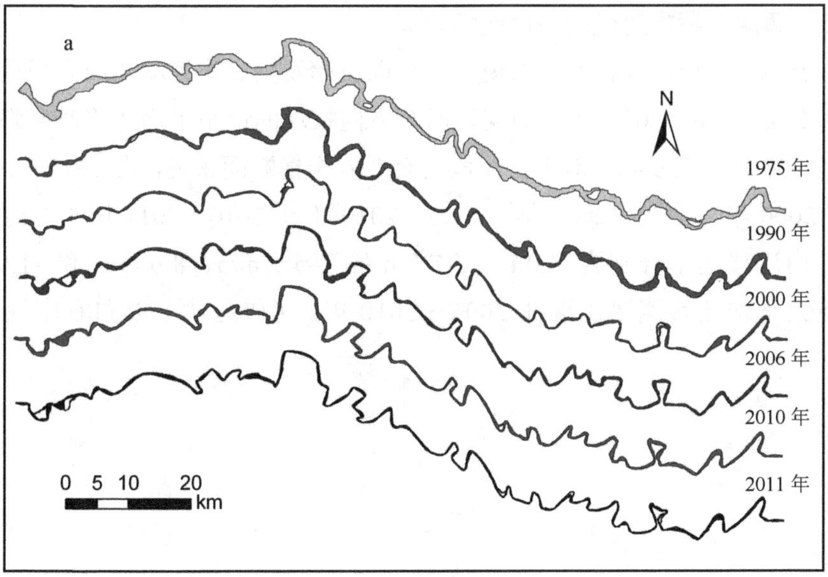

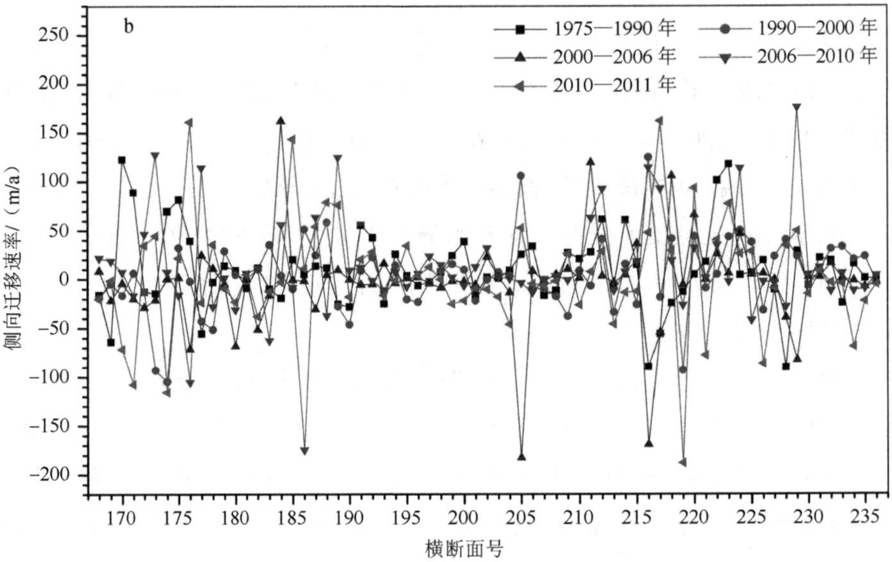

图 6-16　昭君坟—头道拐（Z—T）河段不同年份的河势图及不同时期的河道迁移速率

6.2.3.5　黄河内蒙古河段的河道迁移速率

对于整个黄河内蒙古河段来说，河道向左岸及向右岸摆动的最大平均迁移速率都发生在 2010—2011 年，而向这两个方向摆动的最小平均迁移速率都发生在 1975—1990 年（表 6-4）。对于全河段所有 236 个横断面来说，在 1975—1990 年、1990—2000 年、2000—2006 年、2006—2010 年和 2010—2011 年 5 个时期中的河道平均迁移速率分别为 5.0 m/a、7.9 m/a、–5.9 m/a、8.6 m/a 和 –1.0 m/a。其中最大平均迁移速率出现在 2006—2010 年。河道总体上以向右岸摆动为主（图 6-17）。

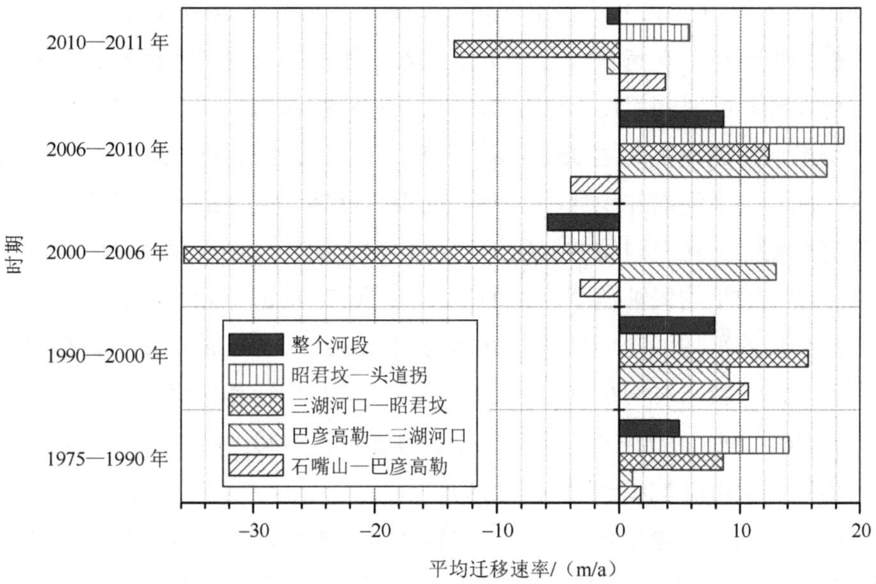

注：图中正值为向右岸摆动，负值为向左岸摆动。

图 6-17　黄河内蒙古不同河段在不同时期的河道迁移速率

6.2.4　河道迁移速率时空变化的影响因素分析

6.2.4.1　与其他辫状河道迁移速率比较

类似的河道迁移速率或者河岸侧向侵蚀/加积的研究工作在世界范围内被广泛报道过（Thorne et al.，1993；Khan et al.，2003；Richard et al.，2005；Baki et al.，2012；Wang et al.，2012；Wang et al.，2016），不同的辫状河流其河道迁移速率差异明显、彼此之间具有很大的变化范围。例如，美国里欧-格兰德河 45 km 长的 Cochiti 河段的 284 个断面在 1918—2001 年的河道迁移速率都不超过 30 m/a，其中许多断面的甚至小于 10 m/a。如表 6-4 所示，黄河上游内蒙古河段的河道平均迁移速率值大致与美国里欧-格兰德河的十分接近，但是，黄河内蒙古河段的河道在特定时期内向左岸或者向右岸单一方向摆动的最大迁移速率却要远大于美国里欧-格兰德河的。这表明，相对于美国里欧-格兰德河 Cochiti 河段，黄河内蒙古河段的河道更易于侧向迁移。

如同 Baki 等（2012）所指出的，贾木那河（Jamuna River，雅鲁藏布江进入印度后被称作布拉马普特拉河，其下游进入孟加拉国境内则被称为贾木那河）左岸和右岸在较短的时间尺度上的平均侵蚀速率分别为 227 m/a 和 187 m/a，但是，其左岸的最大侵蚀速率高达 364 m/a，右岸的最大侵蚀速率更是高达 460 m/a。而其左右岸的年均净侧向加积速率约为 40 m/a。显然，贾木那河左岸或者右岸的这些迁移速率值大于黄河内蒙古河段的（表 6-4）。此外，贾木那河左岸和右岸在较长时间尺度上的平均侵蚀速率分别为 90 m/a 和 75 m/a，而左、右河岸在超过 30 年冲淤演变后的平均侧向加积速率分别为 104 m/a 和 50 m/a（Baki et al.，2012）。贾木那河两岸在较长时间尺度上（超过 30 年）的平均迁移速率也要大于黄河内蒙古河段在 36 年间（1975—2011 年）的平均值（表 6-4）。由此可知，黄河内蒙古河段河道的侧向可动性小于贾木那河的。

有必要指出，无论是黄河内蒙古河段还是贾木那河，其较长时间尺度上的河道侧向平均迁移速率或者河岸的平均侵蚀/加积速率明显要小于较短时间尺度上的，类似的现象在黄河银川平原段也明确存在。较长时间尺度上表现出较小的河道平均迁移速率或者较小的河岸平均摆动速率，明显受制于河岸多次出现的往复摆动的影响，而较短时间尺度上展现出的较大的河道迁移速率常常受到河岸单方向摆动的制约（Wang et al.，2012）。

6.2.4.2 水沙的时间变化及其对河道迁移速率的影响

黄河内蒙古河段的河道迁移速率在时间变化上具有很大的差异性，在 1975—1990 年、1990—2000 年、2000—2006 年、2006—2010 年和 2010—2011 年这 5 个不同时期，整个河段向右岸方向摆动的最大迁移速率分别为 183.5 m/a、236.7 m/a、326.6 m/a、348.0 m/a 和 382.6 m/a，而向左岸方向摆动的最大迁移速率分别为 145.9 m/a、169.9 m/a、418.9 m/a、278.7 m/a 和 582.2 m/a。同时，整个河段在这些时期的平均河道迁移速率分别为 5.0 m/a、7.9 m/a、–5.9 m/a、8.6 m/a 和–1.0 m/a。显然，最大的河道迁移速率自 2000 年之后显著增加，而最大的平均河道迁移速率发生在 1990—2010 年。河道迁移速率发生变化的主要影响因素包括河道边界条件和水沙量的变化，其中前者体现着河道抗冲能力的大小，而后者反映了河流水动力的大小。事实上，河道边界条件在过去几十年来并未发生明显变化，那么，该河段输入的水沙量变化就是河道迁移速率变化的关键控制因素（图 6-18）。

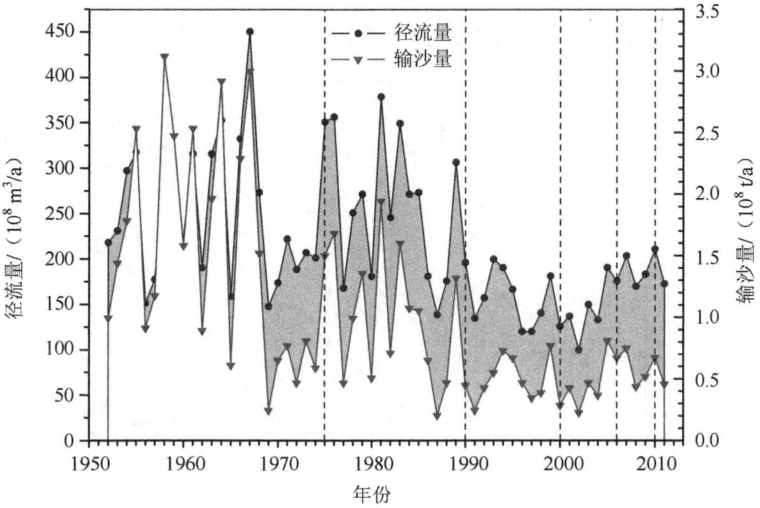

图 6-18　研究区三湖河口水文站径流量和输沙量年际变化

黄河内蒙古河段三湖河口水文站的年径流量和年悬移质输沙量在刘家峡水库和青铜峡水库于 1968 年建成之前呈现同比例波动特征（图 6-18）。而在上述水库建成之后的 1968—1974 年，三湖河口水文站的径流量和悬移质输沙量都大幅降低，由于上述水库的水沙拦蓄作用，使得出库的水流的含沙量小于入库水流的含沙量，导致研究区三湖河口水文站的悬移质输沙量的降幅大于径流量的降幅。由于上述水库运行模式的人为调整，使得交替性水沙的季节性拦蓄，研究区 1975—1985 年的年径流量和年输沙量大于 1968—1974 年的。自从 1986 年龙羊峡水库建成之后，研究区的平均年径流量和年输沙量都迅速地减小到最小水平。水库运行模式的调整可以明显改变汛期的径流量和输沙量，从而改变了汛期的含沙量，例如，研究区三湖河口汛期含沙量从 2000 年起显著变小（图 6-19），这会增大水流的侵蚀能力，其结果是，研究区河道的最大迁移速率呈现出增大的趋势。在除 2010—2011 年外的所有时期（1975—2010 年），黄河内蒙古河段向左岸和向右岸两个方向上的河道平均迁移速率为 5.0～8.6 m/a，这表明，该河段的河道平均迁移速率没有随着水沙量的急剧变小而同步变小。相比之下，当年径流量和年输沙量都很低的 2000—2006 年这一时期，研究区河道的平均迁移速率甚至大于年径流量和年输沙量都很高的 1975—1990 年这一时期的。结果表明，河道的平均迁移速率受河流含沙量的影响较大，而受径流量和输沙量的影响相对较小。

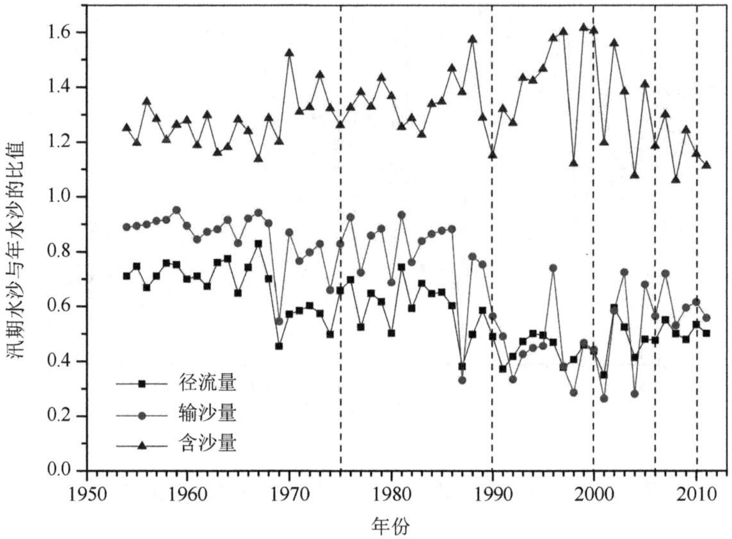

图 6-19 研究区三湖河口水文站汛期水沙占年水沙的比例

6.2.4.3 河道边界物质的空间分布及其影响

河道侧向迁移速率的大小可以反映河道的横向可动性（Wang et al.，2014），甚至可以反映河道两岸的沉积物组成。如前所述，较短的空间尺度上河道迁移率的时间变化主要受水沙动力学变化的影响，特别是含沙量大小的影响。然而，河道迁移速率的空间变化可能受到各种不同的河道边界条件的影响。黄河内蒙古河段发育了几种不同的河型（王随继等，2010），这也很可能是河道边界条件不同所造成的结果。

在黄河内蒙古不同河段中，平均河道迁移速率最大值不是在三湖河口—昭君坟河段就是在昭君坟—头道拐河段（图 6-17）。如上所述，这两个河段都属于弯曲河道，其河岸沉积物呈现出上层较薄的黏土沉积物和下层较厚的粉砂沉积物的二元沉积结构。下部的粉砂层容易受到河流水流的侧向侵蚀常常呈现出淘蚀悬空状，而上部的黏土层的临空部分则容易坍塌。因此，河道通过侧向侵蚀形成一系列弯曲带，并在空间上显示出弯曲河型。随着弯曲带的横向摆动和向下游的纵向移动，河道的平均迁移速率在弯曲河型段最大，远大于其他河段的。

巴彦高勒—三湖河口河段呈现辫状河型，河床宽阔、心滩众多，其河道的平均弯曲度较低（表 6-5），在不同时期的变化量也较小（表 6-6），但是，其河道比降大于曲流河段的（Wang et al.，2012）。此外，其河岸主要由泥质粉砂沉积物组成。这些特性导致该河段通过冲刷河床和改变河道心滩的位置来消耗水流动力，而不是侧向侵蚀河岸。因此，该河段的平均河道侧向迁移速率小于弯曲河段的。

表 6-5　黄河内蒙古四个河段不同年份的河道弯曲度指数

年份	石嘴山—巴彦高勒	巴彦高勒—三湖河口	三湖河口—昭君坟	昭君坟—头道拐
1975	1.212	1.282	1.53	1.312
1990	1.216	1.223	1.363	1.447
2000	1.219	1.404	1.465	1.648
2006	1.203	1.351	1.430	1.690
2010	1.202	1.283	1.415	1.701
2011	1.247	1.348	1.505	1.819

表 6-6　黄河内蒙古四个河段不同时期的河道弯曲度变化值

时期	石嘴山—巴彦高勒	巴彦高勒—三湖河口	三湖河口—昭君坟	昭君坟—头道拐
1975—1990 年	0.004	–0.059	–0.167	0.135
1990—2000 年	0.003	0.181	0.102	0.201
2000—2006 年	–0.016	–0.053	–0.035	0.042
2006—2010 年	–0.001	–0.068	–0.015	0.011
2010—2011 年	0.045	0.065	0.09	0.118
1975—2011 年	0.035	0.066	–0.025	0.507

如前所述，石嘴山—巴彦高勒河段的上段以部分存在基岩露头为特征。尽管由于抗侵蚀能力强，该基岩段的平均河道迁移率非常小，但石嘴山—巴彦高勒整个河段的平均河道迁移率略大于辫状河段的（即巴彦高勒—三湖河口河段），一个主要原因是大部分河段位于乌兰布和沙漠的边缘（图 6-10）。沙漠沉积物主要由粉土组成，缺乏黏性，因此容易受到水流的侧向侵蚀。此外，河道比较几乎是辫状河段的两倍，这导致石嘴山—巴彦高勒河段的河流功率高于辫状河段的。这些特性导致了该河段具有相对大的河道迁移速率。然而，在 1990—2010 年，辫状河道

河段的河道平均迁移率明显大于直河道河段。

6.3 黄河银川平原河段河道的迁移速率

6.3.1 获得河道迁移速率的缘由及必要性

黄河银川平原河段的河道摆动问题是近年来才被关注的科学问题，王随继等（2014）利用遥感影像提取的河道边界及所设立的固定数字河道横断面的交点在不同年份的摆动距离变化，获得了不同时期该河段河道左岸和右岸的侧向迁移速率，这也是真正意义上第一次明确解决了这段河道段的河岸演变的定量化问题。但是，左、右岸的摆动和侧向迁移速率在同一时期可以相差较大，甚至可能存在正负相反（摆动方向相反）的情况，这无法很好地解决给定河段的河道定量化迁移问题。

为了准确表达河道侧向迁移距离和迁移速率，本节以上述研究中所得出的给定年份的河道左、右岸与固定数字河道横断面交点的两个坐标值作为基础数据资料，进一步计算出当年相应的河道固定数字断面的河道中点的坐标值以确定该断面上河道中点的位置，利用给定时期的时间间隔内该中心点位置变动（即计算出该点向左侧或者右侧的移动距离），除以年份的时间跨度，即可获得该河道中点的侧向迁移速率；将河段所有向左（向右）迁移的断面中点进行算数平均即可得到河段整体上的向左（向右）平均迁移速率。这样处理的结果相对于以前单纯考虑河岸的迁移变化来说避免了局部岸线的强烈冲淤的事件性或偶然性的影响，所获得的实际上是整个河段的河道中心线向两侧的实际迁移幅度和迁移速率，对于更准确了解黄河在银川平原河段的演变特征是非常必要的。

6.3.2 研究区河流地貌及研究方案概述

黄河银川平原河段位于青铜峡与石嘴山水文站之间，长约 196 km，河道处于银川平原东缘和鄂尔多斯高原西缘的交接带。该河段河道平均比降为 0.18‰（王随继，2012）；而河型以辫状河流为主，局部为弯曲河流；河床质以砂质为主，河宽 0.2～5.0 km，水深 2～6 m。紧邻青铜峡大坝的上段为顺直河流段，河床质由砾质逐渐过渡为砂质；中下部河段的河床质从砂质逐渐过渡到粉砂质。整个河段由于右岸广大地区为河东沙地、左岸为广阔的银川平原，加之总体上的干旱气候背景，故该河段入汇的支流很少，较大的支流仅有雨季有水的季节性支流苦水河，因其水量和沙量的输入很少，对该段河道演变的影响微不足道、可以忽略。

随着遥感技术的逐渐发展，遥感影像的精度和类型也逐渐增高增多，这为利用不同时期卫星影像资料的对比来分析河流平面形态定量变化的研究带来了便利，因此，利用卫星影像资料研究河势变化成为近年来广泛采用的研究手段之一（Yao et al.，2011；Khan et al.，2003；杨树文等，2011；王随继等，2014）。实测河道断面很少的河段，设立固定数字横断面可以为河道演变研究带来便利，利用不同年份河势图上河岸线与固定数字河道横断面的交点的位置变化可以估算河岸的摆动幅度和摆动速率，而该项研究工作的主要研究目标是获取研究区给定时期给定河道断面上河道中点的迁移速率。

该项研究工作采用 1975 年的 MSS 数据（分辨率 60 m），1990 年、2010 年及 2011 年的 TM 数据（分辨率 30 m）。为了消除汛期和非汛期河道水流宽度变化对计算精度的影响，上述各年份的图像均为当年汛期采集（6—9 月）。具体的数据处理步骤等研究方案表述如下。

（1）采用 WGS84 坐标系，选用 1∶50 000 地形图作为标准，对 TM、MSS 和 ETM 遥感影像进行配准。

（2）以 1975 年的卫星影像图勾绘出的河道边界（河势）为基准，以基本垂直于该年目标段河道的流向设立用来在不同年份之间进行对比的位置固定的数字河道横断面总共有 153 个（其中每个断面基本垂直于断面穿越处的河道），这些断面的位置及空间分布如图 6-20a 所示。断面编号依次为 S114～S266，相邻断面的平均间距约为 1.3 km，因为这里分析河道侧向迁移速率变化时主要考虑河道中线与断面交点的位置变化作为依据，因此，越高的断面密度越有助于了解河道侧向迁移的更多细节。

（3）基于 ArcGIS 平台，对上述不同年份汛期拍摄的遥感图像的河岸线进行数字化处理，绘制上述各年份的河道平面形态图也即河势图，其在不同年份的河势套绘图如图 6-20b 所示，为了显示更为清晰，对三个局部河段的套绘图进行了放大，以便观察河势演变的细微之处。

（4）利用FME软件提取不同年份河道的左、右岸线数据及与各个断面的交点坐标值，最终计算出每年每个断面以左、右两岸为端点的河道断面的中点坐标。

（5）用需要对比的两个年份同一河道断面中点的坐标值，计算后一年份相对前一年份的移动距离（沿着横断面向右岸方向移动定义为正值，向左岸方向移动定义为负值）；用移动距离除以河道迁移所用的年份即可得到给定时期给定断面处断面中点的侧向迁移速率，同一时期所有断面的中点连线即是给定河段的河道中线，所有断面中点的迁移速率的平均值就是该时期河道中线的平均侧向迁移速率数值。

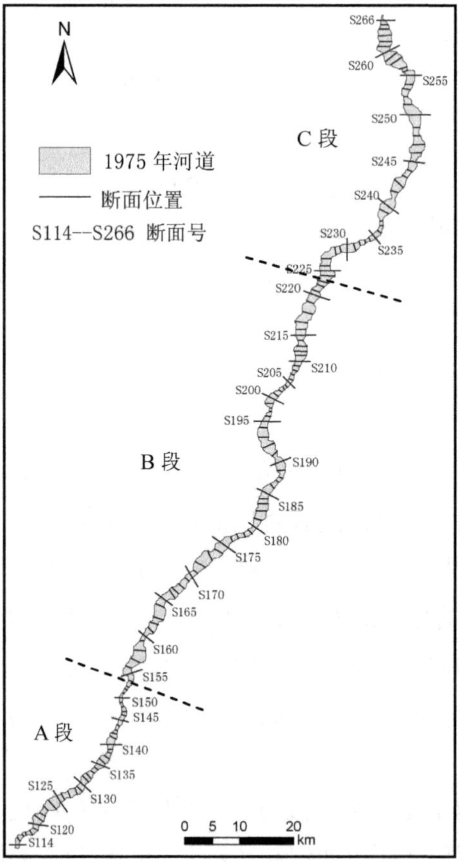

a. 断面位置

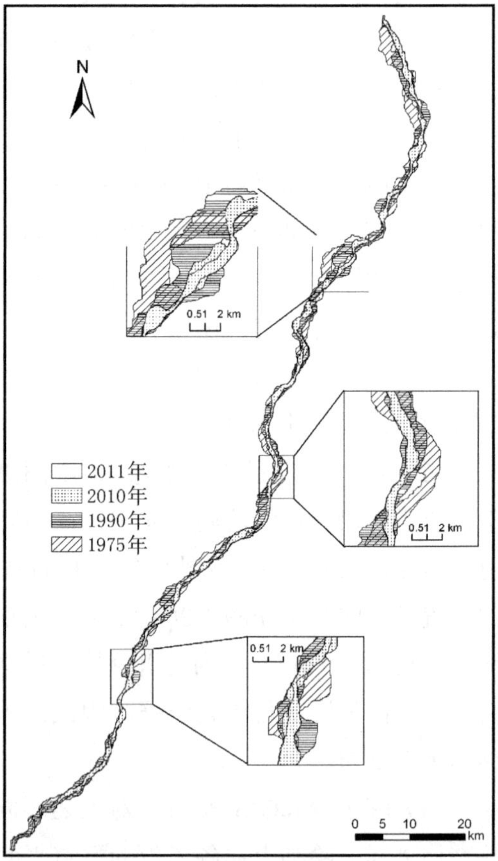

b. 不同年份河道套绘图

图6-20 黄河银川平原段153个固定河道断面位置和不同年份河道套绘图

6.3.3　左右各自方向摆动的河道中线迁移速率

对比 1975 年、1990 年、2010 年和 2011 年河势发现研究区河道的迁移具有明显的空间差异，据此可将黄河银川平原段河道进一步划分为 A、B、C 三个亚河段（图 6-20a），它们分别包含固定数字横断面 S114—S153（合计 40 个）、S154—S223（合计 70 个）和 S224—S266（合计 43 个）。利用不同年份间河道横断面中点位置的变化，分别计算获得了 1975—1990 年、1990—2000 年、2000—2006 年、2006—2010 年、2010—2011 年和 1975—2011 年六个不同时期的上述三个亚河段的河道中点平均侧向（包括向右“+”和向左“−”）迁移速率（表 6-7），而每个亚河段的每个横断面上河道中点在上述时期的侧向迁移速率的空间变化如图 6-21 所示。

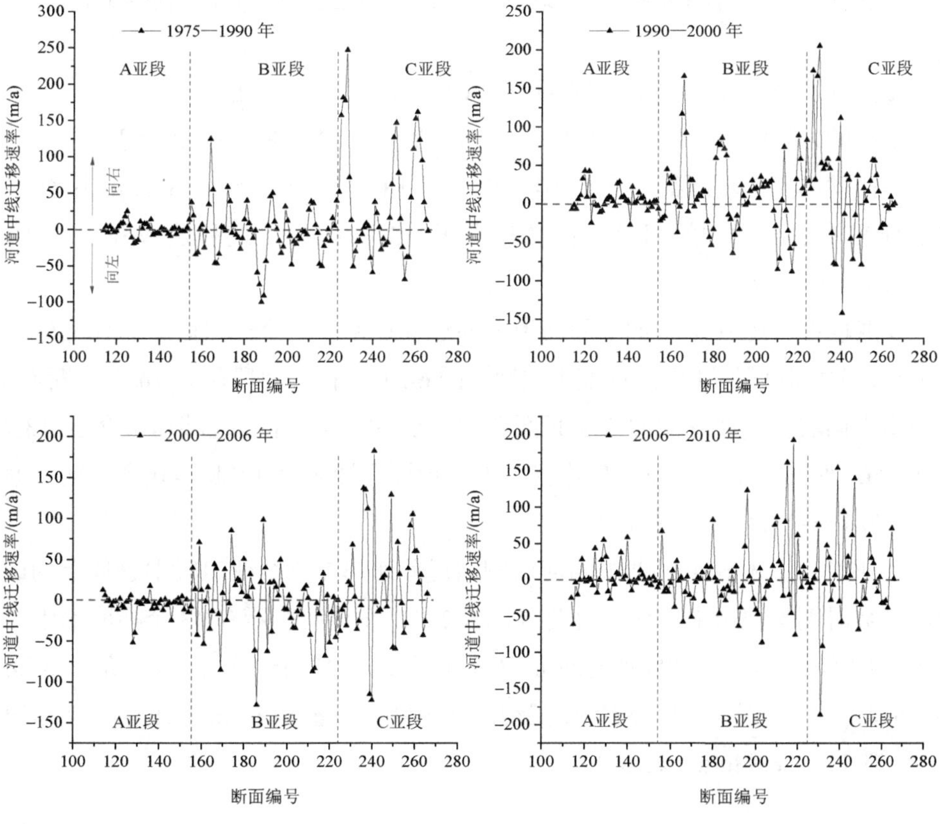

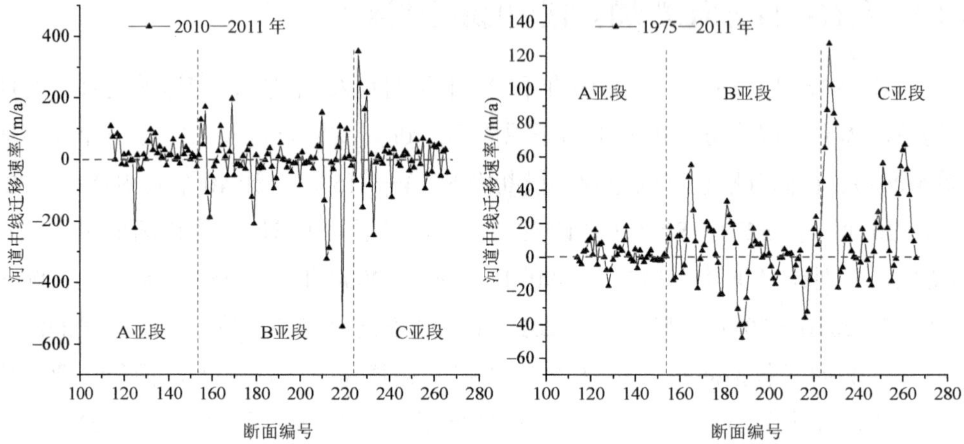

图 6-21 黄河银川平原河段 153 个河道断面中点在不同时期的迁移速率对比

由图 6-21 可见，上述 6 个时期中，A 亚段的河道侧向迁移速率总是三个亚河段中最小的，沿程变化趋势不明显。在该河段所有 40 个横断面中，河道中点向右发生净摆动的河道断面数量介于 10～28 个，迁移速率介于 5.2～37.8 m/a；而河道中点向左发生净摆动的河道断面数量介于 13～30 个，迁移速率介于 –32.1～–3.5 m/a（表 6-7）。

B 亚段在上述 6 个时期中的河道侧向迁移速率在三个亚河段中总体上处于中等大小，多数时期呈现出沿程变大趋势（图 6-21）。在该河段所有 70 个横断面中，河道中点向右发生净摆动的河道断面数量介于 32～42 个，迁移速率介于 13.7～49.7 m/a；而河道中点向左发生净摆动的河道断面数量介于 28～40 个，迁移速率介于 –70.1～–15.8 m/a（表 6-7）。

C 亚段在上述 6 个时期中的河道侧向迁移速率在三个亚河段中总体上为最大的，多数时期呈现出沿程变小趋势（图 6-21）。在该河段所有 43 个横断面中，河道中点向右发生净摆动的河道断面数量介于 22～27 个，迁移速率介于 37.0～80.4 m/a；而河道中点向左发生净摆动的河道断面数量介于 16～21 个，迁移速率介于 –57.1～–28.9 m/a（表 6-7）。

表 6-7　不同区间特定时期河道中线平均迁移速率

单位：m/a

河段	迁移方向	1975—1990 年		1990—2000 年		2000—2006 年		2006—2010 年		2010—2011 年		1975—2011 年	
		平均	数量/个	平均	数量/个	平均	数量/个	平均	数量/个	平均	数量/个	平均	数量/个
A 段	向右	7.2	19	12.1	27	5.2	10	18.5	18	37.8	28	5.8	22
	向左	−5.9	21	−8.1	13	−8.1	30	−10.3	22	−32.1	12	−3.5	18
B 段	向右	24.9	32	39.9	42	26.8	37	40.8	30	49.7	31	13.7	41
	向左	−26.5	38	−31.5	28	−35.3	33	−24.8	40	−70.1	39	−15.8	29
C 段	向右	80.4	27	55.1	27	64.8	22	41.1	22	37.0	24	39.7	30
	向左	−28.9	16	−43.3	16	−32.5	21	−35.0	21	−57.1	19	−7.9	13
全河段	向右	39.8	78	36.4	96	35.8	69	35.1	70	50.7	83	20.2	93
	向左	−21.2	75	−29.5	57	−24.9	84	−23.5	83	−60.0	70	−10.4	60

对于整个宁蒙冲积河段来说，其在 1975—1990 年、1990—2000 年、2000—2006 年、2006—2010 年、2010—2011 年和 1975—2011 年 6 个不同时期中，河道中点向右净摆动的最大河道迁移速率分别为 247.2 m/a、205.5 m/a、182.9 m/a、192.2 m/a、352.9 m/a 和 127.6 m/a（图 6-22）；河道中点向左净摆动的最大河道迁移速率分别为 100.1 m/a、141.7 m/a、128.0 m/a、185.8 m/a、542.2 m/a 和 47.7 m/a。无论是向左还是向右摆动。河道中点的最大迁移速率都发生在 2010—2011 年（时间跨度仅有一年）；而最小迁移速率都发生在 1975—2011 年（时间跨度 36 年）。这表明，黄河银川平原河段的河道迁移的方向性并不明显，而往复摆动是最为显著的特征。虽然在多年间隔期间内河道中线会发生一些位移，但更长时期内河道侧向变动不是非常明显，这也是该河段河道基本上常年位于鄂尔多斯高原西缘和银川平原东缘的原因。

此外，由图 6-22 还可以发现，黄河银川平原河段的所有 153 个横断面中，上述不同时期内河道中点向左和向右的迁移速率分别超过 100 m/a 的断面数目除了 2010—2011 年外都不超过 10 个；即是迁移速率最大时期（2010—2011 年），河道中点向左和向右的迁移速率超过 100 m/a 的断面数目也分别只有 12 个和 11 个。至少有超过 100 个断面的河道中点的迁移速率在所有给定时期内都小于 50 m/a。显然，黄河银川平原河段的河道迁移速率在绝大多数断面上并不显著，也远较黄河内蒙古河段辫状河道的侧向迁移速率小。

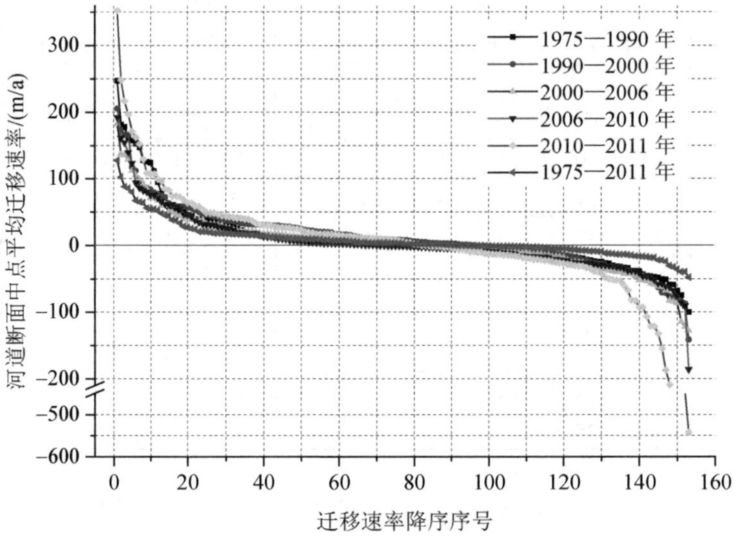

图 6-22　不同时期 153 个河道断面中点迁移速率的降序分布特征对比

6.3.4　河道中线向双侧或单侧净迁移的平均迁移速率

前一节主要分析了研究区不同亚河段在给定时期河道向两侧各自摆动的断面上河道中线平均迁移速率及其空间变化特征。本节将综合分析向左或者向右迁移摆动的断面数量及其平均迁移速率，进而计算各自相对于全部 153 个断面的加权平均迁移速率。在此基础上，针对给定河段给定时期分别计算出河道中线的两类平均迁移速率：①向左向右摆动的各自加权平均迁移速率的和，这是表明河道弯曲度增大过程中不同的弯顶分别向两侧扩展的河道中线的平均迁移速率，能够反映曲流带的扩张态势，可称之为河道中线的加权平均双侧净迁移速率；②向左向右各自加权平均河道中线迁移速率的差值（向右的数值减去向左的数值，如为正数则为河道整体向右净摆动的河道中线平均迁移速率，如为负数则是河道中线向左净摆动的平均迁移速率），这类平均迁移速率表示河道整体上向优势一侧迁移过程中的河道中线的平均迁移速率，可称之为河道中线的加权平均单侧净迁移速率。

这两类数值从不同方面反映着河道迁移特征及河道中线迁移速率的大小。

假设研究河段河道中点在给定时期（P，单位为 a）向右侧迁移的河道断面总数为 N_r，向左侧迁移的河道断面总数为 N_l，河道断面总数为 N，所有 N_r 断面向右侧平均迁移距离为 D_r，所有 N_l 断面向左侧平均迁移距离为 D_l，则所有断面（N）上河道中线的加权平均双侧净迁移速率（V_{db}）可用下式进行计算：

$$V_{db}=\left(D_r\times\frac{N_r}{N}+D_l\times\frac{N_l}{N}\right)/P \tag{6-3}$$

而所有断面（N）上河道中线的加权平均单侧净迁移速率（V_s）可用下式进行计算：

$$V_s=\left(D_r\times\frac{N_r}{N}-D_l\times\frac{N_l}{N}\right)/P \tag{6-4}$$

式（6-3）和式（6-4）中所有参数的数值都是正数，因此，计算所得的加权平均双侧净迁移速率 V_{db} 总是大于加权平均单侧净迁移速率 V_s。

加权平均双侧净迁移速率（V_{db}）计算结果如表 6-8 所示，其时空变化特征如图 6-23 所示。这类迁移速率值表明，短时期内的加权平均双侧净迁移速率值大，如在 2010—2011 年，研究区 A、B、C 三个亚河段的加权平均双侧净迁移速率分别为 36.1 m/a、99.4 m/a 和 45.9 m/a，它们分别是各自亚河段不同时期中的最大平均迁移速率；而同一河段加权平均双侧净迁移速率的最小值则出现在长时期中，如 1975—2011 年是所涉及的 6 个时期中包含年份最多的时期，该时期三个亚河段的这类平均迁移速率值分别为 4.8 m/a、23.6 m/a 和 30.1 m/a，也分别是各自亚河段的最小值（表 6-8，图 6-23）。除这两个包含最小和最多年份的时期外，其他时期的加权平均双侧净迁移速率值彼此相差不大，但在不同亚河段之间相差明显（图 6-23）。因此，这类平均迁移速率值可以反映不同时期之间、不同河段之间的河道迁移特性，展示了河道稳定性的时空差别和相对大小，为更加准确地理解研究区河道的演变机制提供了新的视角。

表 6-8　根据河道中线向左向右双向迁移加权求和所得的平均迁移速率

单位：m/a

河段	1975—1990 年	1990—2000 年	2000—2006 年	2006—2010 年	2010—2011 年	1975—2011 年
A 段	6.5	10.8	7.4	14.0	36.1	4.8
B 段	41.9	59.5	50.2	51.5	99.4	23.6
C 段	61.2	50.7	49.0	38.1	45.9	30.1
全河段	30.7	33.8	29.8	28.8	55.0	16.4

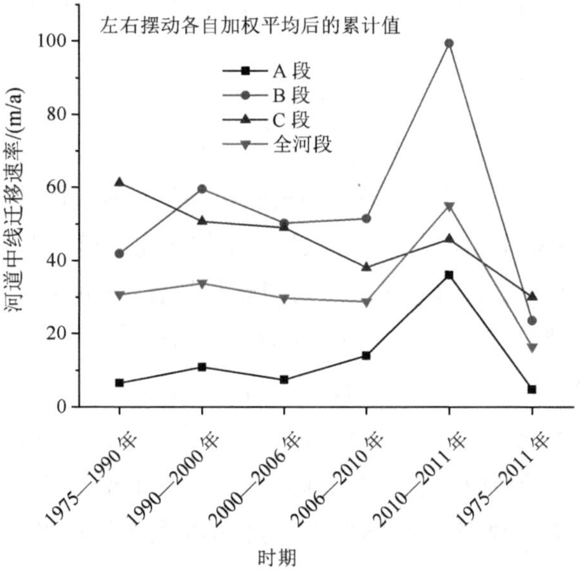

图 6-23　河道中线的加权平均双侧净迁移速率的时空变化

研究区河道中线的加权平均单侧净迁移速率（V_s）计算结果如表 6-9 所示，其时空变化特征如图 6-24 所示。这类迁移速率值实际上表示的是河道中线迁移在某一优势方向上（向右或者向左）的平均迁移速率，正数表示全部断面的河道中线总体上向右侧迁移，负数表示全部断面的河道中线总体上向左侧迁移。由表 6-9 和图 6-24 可见，这类平均迁移速率的大小与涉及的时期长短关系不大。从表 6-9 可见，A、B、C 三个亚河段在 2000—2006 年的这类平均迁移速率分别为 –4.8 m/a、–2.5 m/a 和 17.3 m/a，表明该时期中 A 和 B 亚河段的河道中线都发生了向左的净迁移，迁移速率前者较大；C 亚河段的河道中线发生了向右的净迁移，其净迁移速率远比前二者都大。而在 2010—2011 年，三个亚河段的河道中线加权平均单侧净迁移速率值分别为 16.8 m/a、–17.0 m/a 和 –4.5 m/a，表明该时期中 B 和 C 亚河段的河道中线都发生了向左的净迁移，而 A 亚河段的河道中线发生了向右的净迁移，其净迁移速率与 B 亚河段迁移速率的绝对值大致相当。

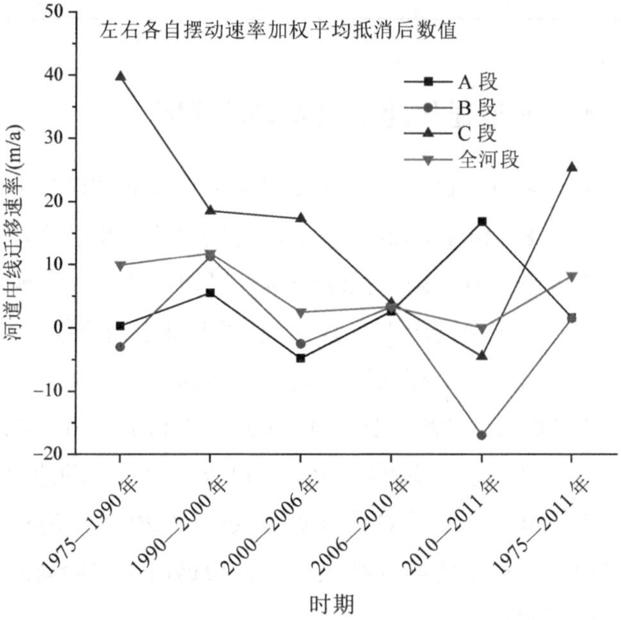

图 6-24　河道中线的加权平均单侧净迁移速率的时空变化

河道中线的加权平均单侧净迁移速率的时间变化较为复杂（图 6-24），A 亚河段的除 2010—2011 年较大外，其他时期的为小幅度波动状态，以向右净迁移为主，个别时期（2000—2006 年）发生了向左净迁移。B 亚河段的在 1975—2011 年的 5 个时期中交替发生了向右和向左净迁移，其向右净迁移的平均速率在 1990—2000 年最大，而向左净迁移的平均速率在 2010—2011 年最大，其他三个时期都很小。C 亚河段的在 1975—2011 年的 5 个时期中逐渐变小，在 2010—2011 年由之前的向右净迁移变为向左净迁移。对全河段来说，所涉及的各个时期都发生了向右的净迁移，河道中线净向右的平均迁移速率值介于 0～11.8 m/a（表 6-9）。

表 6-9 河道中线向右与向左迁移距离加权平均值的差值表示的平均迁移速率

单位：m/a

河段	1975—1990 年	1990—2000 年	2000—2006 年	2006—2010 年	2010—2011 年	1975—2011 年
A 段	0.3	5.5	−4.8	2.6	16.8	1.6
B 段	−3.0	11.3	−2.5	3.3	−17.0	1.5
C 段	39.7	18.5	17.3	3.9	−4.5	25.3
全河段	9.9	11.8	2.5	3.3	0.0	8.2

6.3.5 不同亚河段河道迁移速率的差异及成因

1975—2011 年，A、B、C 三个亚河段河道中点向右和向左的平均迁移速率之比分别为 1∶2.36∶6.84 和 1∶4.51∶2.26，这些比值结果表明，从河道中线的平均迁移速率的数值大小来看，向右摆动的最大平均迁移速率出现在 C 亚段，而向左摆动的最大平均迁移速率则出现在 B 亚段。以前基于河岸摆动特征的研究表明，该河段左岸向左和向右的平均摆动速率之比分别为 1∶7.6∶4.6 和 1∶1.7∶3.8；右岸向左和向右的平均摆动速率之比为 1∶1.8∶1.2 和 1∶5.6∶17.7。所表明的是，无论左岸还是右岸，它们在 A 段的摆动速率最小，向左摆动速率最大的出现在 B 段，而向右摆动速率最大的则是 C 段（Wang et al.，2014；王随继等，2014）。显然，这里根据河道中线摆动的研究结果与以前根据河岸线摆动的研究结果在河段变化趋势上具有很好的一致性。

同样在 1975—2011 年，A、B、C 三个亚河段河道中线的加权平均双侧净迁移速率（V_{db}）之比为 1∶4.92∶6.27，因为这类平均迁移速率考虑了河道中线在不同弯曲带向两侧摆动迁移的状况、并且分别进行了加权平均，反映了河道中线整体上向两侧迁移速率大小的平均值，这相当于在给定河段所有中点向右迁移的断面上迁移速率的加权平均值加上所有中点向左迁移的断面上迁移速率的加权平均值的绝对值，因而这类迁移速率的河段比值类似于前述的向右的平均迁移速率之比。加权平均单侧净迁移速率（V_s）之比为 1∶0.94∶15.81，因为这类迁移速率值反映的是河道中线向某一方向的净迁移的速率大小，因而与前述的几乎都有较大的不同，但是，该比值约等于 1∶1∶16，即 C 亚河段的向右单项净迁移速率远大于 A、B 亚河段的，这主要是 2006 年之前该河段持续发生向右迁移，而向左迁移的加权平均量值太小，使得在这个研究时期中呈现出极高值。

黄河银川平原河段河道中线迁移速率在 A、B、C 三个亚河段的差别是河岸及冲积平原区物质组成不同所控制，而流量则为次要因素，因为该河段没有较大的支流入汇，在同一时期各亚河段的流量基本相等，而相等流量条件下不同河段呈现出大小悬殊的河道中线迁移速率，势必受到河道边界物质条件的控制。据文献报道，在 1877—1924 年的 47 年时间跨度中，美国密西西比河上游弯曲带的平均摆动速率为 45.2 m/a，而在其下游则增大至 59.1 m/a（Hudson et al.，2000），这是因为曲流带河段发育在有较多黏土节点的冲积平原区，而其下游河段的黏土节点相对很少。这是河岸边界物质不同导致河道迁移速率出现差别的案例之一。

黄河银川平原河段的 A 亚段位于银川平原的南部（河段上游区），地下古代沉积物以青铜峡出口的冲积扇的粗粒物质为主，河床质在空间上由上游到下游、沉积层序上由深到浅由卵石质碎屑沉积物逐渐过渡到砾石质碎屑沉积物，再过渡到砂质沉积物，该河段的河岸物质总体上较粗，难以被水流侵蚀冲刷，同时，该河段的比降较大，河道不易于弯曲，而弯曲是增大河道迁移幅度和迁移速率的主要方式。因此，该亚河段的河岸侧向摆动能力相对较小，由此导致了河道中线相对小的侧向迁移速率。

研究区 B 亚段的河岸主要以下层中细砂质沉积物和上层泥质沉积物构成，水流通过淘蚀下部细砂层、使上部泥质层崩塌的方式而使河岸发生明显的侧向移动，当然，河岸的淘蚀是曲流带的常见现象，如果凹岸发生淘蚀，那么凸岸往往会发生侧向加积作用，这就有使河道两岸尽量向同一侧迁移的趋势，因此，在该河段河道中线的迁移速率明显大于 A 段的，尤其是河道中线向左侧方向摆动的迁移速率是三个亚河段中最大的。对于黄河银川平原水土保持来说，需要重点关注和防范中部河段的河岸侵蚀作用。

位于银川平原的下游地区的 C 亚段，无论是河岸组成物质还是河床质都比 B 亚段的明显变细，其中河岸物质是以上部泥质层和下部细砂粉砂质层组成的二元沉积结构，但是，细砂粉砂质相对于 B 段中细砂质层更易于被水流侵蚀，这是该段河岸摆动速率最大的根本原因（王随继等，2014），也是其河道中线向右迁移速率最大的根本原因。

根据黄河青石河段左、右岸表层床沙的平均粒径测量结果来看，左岸平均粒径为 0.026 5 mm，右岸平均粒径为 0.036 8 mm，各取样断面右岸的粒径均大于左岸的（岳志春，2016）。显然，黄河青石河段右岸的泥沙平均粒径值处于粗粉砂粒级（0.063～0.031 5 mm），其黏结性很差，是各种砂体中最易于被水流侵蚀的，而左岸的平均粒径位于中粉砂粒级（0.031 5～0.015 7 mm），其黏结性好于前者，这也是河道中线总体上倾向于向右岸摆动的原因之一。

第7章　黄河宁蒙河道的水力几何形态关系分析

7.1　河流水力几何形态关系的研究起源及进展

所谓河流水力几何形态，是指冲积河流通过自动调整使得河流系统达到动态的冲淤平衡状态，并使其河道断面形态要素与流量之间构成某种定量的函数关系，在国内又被称为河相关系。通俗来说，就是河道中水流某一横断面形态参数，如水面宽、平均水深、断面面积、河道比降等，与流量之间的定量函数关系。其中断面面积可以表达为流速的函数，即流量除以流速，因而，在实际应用中，常常以流速水力几何形态关系替代断面水力几何形态关系（冉立山等，2008，2009）。

水力几何形态关系的研究又可以分为断面水力几何形态关系（At-a-station Hydraulic Geometry）和沿程水力几何形态关系（Downstream Hydraulic Geometry）两类。其中断面水力几何形态关系是研究某一局部河段水流或某一特定水流断面在给定的流量状态下，断面各形态要素应该呈现的理论数值，或者在变化流量状态下这些断面形态参数的调整幅度和调整方向（冉立山等，2008，2009）。而沿程水力几何形态关系则是基于不同的河流之间，或者同一条河流在不同断面之间，由于上游的来水来沙条件、河道边界物质组成等的不同而引起的河床形态的调整变化。一般来说，对不同的断面进行分析比较是通过平滩流量或某一固定频率的流量而统一起来的。无论是断面水力几何形态关系还是沿程水力几何形态关系，在考虑平滩流量状态时，则河流水力几何形态关系又可称作河道水力几何形态关系，因为这时的水流断面与河道断面基本相同。

水力几何形态关系最初是由 Lacey（1929—1930）对印度、巴基斯坦等地区灌溉渠道的大量实测资料的分析基础上总结出来的有关渠道形态与流量之间的经验关系。之后，Leopold 等（1953）将该关系式进行改进并扩展到冲积河流的研究中，同时，不同研究者针对不同地区的冲积河流，提出了多种不同的水力几何形态的计算公式。目前，在河道水力几何形态关系研究中应用最为普遍的是 Leopold 等（1953）基于冲积河流研究而提出的水面宽（W）、平均水深（D）、平均流速（V）与流量（Q）之间的幂函数关系式：

$$W = aQ^b \tag{7-1}$$

$$D = cQ^f \tag{7-2}$$

$$V = kQ^m \tag{7-3}$$

由上述关系式和水流连续方程（Q=WDV）可得：系数 $a \times c \times k$=1；指数 b+f+m=1。

近 60 年来，不少研究者运用这一经验方程来研究河道断面形态调整，调查分析世界上不同河流的河道断面变量调整，包括运用断面水力几何形态关系研究断面各变量在时间尺度上的变化调整（Park，1977；Rhodes，1977；钱宁等，1987；Merigliano，1997；Hadadin et al.，2005；Wang et al.，2007；冉立山等，2008，2009）和运用沿程水力几何形态关系在空间尺度上研究分析了不同断面的各变量调整变化（Montgomery et al.，2001；Molnar et al.，2002；Wohl et al.，2005；Wohl，2005；De Rose et al.，2008；Harman et al.，2008）。随着研究的不断深入，其研究范围也得到了迅速的扩大。不少研究者把上述基于冲积型河流的经验方程运用到山地峡谷基岩型河流甚至冰川河谷上（Park，1981），也有人将该方法应用在巨卵质山地河流的水力几何形态关系的研究中（王随继等，2009）。比如，Kostrzewski 等（1995）通过对挪威的 Spitsbergen 岛上的冰川河道断面野外考察和断面测量，分析了其断面水力几何形态关系参数的沿程变化，并提出了冰川河谷形成演化的三阶段模型。Pitlick 等（2002）引入床面粒径变化，对比分析了 Colorado 砾石河床的粒径和床面比降的沿程变化，指出粒径和床面比降的沿程减小而导致河道水动力的减小最后通过沿程水深的增大而抵消掉，而不是通过水面宽所抵消掉的。

Andrews（1984）、Wohl（2004，2005）、Wohl 等（2008）分析了山地河流河道水力几何形态关系在不同流域尺度上的调整响应过程，得出河道比降是研究山区河流流域尺度响应的理想参考变量。Turowski 等（2008）通过引入河道输沙范畴，对山地河流进行了重新的定义，并分析其河道水力几何形态关系特征。Montgomery 等（2001）通过对比分析，得出山地峡谷河流的沿程水面宽变化同冲积型河流一样，同样遵循上述幂函数关系。王随继等（2009）通过对怒江、澜沧江和金沙江在云南河段的山地河道断面各形态参数随流量变化的拟合分析，明确指出了运用上述幂函数经验关系分析山地河流河道水力几何形态关系的合理性，并且认为，山地卵石质甚至基岩河床的长期演变中形成的河道断面形态使得流经其间的水流断面同样遵循水力几何形态关系这一演变规律，与冲积河流不同之处仅仅在于前者发生相近的量变所经历的时间更长而已。所有这些方面的研究，取得了与冲积河流非常类似的定量关系，是对基于冲积河流经验方程的有益和成功的推广，具有重要的科学意义。

近几十年来，国内水利学家、地貌学家等针对长江、黄河、珠江等大江大河相关河段的河道水力几何形态的研究取得了不少研究成果（例如：齐璞等，1992；贾良文等，2002；王随继，2002；王随继等，2009；许炯心，2006；刘学工等，2008）。其中，对黄河水力几何形态关系的研究主要侧重黄河下游的游荡型河道（李小平等，2007；冯普林等，2005）。而对黄河上游段的相关研究仅有少量报道（冉立山等，2008；冉立山等，2009；冉立山等，2010；Ran et al.，2012；李颖曼等，2021），其中李颖曼等（2021）有关黄河宁夏段典型断面的河相关系研究表明，在如峡谷出口处的下河沿断面和水库下游邻近河段的青铜峡断面这类窄深河道断面上水流的弗劳德数与流量的幂函数关系良好，而在如石嘴山断面这类宽浅断面上二者散点分布规律性不明、相关性较差。

水力几何形态的研究不但可以揭示河道在观测断面上的变化特征，而且可以揭示河道沿程的变化趋势，进而了解河道深层次的演变机制。因此，对黄河上游宁蒙冲积河段河道的水力几何形态关系及其演变的研究显得十分必要。本章将以黄河宁夏河段和内蒙古河段两个主要冲积河段为对象，利用这两个河段中多年持续进行观测的典型水文站的实测数据资料，拟合出各断面的水力几何形态关系，并从中获得相关的水力几何形态参数来揭示其河道演变机制。

7.2 黄河宁夏河段水力几何形态关系分析

黄河宁夏河段由地貌特征不同的两个河段组成，其中上段介于下河沿和青铜峡之间，上下为峡谷中部以山间盆地为主；下段在青铜峡与石嘴山之间，主要位于银川平原。黄河宁夏河段长期进行观测的水文站共有下河沿、青铜峡和石嘴山三个（位置见图 3-1），其中自建站以来已经连续公开出版的水文资料到 1990 年，20 世纪 90 年代的数据因故未能公开出版而难以获得；自 2003 年以来，一些年份的数据又陆续公开。但考虑到数据资料的连续性，这里选用自建站以来至 1990 年的资料进行河道水力几何形态关系的拟合。

7.2.1 黄河宁夏河段水力几何形态关系各参数的拟合结果

利用下河沿水文站 1954—1990 年的实测资料，基于水力几何形态关系式（7-1）～式（7-3）对该站不同年份的数据进行幂函数关系式拟合，从所得到的拟合公式中提取水流断面宽、平均水深及平均流速（为简便起见下文通常将它们分别称作水深和流速）水力几何形态关系式的系数（分别为 a、c 和 k）和指数（分别为 b、f 和 m），它们的年际值见表 7-1。其中河宽水力几何形态关系式的系数和指数的平均值分别为 127.369 和 0.069；水深水力几何形态关系式的系数和指数的平均值分别为 0.446 和 0.316；而流速水力几何形态关系式的系数和指数的平均值分别为 0.023 和 0.596。上述三类关系式的平均决定系数（R^2）为 0.889、0.940 和 0.978，表明自变量与因变量之间存在好或很好的相关性，并且，水面宽、水深及流速三类水力几何形态关系式的相关性具有逐渐明显变强的趋势。

表 7-1 下河沿站水力几何形态关系中有关参数的历年变化特征

年份	系数 a	指数 b	R^2	系数 c	指数 f	R^2	系数 k	指数 m	R^2	样本数
1954	141.551	0.049	0.911	0.646	0.255	0.927	0.013	0.668	0.987	159
1955	133.228	0.058	0.338	0.318	0.354	0.879	0.033	0.543	0.955	161
1956	139.570	0.050	0.733	0.665	0.241	0.771	0.015	0.661	0.944	99
1965	130.382	0.069	0.866	0.675	0.251	0.935	0.014	0.653	0.992	104

年份	系数 *a*	指数 *b*	R^2	系数 *c*	指数 *f*	R^2	系数 *k*	指数 *m*	R^2	样本数
1966	136.886	0.064	0.929	0.399	0.325	0.973	0.021	0.595	0.992	114
1967	98.027	0.103	0.907	0.252	0.389	0.961	0.054	0.473	0.974	43
1968	123.475	0.073	0.885	0.566	0.291	0.965	0.019	0.600	0.987	35
1969	137.233	0.057	0.897	0.714	0.246	0.927	0.012	0.671	0.969	19
1970	132.181	0.061	0.806	0.537	0.281	0.825	0.019	0.618	0.937	62
1971	131.914	0.062	0.844	0.463	0.303	0.902	0.022	0.594	0.951	90
1972	133.972	0.062	0.979	0.408	0.322	0.982	0.020	0.605	0.995	70
1973	143.294	0.052	0.863	0.400	0.321	0.958	0.020	0.605	0.992	116
1974	144.308	0.051	0.841	0.363	0.326	0.959	0.020	0.614	0.980	94
1975	120.512	0.078	0.970	0.258	0.380	0.965	0.034	0.534	0.979	134
1976	121.541	0.077	0.980	0.366	0.338	0.957	0.022	0.586	0.985	95
1977	145.375	0.049	0.727	0.718	0.245	0.831	0.009	0.721	0.951	149
1978	118.234	0.078	0.827	0.333	0.348	0.883	0.036	0.528	0.931	139
1979	121.482	0.076	0.972	0.347	0.346	0.973	0.026	0.567	0.989	124
1980	123.418	0.074	0.962	0.446	0.308	0.983	0.019	0.613	0.996	117
1981	110.936	0.090	0.954	0.301	0.365	0.937	0.036	0.522	0.967	133
1982	119.612	0.079	0.962	0.576	0.290	0.985	0.016	0.621	0.997	95
1983	119.497	0.079	0.984	0.496	0.305	0.987	0.018	0.605	0.997	131
1984	115.709	0.083	0.985	0.417	0.324	0.988	0.022	0.583	0.995	108
1985	117.327	0.081	0.973	0.423	0.322	0.987	0.022	0.585	0.996	135
1986	124.650	0.074	0.987	0.372	0.338	0.988	0.021	0.594	0.987	32
1988	138.148	0.058	0.880	0.440	0.309	0.947	0.019	0.614	0.987	45
1989	123.648	0.074	0.965	0.289	0.370	0.989	0.030	0.548	0.995	34
1990	120.212	0.079	0.952	0.297	0.363	0.968	0.027	0.563	0.985	30
平均	127.369	0.069	0.889	0.446	0.316	0.940	0.023	0.596	0.978	—

同样，根据青铜峡水文站 1956—1990 年的实测资料，利用相同的水力几何形态关系式（7-1）～式（7-3），计算所得到的青铜峡断面水面宽、水深及流速水力几何形态关系式的系数（分别为 *a*、*c* 和 *k*）和指数（分别为 *b*、*f* 和 *m*）的年际值见表 7-2。其中河宽水力几何形态关系式的系数和指数的平均值分别为 123.384 和 0.126；水深水力几何形态关系式的系数和指数的平均值分别为 0.394 和 0.326；流

速水力几何形态关系式的系数和指数的平均值分别为 0.043 和 0.524。对于青铜峡断面来说，上述三类关系式的平均决定系数（R^2）为 0.802、0.841 和 0.949，各个关系式的自变量与因变量之间同样存在好或很好的相关性，并且，水面宽、水深及流速三类水力几何形态关系式的相关性也具有逐渐明显变强的趋势。但是，与下河沿水文站所得结果相比，其自变量与因变量之间的相关性稍差一些，其原因可能有两个方面，其一是青铜峡水库运行所导致的人为影响，其二是支流清水河来水的潜在影响。

表 7-2 青铜峡站水力几何形态关系中有关参数的历年变化特征

年份	系数 a	指数 b	R^2	系数 c	指数 f	R^2	系数 k	指数 m	R^2	样本数
1956	157.205	0.079	0.217	0.273	0.318	0.732	0.040	0.528	0.887	87
1958	233.038	0.030	0.698	0.104	0.461	0.896	0.050	0.486	0.905	104
1959	32.802	0.286	0.460	1.370	0.124	0.105	0.066	0.449	0.913	118
1960	23.713	0.333	0.565	2.081	0.036	0.016	0.050	0.504	0.830	70
1961	149.062	0.051	0.814	0.105	0.477	0.943	0.071	0.458	0.949	101
1962	28.352	0.323	0.841	0.469	0.243	0.576	0.105	0.390	0.777	87
1963	34.522	0.293	0.868	0.336	0.293	0.823	0.103	0.392	0.934	110
1964	83.976	0.162	0.782	0.190	0.388	0.875	0.083	0.413	0.862	124
1965	130.609	0.104	0.434	0.167	0.411	0.724	0.069	0.428	0.687	127
1966	122.617	0.110	0.784	0.201	0.391	0.827	0.048	0.478	0.901	134
1967	68.782	0.190	0.795	0.807	0.216	0.662	0.031	0.530	0.965	44
1968	148.217	0.076	0.932	0.447	0.306	0.959	0.019	0.591	0.989	45
1969	152.384	0.071	0.845	0.503	0.275	0.937	0.017	0.616	0.998	30
1970	132.446	0.090	0.734	0.357	0.328	0.975	0.021	0.581	0.997	41
1971	112.648	0.113	0.885	0.479	0.277	0.901	0.021	0.593	0.975	73
1972	71.173	0.175	0.797	0.291	0.332	0.942	0.045	0.503	0.995	53
1973	65.534	0.187	0.762	0.264	0.337	0.912	0.058	0.477	0.975	85
1974	47.178	0.234	0.806	0.273	0.324	0.901	0.071	0.456	0.985	74
1975	53.717	0.210	0.875	0.189	0.384	0.948	0.088	0.422	0.982	78
1976	82.714	0.152	0.672	0.284	0.341	0.917	0.048	0.493	0.934	70
1977	162.607	0.062	0.965	0.352	0.313	0.952	0.017	0.629	0.982	62
1978	121.213	0.109	0.749	0.368	0.309	0.941	0.026	0.559	0.987	87

年份	系数 a	指数 b	R^2	系数 c	指数 f	R^2	系数 k	指数 m	R^2	样本数
1979	177.393	0.050	0.922	0.328	0.332	0.993	0.021	0.593	0.999	99
1980	179.576	0.046	0.912	0.276	0.352	0.989	0.023	0.579	0.997	96
1981	135.798	0.094	0.698	0.258	0.366	0.952	0.030	0.535	0.961	114
1982	194.403	0.047	0.926	0.423	0.305	0.423	0.014	0.631	0.996	97
1983	179.057	0.059	0.948	0.334	0.334	0.990	0.018	0.598	0.997	111
1984	166.416	0.069	0.968	0.264	0.360	0.993	0.025	0.560	0.996	113
1985	162.345	0.073	0.965	0.268	0.356	0.993	0.025	0.559	0.999	98
1986	165.188	0.070	0.988	0.273	0.349	0.992	0.024	0.567	0.997	37
1988	167.959	0.067	0.940	0.297	0.332	0.974	0.018	0.618	0.992	40
1989	176.038	0.060	0.954	0.194	0.394	0.986	0.029	0.548	0.993	43
1990	152.989	0.081	0.960	0.179	0.398	0.992	0.034	0.531	0.997	31
平均	123.384	0.126	0.802	0.394	0.326	0.841	0.043	0.524	0.949	—

石嘴山水文站是黄河宁夏河段的出口水文站，据该水文站 1954—1990 年的实测资料和水力几何形态关系式（7-1）～式（7-3），计算所得到的石嘴山断面宽、水深及流速水力几何形态关系式的系数（分别为 a、c 和 k）和指数（分别为 b、f 和 m）的年际值见表 7-3。其中河宽水力几何形态关系式的系数和指数的平均值分别为 99.553 和 0.162；水深水力几何形态关系式的系数和指数的平均值分别为 0.101 和 0.493；流速水力几何形态关系式的系数和指数的平均值分别为 0.218 和 0.304。该断面上述三类关系式的平均决定系数（R^2）为 0.548、0.762 和 0.543，其中水面宽和流速水力几何形态关系的相关性为中等，而水深水力几何形态关系的相关性为较好。与黄河宁夏河段其他两个水文站（下河沿和青铜峡）相比，各个关系式的自变量与因变量之间的相关性相对较弱。显然，银川平原农田灌溉的引水及排水对于该断面处水流过程具有明显影响。

表 7-3　石嘴山站水力几何形态关系中有关参数的历年变化特征

年份	系数 a	指数 b	R^2	系数 c	指数 f	R^2	系数 k	指数 m	R^2	样本数
1954	117.658	0.145	0.711	0.138	0.409	0.769	0.101	0.380	0.717	153
1955	134.249	0.127	0.560	0.089	0.472	0.898	0.120	0.354	0.775	144
1956	151.101	0.108	0.292	0.116	0.420	0.677	0.117	0.373	0.622	97

年份	系数 a	指数 b	R^2	系数 c	指数 f	R^2	系数 k	指数 m	R^2	样本数
1957	89.042	0.182	0.711	0.081	0.475	0.855	0.181	0.307	0.714	100
1960	120.912	0.115	0.465	0.079	0.497	0.807	0.154	0.338	0.668	96
1961	80.197	0.172	0.742	0.049	0.563	0.893	0.316	0.240	0.616	125
1962	135.713	0.095	0.513	0.133	0.428	0.714	0.103	0.392	0.722	92
1963	83.703	0.171	0.617	0.092	0.481	0.874	0.197	0.295	0.736	139
1964	89.521	0.167	0.561	0.141	0.427	0.809	0.146	0.331	0.629	185
1965	147.642	0.087	0.170	0.194	0.363	0.625	0.078	0.439	0.662	130
1966	80.520	0.183	0.770	0.066	0.527	0.890	0.216	0.276	0.633	131
1967	33.232	0.303	0.867	0.068	0.521	0.840	0.518	0.158	0.347	52
1968	59.488	0.227	0.855	0.052	0.555	0.789	0.243	0.255	0.566	53
1970	135.557	0.117	0.250	0.166	0.397	0.637	0.083	0.402	0.556	97
1971	105.192	0.150	0.507	0.077	0.506	0.853	0.129	0.341	0.650	125
1972	117.273	0.141	0.317	0.089	0.481	0.709	0.144	0.326	0.463	163
1973	107.253	0.150	0.339	0.140	0.413	0.725	0.114	0.365	0.585	165
1974	100.789	0.155	0.317	0.226	0.345	0.503	0.095	0.392	0.506	139
1975	76.789	0.196	0.690	0.034	0.621	0.860	0.466	0.159	0.247	177
1976	94.976	0.168	0.547	0.024	0.661	0.915	0.482	0.160	0.256	128
1977	128.631	0.121	0.159	0.270	0.317	0.442	0.055	0.474	0.526	120
1978	98.858	0.159	0.594	0.051	0.559	0.853	0.219	0.273	0.550	134
1979	78.828	0.190	0.747	0.029	0.633	0.886	0.402	0.192	0.426	146
1980	106.783	0.142	0.295	0.133	0.421	0.558	0.133	0.349	0.448	144
1981	73.319	0.205	0.731	0.065	0.529	0.896	0.250	0.246	0.518	193
1982	97.620	0.162	0.372	0.154	0.401	0.675	0.106	0.376	0.556	133
1983	117.279	0.138	0.473	0.042	0.589	0.853	0.243	0.252	0.437	152
1984	97.098	0.163	0.533	0.045	0.578	0.836	0.254	0.250	0.422	162
1985	86.073	0.178	0.580	0.060	0.540	0.792	0.203	0.279	0.460	147
1986	65.642	0.211	0.828	0.057	0.544	0.913	0.281	0.239	0.664	118
1988	132.451	0.102	0.268	0.319	0.305	0.461	0.050	0.486	0.642	78
1989	42.818	0.262	0.855	0.042	0.595	0.887	0.548	0.148	0.330	81
1990	99.028	0.141	0.854	0.028	0.711	0.443	0.455	0.187	0.263	50
平均	99.553	0.162	0.548	0.101	0.493	0.762	0.218	0.304	0.543	—

7.2.2 黄河宁夏河段水力几何形态关系各参数的年际变化

前文列出了黄河宁夏河段三个水文站所在断面的水力几何形态关系式的拟合

结果及简述了其系数和指数的平均数值。这里，对各个关系式的系数及指数的年际变化进一步分析，从而有助于了解断面水力几何形态在 1955—1990 年的变化特点和变化趋势。

7.2.2.1　河宽水力几何形态参数的年际变化

黄河宁夏河段下河沿、青铜峡和石嘴山三个水文站所在断面上河宽水力几何形态关系的系数 a 和指数 b 年际变化如图 7-1 所示。

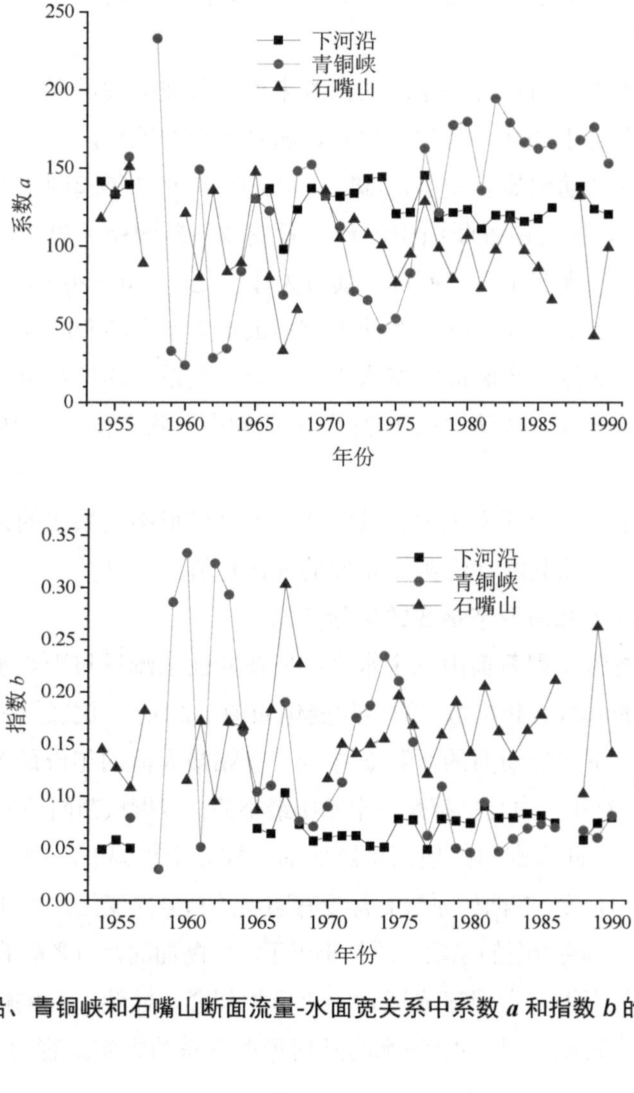

图 7-1　下河沿、青铜峡和石嘴山断面流量-水面宽关系中系数 a 和指数 b 的年际变化特征

下河沿断面水力几何形态关系的系数波动最小，总体上处于 100～150，并且随着年份的推移其波动性明显减弱。青铜峡断面上该关系式的系数总体上波动性最强，在 1977 年之前尤其明显，而且，三个断面中的最低值也往往出现在该断面；自 1977 年之后，其系数呈现明显增大趋势，并基本处于 104～200，其值成为该时期三个断面中的最大者，但波动性显著变小。石嘴山断面上该关系式的系数具有随着年份的推移略有减小的趋势，但自 1980 年之后，其波动性超过了青铜峡断面而成为三个断面上波动性最显著的断面，同时，其平均值成为三个断面中的最小值。

对于河宽水力几何形态关系式的指数来说，其波动性最强的仍然在青铜峡断面，其值大体上处于 0.03～0.33，但是，随着年份的推移，该断面水力几何形态关系式的指数的波动性显著变小，同时，其数值自 1977 年起则突然变小并大致保持在 0.04～0.11，使之由各断面中的最大者变成各断面中的最小者。该指数值波动性最小的同样出现在下河沿断面，其值大体上处于 0.05～0.10，并且在 40 多年中无明显的变化趋势。在石嘴山断面上该指数值大致有随着时间的推移而有增大趋势。此外，对比这三个断面河宽水力几何形态关系式的指数值可以发现，石嘴山断面的该指数值及其波动性由 1975 年之前的中等状态变为自 1975 年之后的最大状态。

显然，对于同一个断面来说，其河宽水力几何形态关系式的系数和指数则有相反的变化趋势，而其波动性则有相似的变化趋势。

7.2.2.2 水深水力几何形态参数的年际变化

下河沿、青铜峡和石嘴山三个水文站所在断面上流量与平均水深之间的水力几何形态关系的系数 c 和指数 f 的年际变化如图 7-2 所示。比较这三个水文站所在断面可以发现，下河沿断面的系数 c 作为三个站最大值的年份最多，而石嘴山断面的系数 c 在所有年份中几乎都是三个站中最小的。青铜峡断面的系数 c 在 1960 年之前波动性最大，此后则与其他两个断面的一样处于小幅波动中。在 40 多年的冲淤演变过程中上述三个断面的系数 c 都没有明显的趋势性变化。另外需要关注的是，1968 年之后，青铜峡断面的系数 c 总是小于下河沿断面的，与之前的表现完全不同，这个时间节点与青铜峡大坝建成运行的年份相契合，显然，青铜峡水库建成后的水沙运行方式对其流量-平均水深水力几何形态关系的影响是客观存在的。

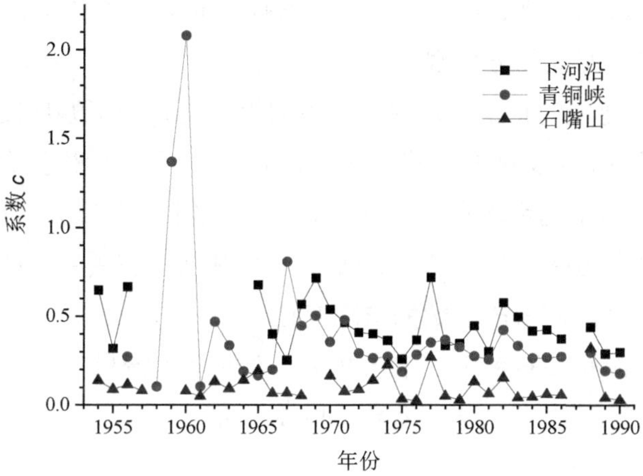

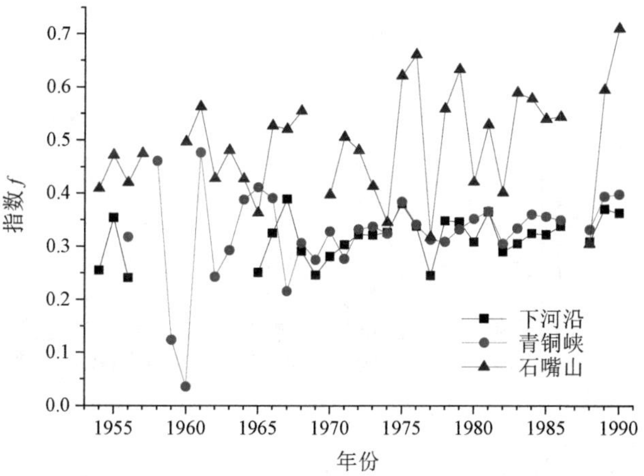

图 7-2　下河沿、青铜峡和石嘴山断面流量-平均水深关系中系数 c 和指数 f 的年际变化特征

对于上述三个断面流量-平均水深水力几何形态关系式的指数 f 来说，几乎每年的最大值都是出现在石嘴山断面，而且随着年份的推移石嘴山断面的指数 f 值及其波动性都有较为明显的增大趋势（图 7-2）。青铜峡断面的指数 f 值在 1967 年之前波动幅度最大、波动频率也较高；而在 1967 年之后，青铜峡断面的指数 f 值与下河沿断面的一样，都处于小幅波动中，同时，这两个断面的 f 值也非常接近。这表明，1967 年可以作为这些断面的流量-平均水深水力几何形态关系式变化的分水岭，使得该年之后的时期中下河沿断面和青铜峡断面这一关系的指数 f 值的年际变化及其绝对值大小都趋向于一致，而石嘴山断面的指数 f 值的年际变化及其绝对值大小出现了明显的分化现象。

1967 年基本建成的青铜峡水库位于下河沿水文站的下游地段，但是它位于青铜峡水文站和石嘴山水文站的上游。由于 1967 年之后下河沿水文站和青铜峡水文站所在断面的流量-平均水深水力几何形态关系式的指数 f 值大小和变化基本一致，因此，青铜峡水库的修建对流量-平均水深水力几何形态关系式的影响甚微。

7.2.2.3 流速水力几何形态参数的年际变化

下河沿、青铜峡和石嘴山三个水文站所在断面上流量与平均流速水力几何形态关系的系数 k 和指数 m 的年际变化如图 7-3 所示。

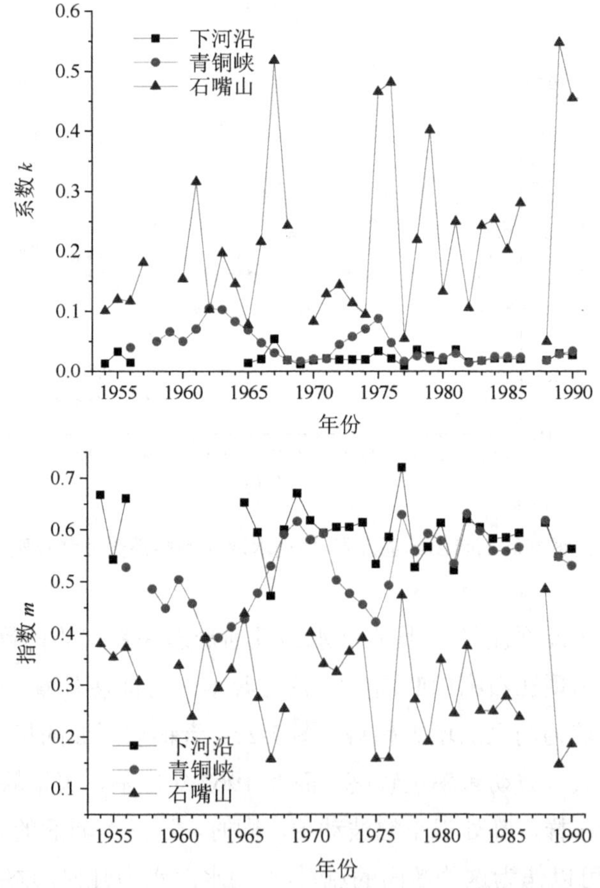

图 7-3 下河沿、青铜峡和石嘴山断面流量-平均流速关系中系数 k 和指数 m 的年际变化特征

其中下河沿断面的系数 k 作为最小值的年份占绝大多数，并且其值基本小于 0.05、波动性最小。青铜峡断面的系数 k 小于 1，在 1975 年之前呈现波状分布特征，波动性表现出一定的规律性，此后则与下河沿断面的一样处于微幅波动中，且二者数值非常接近。石嘴山断面的系数 k 在所有年份中都是最大的，其值介于 0.04～0.58 且波动性最大，波动幅度随着年份的推移而有增大的趋势。青铜峡等大坝的建设对这一水力几何形态关系式的系数几乎没有明显影响。

对于上述三个断面上流量-平均流速水力几何形态关系式的指数 m 来说，最大值总是出现在下河沿断面，该断面的 m 值基本介于 0.47～0.72，但其波动性则是最小的。青铜峡断面的 m 值介于 0.39～0.63，总体上介于其他两个断面的 m 值之间，其波动性在 1975 年之前较大，此后与下河沿断面的一样处于小幅度波动中，同时，这两个断面的 m 值非常接近。石嘴山断面的 m 值在上述三个断面中是最小的，但其波动性则是最大的，而且其波动性具有随着年份的推移而有增大的趋势。这些断面的 m 值的变化都没有表现出明显的趋势性。

7.2.3　黄河宁夏河段水力几何形态关系中系数与指数间的拟合关系

前面主要介绍了黄河宁夏河段三个典型水文站所在处断面的水力几何形态关系式系数和指数的年际变化特征和变化趋势。同一类水力几何形态关系式的系数和指数之间是否具有某种统计关系？有关这一方面的研究结果的报道迄今少见，如果可以揭示不同水力几何形态关系的系数和指数这对参数之间的内在统计关系，对河流演变学中河相关系理论的研究具有一定的拓展和促进作用。下面，针对黄河宁夏河段 40 余年来这三个水文站处的断面参数资料及其与对应的流量之间的统计关系所得出的幂函数系数和指数值，分别拟合流量-河宽、流量-水深和流量-流速间各自关系中系数和指数之间的最优统计关系，以便分析二者之间的内在联系和变化规律。

7.2.3.1　流量-河宽关系式中系数和指数间的拟合关系

将下河沿断面、青铜峡断面和石嘴山断面在 1954—1990 年历年流量-河宽水力几何形态关系式的系数 a 和指数 b 这类系列数据对进行最优统计拟合，可以得到二者之间的统计关系如图 7-4 所示。

由图 7-4 可见，下河沿断面流量-河宽水力几何形态关系式的系数 a 和指数 b

之间存在如下的最优拟合线性关系：

$$b = 0.22 - 0.001\,2a \tag{7-4}$$

上式的相关系数（R）为−0.986，表明二者之间呈现高度的负线性相关关系，即随着系数 a 的增大指数 b 呈现线性减小的变化趋势。

青铜峡断面流量-河宽水力几何形态关系式的系数 a 和指数 b 这类数据对之间存在如下的最优非线性关系（图 7-4）：

$$b = 0.021 + 0.313\mathrm{e}^{-(a-22.53)/72.6} \tag{7-5}$$

上式的决定系数为 0.99，表明二者之间同样具有极高的负相关性，即随着系数 a 的增大指数 b 呈现非线性减小的变化趋势，二者间关系曲线的斜率的绝对值随着系数 a 的增大逐渐减小，也即指数 b 受到系数 a 的影响也在逐渐变小。

石嘴山断面流量-河宽水力几何形态关系式的系数和指数之间存在如下的线性关系（图 7-4）：

$$b = 0.318 - 0.001\,6a \tag{7-6}$$

上式的相关系数（R）为−0.964，表明二者之间存在很高的负线性相关关系，即随着系数 a 的增大指数 b 呈现线性减小。

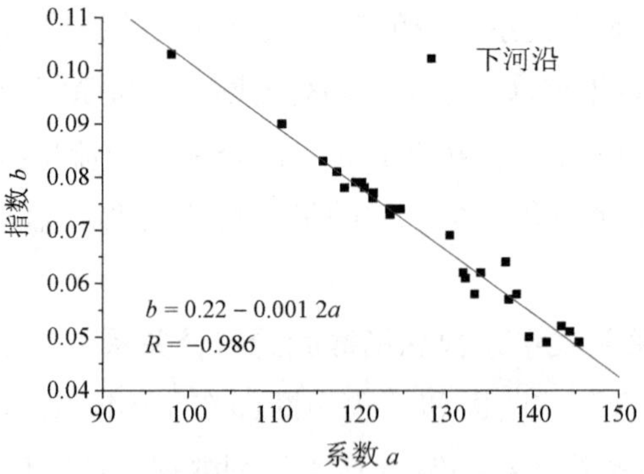

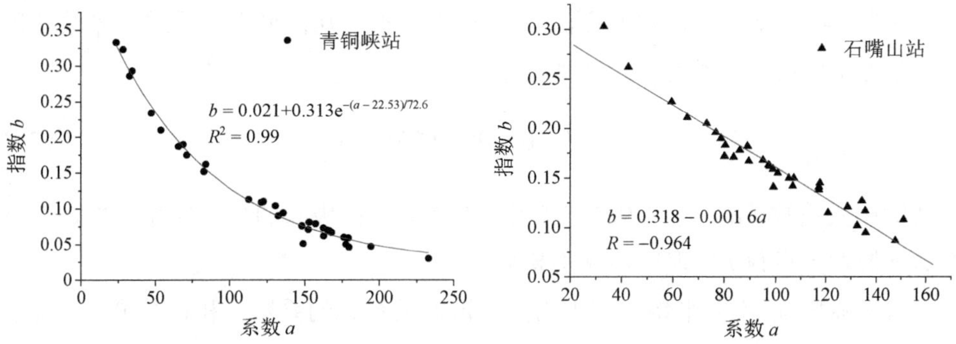

图 7-4　黄河宁夏河段典型断面水力几何形态关系中系数 *a* 和指数 *b* 的最优拟合曲线

7.2.3.2　流量-平均水深关系式中系数和指数间的拟合关系

将下河沿断面、青铜峡断面和石嘴山断面历年流量-平均水深水力几何形态关系式的系数 c 和指数 f 这类系列数据对进行拟合，可以得到二者之间的统计关系如图 7-5 所示。

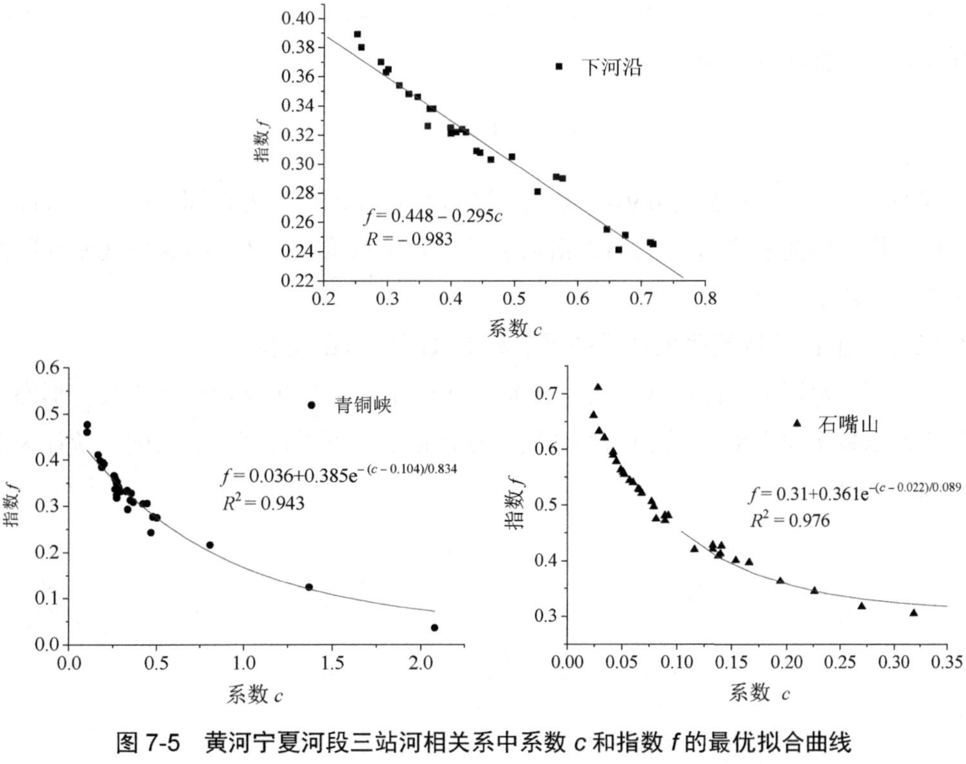

图 7-5　黄河宁夏河段三站河相关系中系数 *c* 和指数 *f* 的最优拟合曲线

由图 7-5 可知，下河沿断面流量-平均水深水力几何形态关系式的系数 c 和指数 f 之间存在如下的最优拟合线性关系：

$$f = 0.448 - 0.295c \tag{7-7}$$

上式的相关系数（R）为–0.983，表明二者之间存在极高的负线性相关性，即随着系数 c 的增大指数 f 呈现线性减小趋势。

青铜峡断面流量-平均水深水力几何形态关系式的系数 c 和指数 f 数据对之间存在如下的非线性关系：

$$f = 0.036 + 0.385e^{-(c-0.104)/0.834} \tag{7-8}$$

上式的决定系数（R^2）为 0.943，结合图 7-5 可以发现，二者之间具有极高的负相关性，即随着系数 c 的增大指数 f 呈现非线性减小趋势，拟合曲线的斜率的绝对值在逐渐变小。

石嘴山断面流量-平均水深水力几何形态关系式的系数 c 和指数 f 数据对之间存在如下的非线性关系：

$$f = 0.31 + 0.361e^{-(c-0.022)/0.089} \tag{7-9}$$

上式的决定系数（R^2）为 0.976，结合图 7-5 可以发现，二者之间同样具有极高的负相关性，即随着系数 c 的增大指数 f 呈现非线性减小趋势，拟合曲线斜率的绝对值也在逐渐变小。

7.2.3.3　流量-平均流速关系式中系数和指数间的拟合关系

将下河沿断面、青铜峡断面和石嘴山断面历年流量-平均流速水力几何形态关系式的系数 k 和指数 m 这类系列数据对进行拟合，可以得到二者之间的统计关系如图 7-6 所示。

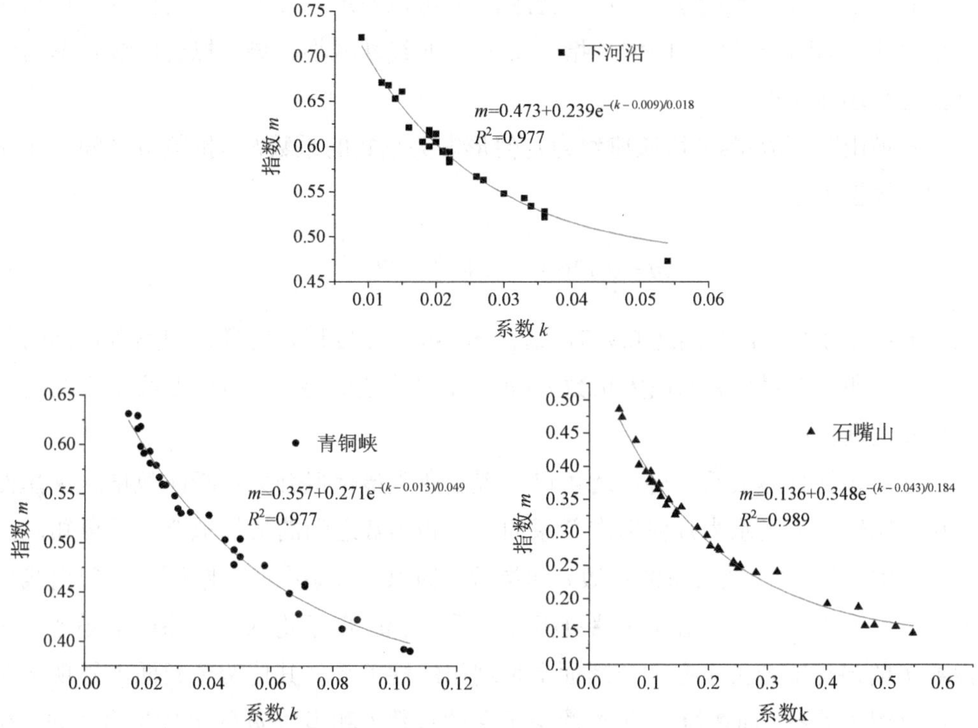

图 7-6　黄河宁夏河段三站河相关系中系数 k 和指数 m 的最优拟合曲线

下河沿断面流量-平均流速水力几何形态关系式的系数 k 和指数 m 之间存在如下的最优拟合非线性关系：

$$m = 0.473 + 0.239\mathrm{e}^{-(k-0.009)/0.0.018} \tag{7-10}$$

上式的决定系数（R^2）高达 0.977，结合图 7-6 可以发现，二者之间具有极高的负相关性，即随着系数 k 的增大指数 m 呈现非线性减小趋势，拟合曲线斜率的绝对值也在逐渐变小。

青铜峡断面流量-平均流速水力几何形态关系式的系数 k 和指数 m 之间存在如下的非线性关系：

$$m = 0.357 + 0.271\mathrm{e}^{-(k-0.013)/0.049} \tag{7-11}$$

上式的决定系数（R^2）为 0.977，结合图 7-6 可以发现，二者之间同样具有极高的负相关性，即随着系数 k 的增大指数 m 呈现非线性减小趋势，拟合曲线斜率的绝对值也在逐渐变小。

石嘴山断面流量-平均流速水力几何形态关系式的系数 k 和指数 m 之间存在如下的非线性关系：

$$m = 0.136 + 0.348e^{-(k-0.043)/0.184} \tag{7-12}$$

上式的决定系数（R^2）高达 0.989，结合图 7-6 可以发现，二者之间具有极高的负相关性，即随着系数 k 的增大指数 m 呈现非线性减小趋势，拟合曲线斜率的绝对值也在逐渐变小。

除前述的具体关系之外，还可以表现出两类最优拟合关系断面数量的规律性变化。比较这三类水力几何形态关系的系数和指数之间的最优拟合关系可知，三个断面中流量-水面宽关系的系数 a 和指数 b 的拟合关系在两个断面上呈现出线性关系、一个断面上呈现出非线性负相关关系；在流量-平均水深关系中的系数 c 和指数 f 的最优拟合关系在一个断面上呈现出线性关系、其他两个断面上呈现出非线性负相关关系；而在流量-平均流速关系的系数 k 和指数 m 的最优拟合关系，在所有三个断面上都呈现出非线性负相关关系。

7.3 黄河内蒙古河段水力几何形态关系分析

黄河内蒙古河段严格来说是指黄河流经内蒙古辖区的河段，也是黄河全流域内主河道最靠北的河段。该河段河流自宁夏内蒙古交界的麻黄沟入境（石嘴山水文站附近），至内蒙古自治区准格尔旗马栅乡榆树湾出境，干流全长 823 km。但是，考虑地形地貌特征及已有水文站的控制范围，黄河内蒙古河段通常又指黄河上游的下段，即自黄河于宁蒙交界的麻黄沟起始至内蒙古托克托县头道拐水文站的河段。这样就不包括头道拐至准格尔旗马栅乡榆树湾这个河段。

与历史上以牧业为主、河套平原上河流自由发育演变的多频次改道阶段相比，黄河内蒙古河段的河道近千年来越来越少发生大范围改道现象，河道带大致围绕鄂尔多斯高原的边缘地带展布，这主要是因为当地居民随着农业生产的发展对于土地的需求而加大了对黄河河道进行维护的力度所致。河道带位置的稳固化导致黄河这一多沙河流在河床上的持续沉积，结果引起河床的持续淤积升高。近百年来出现的明显新变化之一就是黄河内蒙古河段的局部河道因河床加积升高而变为悬河，冬春两季的凌汛时期因冰凌阻塞导致流速减缓，从而常常引发小流量高水位现象。这类凌汛期的高水位常常引起局部河段的决口溃堤，由此造成的洪灾现象时有发生。

黄河内蒙古冲积平原河段的河流地貌演变及河势的变化对滨岸地带及岸后平原地带人民的生产活动和生活构成了现实的或潜在的严峻威胁。为此，研究者针对该段河道冰凌的时相及传播特征、水沙过程、河道演变等进行过必要的研究，但是，对该河段的水力几何形态的研究却很少。为了揭示黄河内蒙古河段的演变特征及机理，该节选取黄河内蒙古河段的磴口、巴彦高勒、三湖河口和头道拐四个水文站的多年实测资料来揭示其水力几何形态特征及其演变趋势，从而为认识该河段河道的演变机理以及两岸洪水灾害的防治提供理论指导。

从磴口站至头道拐站全长 576 km，其中磴口站至巴彦高勒站的河长为 55 km，河道宽窄相间，常发育多个河道（通常称作多河道河段），河床由砂砾质组成，河道右岸稳定，左岸常发生冲淤现象，河宽约 360 m，断面形态相对稳定，河道平均比降为 0.21‰。巴彦高勒站至三湖河口站之间河长为 221 km，大部分河段为辫状型河段，河岸由砂质组成，在河岸左侧有堤坝和砌石护岸，右侧以砂质滩地为主，主流靠左岸，但水流流线不定，常发生横向摆动，河道平均比降为 0.16‰，巴彦高勒断面的河宽为 700～760 m。三湖河口站至头道拐站之间河长为 300 km，该河段以弯曲河型为主，河岸以上部泥质和下部砂质沉积物构成的二元结构为主，弯曲系数为 1.33，刚好超过了王随继和任明达（1999）所定义的弯曲河型（曲流河）的弯曲度下限值 1.3，当然，尚未达到 Rust（1978）所定义的弯曲河型河道弯曲度的下限值 1.5。河道平均比降为 0.11‰，三湖河口断面的河宽约 360 m。头道拐站所在河段为顺直型河段，河岸以泥质为主，河道顺直微弯，河道平均比降为 0.1‰，头道拐断面的河宽 280 m。

在巴彦高勒站上游 422 m 处建有三盛公水利枢纽工程，主要用于分流黄河水流道河套灌区。该工程 1959 年开工，1966 年投入使用，枢纽工程水闸高 10 m。研究中所涉及的数据来自黄河水利委员会的实测资料。上述水文站所选取的实测数据资料包括自建站以来至 1990 年的资料序列，从水力几何形态关系式相关参数的拟合、年际变化、沿程变化及其相互关系等方面进行了初步分析，以进一步揭示该河段的河性及河道演变机制。

7.3.1 黄河内蒙古河段水力几何形态关系的拟合结果

利用磴口水文站 1954—1990 年的实测资料，基于水力几何形态关系式（7-1）～式（7-3），拟合得到磴口断面每年的河宽、水深及流速水力几何形态关系式，将不同年份的关系式系数（分别为 a、c 和 k）和指数（分别为 b、f 和 m）提取于表 7-4。其中河宽水力几何形态关系式的系数 a 和指数 b 的平均值分别为 95.312 和 0.161；水深水力几何形态关系式的系数 c 和指数 f 的平均值分别为 0.880 和 0.225；流速水力几何形态关系式的系数 k 和指数 m 的平均值分别为 0.027 和 0.587。上述三类关系式的平均决定系数为 0.379、0.388 和 0.842，表明河宽以及水深水力几何形态关系式的相关性较差，而流速水力几何形态关系式的相关性高。

表 7-4 磴口站水力几何形态有关参数的历年变化特征

年份	系数 a	指数 b	R^2	系数 c	指数 f	R^2	系数 k	指数 m	R^2	样本数
1962	100.382	0.193	0.309	0.782	0.147	0.136	0.025	0.571	0.861	68
1963	74.357	0.174	0.732	0.349	0.308	0.762	0.048	0.491	0.918	101
1964	194.805	0.051	0.237	0.242	0.363	0.838	0.035	0.524	0.916	95
1965	117.875	0.109	0.266	1.824	0.067	0.087	0.009	0.735	0.908	115
1966	76.320	0.169	0.594	0.528	0.261	0.731	0.030	0.546	0.949	106
1967	76.259	0.171	0.562	1.405	0.150	0.370	0.020	0.586	0.879	60
1968	108.450	0.132	0.431	1.283	0.152	0.273	0.013	0.639	0.884	84
1969	45.078	0.281	0.667	1.173	0.123	0.100	0.009	0.707	0.849	37
1970	33.358	0.295	0.510	2.593	0.028	0.008	0.017	0.624	0.936	49
1971	123.096	0.116	0.118	0.541	0.234	0.501	0.023	0.594	0.843	98
1972	102.486	0.139	0.130	1.230	0.137	0.110	0.011	0.678	0.878	63
1973	57.942	0.215	0.577	1.150	0.138	0.245	0.017	0.631	0.842	70
1975	56.193	0.208	0.507	0.565	0.255	0.529	0.043	0.499	0.806	106
1976	80.110	0.160	0.402	0.419	0.302	0.480	0.046	0.484	0.797	89
1977	65.987	0.197	0.348	1.335	0.108	0.049	0.013	0.674	0.697	88
1978	102.936	0.128	0.210	0.249	0.364	0.612	0.050	0.478	0.829	118

年份	系数 a	指数 b	R^2	系数 c	指数 f	R^2	系数 k	指数 m	R^2	样本数
1979	21.069	0.333	0.887	0.608	0.246	0.692	0.093	0.399	0.825	105
1980	78.392	0.171	0.312	0.841	0.177	0.260	0.019	0.627	0.759	91
1982	227.284	0.028	0.072	0.011	0.684	0.828	0.011	0.684	0.828	89
1983	180.263	0.056	0.155	0.255	0.372	0.640	0.031	0.527	0.791	127
1984	89.463	0.149	0.285	0.614	0.249	0.480	0.028	0.548	0.811	128
1985	68.998	0.188	0.387	1.576	0.113	0.082	0.020	0.596	0.866	124
1986	72.823	0.175	0.305	0.862	0.202	0.428	0.020	0.592	0.849	114
1988	155.005	0.068	0.047	0.594	0.236	0.241	0.017	0.636	0.801	87
1989	64.187	0.174	0.497	0.365	0.326	0.544	0.053	0.473	0.793	98
1990	105.000	0.116	0.315	1.490	0.100	0.054	0.009	0.730	0.768	93
平均	95.312	0.161	0.379	0.880	0.225	0.388	0.027	0.587	0.842	—

利用巴彦高勒水文站 1972—1988 年的实测资料，基于水力几何形态关系式（7-1）～式（7-3），计算所得到的巴彦高勒断面河宽、水深及流速水力几何形态关系式的系数（分别为 a、c 和 k）和指数（分别为 b、f 和 m）的年际值见表 7-5。其中河宽水力几何形态关系式的系数 a 和指数 b 的平均值分别为 112.609 和 0.198；水深水力几何形态关系式的系数 c 和指数 f 的平均值分别为 0.277 和 0.365；流速水力几何形态关系式的系数 k 和指数 m 的平均值分别为 0.096 和 0.367。上述三类关系式的平均决定系数分别为 0.401、0.430 和 0.404，表明三类水力几何形态关系式的相关性都彼此大致相当，其中前二者相比其上游的磴口断面的略有提高；而流速水力几何形态关系式的相关性比其上游的磴口断面的明显降低。

表 7-5　巴彦高勒站水力几何形态有关参数的历年变化特征

年份	系数 a	指数 b	R^2	系数 c	指数 f	R^2	系数 k	指数 m	R^2	样本数
1972	109.706	0.205	0.150	0.361	0.290	0.075	0.063	0.386	0.175	32
1973	133.476	0.159	0.248	0.178	0.389	0.389	0.070	0.392	0.475	141
1974	166.090	0.148	0.242	0.138	0.403	0.503	0.047	0.450	0.506	152
1975	153.859	0.153	0.397	0.050	0.554	0.716	0.144	0.290	0.429	144
1976	96.036	0.212	0.563	0.074	0.508	0.775	0.188	0.247	0.447	156
1977	113.440	0.177	0.139	0.450	0.253	0.199	0.040	0.477	0.361	179
1978	116.664	0.191	0.439	0.124	0.425	0.548	0.089	0.363	0.527	186
1979	42.305	0.327	0.582	0.305	0.321	0.384	0.241	0.211	0.228	174

年份	系数 a	指数 b	R^2	系数 c	指数 f	R^2	系数 k	指数 m	R^2	样本数
1980	58.149	0.285	0.690	0.792	0.137	0.145	0.030	0.542	0.677	142
1981	71.963	0.248	0.797	0.480	0.269	0.463	0.063	0.390	0.602	153
1982	73.183	0.249	0.318	0.166	0.417	0.373	0.164	0.248	0.144	154
1983	169.552	0.138	0.347	0.098	0.475	0.623	0.126	0.297	0.307	167
1984	134.232	0.164	0.430	0.156	0.422	0.559	0.104	0.317	0.389	157
1985	159.008	0.123	0.404	0.159	0.440	0.639	0.084	0.341	0.341	142
1986	107.030	0.191	0.540	0.149	0.428	0.555	0.097	0.331	0.353	132
1987	99.948	0.191	0.385	0.664	0.188	0.296	0.022	0.570	0.724	128
1988	109.706	0.205	0.150	0.361	0.290	0.075	0.063	0.386	0.175	32
平均	112.609	0.198	0.401	0.277	0.365	0.430	0.096	0.367	0.404	—

利用三湖河口水文站1956—1990年的实测水文资料，基于水力几何形态关系式（7-1）～式（7-3）计算所得到的三湖河口断面的河宽、水深及流速水力几何形态关系式的系数（分别为 a、c 和 k）和指数（分别为 b、f 和 m）的年际值见表7-6。其中河宽水力几何形态关系式的系数 a 和指数b的平均值分别为122.731和0.172；水深水力几何形态关系式的系数 c 和指数 f 的平均值分别为0.566和0.248；流速水力几何形态关系式的系数 k 和指数 m 的平均值分别为0.040和0.552。上述三类关系式的平均决定系数分别为0.378、0.460和0.768，显然，河宽以及水深水力几何形态关系式的相关性较差，二者分别比其上游的磴口断面的略有降低和提高；而流速水力几何形态关系式的相关性较好，比其上游巴彦高勒断面的有所提高，但比磴口断面的仍然略有降低。

表7-6　三湖河口站水力几何形态有关参数的历年变化特征

年份	系数 a	指数 b	R^2	系数 c	指数 f	R^2	系数 k	指数 m	R^2	样本数
1956	191.331	0.086	0.093	0.713	0.149	0.194	0.017	0.645	0.789	114
1958	66.246	0.230	0.660	0.723	0.173	0.369	0.046	0.493	0.857	89
1959	106.292	0.161	0.484	0.442	0.247	0.572	0.045	0.490	0.819	123
1960	107.450	0.172	0.497	0.403	0.237	0.675	0.027	0.571	0.938	94
1961	187.775	0.085	0.092	0.180	0.376	0.576	0.042	0.502	0.876	106
1962	128.081	0.134	0.326	0.381	0.272	0.686	0.029	0.546	0.808	94
1963	169.530	0.117	0.154	0.183	0.382	0.530	0.038	0.499	0.813	147
1964	211.322	0.065	0.094	0.385	0.285	0.603	0.027	0.546	0.829	134

年份	系数 *a*	指数 *b*	R^2	系数 *c*	指数 *f*	R^2	系数 *k*	指数 *m*	R^2	样本数
1965	201.976	0.055	0.315	0.500	0.240	0.381	0.013	0.671	0.815	145
1966	63.493	0.220	0.604	0.764	0.202	0.636	0.034	0.515	0.870	119
1967	14.518	0.424	0.841	0.125	0.424	0.760	0.402	0.195	0.388	69
1968	94.140	0.173	0.295	1.046	0.148	0.133	0.025	0.564	0.832	53
1969	90.979	0.217	0.403	0.261	0.304	0.323	0.036	0.520	0.685	63
1970	83.677	0.227	0.440	0.660	0.164	0.164	0.028	0.555	0.752	89
1971	192.189	0.110	0.540	0.412	0.245	0.749	0.013	0.645	0.970	106
1972	316.059	0.024	0.017	0.309	0.279	0.534	0.010	0.697	0.814	113
1973	139.349	0.166	0.416	0.412	0.228	0.385	0.018	0.609	0.815	105
1974	98.462	0.181	0.134	0.343	0.287	0.436	0.017	0.637	0.504	117
1975	352.358	0.047	0.329	0.577	0.204	0.325	0.004	0.798	0.896	86
1976	63.012	0.265	0.596	0.384	0.259	0.522	0.061	0.430	0.756	88
1977	96.742	0.182	0.358	1.000	0.129	0.120	0.009	0.710	0.769	88
1978	66.285	0.240	0.561	0.262	0.353	0.468	0.066	0.403	0.655	122
1979	106.091	0.139	0.251	0.369	0.328	0.585	0.039	0.487	0.643	120
1980	96.173	0.150	0.268	0.554	0.255	0.288	0.036	0.513	0.550	104
1981	30.860	0.328	0.452	1.218	0.168	0.222	0.049	0.437	0.786	137
1982	178.383	0.097	0.181	0.423	0.265	0.501	0.018	0.596	0.670	127
1983	109.175	0.151	0.269	0.574	0.256	0.490	0.027	0.529	0.829	151
1984	90.572	0.186	0.576	0.386	0.302	0.699	0.033	0.496	0.788	138
1985	100.103	0.167	0.274	0.561	0.248	0.521	0.023	0.556	0.731	130
1986	84.320	0.199	0.544	0.430	0.276	0.720	0.029	0.524	0.807	107
1988	86.459	0.213	0.592	0.499	0.237	0.466	0.019	0.585	0.735	87
1989	56.806	0.251	0.508	0.540	0.250	0.535	0.041	0.472	0.712	64
1990	69.915	0.221	0.295	2.675	0.008	0.001	0.005	0.791	0.829	70
平均	122.731	0.172	0.378	0.566	0.248	0.460	0.040	0.552	0.768	—

利用头道拐水文站 1958—1989 年的实测水文资料，基于水力几何形态关系式（7-1）～式（7-3）计算所得到的头道拐断面的河宽、水深及流速水力几何形态关系式的系数（分别为 *a*、*c* 和 *k*）和指数（分别为 *b*、*f* 和 *m*）的年际值见表 7-7。其中河宽水力几何形态关系式的系数 *a* 和指数 *b* 的平均值分别为 121.773 和 0.195；水深水力几何形态关系式的系数 *c* 和指数 *f* 的平均值分别为 0.569 和 0.219；流速水力几何形态关系式的系数 *k* 和指数 *m* 的平均值分别为 0.029 和 0.576。上述三类

幂函数关系式的平均决定系数分别为0.512、0.517和0.860，显然，河宽以及水深水力几何形态关系式的相关性较好，而流速水力几何形态关系式的相关性很好。与其上游三个断面相比，头道拐断面上述三类关系式的相关性都是最高的。

表7-7 头道拐站水力几何形态有关参数的历年变化特征

年份	系数 a	指数 b	R^2	系数 c	指数 f	R^2	系数 k	指数 m	R^2	样本数
1958	24.774	0.375	0.584	0.596	0.219	0.522	0.062	0.425	0.860	82
1959	148.260	0.109	0.423	0.617	0.224	0.576	0.016	0.619	0.949	112
1960	182.341	0.083	0.422	0.271	0.322	0.800	0.020	0.602	0.935	102
1961	202.035	0.068	0.525	0.300	0.319	0.798	0.020	0.586	0.922	121
1962	135.822	0.125	0.461	0.740	0.177	0.307	0.013	0.664	0.878	126
1963	119.584	0.130	0.764	0.298	0.329	0.831	0.033	0.518	0.936	124
1964	230.112	0.045	0.567	0.252	0.351	0.784	0.026	0.550	0.909	137
1965	231.500	0.042	0.170	0.432	0.253	0.614	0.013	0.673	0.892	127
1966	156.669	0.105	0.486	0.240	0.346	0.848	0.025	0.562	0.921	118
1967	6.636	0.538	0.627	0.395	0.274	0.581	0.223	0.259	0.435	51
1968	210.033	0.092	0.585	0.253	0.322	0.560	0.027	0.540	0.847	47
1969	159.447	0.125	0.392	0.406	0.265	0.583	0.009	0.703	0.901	53
1970	57.849	0.276	0.638	0.777	0.155	0.422	0.025	0.557	0.878	68
1971	52.488	0.299	0.725	0.606	0.175	0.593	0.035	0.515	0.924	70
1972	171.672	0.130	0.272	0.524	0.202	0.514	0.012	0.664	0.860	95
1973	255.887	0.091	0.533	0.308	0.266	0.691	0.010	0.678	0.941	84
1974	154.706	0.171	0.544	0.617	0.168	0.188	0.005	0.771	0.769	91
1975	132.547	0.172	0.500	0.694	0.170	0.469	0.015	0.617	0.908	112
1976	59.101	0.269	0.727	0.739	0.176	0.524	0.031	0.520	0.857	92
1977	115.246	0.194	0.646	0.717	0.155	0.255	0.008	0.711	0.908	90
1978	76.588	0.252	0.643	0.547	0.203	0.505	0.033	0.503	0.870	96
1979	62.379	0.271	0.678	0.592	0.200	0.685	0.030	0.520	0.911	107
1980	77.387	0.241	0.492	0.646	0.178	0.544	0.015	0.634	0.809	99
1981	47.103	0.309	0.705	0.598	0.218	0.515	0.054	0.423	0.837	143
1982	60.070	0.257	0.263	1.353	0.092	0.071	0.011	0.682	0.872	122
1983	103.148	0.212	0.478	0.830	0.145	0.339	0.021	0.565	0.818	119
1984	87.230	0.235	0.471	0.777	0.166	0.448	0.025	0.535	0.816	114
1985	144.891	0.174	0.330	0.587	0.191	0.357	0.023	0.549	0.774	103
1986	106.931	0.232	0.641	0.418	0.224	0.550	0.016	0.597	0.860	81

年份	系数 a	指数 b	R^2	系数 c	指数 f	R^2	系数 k	指数 m	R^2	样本数
1988	46.365	0.299	0.429	0.814	0.133	0.240	0.041	0.464	0.800	84
1989	156.154	0.130	0.137	0.687	0.168	0.299	0.012	0.665	0.877	77
平均	121.773	0.195	0.512	0.569	0.219	0.517	0.029	0.576	0.860	—

7.3.2　黄河内蒙古河段水力几何形态关系中各参数的年际变化

前文简述了黄河内蒙古河段四个水文站所在断面的水力几何形态关系式的拟合结果及其系数和指数的平均值。下面需要对上述断面上各个关系式的系数及指数的年际变化做进一步分析，从而了解内蒙古河段各断面水力几何形态参数在研究时段的变化特点和变化趋势，有助于理解黄河内蒙古河段的演变机理。

7.3.2.1　流量-河宽关系式中系数和指数的年际变化

黄河上游内蒙古河段磴口、巴彦高勒、三湖河口和头道拐等典型水文站所在处的水流断面的流量-河宽水力几何形态关系式系数 a 和指数 b 的年际变化如图 7-7 所示。由图可见，上述各断面的流量-河宽水力几何形态关系式系数的年际变化幅度较大，而变幅最大的当属巴彦高勒断面。此外，从时间的波动性来看，变幅最大的时期则是 1972—1975 年，而变幅最小的时期则是 1976—1981 年。自 1976 年以来，其年际变幅明显减小。总体来看，四个断面上流量-河宽水力几何形态关系式系数的波动性具有一定的同步性。

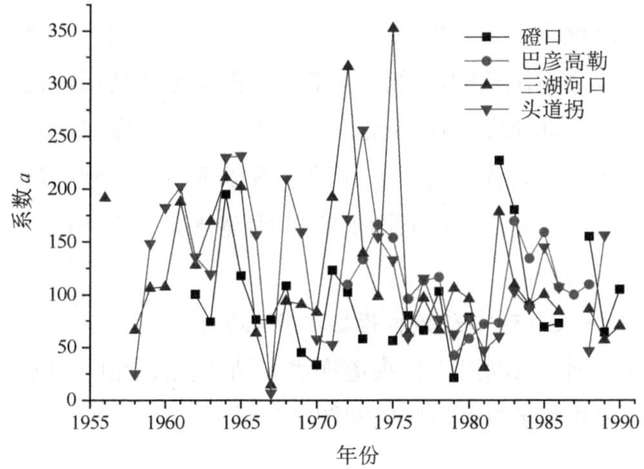

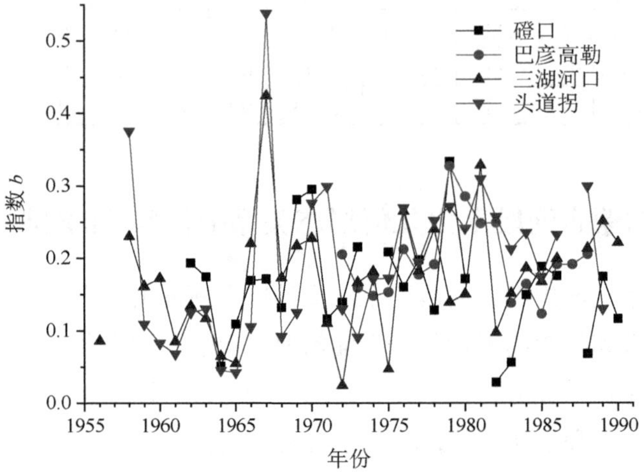

图 7-7 内蒙古河段四个断面的流量-河宽关系中系数 *a* 和指数 *b* 的年际变化特征

对于流量-河宽水力几何形态关系式的指数来说，其波动性最大值在四个断面均有出现，但以头道拐断面的出现频次最多，另外，头道拐断面该值的振荡幅度最大。在 1976 年之后，磴口断面上该值出现最低值的频次较多，其平均值也是最小的。从四个断面综合来看，自 1968 年以后该值的振荡幅度相对较小，数值相对集中。

青铜峡水电站自 1967 年年底建成后就开始调节出库的水沙量，其下游河道的水文过程开始受到该水库运行模式改变的人为控制的影响，与该水库建成之前时期相比，水库建成之后汛期的洪峰过程在一定程度上被削弱，使得输水输沙过程在汛期趋于平缓，在非汛期有所增加，而黄河流域也大致在这时进入又一个周期性的枯水期，二者的综合作用使得青铜峡水库以下河道达到或超过平滩水位的造床流量出现频率减少，这在这些断面上流量-河宽水力几何形态幂函数关系式参数的年际变化上有所反映。

7.3.2.2 流量-水深关系式中系数和指数的年际变化

磴口、巴彦高勒、三湖河口和头道拐水文站所在断面的流量-水深水力几何形态关系式系数 *c* 和指数 *f* 的年际变化如图 7-8 所示。

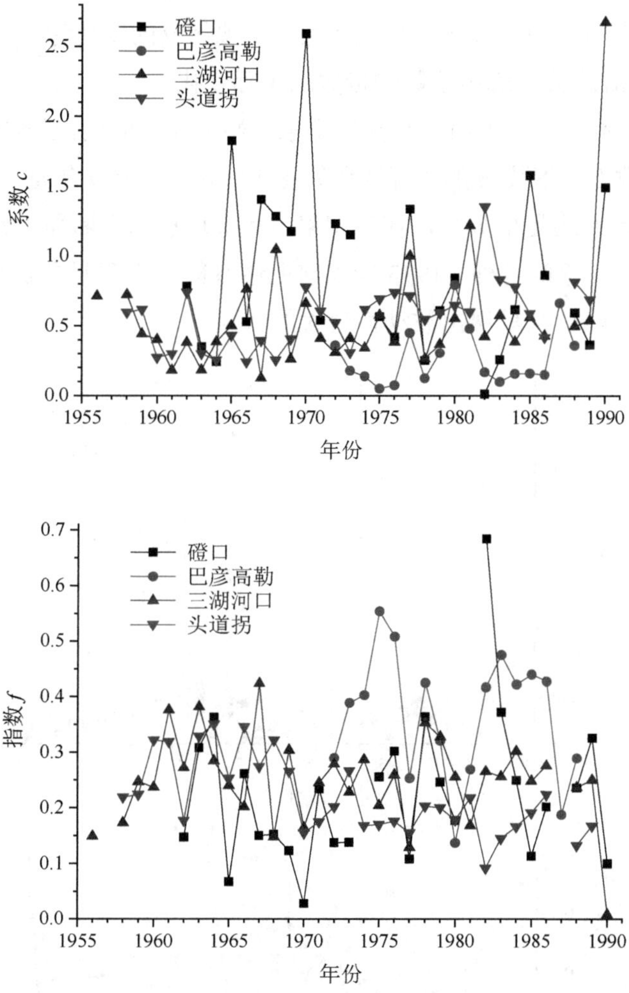

图 7-8　内蒙古河段四个断面的流量-平均水深关系中系数 c 和指数 f 的年际变化特征

磴口断面的系数 c 作为最大值出现的年份最多，而巴彦高勒断面的系数 c 作为最小值出现的年份最多。三湖河口和头道拐断面上该系数值的波动性略有增大趋势，而其他断面上的变化趋势并不明显。对于上述断面上流量-平均水深水力几何形态关系式的指数 f 来说，最大值以巴彦高勒断面出现频次最多，而最小值以磴口和头道拐断面出现的频次较多为特征，而头道拐断面的指数 f 总体上有变小趋势。

总体上，上述四个断面上无论是系数 c 还是指数 f，其年际变化幅度都比较显著，而且各自断面上的系数和指数之间大致呈现相反的变化趋势。

7.3.2.3 流量-流速关系式中系数和指数的年际变化

磴口、巴彦高勒、三湖河口和头道拐水文站所在断面的流量-流速水力几何形态关系式的系数 k 和指数 m 的年际变化如图 7-9 所示。1967 年是一个特殊的年份，当年无论是系数 k 还是指数 m，在三湖河口和头道拐两个断面上都表现出波动性突然增大的现象，除此之外，1973 年以前上述参数在所有四个断面上都具有小幅波动特征，而在此后则呈现出波动性变大的特点。

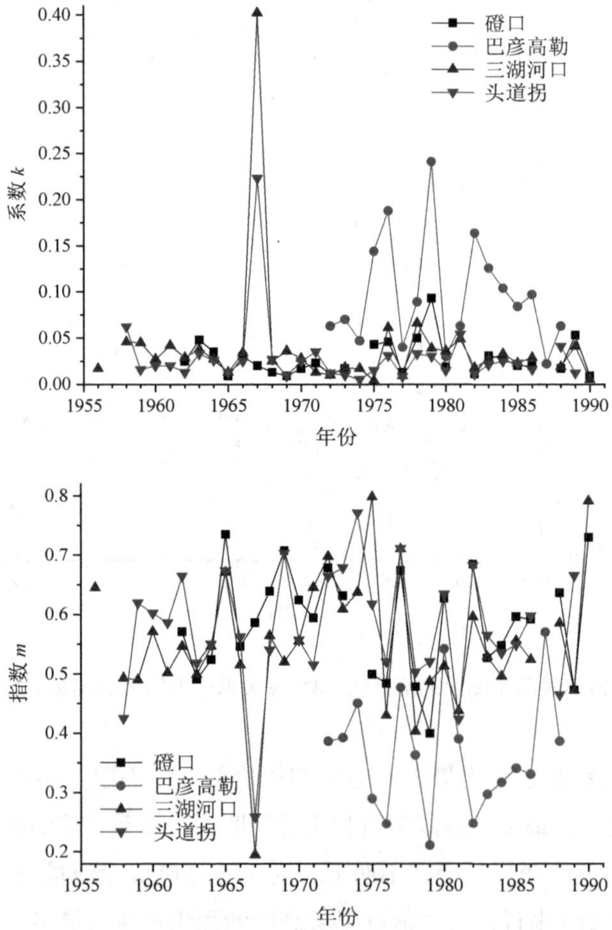

图 7-9 内蒙古河段四个断面的流量-平均流速关系中系数 k 和指数 m 的年际变化特征

自 1972 年巴彦高勒水文站开始实测数据以来，该断面上流量-流速水力几何形态关系式的系数 k 总体上要大于其他各断面的，而其指数 m 值则明显小于其他各断面的。对于同一个断面来说，其系数 k 还是指数 m 之间存在着相反的变化特征，即当系数增大时指数则减小，反之，当系数减小时其指数则增大。

7.3.3 黄河内蒙古河段水力几何形态关系中参数间拟合关系

7.3.3.1 河宽水力几何形态关系中系数和指数间的拟合关系

将黄河内蒙古河段的磴口、巴彦高勒、三湖河口和头道拐断面分别在 1954—1990 年、1972—1988 年、1956—1990 年和 1958—1990 年的历年流量-河宽水力几何形态关系式的系数 a 和指数 b 进行最优拟合，可以得到二者之间的统计关系如图 7-10 所示。

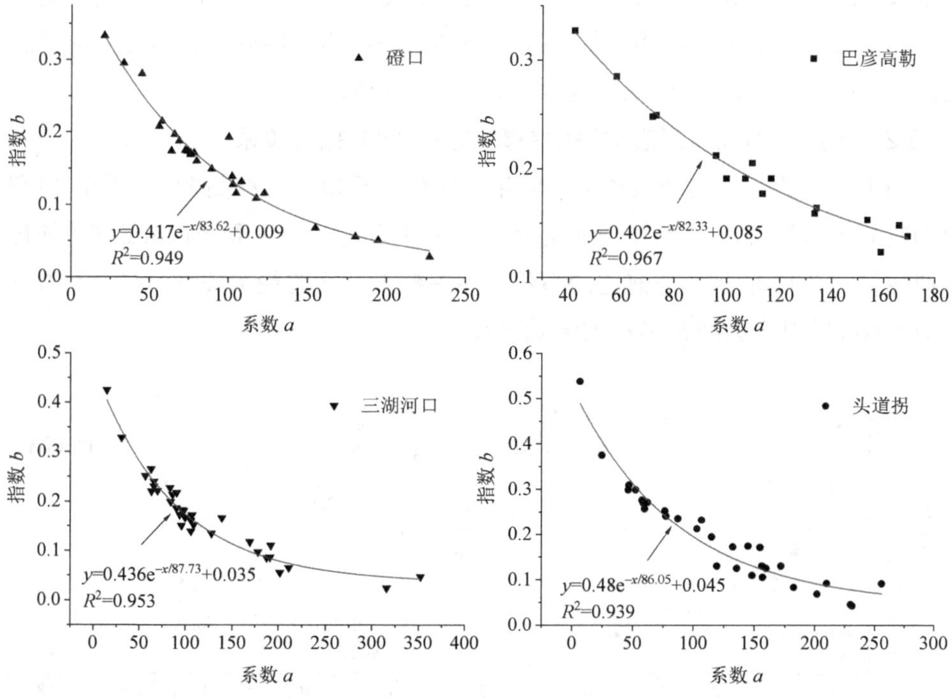

图 7-10 内蒙古河段四个断面的流量-河宽关系中系数 a 和指数 b 间的最优拟合关系曲线

由图 7-10 可知，上述四个断面的流量-河宽水力几何形态关系式的系数 a 和指数 b 之间都存在着指数衰减关系，其各自最优的拟合关系式分别见式（7-13）～式（7-16）。

$$b = 0.417e^{-a/83.62} + 0.009 \tag{7-13}$$

$$b = 0.402e^{-a/82.33} + 0.085 \tag{7-14}$$

$$b = 0.436e^{-a/87.73} + 0.035 \tag{7-15}$$

$$b = 0.480e^{-a/86.05} + 0.045 \tag{7-16}$$

上述四个关系式的决定系数（R^2）分别为 0.949、0.967、0.953 和 0.939，表明这些公式中的因变量（系数）和自变量（指数）的相关性都很高，并且都呈现出指数 b 随着系数 a 的增大发生非线性减小的变化趋势（图 7-10）。此外，这些关系式的常数项的数值除截距有较大差距外其他的都非常接近，表明这些河道断面的流量-河宽的变化过程和演变规律具有一定的相似性。

7.3.3.2 水深水力几何形态关系中系数和指数间的拟合关系

利用前述的各自实测数据资料的年份序列，磴口、巴彦高勒、三湖河口和头道拐断面各自的流量-平均水深水力几何形态关系式中的系数 c 和指数 f 的最优拟合曲线如图 7-11 所示，与前述的系数 a 和指数 b 之间的最优关系一样，系数 c 和指数 f 的最优拟合曲线都是指数衰减曲线。

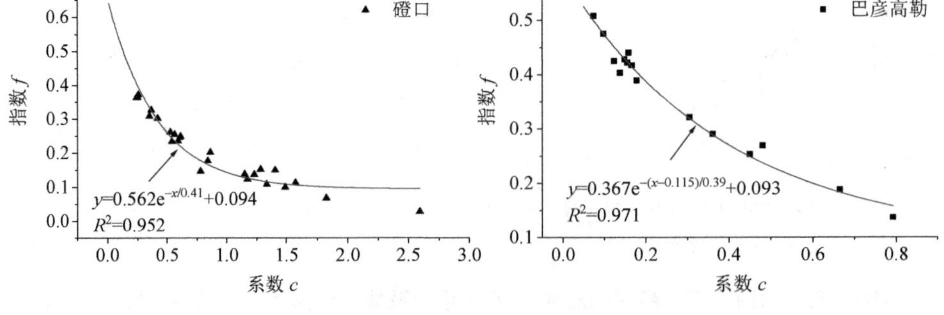

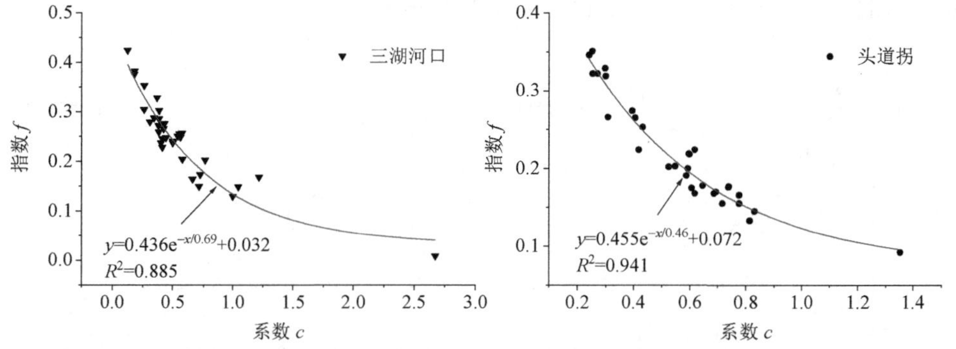

图 7-11　内蒙古河段四个断面的流量-平均水深关系中系数 c 和指数 f 间的最优拟合关系曲线

上述四个断面各自的流量-平均水深水力几何形态关系式的系数 c 和指数 f 之间最优的拟合关系式分别如式（7-17）～式（7-20）所示。

$$f = 0.562e^{-c/0.41} + 0.094 \quad (7\text{-}17)$$

$$f = 0.367e^{-(c-0.115)/0.39} + 0.093 \quad (7\text{-}18)$$

$$f = 0.436e^{-c/0.69} + 0.032 \quad (7\text{-}19)$$

$$f = 0.455e^{-c/0.46} + 0.072 \quad (7\text{-}20)$$

这四个关系式的决定系数（R^2）分别为 0.952、0.971、0.885 和 0.941，表明磴口、三湖河口和头道拐三个断面的流量-平均水深关系的系数和指数间的最优拟合关系的相关性都很高，巴彦高勒断面这些参数的最优拟合关系相对差一些，但也达到良好以上的相关度。从这些关系式的常数项数值的大小来看，磴口断面和头道拐断面的最优拟合关系式相对更为相似，巴彦高勒断面的关系式比其他断面的更为特殊，这表明不同断面之间在流量-平均水深河相关系方面表现出了较为明显的相似性或者差异性。

7.3.3.3　流速水力几何形态关系中系数和指数间的拟合关系

利用各自相同的时间序列的观测数据，磴口、巴彦高勒、三湖河口和头道拐断面各自的流量-平均流速水力几何形态关系式中的系数 k 和指数 m 的最优拟合曲线如图 7-12 所示，与前述的两类河相关系中系数和指数之间的最优关系一样，系

数 k 和指数 m 的最优拟合曲线也都是指数衰减曲线。

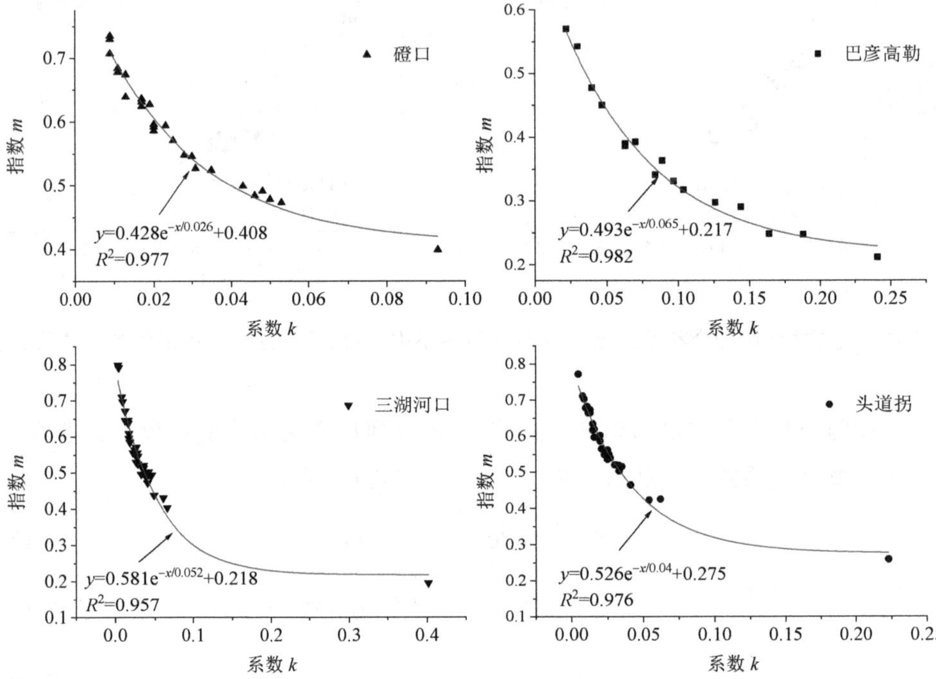

图 7-12 内蒙古河段四个断面的流量-平均流速关系中系数 k 和指数 m 间的最优拟合关系曲线

上述四个断面各自的流量-平均流速水力几何形态关系式的系数 k 和指数 m 之间最优的拟合关系式分别如式（7-21）～式（7-24）所示。

$$m = 0.428e^{-k/0.026} + 0.408 \quad (7\text{-}21)$$

$$m = 0.493e^{-k/0.065} + 0.217 \quad (7\text{-}22)$$

$$m = 0.581e^{-k/0.052} + 0.218 \quad (7\text{-}23)$$

$$m = 0.526e^{-k/0.040} + 0.275 \quad (7\text{-}24)$$

这四个关系式的决定系数（R^2）分别为 0.977、0.982、0.957 和 0.976，表明这些断面的流量-平均流速关系中系数 k 和指数 m 间的最优拟合关系的相关性都很高，所以，这些关系式揭示了河道断面随流量变化过程中的某些内在规律性。比较这些关系式的常数项数值的大小可见，每个断面之间具有数值上的较大区别，但在形式上具有明显的相似性。

从图 7-12 中可以看到一个比较罕见的现象，就是在磴口、三湖河口和头道拐三个断面的流量-平均流速水力几何形态关系中都有一组“离群”数据，即上述每个断面有一个系数 k 的数值分别远较其他的系数的数值更大，相应地，其对应的指数 m 则远比其他指数的数值更小，这在散点分布和曲线拟合图上表现出该数值点与其他数据点相离很远、其间出现显著的一段空白区（图 7-12）。比如，磴口断面上这类关系式的系数 k 的最大值为 1979 年的 0.093（表 7-4），它是该断面上系数 k 次大值 0.053（出现在 1989 年）的 1.75 倍；三湖河口的系数 k 的最大值为 1967 年的 0.402（表 7-6），它是该断面上系数 k 次大值 0.066（出现在 1978 年）的 6.09 倍；头道拐断面的系数 k 的最大值为 1967 年的 0.223（表 7-7），它是该断面上系数 k 次大值 0.062（出现在 1958 年）的 3.60 倍。与上述明显不同的是，巴彦高勒断面上系数 k 的最大值为 1979 年的 0.241（表 7-5），它仅是该断面系数 k 次大值 0.188（出现在 1976 年）的 1.28 倍，其系数 k 的最大值所在的散点与其他散点相距较近、总体上散点分布较为均匀。

尽管磴口、三湖河口和头道拐三个断面上流量-平均流速水力几何形态关系中有一组系数 k 和指数 m 存在“离群”现象，但由图 7-12 中不同断面的散点与拟合曲线的相对位置可见，这组数据依然基本处于拟合曲线上或其附近，即使删除这组“异常”数据，这三个断面上相关参数的最优拟合公式并不会发生明显变化。

综上所述，在黄河内蒙古河段，随着流量的变化其水力几何形态的调整主要是通过影响水深和流速来实现的，而水面宽度对它的响应不显著。巴彦高勒断面是上述调整中表现最明显的断面，因此，它所在的河段也是最容易决口的河段。单从水力几何形态关系来看，三湖河口和头道拐两个断面基本一致，但三湖河口所在河段的弯曲河流的急剧侧向摆动表明该段依然是洪灾潜伏的危险河段。根据河道演变及水力几何形态关系的研究结果，认为黄河内蒙古河段的河道治理与管理工作，重点应该针对巴彦高勒断面所在的辫状河段和三湖河口断面所在的弯曲河段。对辫状河段要加强整个河段的河岸防护，对弯曲河段以工程防护手段侧重遏制其凹岸的坍塌后退。

7.4 黄河宁蒙河段水力几何形态幂函数指数的综合分析

7.4.1 水力几何形态关系指数的综合归一处理

前面已经述及，Leopold 和 Maddock（1953）基于河流断面的流量（Q）与相应的水面宽（W）、平均水深（D）、平均流速（V）之间的三个天然存在的幂函数关系是迄今应用最为广泛的河道水力几何形态关系式（7-1）～式（7-3）。对于给定的河流断面，它的这三个关系式的指数是互为依赖的，理论上存在指数 b、指数 f 和指数 m 的和等于 1，同时，这三个指数值都应该为正数，并且每个指数值都需要小于 1。

在实践中，在对一些河流断面的这三类水力几何形态关系进行拟合时，所得到的上述三个指数的和存在不等于 1 的情况，也即略有超出或者略微小于 1，这是因为有些是小数位数保留中采用了四舍五入；有些是拟合精度引起的，因为拟合关系式的决定系数并不总是等于 1 或者非常接近于 1；还有一些是由于实际观测数值存在一定误差所引起的。三个指数和并不完全等于 1 的情况对单独分析各个关系式并不会产生多大影响，但是，在绘制三个指数作为定点的三角图时则会产生困难，因为这类三角图通常要求三角顶点的三个参数的和必须等于 1。为此，这里就需要对三个参数总体上进行归一化处理。

归一处理单一数据比较常见，对三类数据进行综合归一处理比较少见。这里对三个水力几何形态关系指数值的综合归一处理方法简述如下：首先，求得相同流量时指数 b、f、m 的和，其值记作 S，那么，这三个指数各自所占的比例分别表述如下：

$$Rb = b / S \tag{7-25}$$

$$Rf = \frac{f}{S} \tag{7-26}$$

$$Rm = m / S \tag{7-27}$$

上述公式中 Rb、Rf 和 Rm 分别表示指数 b、指数 f 和指数 m 在这三个指数的数值总和中所占的比例。因为 $b+f+m=S$，则 $Rb+Rf+Rm=1$。假定这三个指数的数值之和为 1（三者综合归一处理的依据），那么，指数值 b、f 和 m 在综合归一后分别表示为 b_1、f_1 和 m_1，则有 $b_1=Rb\times 1=Rb$、$f_1=Rf\times 1=R$ 和 $m_1=Rm\times 1=Rm$，也就是说，上述三个指数在其总和中的比例系数即为各自在综合归一后的实际指数值。对不合规的指数值这样处理后，给定断面给定流量时的所有三个指数组就可以较为容易地绘制表示其相对变化的三角图了。

下面将依据所构建的三角图上散点位置分布特征，分析黄河宁夏河段和内蒙古河段典型断面上三类水力几何形态关系中指数值的相对变化特征，进而分析其沿程的相似相异性及其所蕴含的内在机理。

7.4.2　黄河宁夏河段典型断面三类指数相对变化特征

这里选取黄河宁夏河段下河沿、青铜峡和石嘴山三个典型河流断面为例来研究其三类水力几何形态拟合关系的指数的相对大小及其沿程变化特征。由这三个断面的三类水力几何形态关系的指数构建的三角图如图 7-13 所示。由下河沿断面三类指数散点的分布区域（图 7-13 下河沿三角图中左角偏上区域）可见，指数 m 是三类指数中最大的，基本介于 0.5～0.7；指数 b 介于 0.3～0.5；而指数 f 是三类指数中相对最小的，其值基本介于 0.2～0.4。这些指数的相对大小及其在三角图上的分布特征表明，该断面水力几何形态随着流量变化的调整主要以调节平均流速的方式进行，其次是以调节河宽的方式进行，而以调节平均水深的方式来改变河道断面的形态则处于第三位。

由青铜峡断面三类指数散点的分布区域（图 7-13 青铜峡三角图中左角右边区域）可见，指数 m 同样是三类指数中最大的，基本介于 0.4～0.63；指数 b 介于 0.35～0.6；而指数 f 是也三类指数中相对最小的，其值基本介于 0.02～0.5。与下河沿断面相比，该断面的指数 m 值和指数 f 值总体上都有所减小，而指数 b 有所变大。总体来看，青铜峡断面的这些指数的相对大小及其在三角图上的分布特征与下河沿站的基本相似，因此，青铜峡断面参数随着流量变化而调整的主次也与下河沿断面一致。

由石嘴山断面三类指数散点的分布区域（图 7-13 石嘴山三角图中上角偏左区域）可见，指数 b 是三类指数中最大的，其值基本介于 0.42～0.85；指数 f 介于

0.32～0.7；而指数 m 则是三类指数中相对最小的，其值基本介于 0.16～0.56。显然，石嘴山断面上三类水力几何形态关系指数的相对大小及其在三角图上的分布区域与下河沿断面和青铜峡断面的具有很大差别。这表明，石嘴山断面水力几何形态随着流量变化的调整主要以调节河宽的方式进行，其次是以调节水深的方式进行，而以调节平均流速的方式来改变河道断面的形态则是相对最不显著的。

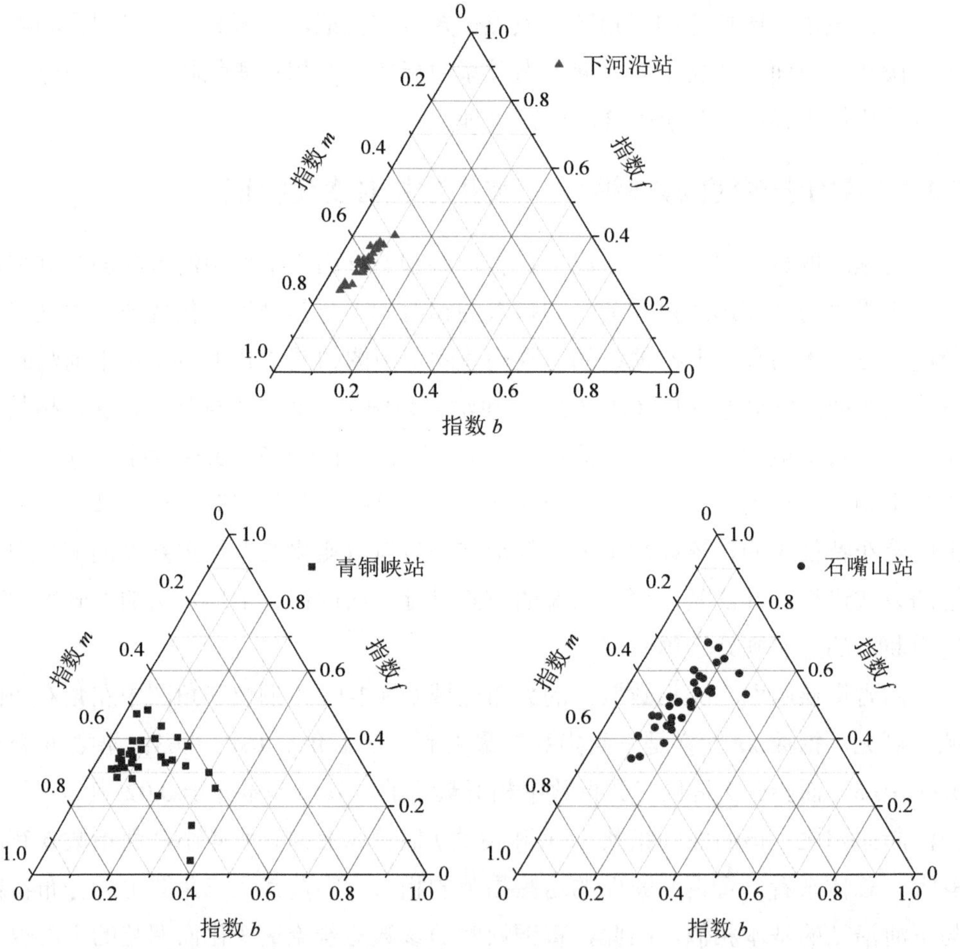

图 7-13 黄河宁夏河段三个水文站历年河相关系的指数三角图

7.4.3　黄河内蒙古河段典型断面三类指数相对变化特征

在黄河内蒙古河段选取磴口、巴彦高勒、三湖河口和头道拐四个典型河流断面为例来研究河宽、平均水深和平均流速这三类水力几何形态拟合关系的指数的相对大小及沿程变化特征。由这四个断面的三类水力几何形态关系的指数构建的三角图如图 7-14 所示。从三角图上的散点分布区域来看，磴口、三湖河口和头道拐断面的指数相对大小基本相似，而巴彦高勒断面则与它们有着较大的不同之处。

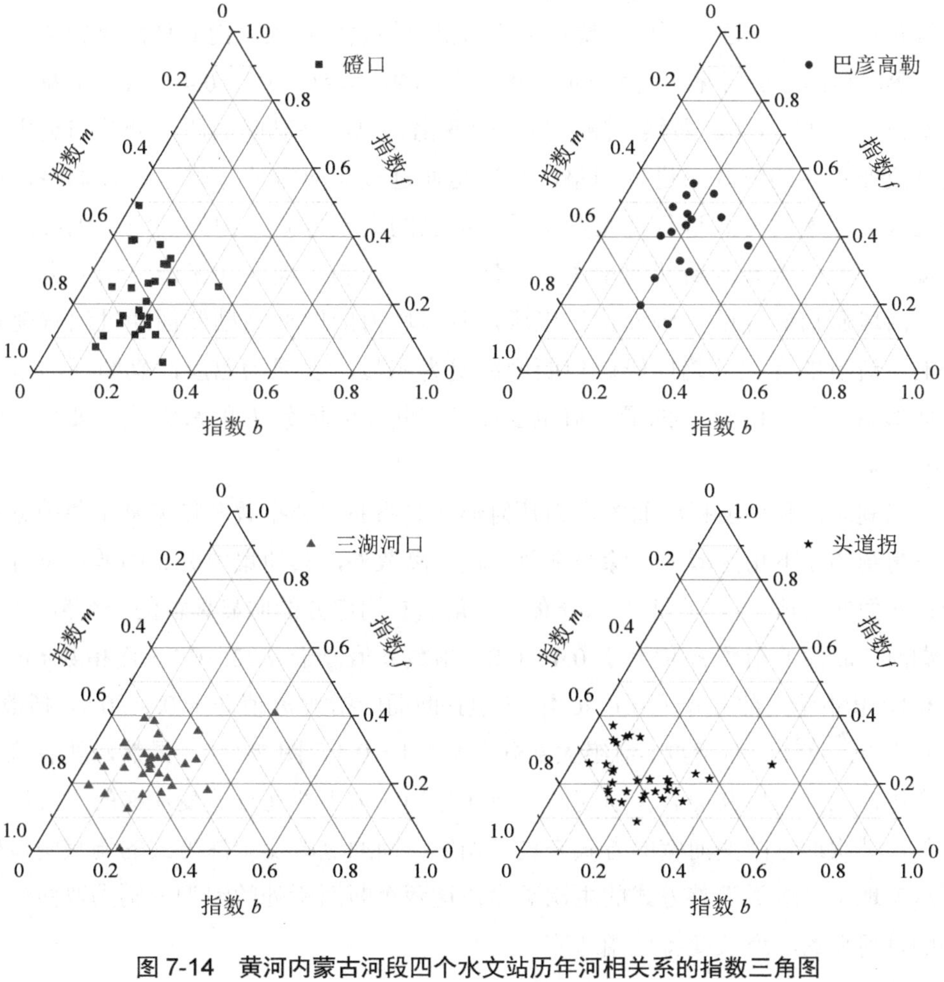

图 7-14　黄河内蒙古河段四个水文站历年河相关系的指数三角图

磴口断面水力几何形态关系的三类指数多年来基本集中分布在三角图左下角，因为越接近这个角的顶点表示指数 m 值越大且越接近于 1、指数 f 也越来越大，而指数 b 越小且越接近于 0。具体来看，指数 m 介于 0.4～0.8，指数 f 小于 0.5，指数 b 小于 0.33（图 7-14）。显然，磴口断面随着流量的变化主要通过改变流速、其次通过改变水深的方式来进行动态调整，而通过改变河宽的方式的调整明显处于从属地位。这类调整方式的主次顺序与磴口断面处呈现的并非宽阔的冲积河谷相适应。

巴彦高勒断面水力几何形态关系中的三类指数多年来集中分布在三角图的中部偏向左上区域，这一区域的特点是流速指数的数值较大，而其他两类指数值处于中等。具体分析可见，指数 f 值位于 0.6～0.9，指数 b 介于 0.4～0.8，而指数 m 基本介于 0.25～0.6。显然，随着流量的变化，巴彦高勒断面所在处的河道主要通过改变水深的方式来进行调整，其次是通过改变河宽的方式来进行调整，而通过改变流速的方式进行调整则是最不明显的调整方式。因为黄河在巴彦淖尔市境内的河段主要为辫状河型段，其河道的侧向和垂向的冲淤能力明显大于其上游河段磴口断面的，因而位于巴彦淖尔市境内的巴彦高勒断面通过河宽变化来响应流量的变化的趋向较磴口断面的更为明显，表现为巴彦高勒断面的水力几何形态关系中指数 b 的最小值也要比磴口断面的指数 b 的最大值还要大一些（图 7-14）。

三湖河口和头道拐断面的水力几何形态关系的三类指数多年来基本集中分布在三角图的左下角区域内，除个别散点较为离散外，其他集中分布的散点位置与磴口断面的大体一致。在不考虑分布在三角图右侧部分的明显离群的一个散点时，三湖河口断面的指数 m 值介于 0.4～0.8，指数 b 值介于 0.22～0.6，而指数 f 值小于 0.4，其中绝大部分介于 0.1～0.4；头道拐断面的指数 m 值介于 0.4～0.5，指数 b 值介于 0.3～0.6，而指数 f 值绝大部分介于 0.1～0.4（图 7-14）。显然，随着流量的变化，三湖河口断面和头道拐断面所在处的河道主要通过改变流速的方式进行调整，其次通过改变河宽的方式来进行调整；而通过改变水深方式的调整明显处于从属地位。这类调整方式的主次顺序与这两个断面所处的河型分别为弯曲河型和顺直河型的河道演变特性相适应。

7.4.4　黄河宁蒙河段水力几何形态关系中指数的沿程变化

前面拟合了研究区典型断面的水力几何形态关系的最优关系式，分析了各断面同一幂函数关系中系数与指数之间的统计关系所遵循的内在规律，比较了各断面上三类幂函数指数的相对大小，阐述了响应流量变化过程中河道形态调整的内在机制。鉴于黄河宁蒙河段从下河沿到头道拐这些所有被讨论到的 7 个水文站都是沿程分布的（表 7-8），这为研究该河段水力几何形态关系的沿程变化趋势提供了可能。下面将分析该河段上述水文站水力几何形态关系中幂函数指数的沿程变化特征及其制约机制。

表 7-8　黄河宁蒙河段水力几何形态关系中系数和指数的多年平均值的沿程变化特征

断面	系数 a	指数 b	R^2	系数 c	指数 f	R^2	系数 k	指数 m	R^2	时间序列
下河沿	127.369	0.069	0.889	0.446	0.316	0.940	0.023	0.596	0.978	1954—1990 年
青铜峡	123.384	0.126	0.802	0.394	0.326	0.841	0.043	0.524	0.949	1956—1990 年
石嘴山	99.553	0.162	0.548	0.101	0.493	0.762	0.218	0.304	0.543	1954—1990 年
磴口	95.312	0.161	0.379	0.880	0.225	0.388	0.027	0.587	0.842	1962—1990 年
巴彦高勒	112.609	0.198	0.401	0.277	0.365	0.430	0.096	0.367	0.404	1972—1988 年
三湖河口	122.731	0.172	0.378	0.566	0.248	0.460	0.040	0.552	0.768	1956—1990 年
头道拐	121.773	0.195	0.512	0.569	0.219	0.517	0.029	0.576	0.860	1958—1989 年

从图 7-15 可见，河宽水力几何形态关系的指数 b 基本具有沿程增大的变化趋势，表明河道形态随着流量变化的调整过程中其河宽变化的自由度有增大趋势，这与冲积河流河道边界物质组成的粒度变小、河岸冲积层变厚的沿程变化规律具有较好的一致性。无论如何，该指数的绝对变化范围非常局限，基本上介于 0.06～0.2（表 7-8），也就是仅占其理论变化范围的 1/5 区间，而且这一区间也是其理论变化范围内最小的数值段。因此，虽然指数 b 具有沿程变大的趋势，但未能改变河宽变化随流量变化的河道形态调整在黄河宁蒙冲积河段总是处于从属地位的基本属性。

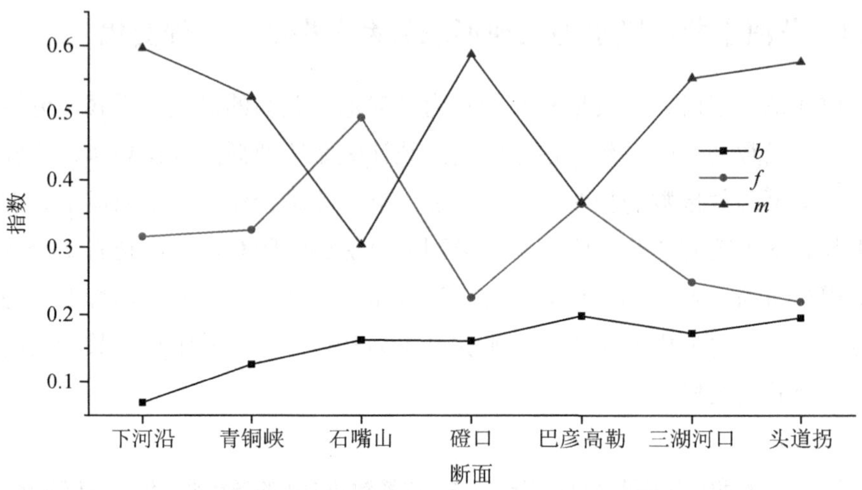

图 7-15 黄河宁蒙河段水力几何形态关系的三类指数沿程变化特征

平均水深水力几何形态关系的指数 f 相较指数 b 的沿程变化具有更大的波动性，但总体上具有沿程变小的变化趋势（图 7-15），表明河道形态随着流量变化的调整过程中其平均水深变化的显著程度有减小趋势。指数 f 数值的绝对变化范围基本上介于 0.21～0.50（表 7-8），比其理论变化范围的 1/3 区间略小一些，同时，这一变化范围处于其理论变化区间的中等偏小数值段。因此，从沿程的空间变化来看，指数 f 的数值虽然有减小趋势，但总体上比指数 b 数值大、变化范围也宽一些，表明平均水深响应流量变化的河道形态调整在黄河宁蒙冲积河段总是超过河宽的响应程度。

平均流速水力几何形态关系的指数 m 的沿程变化在三类指数中具有最大的波动性（图 7-15），其总体的变化趋势在不同河段具有不一致性，其中在黄河宁夏河段呈现出沿程变小趋势，而在黄河内蒙古河段除磴口断面外则呈现出沿程增大趋势，这分别与河道宽深比在黄河宁夏河段的沿程增大趋势和在内蒙古河段沿程变小的趋势相一致，也与河型的沿程分布或者空间转化相一致。表明河道形态响应流量变化的调整过程中其平均流速变化的显著程度在黄河宁夏河段有减小趋势，而在内蒙古河段除磴口断面外有增大趋势。指数 m 数值的绝对变化范围基本上介于 0.30～0.60（表 7-8），接近于其理论变化范围的 1/3 区间，同时，这一变化范围处于其理论变化区间的中等数值段，也是三类指数值变化区间相对最大的数值段。这表明，平均流速响应流量变化的河道形态调整在黄河宁蒙冲积河段在大多数水文站的河道断面上占据优势地位，仅石嘴山断面的优势地位由平均水深响应居于主导地位。石嘴山断面处于黄河由宁夏进入内蒙古的河谷开始段，这里的河床为半基岩性质，河岸带又有基岩或者半基岩的限制，河道比降（直接影响流速）和河宽的调整的自由度很小，而流量变化过程中的河流水深变化最为明显，这是石嘴山断面平均水深响应流量变化在河道形态调整中居于主导地位的根本原因。

7.5　黄河宁蒙河段水力几何形态拟合参数的变化机制

水力几何形态关系中系数的差异综合反映了不同的河道断面形态、流量级别和流域自然条件的差异等。位于峡谷区或者半基岩河床的断面，其水面宽指数 a 的数值明显小于位于冲积河流区的断面的；同时其年际变化幅度也较位于冲积平原的断面小，这与峡谷区断面形态非常稳定、横向不易发生展宽相一致。由于水面宽在一定程度上反映了流量的大小情况，在其他变量保持不变、流量自上游向下游沿程逐渐增大时，其对应的水面宽也会相应地增加，因此，其水面宽系数 a 也相应地逐渐增大（除下河沿断面和青铜峡断面外）。另外，在峡谷区，由于比降较大，流速较快，河道水流因而具有更大的动能，当河道向两侧方向的横向展宽不易发生时，水流主要通过对河床的下切侵蚀来消耗其部分能量，因此峡谷区河道经水流的长期下切侵蚀作用后，多发育为“V”形河床，且断面形态在水文时间尺度内基本保持稳定，因而其水深系数 c 的年际变化幅度很小。而对于冲积型河道来说，由于床面冲淤起伏不定，水深随之剧烈变化，其系数 c 也因此发生较大幅度的年际波动。另外，冲积平原区由于地势平坦，河道比降较峡谷区大幅度减小，水流流速也比峡谷区的明显变小，其水力几何形态关系的系数 k 也明显小于具有较大比降的峡谷区断面。

水力几何形态关系中的指数大小反映了断面形态要素随流量变化的变化速率。对不同的河型，其水力几何形态的指数分布也不同，例如，辫状河段的水力几何形态调整主要是通过水面宽来实现的，因而指数 b 比较大；而弯曲河流及顺直河流在达到平滩流量之前，水力几何形态的调整主要是通过增加水深或增大流速来实现的。由于巴彦高勒断面所在的河段为辫状河型而三湖河口断面和头道拐断面所在河段分别位于弯曲型和顺直型河段，因此，巴彦高勒断面的指数 *m* 小于其下游两断面的。这是由于水面宽和水深对流量的响应是直接受断面形态变化影响的，而流速对流量的响应更多地反映了断面形态对流量做出响应后的两次调整变化过程。另外，尽管峡谷区断面比降普遍大于冲积区断面的，但前者的流速系数 *m* 不一定总是大于后者的，说明比降并不是决定流速变化速率的唯一因素，峡谷区由于空间所限常常造成壅水现象，这在一定程度上减小了断面所在处高水位时的水面比降，使得洪水过程中的水面比降往往远小于河道的实际比降，这也是部分峡谷区河流断面（如石嘴山断面）水力几何形态关系的指数 *m* 明显小于冲积河段断面同一参数的根本原因。

单从数学关系上看，三类水力几何形态关系的系数积和指数和应绝对地等于 1，但在实际拟合的结果中，系数积大多大于理论值 1，并且具有较大幅度的波动，而指数和距离理论值 1 相差不大。这主要是由于在断面水力几何形态关系的拟合过程中，受不同的地质、地貌因素的控制和影响，系数的变化范围很大，特别是水面宽指数 *a*，其变化幅度可以从个位数达到三位数；而指数中绝大多数在 0～1。另外，流量不是决定断面形态各因素调整变化幅度及其方向的唯一变量，断面形态的调整变化还受到诸如上游来沙量、泥沙组分及粒径、植被等因素的影响（Richards，1977；Rhodes，1977）。因此，不难理解各断面的系数积距离理论值 1 有一定的偏差，而指数和与理论值 1 相差不大。

第 8 章　河道对洪水的响应及不同洪水的冲淤速率

在河流的形成演变过程中，洪水是塑造河道形态的关键因素。这是因为，第一，洪水对河流系统的影响程度、幅度、范围都比非汛期的水流大。非汛期的河流水位总是低于河岸顶部，这时，水流对河道的影响主要集中在对水下河床部分的冲刷改造以及可能引起的河岸坍塌；但在汛期，洪水水位常常上涨，使得水流与河道相互作用的接触面积大幅增加，这时，水流不仅可以对整个河床施加冲淤影响，还可以直接冲刷河岸，并且在平滩流量（造床流量）时，水流与河道边界几乎发生全接触，一旦洪水更大便会发生越岸，这时洪水位高于河岸，洪水除对整个河道产生全面的冲淤外，还可以引起天然堤的冲淤及越岸流在岸后泛滥平原的漫流和泥沙淤积。第二，洪水的输沙能力和水动力比非汛期的水流更强。汛期的洪水流量大，含沙量大，洪水输移的悬移质泥沙量更多，同时，洪水期河流水位高，水面比降相对增大，加上一些高含沙洪水的重力沿着河床面的分量，使得洪水具有更大的动能，这样，洪水对河道的改造能力也更强。因此，汛期洪水常常会造成河岸的淘蚀、坍塌甚至冲决，导致严重的洪水灾害。

黄河宁蒙河段河道长期处于沉积盆地环境并形成了范围宽阔的冲积平原，历史上洪水造成的灾害损失巨大。近年来，随着两岸人口的增长、滨河土地的开发及工业的发展，使黄河宁蒙河段的人民面临着严重的洪水灾害的威胁，防洪任务加重（王随继等，2010）。考证该河段最近几十年来的洪水事件，就会发现其洪水灾害的危害十分严重。例如，1981 年 8 月 13 日至 9 月 13 日，黄河上游地区连续降雨 32 天，经刘家峡水库调蓄和河套灌区总干渠适时分洪后，黄河内蒙古河段的巴彦高勒、三湖河口和昭君坟三站洪峰流量仍然分别高达 5 380 m^3/s，5 450 m^3/s 和 5 500 m^3/s，其中 4 000 m^3/s 以上洪水持续了约 20 天。这次洪水造成 9 段堤防决口，淹没耕地 27.72 万亩，毁掉耕地 4 万余亩，水淹、水围村庄 50 余个，倒塌房屋 6 200 间，冲毁输电线路 28 km，电塔 2 处，扬水站 18 处，公路 21 km，直接经济损失为 9 248.5 万元（1994 年价），给国家和当地人民群众造成重大损失。除伏秋大汛洪水外，内蒙古河段凌汛洪水灾害也很严重。1996 年 3 月发生的凌汛，在三湖河口水文站流量仅有 1 490 m^3/s，但相应水位为 1 020 m，相当于伏秋洪水 6 500 m^3/s 流量时的水位，超过百年一遇洪水位，比 1981 年大洪水最高洪水位还高 0.37 m，造成伊盟达旗乌兰、解放滩乡堤防两处决口，淹没 9 个村、39 个社，耕地 7.35 万亩，草场 2.1 万亩；致使 2 510 间房屋进水，其中倒塌 1 165 间，造成危房 1 345 间（王随继等，2010）。由此可见，分析河道演变对洪水过程的响应特征对了解河道形变与洪水之间的相互作用机理，以及制定适宜的防洪对策具有重要意义。

下面，通过对黄河宁蒙河段典型年份洪水前后的河道高程变化、洪水过程中的悬沙冲淤量、洪水前后河道泥沙粒度变化以及洪水前后河道断面面积变化等方面，进一步论证黄河宁蒙河道对洪水过程的响应特征。

8.1 宁蒙河段年内最大洪水过程及河床高程变化

8.1.1 宁夏河段洪水流量-水位过程线及其河道响应

由于黄河宁夏河段各有关水文站自 20 世纪 50 年代以来的洪水参数的记载非常丰富，要逐年进行分析就变得很困难，为此，这里主要选取下河沿和石嘴山水文站在一些典型年份发生的洪水来分析其流量-水位过程线及其河道响应特征。典型年份的选择主要考虑所涉及的水文站的初始建站时间、时间跨度和资料数据的完备性等，希望选取的年份最好等间隔分布，为此，黄河宁夏河段上述两个水文站洪水数据资料的分析年份选定为 1956 年、1976 年、1986 年和 2006 年（由于 20 世纪 90 年代实测数据未公开出版发行而难以收集，故不含 1996 年）。

上述两个水文站在选定年份中汛期洪水过程的观测时间及对各场洪水过程中的流量及水位的实测次数的统计值见表 8-1。从表 8-1 可见，黄河宁夏河段下河沿和石嘴山水文站的各场洪水的观测次数丰富、数据翔实，可以用来研究洪水流量与水位的关系及其河道冲淤响应特征。

表 8-1 黄河宁夏河段下河沿及石嘴山水文站典型年份洪水观测时间及测次

水文站	年份	日期	测次
下河沿	1956	06-11—07-28	152
	1976	07-30—10-12	197
	1986	06-29—07-29	73
	2006	10-15—10-20	48
石嘴山	1956	06-18—07-29	94
	1976	08-01—10-12	207
	1986	07-01—08-01	74
	2006	10-16—10-19	33

8.1.1.1 下河沿断面洪水过程及河道响应

下河沿断面在 1956 年、1976 年、1986 年和 2006 年最大洪水的流量-水位过程线见图 8-1。由该图可以发现，下河沿断面 1956 年发生的最大洪水的洪峰流量为 2 140 m^3/s，其洪水的流量-水位过程线总体上呈现逆时针曲线特征，这类曲线的实质是，同流量水位在洪水上涨阶段比在洪水下降阶段低，表明洪水过程使得河道内部（可能是河床和/或河岸带）发生了明显的沉积，导致河床的平均高程在洪水之后明显升高。也就是说，尽管河道在洪水过程中会有冲刷侵蚀和沉积，但下河沿断面附近的河道对这次洪水的主要响应是河道以淤积为主，而冲刷侵蚀作用并未起主导作用。另外可以说明，并不是每场洪水都能使河道发生净冲刷侵蚀，洪水冲沙受到一系列条件的限制。比如，洪水发生时正好支流也发生强降雨，这时支流的大量来沙会在干流河段的河床形成较为明显的淤积；而在距离考察河道的断面很远的上游区发生洪水，该断面附近及其支流并未发生强降水，那么，洪水过程中该断面就难以形成明显的泥沙淤积。

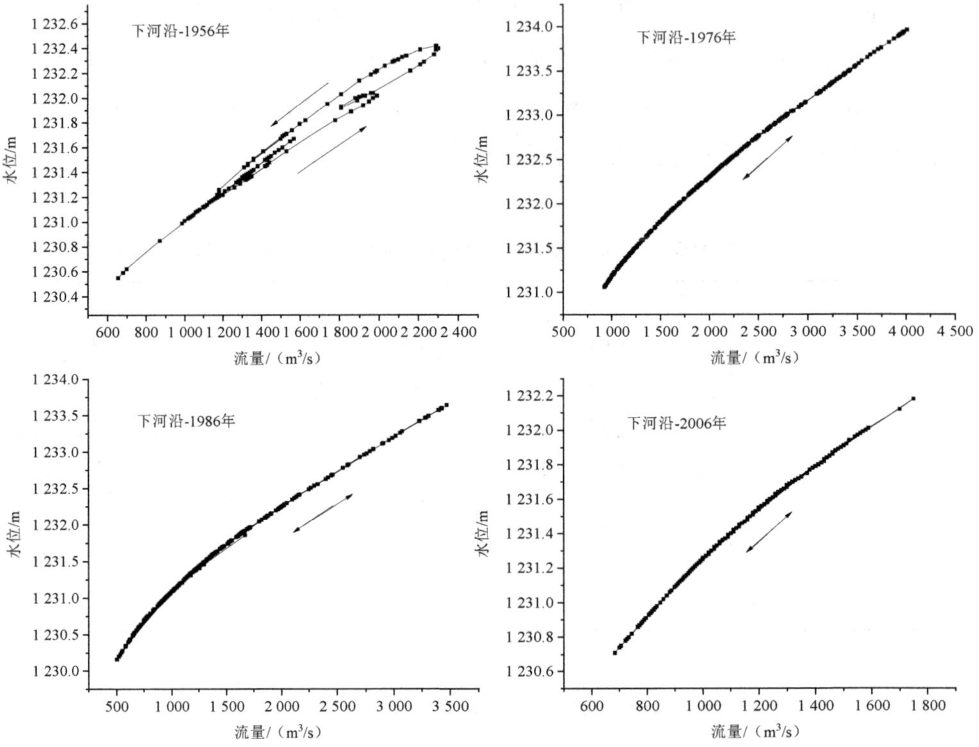

图 8-1 下河沿断面典型年份洪水的流量-水位过程线

1976 年和 1986 年下河沿水文站发生的最大洪水的洪峰流量分别为 4 010 m^3/s 和 3 470 m^3/s，这两次洪水的流量-水位过程曲线基本都呈现单一的弧状线形关系，表明洪水水位随着洪水流量的变化过程，无论是在上升阶段还是在下降阶段只要流量相同则水位相等，表明这两次洪水对河道的冲淤都非常不明显，也就是说该断面附近的河道对该次洪水过程没有明确的响应，河床平均高程在该次洪水过程中保持不变，这两次洪水过程中河道处于动态的冲淤平衡状态。这也从另一方面说明，洪水期间某些河段的河道可以处于不冲不淤的准平衡状态。

在 2006 年汛期，下河沿水文站发生的最大洪水的洪峰流量为 1 960 m^3/s，它比 1956 年最大洪峰流量略小，但比 1976 年和 1986 年的洪峰流量小得多。其流量-水位过程曲线基本呈现类似线形的关系，仅在曲线中部略有分化，表明流量在 1 300 m^3/s 上下时，河床在洪峰前后的水位稍有不同，也即河床的冲淤略显不平衡，但由于差异太小而可忽略不计，故可以看作单一的线性关系曲线。因此，这次洪水过程对河道的冲淤及河道对该次洪水过程的响应都与 1976 年和 1986 年的最大洪水过程一样，河床平均高程在该次洪水过程中基本保持不变。

比较上述不同年份下河沿断面所在处的河道对洪水过程的响应特征可以发现，在黄河上游大型水库建成之前以及流域内各类水土保持措施大幅实施之前的 1956 年，下河沿断面处河道以泥沙淤积的方式来响应洪水过程；而在刘家峡水库建成以及水土保持措施全面开展之后的 1976 年、1986 年和 2006 年，河道以动态的冲淤平衡的方式来响应当年的洪水过程。

8.1.1.2　石嘴山断面洪水过程及河道响应

石嘴山水文站在 1956 年、1976 年、1986 年和 2006 年发生的最大洪水的洪峰流量分别为 2 000 m^3/s、3 510 m^3/s、3 270 m^3/s 和 1 770 m^3/s。上述四次洪水的流量-水位过程线见图 8-2，其具体的持续观测时间和观测次数见表 8-1。

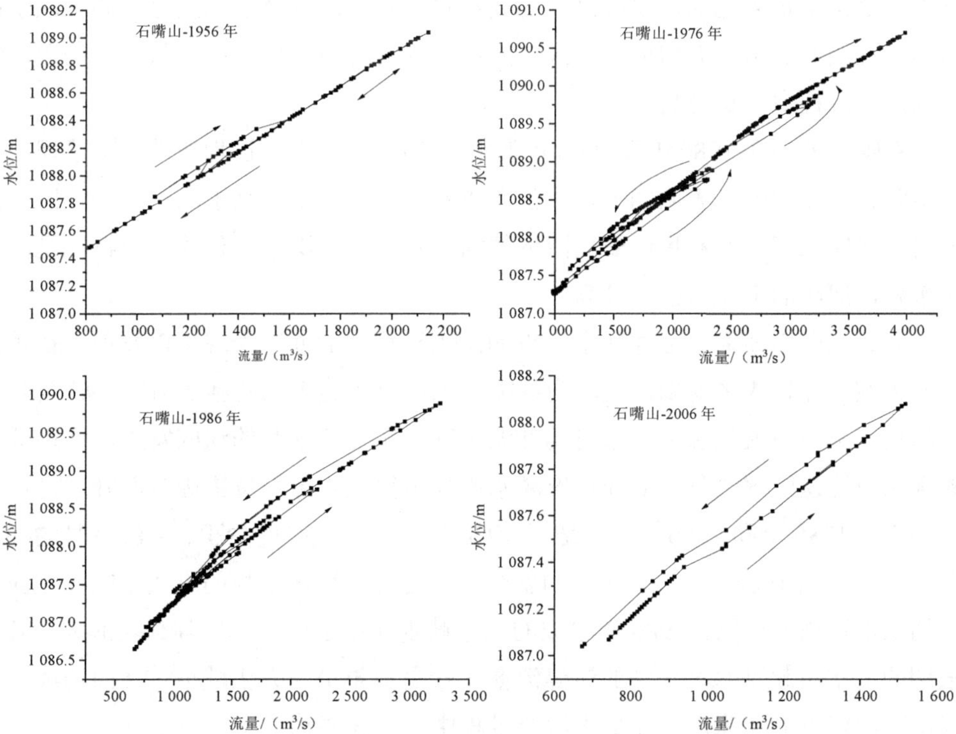

图 8-2　石嘴山断面典型年份洪水的流量-水位过程线

由图 8-2 可见，石嘴山断面 1956 年发生的最大洪水的流量-水位过程线主要由两种曲线类型构成：由较小流量和较大流量时的单一线形和中等流量（1 200～1 600 m^3/s）时的顺时针环线共同构成的复合曲线类型。这类复合曲线表明，在较小和较大流量时同流量水位在洪水上涨阶段与洪水下降阶段相同，这时河床没有明显的冲淤；而在中等流量（1 200～1 600 m^3/s）时，同流量水位在洪水上涨阶段比洪水下降阶段高，这时河床发生了明显的冲刷侵蚀，河床平均高程有所降低。

石嘴山断面 1976 年发生的最大洪水的流量-水位过程线主要由两个逆时针环线及单一线形两种类型的曲线构成。在洪水上涨的初始阶段，洪水发生了依次增大的两个涨落过程，这时出现的两个逆时针环线表明，河床发生一定程度的泥沙沉积，使得河床的平均高程均有不同程度的升高。此后，在洪峰前后，流量-水位过程线呈现单一线形，表明洪峰前后河床处于不冲不淤的状态。在洪峰下落至流量小于 2 500 m^3/s 之后，洪峰之后的同流量所对应的水位总体上比洪峰上涨阶段的高，表明石嘴山断面附近的河床在此次洪水过程中总体上以沉积作用为主，河床在洪水过程中淤积升高。

石嘴山断面在 1986 年和 2006 年最大洪水的流量-水位过程线基本都呈现单一的逆时针环线特征，表明同流量水位在洪水下降阶段都要高于洪水上升阶段，洪水引起河床淤积，而石嘴山断面附近的河道对这两次洪水过程的响应特征是河床在淤积，河床的平均高程在升高。

对比石嘴山断面在上述四个年份的洪水过程中的冲淤表现可以发现，在黄河上游大型水库建成之前以及流域内各类水土保持措施大幅实施之前的 1956 年，该断面处河道以小流量和大流量时的冲淤平衡、中等流量时的河床发生净侵蚀的方式来响应这次洪水过程；而在刘家峡水库建成以及水土保持措施全面开展之后的 1976 年、1986 年和 2006 年，河道以 1976 年中小流量时的淤积、大流量时的冲淤平衡，演变到 1986 年和 2006 年的整个洪水过程中全面淤积的方式来响应相应年份的洪水过程。显然，1986 年建成的龙羊峡水库由于库容远比刘家峡的大，其在汛期的蓄水引起洪水过程中的洪峰流量相较之前年份的大幅减小，从而造成了石嘴山断面附近的河床能够在最大洪峰过程中的全面淤积。

黄河宁夏河段的上述两个观测断面实际上不是真正意义上的冲积性断面，局部受控于抗冲性较强的边界物质，这也是其流量-水位过程线难以出现顺时针环线以及汛期洪水难以发生净侵蚀的另一层原因。

8.1.2　内蒙古河段洪水的流量-水位过程线及其河道响应

为了研究黄河内蒙古河段的洪水流量-水位过程线的变化特征，选取的研究对象为磴口、巴彦高勒、三湖河口和头道拐四个断面（图 3-1），它们所处的河型存在较大差别，除磴口站位于半冲积性顺直河段内外，其他三个水文站则分别位于黄河在河套平原区段沿程出现的辫状河段、弯曲河段和顺直河段的起始段中。在含有年最大洪峰的洪水过程中这些断面所在处的河床及河岸的冲淤变化特征，可以大体代表上述不同河型段的河道对同一洪水过程的响应特征。

实际观测资料时间序列的选择与前述宁夏河段的以 10 年或者 20 年间隔的选法不同，这里以 2008 年、2009 年和 2010 年的含有年最大洪峰流量的洪水过程中河道冲淤变化的实测数据为基础，从洪水过程流量-水位过程线关系曲线和洪峰前后同样流量条件下河道形态指标参数的变化率两个方面来探讨了黄河内蒙古河道不同河型段对洪峰过程的响应特点，并分析了这些河道响应洪峰变化的机理。此处用到的三个年份的实测数据来自黄河水利委员会黄河水文泥沙年鉴。

之所以选择连续三年的实测资料是考虑遭遇平滩流量的平均几率为2.33年一次，因此，这里选取连续 3 年的含有年最大洪峰流量的洪水过程中的观测值也是期望能够遇到一次平滩流量的情景。当然，上述平滩流量出现的几率数值是全球多条河流多年统计的结果，在某个河流的某些具体的连续 3 年也不一定会遇到平滩流量，而在个别时期，可能会在 3 年内遇到不止一次。

除比较分析上述四个水文站在所给定的连续 3 年中包含年内最大洪峰流量的洪水过程中的流量-水位过程关系变化曲线外，还需要分别计算上述水文站所在当年洪峰前后同水位条件下的水流断面的面积、水面宽度、平均水深和水流宽深比等河流断面形态参数的变化率，这两方面的研究结果可以充分反映不同河型段的河道对洪水的响应特征。

8.1.2.1　洪峰前后同流量水位变化特征

黄河内蒙古河段磴口、巴彦高勒、三湖河口和头道拐四个水文站在 2008 年、2009 年和 2010 年包含年最大洪峰流量的洪水过程中的实测流量-水位过程分布曲线分别如图 8-3～图 8-5 所示。

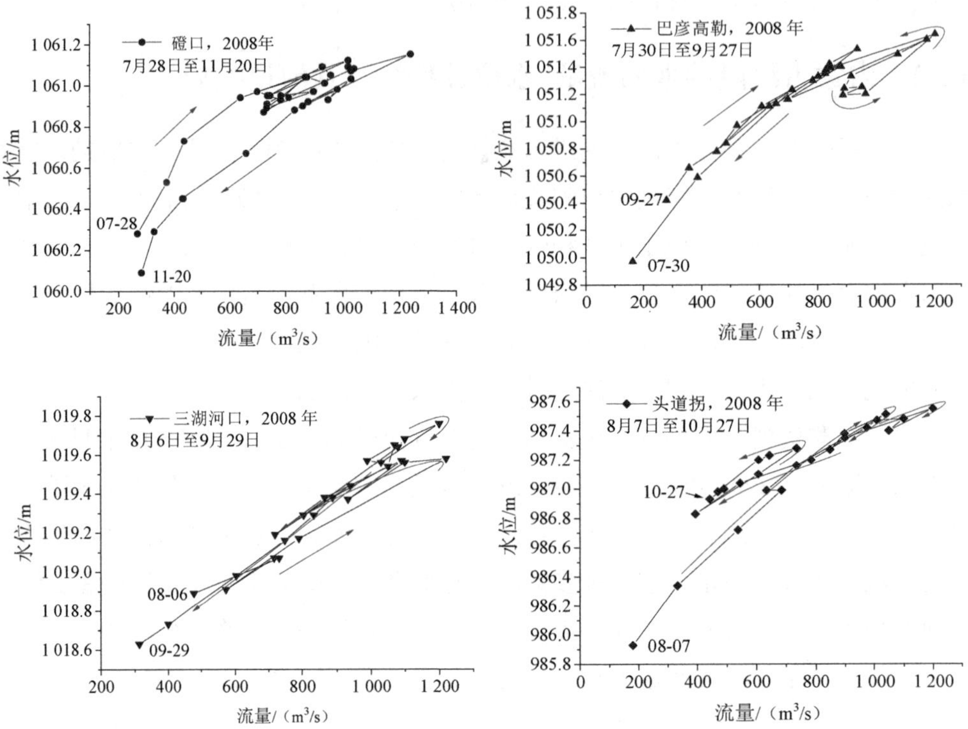

图 8-3　黄河内蒙古河段典型断面在 2008 年最大洪水的流量-水位过程线

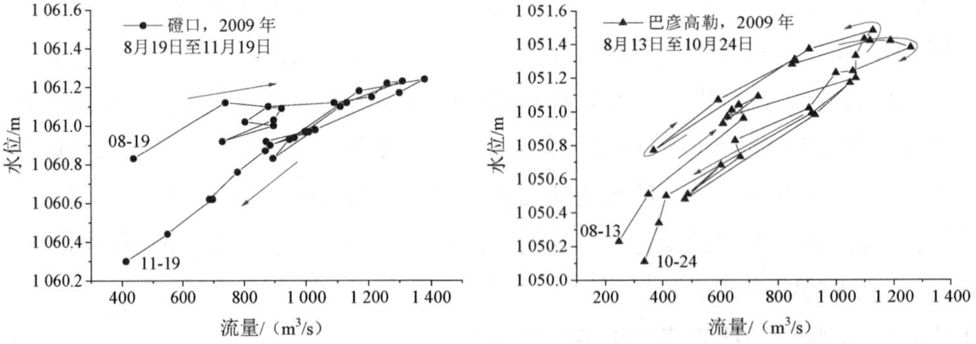

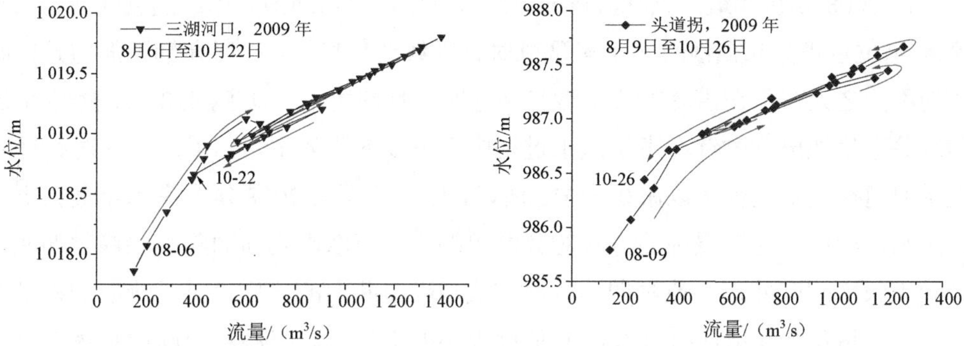

图 8-4　黄河内蒙古河段典型断面在 2009 年最大洪水的流量-水位过程线

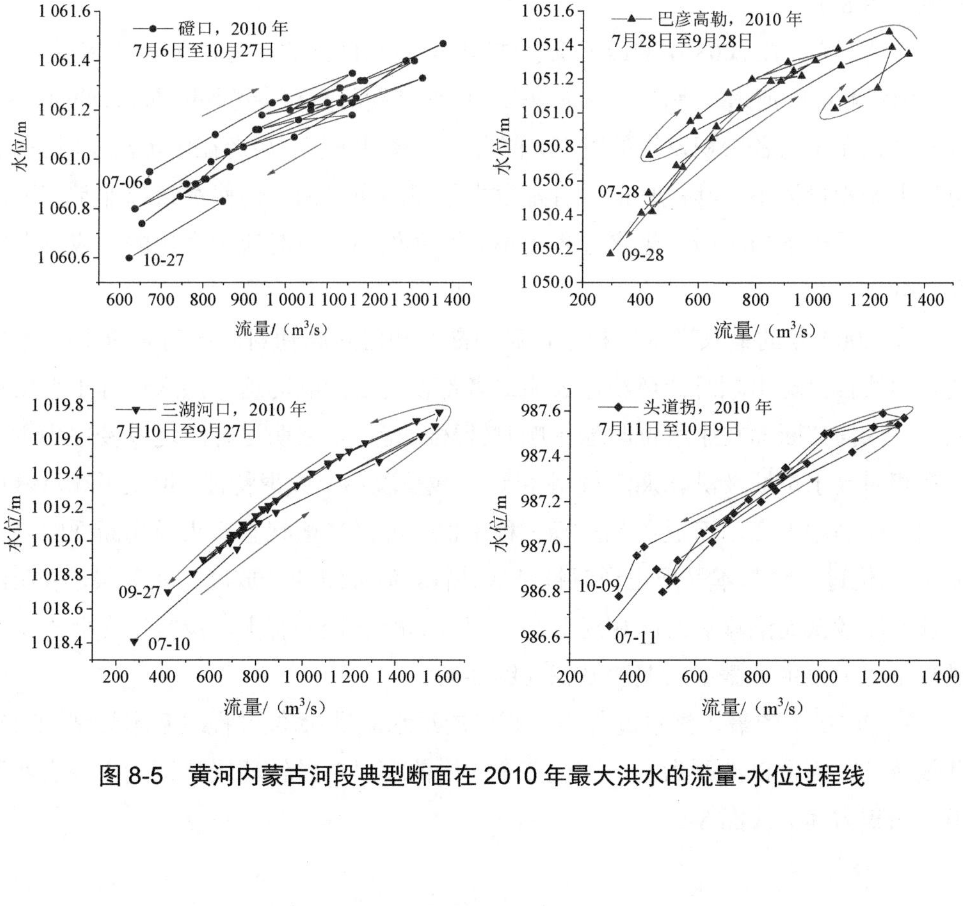

图 8-5　黄河内蒙古河段典型断面在 2010 年最大洪水的流量-水位过程线

在 2008 年包含最大洪峰流量的洪水过程中，磴口断面和巴彦高勒断面的洪水流量-水位过程分布曲线总体上呈现顺时针环线变化特征，巴彦高勒断面与磴口断面的不同之处在于在洪峰时段前者呈现逆时针环线特点。众所周知，流量-水位过程线关系呈现出顺时针环表示洪水过程中河道以冲刷为主，而呈现出逆时针环则表示河道在洪水过程中以淤积为主。所以，磴口断面在 2008 年含有当年最大洪峰的洪水过程中河道以侵蚀的方式对其做出响应，巴彦高勒断面除在洪峰时期河道以淤积做出响应外，其他时期的响应方式与磴口断面的一样，只是响应的程度略低一些，这反映在顺时针环线的开放度大小的差异上。三湖河口断面总体上以逆时针环线为主，但环线的开放度很小，表明洪水过程中河道略有淤积。头道拐断面在当年的最大洪水过程中的中水位时呈现出局部逆时针环线表明河道存在短暂的泥沙淤积现象，而在洪峰时段呈现出的开放度很小的顺时针环线表明河道略有冲刷（图 8-3）。

总体而言，在 2008 年的最大洪水过程中，磴口断面的河道表现出泥沙净淤积，三湖河口断面的河道表现出泥沙净冲刷。巴彦高勒断面和头道拐断面则有冲有淤，不同之处在于二者淤积发生的时期，前者在洪峰时淤积，后者在中等流量时淤积，总体上淤积量很小，其他时期二者都发生了泥沙净侵蚀，但侵蚀量都非常有限。这些现象反映了当年最大洪水过程中不同断面处的河道对流量变化的响应具有明显的分异性。

在 2009 年的最大洪水过程中，磴口断面和巴彦高勒断面最明显的流量-水位变化曲线都呈现出顺时针环线，表明二者都以河道冲刷对这一洪水过程中做出响应。三湖河口断面在中水位时显示顺时针环线特征，表明这时河道以侵蚀为主，而在相对高水位期及洪峰期流量-水位过程线呈现单一线形特征，反映了在洪峰前后的河床高程不变，河道在此洪峰过程中保持冲淤平衡状态。头道拐断面的洪水流量-水位过程线基本呈现出逆时针环线特征，但环线的开放度非常有限，表明洪峰前河床较低而洪峰后河床相对升高，但升高幅度极为有限，反映出在此次洪峰过程中河道发生了微量的泥沙淤积（图 8-4）。

在 2010 年的最大洪水过程中，磴口的洪水流量-水位过程线基本呈现顺时针环线特征，河道以冲刷为主，其他三个断面的都以逆时针环线特征为主，表明河道以淤积占优势（图 8-5）。

对比这三年内当年最大洪水过程中河道的冲淤状况可知，黄河内蒙古河段的磴口水文站所在处的河道断面总是处于冲刷状态，巴彦高勒水文站所在处的河道断面明显发生冲淤交替现象，而位于更下游的三湖河口和头道拐水文站所在处的河道则基本以泥沙淤积占优势。这一沿程变化的趋势与河道比降及水动力的沿程减小趋势相一致。

8.1.2.2　洪峰前后同水位下河道形态变化特征

2008—2010 年各年最大洪水过程中洪峰前后同水位条件下的河道形态变化也有不同特点，表 8-2 列出了黄河内蒙古河段上述四个水文站在各年最大洪水前后的同流量条件下的河道形态参数实测值；表 8-3 列出了相应这一洪水过程的河道形态相关参数的变化值。此外，上述四个河道断面在 2008 年、2009 年和 2010 年的最大洪水前后的实际形态分别绘制于图 8-6、图 8-7 和图 8-8 中；上述四个断面在不同年份最大洪水前后的河道断面形态参数变化率之间的直方图如图 8-9 所示。结合洪水前后同流量时河道断面形态参数的变化量、河道断面形态变化图和不同年份同一形态参数的变化率直方图，可以揭示河道形态参数对洪水过程的精细响应特征。

表 8-2　洪峰前后同水位水流及河道形态对比

断面	年份	日期	水位/m	流量/（m^3/s）	断面面积/m^2	平均流速/（m/s）	最大流速/（m/s）	水面宽/m	平均水深/m	最大水深/m	宽深比
磴口	2008	8 月 12 日	1 060.93	783	484	1.62	2.28	218	2.22	4.7	98.20
		10 月 24 日	1 060.93	950	614	1.55	2.24	208	2.95	6.0	70.51
	2009	8 月 19 日	1 060.83	437	418	1.05	1.36	153	2.73	5.0	56.04
		10 月 24 日	1 060.83	894	595	1.50	2.18	163	3.65	6.1	44.66
	2010	5 月 18 日	1 060.9	780	464	1.68	2.19	178	2.61	4.6	68.20
		10 月 3 日	1 060.9	760	508	1.50	2.19	153	3.32	5.0	46.08
巴彦高勒	2008	9 月 18 日	1 051.11	635	946	0.67	0.92	420	2.25	4.3	186.67
		10 月 27 日	1 051.11	675	929	0.73	1.18	401	2.32	4.5	172.84
	2009	8 月 20 日	1 050.97	624	424	1.47	1.88	362	1.17	1.8	309.40
		10 月 25 日	1 050.97	933	1080	0.86	1.27	408	2.65	4.4	153.96
	2010	7 月 1 日	1 050.17	385	653	0.44	0.68	358	1.82	3.8	196.70
		9 月 28 日	1 050.17	296	727	0.41	0.70	277	2.62	4.9	105.73

断面	年份	日期	水位/m	流量/(m^3/s)	断面面积/m^2	平均流速/(m/s)	最大流速/(m/s)	水面宽/m	平均水深/m	最大水深/m	宽深比
三湖河口	2008	6月15日	1 018.75	460	366	1.26	1.70	135	2.71	4.6	49.82
		10月19日	1 018.75	500	409	1.22	1.76	165	2.48	4.5	66.53
	2009	5月26日	1 018.96	486	485	1.00	1.27	170	2.85	6.1	59.65
		10月27日	1 018.96	683	493	1.39	1.73	203	2.43	3.8	83.54
	2010	6月17日	1 018.96	655	636	1.03	1.40	261	2.44	5.1	106.97
		11月11日	1 018.96	668	477	1.40	1.83	208	2.29	3.2	90.83
头道拐	2008	6月24日	987.04	537	682	0.79	1.14	351	1.94	3.3	180.93
		11月17日	987.04	490	563	0.87	1.33	285	1.98	3.5	143.94
	2009	7月16日	986.78	421	581	0.72	1.02	310	1.87	3.5	165.78
		10月28日	986.78	525	541	0.97	1.61	303	1.79	3.0	169.27
	2010	6月30日	986.17	204	383	0.53	0.81	272	1.41	2.8	192.91
		11月9日	986.17	236	428	0.55	0.83	276	1.55	2.8	178.06

表 8-3 洪峰后与洪峰前同水位条件下河道形态相关参数变化率

单位：%

断面	年份	日期	水位/m	断面面积	水面宽度	平均深度	最大深度	宽深比
磴口	2008	08-12，10-24	1 060.93	26.86	−4.59	32.88	27.66	−28.20
	2009	08-19，10-24	1 060.83	42.34	6.54	33.70	22.00	−20.32
	2010	05-18，10-03	1 060.90	9.48	−14.04	27.20	8.70	−32.43
巴彦高勒	2008	09-18，10-27	1 051.11	−1.80	−4.52	3.11	4.65	−7.40
	2009	08-20，10-25	1 050.97	154.72	12.71	126.50	144.44	−50.24
	2010	07-01，09-28	1 050.17	11.33	−22.63	43.96	28.95	−46.25
三湖河口	2008	06-15，10-19	1 018.75	11.75	22.22	−8.49	−2.17	33.56
	2009	05-26，10-27	1 018.96	1.65	19.41	−14.74	−37.70	40.05
	2010	06-17，11-11	1 018.96	−25.00	−20.31	−6.15	−37.25	−15.09
头道拐	2008	06-24，11-17	987.04	−17.45	−18.80	2.06	6.06	−20.44
	2009	07-16，10-28	986.78	−6.88	−2.26	−4.28	−14.29	2.11
	2010	06-30，11-09	986.17	11.75	1.47	9.93	0.00	−7.69

注：表中“+”表示增加，“−”表示减小。

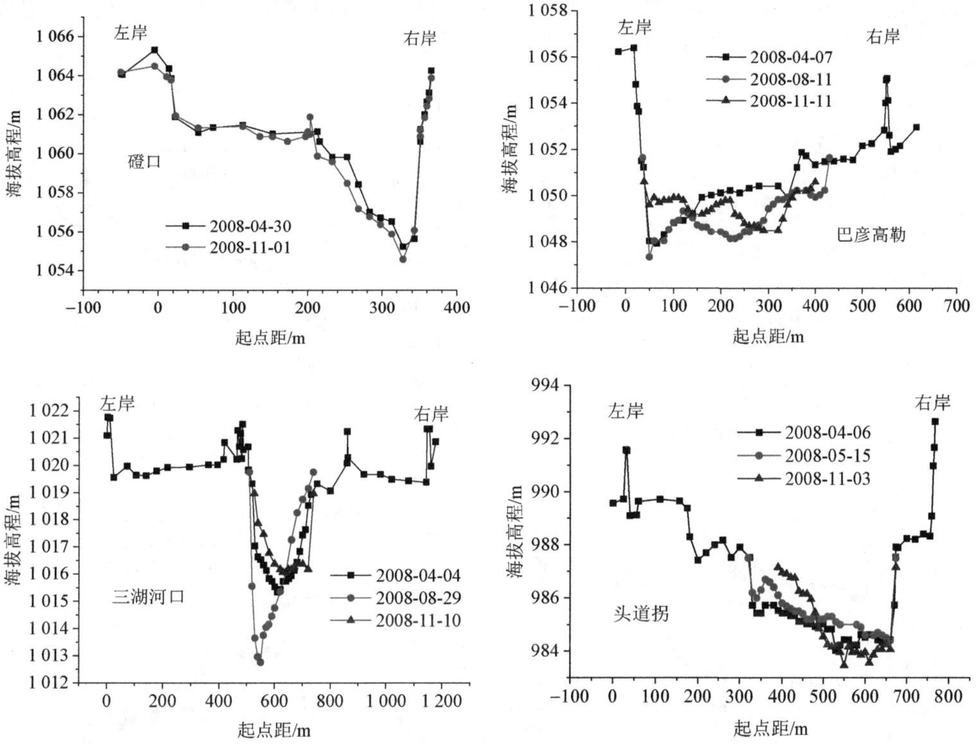

图 8-6　黄河内蒙古河段典型断面在 2008 年洪峰前后的形态比较

磴口断面在 2008 年当水位为 1 060.93 m 时，洪峰之后的断面面积增加了 26.86%，而水面宽度减小了 4.59%；平均水深增加了 32.88%，水流断面宽深比则比洪峰前减小了 28.20%。2009 年当水位为 1 060.83 m 时，该断面在洪峰之后的断面面积增加了 42.34%；水面宽度增加了 6.54%；平均水深增加了 33.70%，水流断面宽深比则比洪峰前减小了 20.32%。2010 年当水位为 1 060.90 m 时，该断面在洪峰之后的断面面积增加了 9.48%；水面宽度减小了 14.04%；平均水深增加了 27.20%，水流断面宽深比则比洪峰前减小了 32.43%（表 8-3）。

磴口断面这三年洪水期前后的河道形态变化分别如图 8-6、图 8-7 和图 8-8 所示，洪峰前后的同水位条件下，断面面积都有所增加，水面宽有增有减并且以减小为主，而平均水深都在增大且增加的比例相近（图 8-9）。同时，水流宽深比则以不同比例减小。在以磴口断面为代表的半冲积性顺直河段，河道形态变化对洪水过程的响应主要以河床侵蚀下切为其主要特征，而河岸总体上则表现为小幅度淤积。

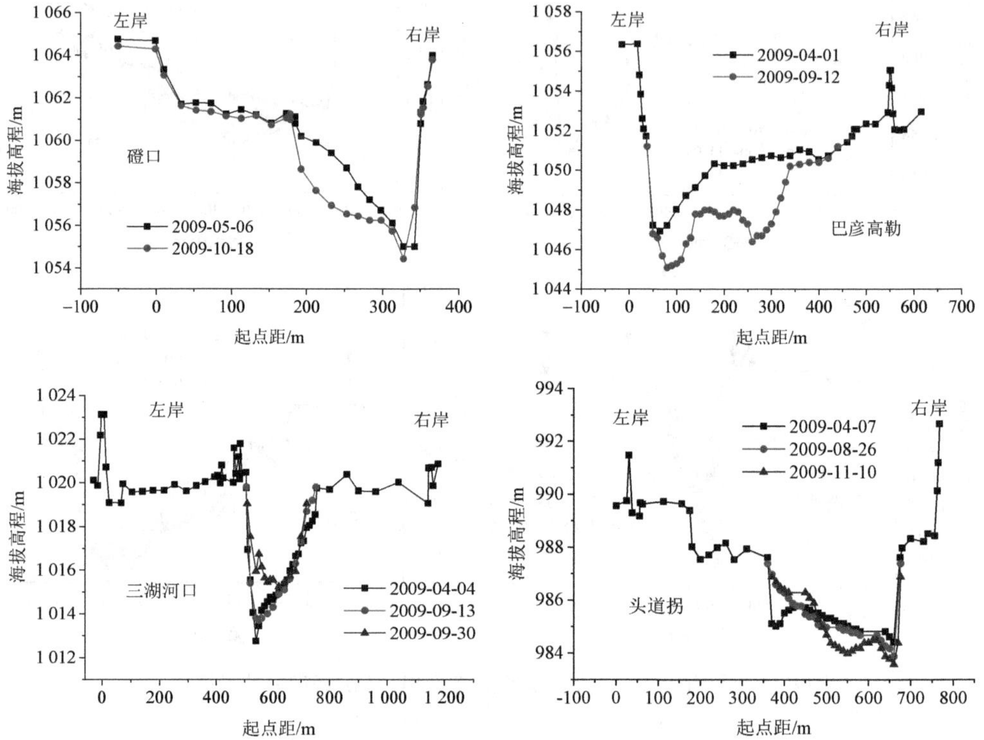

图 8-7　黄河内蒙古河段典型断面在 2009 年洪峰前后的形态比较

巴彦高勒断面 2008 年当水位为 1 051.11 m 时，洪峰之后的断面面积减小了 1.80%，水面宽度减小了 4.52%，平均水深增加了 3.11%，而水流断面宽深比则比洪峰前减小了 7.40%。2009 年当水位为 1 050.97 m 时，该断面在洪峰之后的断面面积增加了 154.72%，水面宽度增加了 12.71%，平均水深增加了 126.50%，而水流断面宽深比则比洪峰前减小了 50.24%。2010 年当水位为 1 050.17 m 时，该断面在洪峰之后的断面面积增加了 11.33%，水面宽度减小了 22.63%，平均水深增加了 43.96%，而水流断面宽深比则比洪峰前减小了 46.25%（表 8-3）。

在以巴彦高勒断面为代表的辫状河型段，河道形态响应洪峰过程的调整最为明显，其断面面积最大增幅可达洪峰前的 1.5 倍，平均水深增幅可达洪峰前的 1.26

倍，而水流断面宽深比最大减幅可达洪峰前的一半以上（图 8-9）。显然，辫状河型段的河道在洪水过程中的调整主要是通过河床侵蚀下切的方式而使河道过水断面增大（图 8-6～图 8-8），以达到顺利行洪的需要。

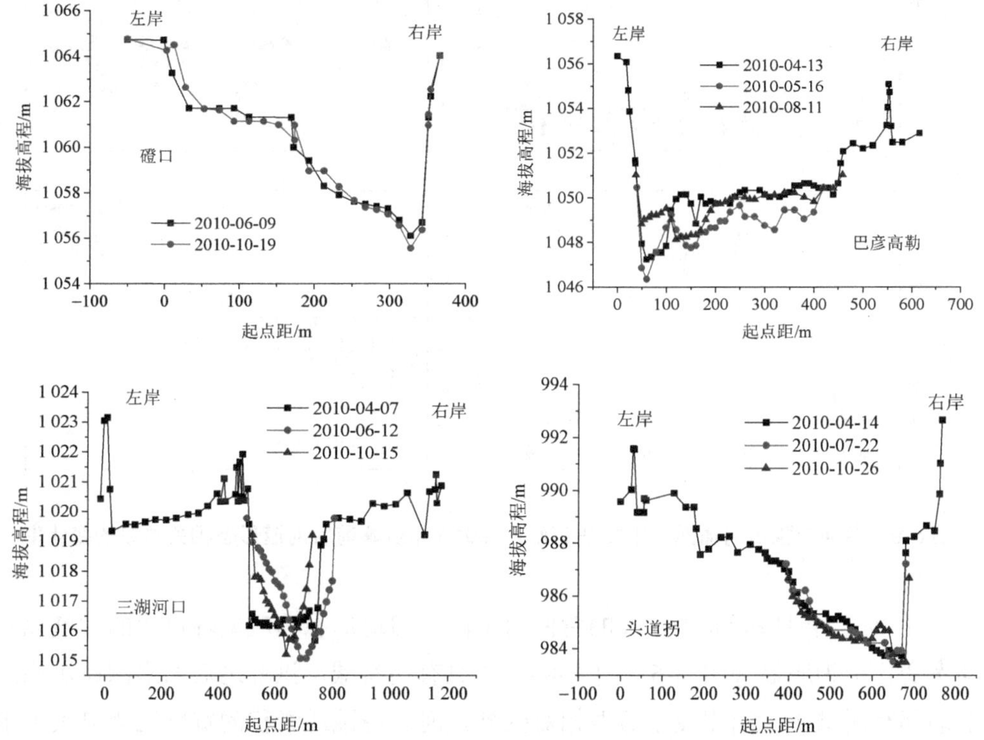

图 8-8 黄河内蒙古河段典型断面在 2010 年洪峰前后的形态比较

三湖河口断面 2008 年当水位为 1 018.75 m 时，洪峰之后的断面面积增大了 11.75%，水面宽度增大了 22.22%，平均水深减小了 8.49%，而水流断面宽深比则比洪峰前增大了 33.56%（表 8-3）。2009 年当水位为 1 018.96 m 时，该断面在洪峰之后的断面面积增加了 1.65%，水面宽度增加了 19.41%，平均水深减小了 14.74%，而水流断面宽深比则比洪峰前增大了 40.05%。2010 年当水位为 1 018.96 m 时，该断面在洪峰之后的断面面积减小了 25.00%，水面宽度减小了 20.31%，平均水深减小了 6.15%，而水流断面宽深比则比洪峰前减小了 15.09%。

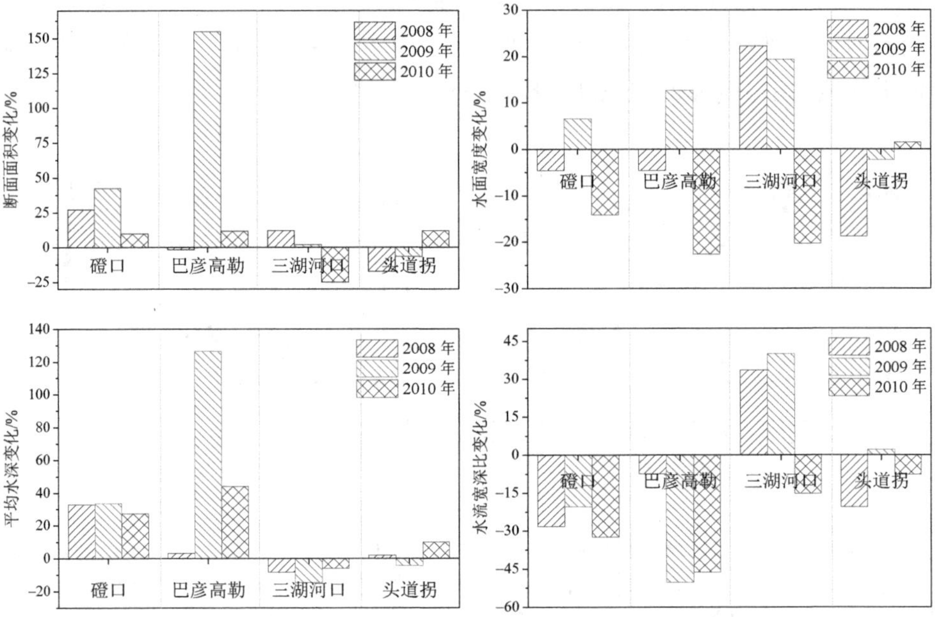

图 8-9　黄河内蒙古河道四个水文站 2008—2010 年洪峰前后河道形态相关参数的变化率

在以三湖河口断面为代表的弯曲河型段，河道形态响应洪峰过程的调整以水面宽变化最为明显（图 8-6～图 8-8），并且有增有减，洪峰之后的水深比洪峰之前的都有所减小，河岸侵蚀后退相对强烈，河岸侵蚀或淤积的宽度比明显大于水深变化的深度比，同时水流断面宽深比的变化率最大，且以增加为主（图 8-9）。这表明，弯曲河段的河道调整对于洪水过程的响应以河岸坍塌以及对岸的侧向加积为其主要特征，而洪峰后平均水深的大幅度减小反映了弯曲河段的河床在洪水期以淤积为主，这和辫状河段内河道调整的态势完全相反。

头道拐断面 2008 年当水位为 987.04 m 时，洪峰之后的断面面积减小了 17.45%，水面宽度减小了 18.80%，平均水深增加了 2.06%，而水流断面宽深比则比洪峰前减小了 20.44%（表 8-3）。2009 年当水位为 986.78 m 时，该断面在洪峰之后的断面面积减小了 6.88%，水面宽度减小了 2.26%，平均水深减小了 4.28%，而水流断面宽深比则比洪峰前增大了 2.11%。2010 年当水位为 986.17 m 时，该断面在洪峰之后的断面面积增加了 11.75%，水面宽度增加了 1.47%，平均水深增加了 9.93%，而水流断面宽深比则比洪峰前减小了 7.69%。

在以头道拐断面为代表的顺直河型段，河道形态响应洪峰过程的调整以水面宽度减小为主要特征（图 8-9），表明河岸有一定量的淤积；而水深变化不显著，表明河床冲淤大致处于准平衡状态。总体上看，洪峰过程中顺直河段的河道相对最为稳定。

8.2　黄河宁蒙河段典型洪水过程中悬沙冲淤分析

洪水期是河流水动力较强的阶段，也是冲积河流冲淤变化较大的演变阶段。通常认为，平水期或枯水期是冲积河流沉积为主的时段，而洪水期是冲积河流侵蚀为主的时段。黄河宁蒙河段在洪水期的冲淤状况如何？为了回答这个问题，根据多年洪水事件的相关统计资料，来具体分析不同洪水期黄河宁蒙河段及其不同区间的悬移质泥沙的冲淤量大小，并据此来分析洪水对宁蒙河段的影响特征。

黄河宁蒙河段 1964—1981 年发生的 19 场洪水的发生日期及在不同区间河段的悬移质泥沙冲淤量统计结果见表 8-4（杨赉斐等，2002），每次洪水的平均流量以黄河兰州水文站的数据为参考。

8.2.1　黄河宁蒙冲积河段洪水悬沙总冲淤量分析

上述每场洪水在黄河宁蒙冲积河段（青铜峡—头道拐区间）的悬移质泥沙冲淤量见图 8-10。在这 19 场洪水中，有 6 场洪水在该区间造成明显沉积，而多达 13 场洪水则引起冲刷侵蚀。1964—1981 年，兰州水文站平均流量超过 2 500 m^3/s 的洪水有 10 次（表 8-4），而这 10 场洪水在青铜峡—头道拐区间以淤积为主的有 4 次，其中悬沙的最大淤积量为 0.779 3 亿 t，其对应的兰州水文站的平均流量为第八大的 2 595 m^3/s；次大悬沙淤积量为 0.659 0 亿 t，而它对应的兰州水文站的平均流量为第三大的 3 558 m^3/s。在这 19 场洪水中，当兰州水文站的平均流量为最大的 3 915 m^3/s 时，黄河青铜峡—头道拐区间的悬沙也以淤积为主，只是该区间的总淤积量仅为 0.084 4 亿 t。

表 8-4 黄河宁蒙河段青铜峡—头道拐区间不同洪水过程中的冲淤量（杨赉斐等，2002）

起讫日期	序号	兰州站平均流量/（m³/s）	冲淤量/亿 t				
			青铜峡—头道拐	青铜峡—石嘴山	石嘴山—三湖河口	三湖河口—昭君坟	昭君坟—头道拐
1964 年 7 月 10 日—8 月 10 日	1	3 558	0.659 0	0.355 1	0.158 1	0.127 0	0.018 8
1964 年 8 月 11 日—8 月 31 日	2	2 595	0.779 3	0.329 3	0.314 1	0.163 4	−0.027 5
1964 年 9 月 1 日—10 月 29 日	3	2 398	−0.267 5	−0.320 7	0.171 9	−0.061 6	−0.057 1
1966 年 8 月 3 日—8 月 17 日	4	2 868	0.082 4	0.062 7	0.028 0	−0.024 6	0.016 3
1966 年 8 月 29 日—10 月 31 日	5	2 703	−0.440 9	−0.237 9	−0.111 1	0.014 0	−0.105 9
1967 年 5 月 30 日—6 月 8 日	6	2 473	−0.092 6	−0.065 4	−0.013 7	0.011 2	−0.024 7
1967 年 7 月 6 日—7 月 31 日	7	3 174	−0.289 0	−0.126 1	−0.147 8	−0.000 8	−0.014 3
1967 年 8 月 9 日—10 月 6 日	8	3 498	−0.641 8	−0.244 0	−0.712 6	0.052 4	0.262 4
1968 年 6 月 27 日—7 月 20 日	9	2 188	−0.198 7	−0.075 2	−0.046 1	−0.038 3	−0.039 1
1968 年 8 月 1 日—8 月 15 日	10	1 964	−0.047 1	0.018 9	−0.008 7	−0.039 3	−0.018 0
1968 年 9 月 1 日—10 月 17 日	11	2 592	−0.679 7	−0.193 0	−0.271 3	−2.182 3	1.966 9
1975 年 9 月 6 日—9 月 23 日	12	2 204	−0.147 3	−0.043 9	−0.035 4	−0.049 0	−0.019 0
1975 年 9 月 29 日—11 月 1 日	13	2 520	−0.423 1	−0.135 4	−0.212 1	−0.050 8	−0.024 8
1976 年 8 月 29 日—9 月 17 日	14	3 568	−0.243 8	0.031 3	−0.244 1	−0.005 2	−0.025 8
1981 年 6 月 24 日—7 月 5 日	15	2 054	−0.027 4	0.013 3	0.011 1	−0.008 2	−0.043 6
1981 年 7 月 13 日—7 月 27 日	16	2 140	0.158 6	0.118 6	0.057 6	0.002 2	−0.019 8
1981 年 7 月 31 日—8 月 5 日	17	1 645	0.009 3	−0.010 9	0.026 0	0.000 0	−0.005 8

起讫日期	序号	兰州站平均流量/(m^3/s)	冲淤量/亿 t				
			青铜峡—头道拐	青铜峡—石嘴山	石嘴山—三湖河口	三湖河口—昭君坟	昭君坟—头道拐
1981 年 9 月 1 日—10 月 8 日	18	3 915	0.084 4	0.252 8	−0.572 6	0.107 4	0.296 8
1981 年 10 月 21 日—10 月 30 日	19	1 579	−0.020 8	−0.059 9	0.025 4	0.008 2	0.005 5

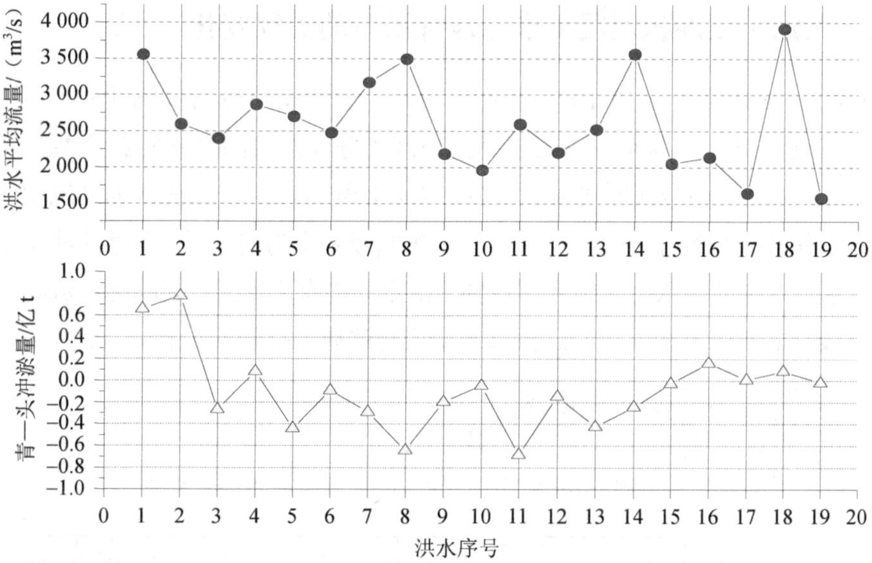

图 8-10　1964—1981 年 19 场洪水在兰州站的平均流量及在青铜峡—头道拐区间的悬沙总冲淤量

（正值表示泥沙淤积、负值表示泥沙侵蚀；洪水序号所代表的各场次洪水及其发生时间见表 8-4）

兰州水文站平均流量小于 2 500 m^3/s 的洪水有 9 次（表 8-4），而这 9 场洪水在青铜峡—头道拐区间以侵蚀为主的就有 7 次。也就是说，兰州站小于 2 500 m^3/s 的洪水多数情况下可以引起青铜峡—头道拐区间发生侵蚀，但这些洪水的侵蚀量都很小，例如，兰州站除平均流量为 2 398 m^3/s 的洪水在黄河青铜峡—头道拐区间造成了 0.267 5 亿 t 的悬移质泥沙侵蚀量外，其他的平均流量小于 2 500 m^3/s 的洪水在该河段造成的悬移质泥沙侵蚀量都不超过 0.2 亿 t。但是，侵蚀量超过 0.4 亿 t 的 4 次洪水，其在兰州水文站的平均流量都大于 2 500 m^3/s。

从上述分析可以得出，兰州水文站平均流量较大的洪水未必总能在黄河宁蒙冲积河段青铜峡—头道拐区间引起侵蚀，但是，青铜峡—头道拐区间的最大侵蚀量总是对应于兰州水文站较大的洪水平均流量。

上述 19 场洪水在黄河宁蒙冲积河段的悬沙总冲淤量为–1.746 7 亿 t，平均每场洪水悬沙冲淤量仅有–0.091 9 亿 t。可见，由于河道比降较小，天然洪水的冲沙效率是很低的。

8.2.2 黄河宁蒙冲积河段洪水悬沙冲淤量的沿程变化

1964—1981 年发生的 19 场洪水在黄河宁蒙冲积河段的青铜峡—石嘴山、石嘴山—三湖河口、三湖河口—头道拐三个区段分别造成的悬移质泥沙冲淤量绘制在图 8-11 中。其中悬沙冲淤量为正值，表示给定区间河床上悬沙为净沉积，洪水动能减小使其挟带的部分粗悬移质泥沙发生卸载并变为河床质；当悬沙冲淤量为负值，表示给定区间河床上泥沙为净侵蚀，洪水动能有所增强，紊动的洪流将河床表层部分较细的河床质泥沙冲刷悬浮起来变成悬移质，使悬沙加载、含沙量升高。

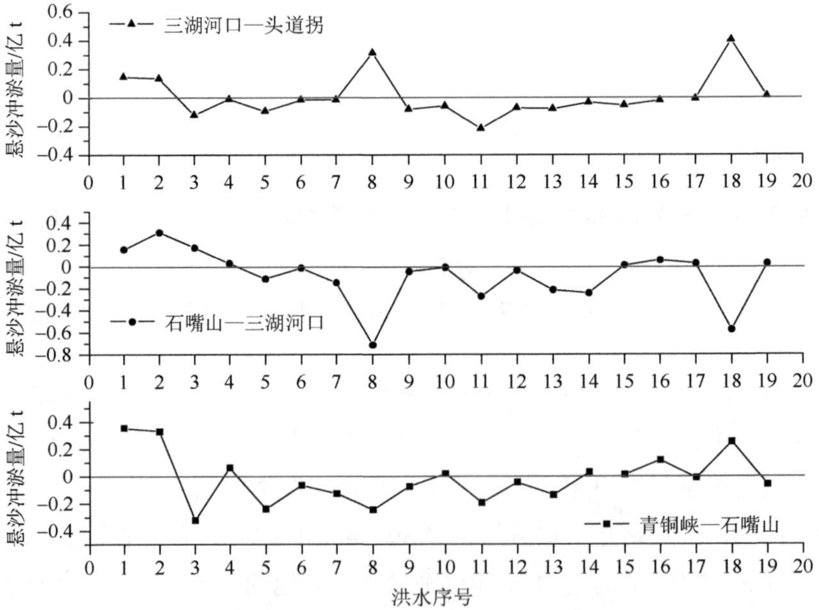

图 8-11 黄河宁蒙三个亚河段 19 场洪水的泥沙冲淤量比较

（洪水序号所代表的洪水见表 8-4）

由图 8-11 可见，1964—1981 年的 19 场洪水在黄河青铜峡—头道拐河段的三个亚河段的泥沙冲淤量具有复杂的空间变化趋势，泥沙冲淤量较大的洪水在各亚河段引起的净沉积和净侵蚀的空间变化模式大致有：各亚河段均发生净沉积、各亚河段均发生净侵蚀、侵蚀-沉积-侵蚀交替发生、沉积-侵蚀-沉积交替发生、侵蚀-侵蚀-沉积的趋势反转。此外，还有沉积-沉积-侵蚀的趋势反转等类型的空间冲淤变化，但因为冲淤量较小可忽略。

各亚河段均发生净沉积的一些洪水所引起的悬沙淤积量有沿程变小的趋势，如洪水序号 1 和 2 分别代表的 1964 年 7 月 10 日—8 月 10 日和 1964 年 8 月 11 日—8 月 31 日的两次洪水，其在青铜峡—石嘴山、石嘴山—三湖河口和三湖河口—头道拐亚河段的悬沙淤积量分别为 0.355 1 亿 t、0.158 1 亿 t、0.145 8 亿 t 和 0.329 3 亿 t、0.314 1 亿 t、0.135 9 亿 t。

各亚河段均发生净侵蚀的最大洪水过程中的泥沙净侵蚀量在亚河段具有沿程变小或者大小交替的分布特征。如洪水序号为 5 号和 11 号的洪水分别发生于 1966 年 8 月 29 日—10 月 31 日和 1968 年 9 月 1 日—10 月 17 日，这两次分别在上述三个亚河段的泥沙冲淤量为–0.237 9 亿 t、–0.111 1 亿 t、–0.091 9 亿 t 和–0.193 0 亿 t、–0.271 3 亿 t、–0.215 4 亿 t，前者的变化趋势为沿程变小，后者的沿程变化为较小、大和较大。

侵蚀-沉积-侵蚀交替发生表示当青铜峡—石嘴山亚河段发生严重侵蚀时，其比邻亚河段石嘴山—三湖河口河段则发生沉积，而在三湖河口—头道拐亚河段则发生侵蚀的空间冲淤变化趋势。如洪水序号 3 所代表的 1964 年 9 月 1 日—10 月 29 日的洪水，其造成的悬沙冲淤量由青铜峡—石嘴山河段的–0.320 7 亿 t 变为石嘴山—三湖河口河段的 0.171 9 亿 t，再变为三湖河口—头道拐河段的–0.118 7 亿 t。

沉积-侵蚀-沉积交替发生表示当青铜峡—石嘴山亚河段发生显著沉积时，其比邻亚河段石嘴山—三湖河口河段则发生强烈侵蚀，而在三湖河口—头道拐亚河段则发生强烈沉积的沿程冲淤变化趋势。如洪水序号 18 所代表的 1981 年 9 月 1 日—10 月 8 日的洪水，其造成的悬沙冲淤量由青铜峡—石嘴山河段 0.252 8 亿 t 变为石嘴山—三湖河口河段的–0.572 6 亿 t，再变为三湖河口—头道拐河段的 0.404 2 亿 t。

侵蚀-侵蚀-沉积的趋势反转表示青铜峡—石嘴山和石嘴山—三湖河口亚河段都发生发生明显侵蚀，而在三湖河口—头道拐亚河段则发生强烈沉积的沿程冲淤变化趋势。如洪水序号 8 所代表的 1967 年 8 月 9 日—10 月 6 日的洪水，其造成的悬沙冲淤量由青铜峡—石嘴山亚河段的–0.244 0 亿 t 变为石嘴山—三湖河口亚河段的–0.712 6 亿 t，再变为三湖河口—头道拐河段的 0.314 8 亿 t。

对于黄河内蒙古河段来说，当某次洪水在石嘴山—三湖河口亚河段发生大量侵蚀时，三湖河口—头道拐亚河段则发生大量淤积，例如，8 号洪水在石嘴山—三湖河口亚河段侵蚀了 0.712 6 亿 t 悬移质泥沙，但在三湖河口—头道拐亚河段则沉积了 0.314 8 亿 t 悬沙，即上一河段侵蚀的泥沙约有一半沉积在下一河段；而 18 号洪水在石嘴山—三湖河口亚河段侵蚀了 0.572 6 亿 t 悬沙，但在三湖河口—头道拐亚河段则沉积了 0.404 2 亿 t 悬沙，即上一河段侵蚀的泥沙约有 71%沉积在下一河段。这表明，在黄河内蒙古河段，石嘴山—三湖河口河段因冲刷侵蚀而来的悬移质泥沙，有相当一部分沉积在三湖河口—头道拐河段，这是悬移质泥沙对河道比降沿程降低所引起的河流水动力沿程变小的响应。

在黄河宁蒙河段的青铜峡—石嘴山、石嘴山—三湖河口、三湖河口—昭君坟和昭君坟—头道拐区间，上述 19 场洪水的悬沙总冲淤量分别为–0.33 亿 t、–1.58 亿 t、–1.97 亿 t 和 2.14 亿 t，平均每场洪水的悬沙冲淤量分别为–0.02 亿 t、–0.08 亿 t、–0.10 亿 t 和 0.11 亿 t。其中前三个亚河段的侵蚀总量或单场洪水的平均侵蚀量都具有沿程增大的趋势；后一亚河段发生了相对较大的净沉积量。

8.3　典型洪水前后河床质泥沙粒度变化分析

任何河流边界物质中泥沙颗粒的组成和分选程度都与河流水动力的强弱和流水搬运的距离密切相关。洪水过程作为改造冲积河流最有效的动力过程，其对河道的重塑过程中必将引起河道边界物质组分和泥沙颗粒结构发生变化，而河床质粒度、组成及各组分相对比例在洪水前后的变化，可以揭示洪水对河道的改造程度。衡量颗粒大小的度量指标称为粒度，下面的讨论需要用到粒度概念，所以，需要对粒度类型和意义加以说明。

8.3.1　采用 Φ 值粒级的原因及其意义

河流搬运的泥沙颗粒与水动力学有关。根据水力学研究结果，认为直径大于 2 mm 的泥沙颗粒一般以滚动方式沿河床底部搬运，通常称作推移质；直径为 0.05～2 mm 的泥沙颗粒在水流搬运中非常活跃，常常以跃动方式运移，通常称作跃移质；0.005～0.05 mm 的泥沙颗粒在水流中的沉降速度已不符合斯托克斯公式了，而小于 0.005 mm 的泥沙颗粒在水流中已有明显的凝聚现象，甚至可有布朗运动现象。

自然粒级：从物质成分来看，岩石碎屑一般多见于大于 2 mm 的粒级中，小于 2 mm 的粒级中以矿物碎屑为主，重矿物一般分布在 0.005～0.05 mm 的粒级中，而小于 0.005 mm 的粒级中则以黏土矿物为主。据此人们通常把泥沙颗粒划分为：砾：＞2 mm；砂：0.05～2 mm；粉砂：0.005～0.05 mm；泥（黏土）：＜0.005 mm。

Φ 值粒级：泥沙颗粒的自然粒级（单位通常为 mm）因为不是正态分布因而不能够全面反映泥沙的统计学特性。自然界中特别是河流输移的泥沙颗粒具有对数正态性质，因此，在讨论河床质在洪水过后是否粗化问题以及各个组分之间的相对变化关系，需要对收集到的实测粒度的自然粒级数据进行对数转换，使之变为对数正态。转换公式为：

$$\Phi = -\log_2 d \tag{8-1}$$

式中，d 为泥沙颗粒的直径，mm。

将自然粒级转换为 Φ 值粒级后，为分析河床质中的推移质、跃移质和悬移质的相对比例、各自含量及其粒度分布范围提供了极大的方便，而且也有利于对泥沙颗粒进行更为详细的分级，例如，表 8-5 中的泥沙小类的划分就非常清晰，应用起来也更加方便。

表 8-5　Φ 值粒级与自然粒级对照表及泥沙类型划分

自然粒级/mm	Φ 值	泥沙小类	泥沙大类
64（2^6）	–6	-5Φ＞漂石≥-6Φ	石≤-4Φ
32（2^5）	–5	-4Φ＞卵石≥-5Φ	

自然粒级/mm	Φ 值	泥沙小类	泥沙大类
16（2^4）	−4	$-3\Phi>$粗砾$\geqslant-4\Phi$	$-1\Phi>$砾$\geqslant-4\Phi$
8（2^3）	−3	$-2\Phi>$中砾$\geqslant-3\Phi$	
4（2^2）	−2	$-1\Phi>$细砾$\geqslant-2\Phi$	
2（2^1）	−1	$0\Phi>$极粗砂$\geqslant-1\Phi$	$4\Phi>$砂$\geqslant-1\Phi$
1（2^0）	0	$1\Phi>$粗砂$\geqslant0\Phi$	
0.5（2^{-1}）	+1	$2\Phi>$中砂$\geqslant1\Phi$	
0.25（2^{-2}）	+2	$3\Phi>$细砂$\geqslant2\Phi$	
0.125（2^{-3}）	+3	$4\Phi>$极细砂$\geqslant3\Phi$	
0.063（2^{-4}）	+4	$5\Phi>$粗粉砂$\geqslant4\Phi$	$8\Phi>$粉砂$\geqslant4\Phi$
0.031 5（2^{-5}）	+5	$6\Phi>$中粉砂$\geqslant5\Phi$	
0.015 7（2^{-6}）	+6	$7\Phi>$细粉砂$\geqslant6\Phi$	
0.007 8（2^{-7}）	+7	$8\Phi>$极细粉砂$\geqslant7\Phi$	
0.003 9（2^{-8}）	+8	泥$>8\Phi$	泥$>8\Phi$

8.3.2 洪水前后河床质粒度及不同组分相对含量比较

洪水前后河床质泥沙粒度组成及不同组分相对含量的比较可以反映洪水过程对河床质的改造程度。河床质的中值粒径及推移质、跃移质和悬移质的相对比例、粗细截点的 Φ 值等是比较的重点。不同运移方式的泥沙比例变化可用来揭示洪水对河床的冲淤作用，粗细截点的 Φ 值变化可用来揭示不同组分中粒度总体上在变粗还是在变细；中值粒径变化也可用来从宏观上把握河床质在洪水冲淤作用下的粗化或细化过程。

在黄河宁蒙河段洪水前后实测的河床质泥沙样品很少，这里仅收集到头道拐断面在 1986 年汛期前后的河床质泥沙分析资料。为了和黄河下游河床泥沙粒度在洪水前后的变化进行对比，也收集到利津水文站在 2002 年汛前及人工洪水冲沙之后的河床质粒度资料。头道拐水文站和利津水文站分别处在黄河上游的末段和黄河下游的末段，而且河道比降非常接近，对比二者的河床质粒度在洪水前后的变化幅度及绝对值大小，可以反映两个河道断面上洪水冲沙能力的大小（图 8-12）。

头道拐水文站和利津水文站在给定洪水前后的河床质粒度概率累积百分含量变化曲线中（图 8-12）的三条线段分别代表河床质中的推移质、跃移质和悬移质，其斜率越大表示分选性越好，此外，根据该曲线图求得了粗截点（推移质和跃移质两条线段的拐点）和细截点（跃移质和悬移质两条线段的拐点）的坐标值及中值粒径值。

头道拐水文站在 1986 年汛前的河床质粒度分布主要由推移质、跃移质和悬移质三类组分构成（图 8-12 和表 8-6），其中推移质组分的粒径小于 2.15Φ，所占比例为 2.94%；跃移质组分的粒径介于 2.15Φ～4.58Φ，所占比例为 92.37%；悬移质组分的粒径大于 4.58Φ，所占比例为 4.69%。在当年汛后，河床质中推移质组分的粒径小于 1.00Φ，所占比例为 1.00%，与汛前相比，推移质组分的最大 Φ 值明显变小，其最小粒度明显变大，而其所占河床质的比例也明显变小。跃移质组分的粒径介于 1.00Φ～4.88Φ，所占比例为 96.95%，与汛前相比，跃移质组分的最大和最小 Φ 值范围都有增大，粒度范围向粗向细都有所扩展，而其所占河床质的比例有所增大。悬移质组分的粒径大于 4.88Φ，所占比例为 2.05%，与汛前相比，悬移质组分的最小 Φ 值明显变小，表明其最大粒径有所增大，而其所占河床质的比例相对减小。宁蒙河段 1986 年的洪水对头道拐水文站河床质进行了明显的冲淤改造，使河床质中三类组分的粒度和所占比例都发生了明显变化，其河床质的中值粒径由汛前的 3.44Φ 减小至汛后的 3.08Φ，河床质总体上略微变粗，即洪水导致河床粗化。

黄河下游利津水文站 2002 年汛前及人工洪水冲沙之后的河床质粒度分布特征见图 8-12。在汛前，推移质组分的粒径小于 2.20Φ，所占比例为 0.11%；跃移质组分的粒径介于 2.20Φ～5.04Φ 之间，所占比例为 58.03%；悬移质组分的粒径大于 5.04Φ，所占比例为 41.9%。在当年人工洪水冲沙之后，河床质中推移质组分的粒径小于 2.00Φ，所占比例为 1.00%，与人工洪水冲沙前相比，推移质组分的最大 Φ 值略微变小，其最小粒径有所增大，而其所占河床质的比例略有增加。跃移质组分的粒径介于 2.00Φ～4.71Φ 之间，所占比例为 90.34%，与人工洪水冲沙前相比，跃移质组分的两端点 Φ 值都明显变小，表明其粒径有所增大，而其所占河床质的比例大幅增大。悬移质组分的粒径大于 4.71Φ，所占比例为 8.66%，与人工洪水冲沙前相比，最小 Φ 值有所变小，其最大粒径有所增大，而其占河床质的比例大幅减小。利津水文站2002年汛前与人工洪水冲沙后相比，其河床质的中值粒径由汛前的4.86Φ减小至汛后的3.73Φ，表明其河床质同样明显粗化。

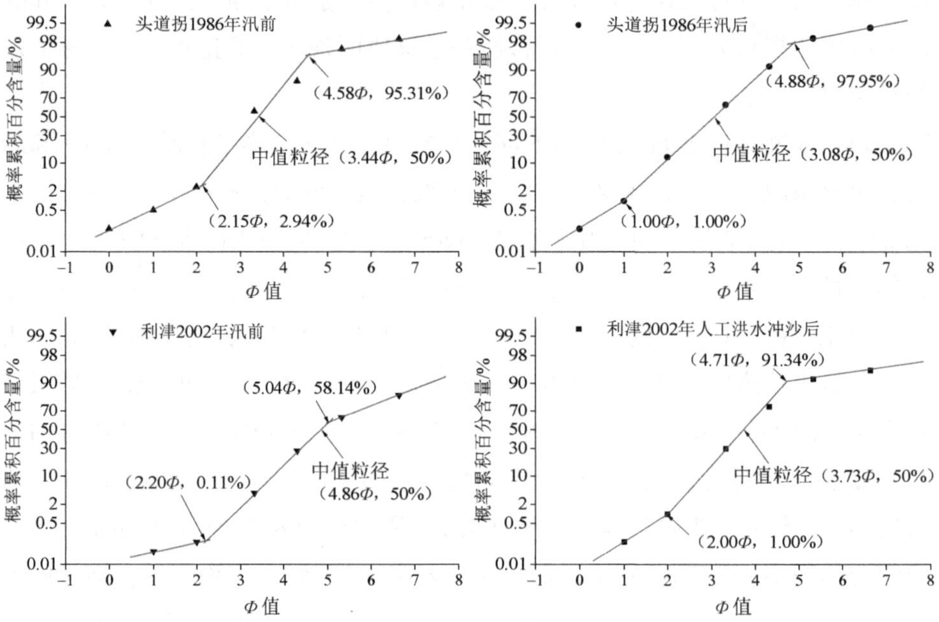

图 8-12 黄河上游头道拐和下游利津水文站洪水前后河床质组成比较

表 8-6 头道拐及利津水文站洪水前后河床质粒度变化特征

河床质组分	头道拐站汛前		头道拐站汛后		利津站汛前		利津站人为冲沙后	
	粒径/Φ	比例/%	粒径/Φ	比例/%	粒径/Φ	比例/%	粒径/Φ	比例/%
推移质	<2.15	2.94	<1.00	1.00	<2.20	0.11	<2.00	1.00
跃移质	2.15～4.58	92.37	1.00～4.88	96.95	2.20～5.04	58.03	2.00～4.71	90.34
悬移质	>4.58	4.69	>4.88	2.05	>5.04	41.9	>4.71	8.66
中值粒径	3.44	—	3.08	—	4.86	—	3.37	—

8.3.3 洪水前后河床质各参数变化幅度对比

对比黄河上游末段的头道拐水文站在1986年汛期前后以及黄河下游利津水文站2002年汛前及人工洪水冲沙之后的河床质粒度各个组分相关参数的变化

（图 8-13）可以发现，二者之间存在较大的不同。头道拐断面洪水之后河床质中的推移质含量减小了约 2/3，而利津断面的增加到原来的 8 倍左右，但洪水后二者的推移质基本都占各自河床质的 1%。对于跃移质来说，头道拐断面的略有增加，而利津断面的增幅较大。

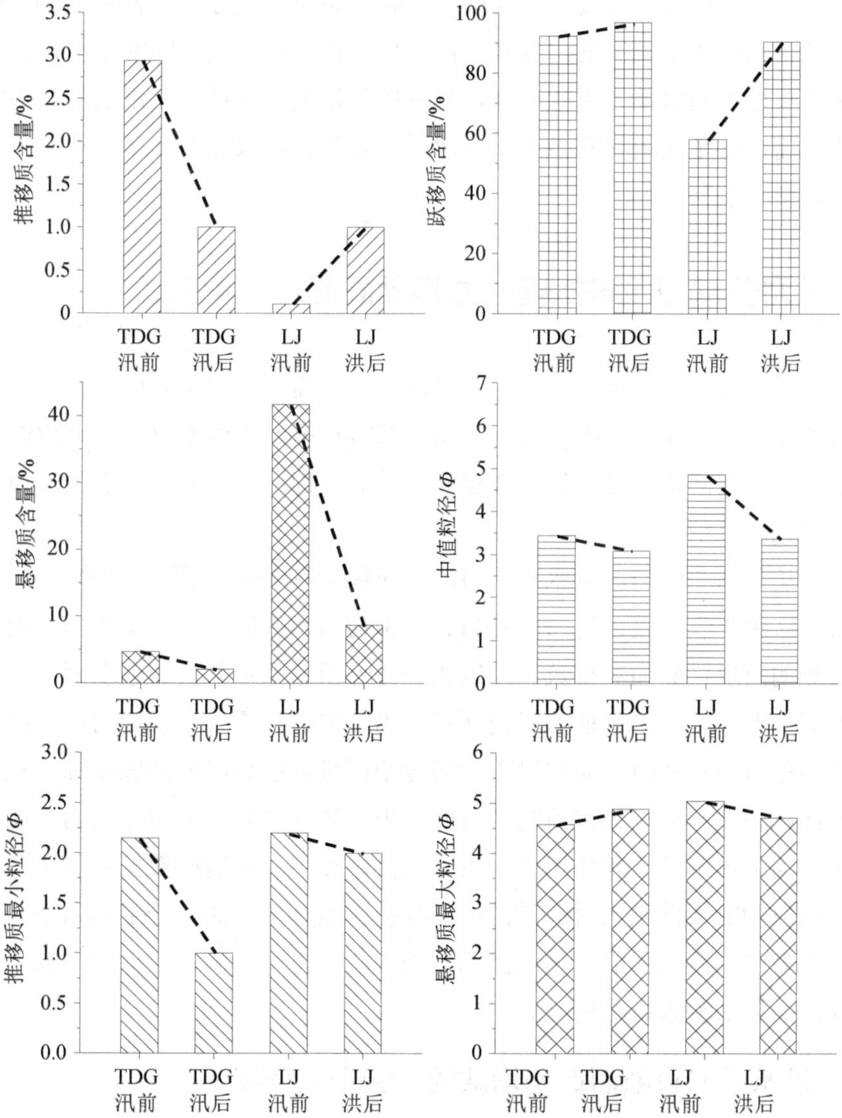

图 8-13　头道拐（TDG）和利津（LJ）水文站洪水前后河床质各参数变化对比

头道拐断面河床质中悬移质的含量很少，汛后减少 50%以上；而利津断面的悬移质的含量占其河床质总量的 40%以上，洪水后的减小幅度很大，洪水后是洪水前的 1/5 左右。中值粒径 Φ 值在头道拐减小幅度小，而在利津减小幅度大，但头道拐断面河床质的中值粒径 Φ 值总是比利津的小，即其自然粒径总是比利津断面的大。头道拐断面河床质中的推移质其最大 Φ 值总是小于利津断面的，即其最小自然粒径总是大于利津的，并且在洪水后其自然粒径增大的幅度也是最大的。这些表明头道拐的水动力更强一些。悬移质的最大自然粒径在汛前是头道拐略大于利津，而汛后是头道拐略微小于利津，这表明，洪水在悬移质输沙能力方面，头道拐略微小于利津。

8.4 黄河宁蒙河段洪水前后河道断面面积变化分析

洪水对河道的改造作用包括河道冲淤两个方面，但河道断面面积在洪水前后的增减变化也可以定量反映洪水对河道的影响程度。当洪水过后，河道断面面积如果增大，表明河道遭受了洪水较强烈的冲刷侵蚀；如果变小，表明河道发生了一定量的泥沙沉积。

在讨论黄河宁蒙河段洪水对河道断面面积的影响时，选取宁夏境内的下河沿、青铜峡、石嘴山和内蒙古境内的磴口、三湖河口和头道拐六个水文站，根据洪水前后实测的河道横断面高程数据经过积分计算得出洪水前后的断面面积，再用洪水后的断面面积减去洪水前的断面面积，当该差值为零时，说明河道保持冲淤平衡；当该差值为正数时，表明洪水对河道断面进行了足够的冲刷侵蚀，从而使河道断面面积增大；而当该差值为负数时，表明洪水之后的河道断面面积比之洪水前减小，河道内部的沉积作用大于洪水的侵蚀作用。从这些数据的正负及其相对大小，可以判断天然洪水对河道的影响程度。这里，首先讨论上述六个断面在不同年份典型洪水影响下的河道断面面积的变化，再讨论同一年份同一洪水过程对河道断面面积的沿程影响情况。

8.4.1 洪水后河道断面面积增减的年际变化特征

如能分析所有洪水过程中河道断面面积的变化固然好，但是工作量非常大，所以，需要选取一些比较有代表性的典型洪水过程作案理性研究。相关行业内学者们通常以 10 年或者 20 年的时间划分习惯、资料的可及性和系统性，结合黄河上游大型水库的修建年份，这里选取黄河上游大型水库建成前的 1966 年、青铜峡水库和刘家峡水库建成后的 1976 年、龙羊峡水库完工的 1986 年，三个大型水库协同运行的 1990 年和 2006 年发生的最大洪水来分析它们对黄河宁蒙河段上述六个水文站的河道断面面积的影响情况。每个河道断面面积在上述不同年份发生的最大洪水前后的面积差值绘制于图 8-14。

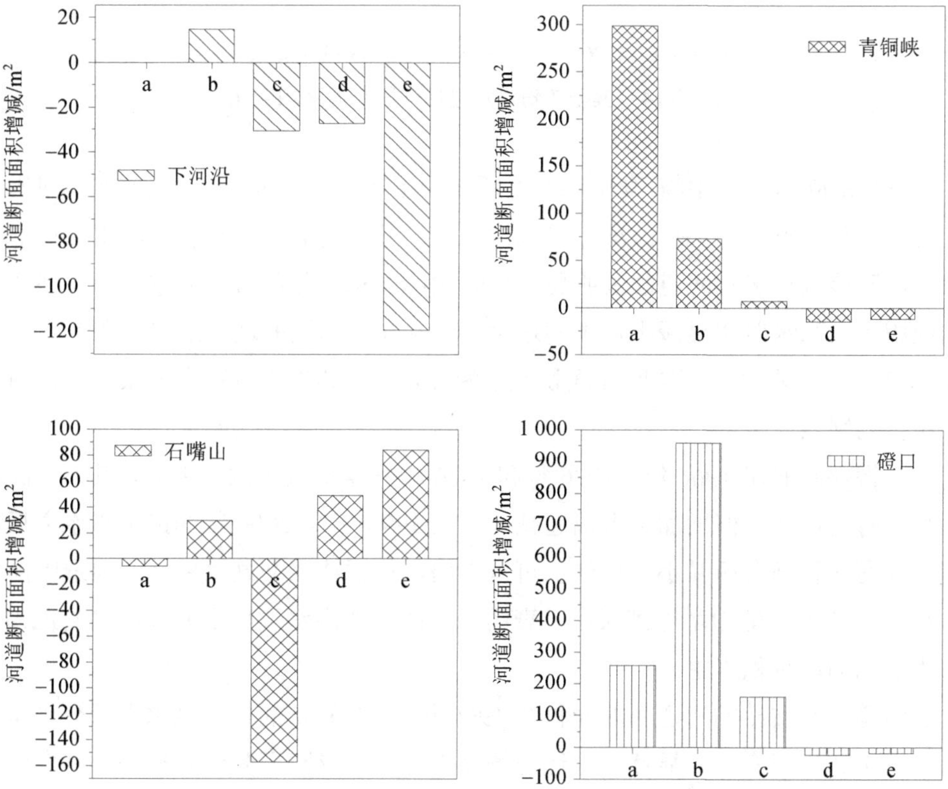

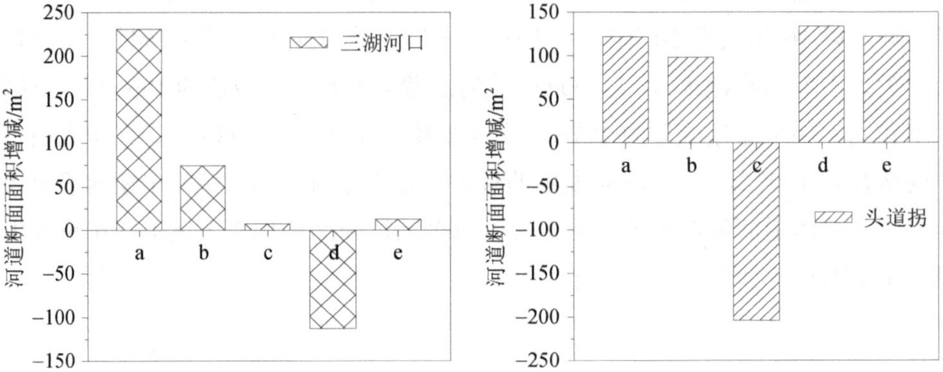

a—1966 年，b—1976 年，c—1986 年，d—1990 年，e—2006 年。

图 8-14　典型年份洪水过后河道断面面积变化

下河沿断面缺乏 1966 年的洪水之后的断面资料，因而无法分析其当年洪水前后的断面面积变化，但在 1976 年最大洪水之后其河道断面面积较之洪水前明显增大，表明该次洪水对河道侵蚀明显。1986 年和 1990 年的最大洪水之后，河道断面面积较之洪水前明显减小，表明这两次洪水在下河沿断面附近以淤积为主。在 2006 年最大洪水之后河道断面面积减小幅度最大，其洪水过程中的淤积较以前各年份更为强烈。

青铜峡断面在 1966 年、1976 年和 1986 年各年份最大洪水之后，其河道断面面积都有所增加，但增加量大幅递减；而在 1990 年和 2006 年的最大洪水之后，河道断面面积都有所减小。总体上可以看出，青铜峡水文站洪水后的河道断面面积在上述 5 个年份由增加到减小，表明河道由早期洪水过程中的以冲刷侵蚀为主变为后期的以沉积为主。

石嘴山水文站的河道断面面积在 1966 年和 1986 年的最大洪水之后分别呈现略微变小和显著变小，显然，上述两场洪水过程使该断面附近的河道分别发生少量和大量的泥沙沉积，从而使河道断面面积因为淤积而变小。而在 1976 年、1990 年及 2006 年各年份的最大洪水过后，其河道断面面积都显著增大，并有随时递增之势，这些洪水过程导致断面处的河道以泥沙净侵蚀为主。

磴口水文站在 1966 年、1976 年和 1986 年各年份最大洪水之后，其河道断面面积都有显著增加，但在 1976 年增加最为明显。上述年份该断面附近的河道在洪水过程中显然以侵蚀为主。但在 1990 年和 2006 年的最大洪水之后，其河道断面面积略有减小，但减小量微不足道，表明这两次洪水过程中该断面附近的河道基本为冲淤平衡状态。

三湖河口水文站 1966 年、1976 年、1986 年和 2006 年各年份最大洪水之后，其河道断面面积都有增大现象，但以 1966 年的最为显著、1976 年的次之，这些洪水过程中河道以侵蚀为主。在 1990 年的最大洪水之后，其河道断面面积减小明显，河道以淤积为主。

头道拐水文站在 1986 年最大洪水之后，其河道断面面积显著变小，洪水过程中河道发生泥沙净侵蚀；在其他年份的最大洪水之后，其河道断面面积都显著增大，增幅差别不显著，表明这些洪水过程中河道以侵蚀为主，同时侵蚀量差异不大。

黄河宁蒙河段各个水文站的最大洪水基本具有沿程继承性，即上一水文站出现洪水，下一水文站相继会发生洪水，也就是每年最大的洪水在各个水文站都是指同一次洪水。但是，从以上的分析可以看出，同一次洪水对不同站点的河道断面面积的影响是不同的，这就说明洪水的影响程度在沿程方向有所不同，为此，需要讨论洪水对河道断面面积影响的沿程变化特征。

8.4.2　洪水后河道断面面积增减的沿程变化特征

图 8-15 所示的是不同年份中最大洪水对河道断面面积影响的沿程（空间）变化情况。由该图可见，1966 年最大洪水之后，除石嘴山站附近的河道断面面积略有减小，其他各站附近的河道断面面积都明显增大，但增幅沿程递减，表明当年最大洪水过程中河道都以侵蚀为主，但洪水对河道的侵蚀能力及侵蚀量沿程递减。

在 1976 年的最大洪水之后，上述六个水文站的河道断面面积都有所增大，除三湖河口站增大幅度超大外，其他各站的河道断面面积的增量具有沿程增加的趋势。显然，这次洪水对整个宁蒙河段造成普遍侵蚀。

在 1986 年的最大洪水之后，上述河道断面面积基本呈现沿程增大和减小交替分布的特征。宁夏河段河道对这次洪水过程的响应体现在沿程发生微淤、微蚀和较强淤积这一变化趋势，而内蒙古河段河道的响应体现在沿程发生较强侵蚀、微蚀和较强淤积的变化趋势。

在 1990 年的最大洪水过程中，宁夏河段的河道断面面积沿程表现出由微减到微增，河道由微淤到微蚀的沿程变化趋势；而内蒙古河段的河道断面面积沿程表现出由微减到大减、再到较大增加，河道由微淤到较强淤积、再到较强侵蚀的沿程变化趋势。

在 2006 年最大洪水过程中，宁夏河段的河道断面面积沿程表现出由大减到微减、再到大增，河道由较强淤积到微淤、再到较强侵蚀的沿程变化趋势；而内蒙古河段的河道断面面积沿程表现出由微减→微增→大增，河道由微淤→微蚀→较强侵蚀的沿程变化趋势。

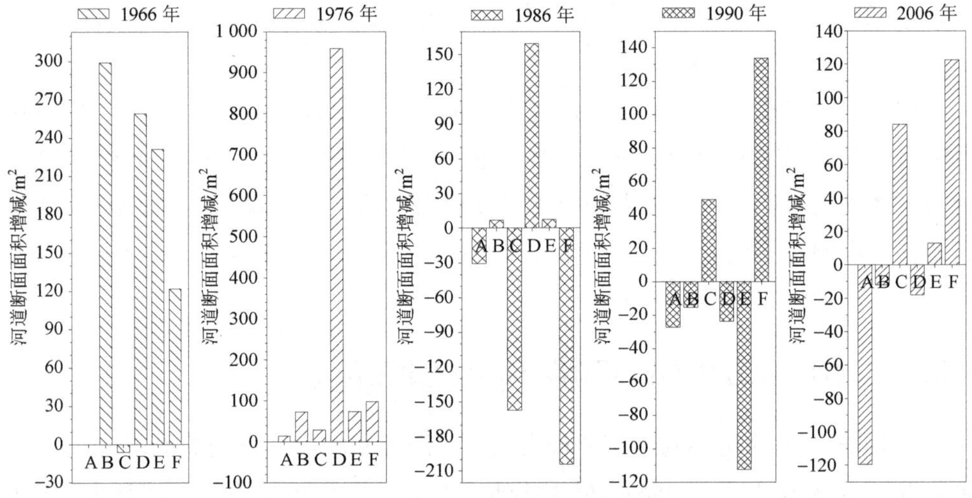

A—下河沿站，B—青铜峡站，C—石嘴山站，D—磴口，E—三湖河口站，F—头道拐站。

图 8-15　典型年份洪水过后一些河道断面面积的沿程变化特征

总体来看，除 1986 年的最大洪水在黄河宁蒙河段造成的冲淤没有明显的规律外，其他各年份的最大洪水过程中对该河段河道的冲淤具有明显的沿程变化趋势，也许是 1986 年龙羊峡的水库运行对洪水进行的人工调节使得黄河宁蒙河段相对天然的演变过程受到影响的缘故。无论如何，随着时间的推移，人工调节水沙对于宁蒙河道的影响逐渐减弱。

洪水对河道的影响具有突发性，它对河道的冲淤改造作用在洪水之后的平水时段要接受低水位小流量的改造，洪水期造成的冲刷很可能被平水期的淤积部分填充。此外，由上述一些例证可以发现，某些大洪水发生时期河道会发生淤积、有些小洪水发生时期河道会发生冲刷，这与大洪水过程中河道趋向于发生严重侵蚀、小洪水过程中河道趋向于发生淤积的现象相矛盾。事实上，有其果必有其因，这与不同流量量级的洪水过程中的含沙量或者来沙系数等密切相关。

8.5　不同水沙组合的洪水的冲淤量和冲淤速率

8.5.1　不同类型洪水在各亚河段的冲淤量和冲淤速率

在第 4 章已经分析过黄河宁蒙河段及其不同亚河段的悬移质泥沙冲淤量和冲淤速率的年际变化及空间变化，分析中涉及的基础资料为不同水文站的年冲淤数值；而本节将要分析的泥沙冲淤量和冲淤速率仅涉及汛期不同类型的洪水对河道演变的影响。故而可以说，前者是研究年内所有水流冲淤的累积效应，后者是研究场次洪水过程中的事件性效应或者同类洪水事件性的聚集效应，这是二者的主要区别。

对黄河宁蒙河段 1960—2012 年的 163 场非漫滩洪水的基本特征参数列于表 8-7，其中平均流量、平均含沙量、平均来沙系数是下河沿水文站的实测值或者计算值，泥沙冲淤的收支平衡计算中包括区间入黄泥沙。根据黄河宁蒙河段多年的洪水流量特点，可将这些洪水的流量级别划分为＜1 000 m^3/s、1 000～1 500 m^3/s、1 500～2 000 m^3/s、2 000～2 500 m^3/s 和＞2 500 m^3/s 五级（表 8-7），依次称之为小流量、较小流量、中等流量、较大流量和大流量洪水；据含沙量又可将洪水类型划分为＜7 kg/m^3、7～10 kg/m^3、10～20 kg/m^3 和＞20 kg/m^3 四类，依次可称之为低含沙、较低含沙、中等含沙和较高含沙洪水（当含沙量＞200 kg/m^3 时则依传统称之为高含沙洪水）。不同含沙量区间的各级洪水对黄河宁蒙河段各个亚河段的泥沙总冲淤量和场次洪水平均泥沙冲淤量计算值分别见表 8-7 和表 8-8。

表 8-7　黄河宁蒙河段不同流量级和不同含沙量级的洪水在各个亚河段的泥沙总冲淤量

［据师长兴等（2016）增补更新］

含沙量范围/（kg/m³）	流量范围/（m³/s）	洪水总场次/次	平均流量/（m³/s）	平均含沙量/（kg/m³）	平均来沙系数/（kg·s/m⁶）	下河沿—青铜峡冲淤量/亿 t	青铜峡—石嘴山冲淤量/亿 t	石嘴山—巴彦高勒冲淤量/亿 t	巴彦高勒—三湖河口冲淤量/亿 t	三湖河口—头道拐冲淤量/亿 t	宁夏河段冲淤量/亿 t	内蒙古河段冲淤量/亿 t	全河段冲淤量/亿 t
<7	<1 000	26	879	3.4	0.003 9	–0.512 0	0.227 3	0.011 1	0.085 5	0.258 3	–0.284 7	0.354 9	0.070 2
	1 000～1 500	37	1 170	2.5	0.002 1	–0.886 4	–0.424 7	0.531 5	–0.677 5	0.114 8	–1.311 1	–0.031 2	–1.342 3
	1 500～2 000	9	1 776	2.8	0.001 6	–0.303 7	–0.706 6	0.266 6	–0.402 8	–0.184 5	–1.010 3	–0.320 7	–1.331 0
	2 000～2 500	11	2 196	3.7	0.001 7	–0.944 8	–0.313 0	–0.421 9	–0.274 2	–0.805 0	–1.257 8	–1.501 1	–2.758 9
	>2 500	5	2 761	3.5	0.001 3	–0.629 4	–0.095 2	–0.108 5	–0.214 5	–0.403 4	–0.724 6	–0.726 4	–1.451 0
7～10	<1 000	4	794	8.9	0.011 2	0.150 8	0.047 9	–0.025 3	0.033 0	0.030 2	0.198 7	0.037 9	0.236 6
	1 000～1 500	6	1 266	8.0	0.006 3	0.224 8	0.033 8	0.096 4	–0.028 7	0.021 6	0.258 6	0.089 3	0.347 9
	1 500～2 000	4	1 673	8.6	0.005 1	–0.054 2	0.156 0	–0.005 7	0.059 4	–0.022 4	0.101 8	0.031 3	0.133 1
	2 000～2 500	2	2 098	8.1	0.003 9	0.305 0	–0.094 4	–0.062 8	–0.109 7	0.104 2	0.210 6	–0.068 3	0.142 3
	>2 500	2	2 870	8.6	0.003 0	0.562 0	–0.223 3	–0.153 0	–0.102 1	0.039 7	0.338 7	–0.215 4	0.123 3
10～20	<1 000	8	863	12.9	0.014 9	0.222 8	0.242 8	0.041 0	0.044 4	0.128 0	0.465 6	0.213 4	0.679 0
	1 000～1 500	13	1 174	13.0	0.011 1	0.998 9	0.406 3	0.083 7	0.150 7	0.331 9	1.405 2	0.566 3	1.971 5
	1 500～2 000	2	1 904	15.2	0.008 0	–0.259 8	0.087 4	0.133 1	–0.104 1	0.943 0	–0.172 4	0.972 0	0.799 6
	2 000～2 500	2	2 010	16.6	0.008 3	0.133 4	0.368 6	0.122 2	0.063 1	0.011 4	0.502 0	0.196 7	0.698 7
	>2 500	2	2 556	16.3	0.006 4	0.018 2	0.126 5	–0.016 9	0.053 4	0.557 8	0.144 7	0.594 3	0.739 0
>20	<1 000	8	864	36.4	0.042 1	0.381 4	1.315 7	–0.260 8	0.750 4	1.410 7	1.697 1	1.900 3	3.597 4
	1 000～1 500	15	1 182	33.5	0.028 3	1.348 9	3.456 4	0.239 1	0.874 6	1.515 6	4.805 3	2.629 3	7.434 6
	1 500～2 000	4	1 721	37.0	0.021 5	1.270 6	0.408 5	0.009 0	0.067 2	1.845 0	1.679 1	1.921 2	3.600 3
	2 000～2 500	1	2 352	26.2	0.011 1	0.172 2	–0.033 1	0.006 1	–0.027 0	0.184 6	0.139 1	0.163 7	0.302 8
	>2 500	2	2 676	25.4	0.009 5	0.128 3	0.559 1	0.293 3	0.026 1	0.186 9	0.687 4	0.506 3	1.193 7

表 8-8 黄河宁蒙河段不同流量级和不同含沙量级的场次洪水在各个亚河段的平均泥沙冲淤量

［据师长兴等（2016）增补更新］

含沙量范围/（kg/m³）	流量范围/（m³/s）	洪水总场次/次	平均流量/（m³/s）	平均含沙量/（kg/m³）	平均来沙系数/（kg·s/m⁶）	下河沿—青铜峡平均冲淤量/（亿 t/次）	青铜峡—石嘴山平均冲淤量/（亿 t/次）	石嘴山—巴彦高勒平均冲淤量/（亿 t/次）	巴彦高勒—三湖河口平均冲淤量/（亿 t/次）	三湖河口—头道拐平均冲淤量/（亿 t/次）	宁夏河段平均冲淤量/（亿 t/次）	内蒙古河段平均冲淤量/（亿 t/次）	全河段平均冲淤量/（亿 t/次）
<7	<1 000	26	879	3.4	0.003 9	–0.019 7	0.008 7	0.000 4	0.003 3	0.009 9	–0.011 0	0.013 7	0.002 7
	1 000～1 500	37	1 170	2.5	0.002 1	–0.024 0	–0.011 5	0.014 4	–0.018 3	0.003 1	–0.035 4	–0.000 8	–0.036 3
	1 500～2 000	9	1 776	2.8	0.001 6	–0.033 7	–0.078 5	0.029 6	–0.044 8	–0.020 5	–0.112 3	–0.035 6	–0.147 9
	2 000～2 500	11	2 196	3.7	0.001 7	–0.085 9	–0.028 5	–0.038 4	–0.024 9	–0.073 2	–0.114 3	–0.136 5	–0.250 8
	>2 500	5	2 761	3.5	0.001 3	–0.125 9	–0.019 0	–0.021 7	–0.042 9	–0.080 7	–0.144 9	–0.145 3	–0.290 2
7～10	<1 000	4	794	8.9	0.011 2	0.037 7	0.012 0	–0.006 3	0.008 3	0.007 6	0.049 7	0.009 5	0.059 2
	1 000～1 500	6	1 266	8.0	0.006 3	0.037 5	0.005 6	0.016 1	–0.004 8	0.003 6	0.043 1	0.014 9	0.058 0
	1 500～2 000	4	1 673	8.6	0.005 1	–0.013 6	0.039 0	–0.001 4	0.014 9	–0.005 6	0.025 5	0.007 8	0.033 3
	2 000～2 500	2	2 098	8.1	0.003 9	0.152 5	–0.047 2	–0.031 4	–0.054 9	0.052 1	0.105 3	–0.034 2	0.071 2
	>2 500	2	2 870	8.6	0.003 0	0.281 0	–0.111 7	–0.076 5	–0.051 1	0.019 9	0.169 4	–0.107 7	0.061 7
10～20	<1 000	8	863	12.9	0.014 9	0.027 9	0.030 4	0.005 1	0.005 6	0.016 0	0.058 2	0.026 7	0.084 9
	1 000～1 500	13	1 174	13.0	0.011 1	0.076 8	0.031 3	0.006 4	0.011 6	0.025 5	0.108 1	0.043 6	0.151 7
	1 500～2 000	2	1 904	15.2	0.008 0	–0.129 9	0.043 7	0.066 6	–0.052 1	0.471 5	–0.086 2	0.486 0	0.399 8
	2 000～2 500	2	2 010	16.6	0.008 3	0.066 7	0.184 3	0.061 1	0.031 6	0.005 7	0.251 0	0.098 4	0.349 4
	>2 500	2	2 556	16.3	0.006 4	0.009 1	0.063 3	–0.008 5	0.026 7	0.278 9	0.072 4	0.297 2	0.369 5
>20	<1 000	8	864	36.4	0.042 1	0.047 7	0.164 5	–0.032 6	0.093 8	0.176 3	0.212 1	0.237 5	0.449 7
	1 000～1 500	15	1 182	33.5	0.028 3	0.089 9	0.230 4	0.015 9	0.058 3	0.101 0	0.320 4	0.175 3	0.495 6
	1 500～2 000	4	1 721	37.0	0.021 5	0.317 7	0.102 1	0.002 3	0.016 8	0.461 3	0.419 8	0.480 3	0.900 1
	2 000～2 500	1	2 352	26.2	0.011 1	0.172 2	–0.033 1	0.006 1	–0.027 0	0.184 6	0.139 1	0.163 7	0.302 8
	>2 500	2	2 676	25.4	0.009 5	0.064 2	0.279 6	0.146 7	0.013 1	0.093 5	0.343 7	0.253 2	0.596 9

依据同类洪水计算的单场次洪水在研究区不同亚河段的平均冲淤量可知，当含沙量级别为<7 kg/m^{3}时（图 8-16a），一些亚河段呈现出流量级别越大则洪水的侵蚀能力越高这一河道冲淤演变规律，如含沙量小于 7 kg/m^{3}时，下河沿—青铜峡、三湖河口—头道拐亚河段的泥沙侵蚀量随着洪水流量级别的升高而增大。

当含沙量级别为 7～10 kg/m^3 时（图 8-16b），且在洪水流量处于中等到大流量区间时，下河沿—青铜峡亚河段的单次洪水平均淤积量随着洪水级别的升高而增大，而青铜峡—石嘴山和石嘴山—巴彦高勒亚河段的单次洪水平均侵蚀量随着洪水级别的升高而增大；低流量和较低流量级别的洪水在各个亚河段的冲淤量较小且无趋势性变化。

当含沙量级别为 10～20 kg/m^{3}时（图 8-16c），洪水过程中不同亚河段的河道总体上以泥沙淤积为主，其中三湖河口—头道拐亚河段的最大淤积量是由流量级别为 1 500～2 000 m^3/s 的洪水引起的、其次大淤积量是由>2 500 m^3/s 的洪水引起的，而发生泥沙净侵蚀的洪水的流量级别主要集中于 1 500～2 000 m^3/s 区间。青铜峡—石嘴山亚河段的淤积量除>2 500 m^3/s 流量区间外，随着流量级别的升高而增大。

当含沙量级别为>20 kg/m^{3}时（图 8-16d），除个别洪水流量级别外，下河沿—青铜峡亚河段的泥沙淤积量随着洪水流量级别的升高先增大后减小，拐点所在的洪水流量区间为 1 500～2 000 m^3/s；青铜峡—石嘴山亚河段除洪水流量区间 2 000～2 500 m^3/s 发生较为明显的净侵蚀外，其余洪水流量级别下都发生了大量的泥沙淤积；石嘴山—巴彦高勒亚河段在最小和最大流量级别的洪水的作用下分别发生了明显的净侵蚀和净淤积，其他级别的洪水引起的冲淤不明显；巴彦高勒—三湖河口亚河段随着洪水流量级别的升高其泥沙淤积量明显变小，至 2 000～2 500 m^3/s 级别的洪水时发生了泥沙净侵蚀，而到>2 500 m^3/s 级别的洪水时又发生净淤积，该亚河段在洪水过程中总体上以泥沙净淤积为主；三湖河口—头道拐亚河段在各级别流量的洪水过程中都呈现出较大的泥沙净淤积，最大淤积量发生在 1 500～2 000 m^3/s 级别的洪水过程中。

比较不同含沙量级别的洪水过程中的河道冲淤状况可以发现，低含沙量的各级洪水几乎在所有亚河段都发生了河道净侵蚀，在小流量级别的个别河段存在例外（图 8-16a）；较低含沙量的各级洪水，在不同亚河段的淤积开始占据优势，但在大流量和较大流量级别的洪水过程中的河道侵蚀还是较为明显（图 8-16b）；中等含沙量的各级洪水过程几乎在大多数亚河段都引发了河道净淤积，仅中等流量级别的洪水过程中个别河段发生净侵蚀（图 8-16c）；较高含沙量的各级洪水在绝大多数亚河段都造成了河道相对强烈的泥沙净淤积，极个别河段呈现出泥沙净侵蚀，其侵蚀量相对较小（图 8-16d）。

对于黄河宁夏河段、内蒙古河段和宁蒙全河段，低含沙量（<7 kg/m^3）的各级洪水都引起了明显的河道净侵蚀，并且随着流量级别的变大其侵蚀量也在变大（图 8-17a）。较低含沙量（7～10 kg/m^3）的各级洪水，其导致的河道泥沙淤积占据绝对优势，只是较大和大流量级别的洪水在黄河内蒙古河段引发了泥沙净侵蚀（图 8-17b）。中等含沙量（10～20 kg/m^3）的洪水，在小流量和较小流量时泥沙淤积量小，而在中大流量时泥沙淤积量明显变大（图 8-17c）。而较高含沙量（>20 kg/m^3）洪水，在上述河段不仅都造成了泥沙净淤积，而且泥沙的淤积量在不同级别的洪水中差别不是非常明显（图 8-17d）。

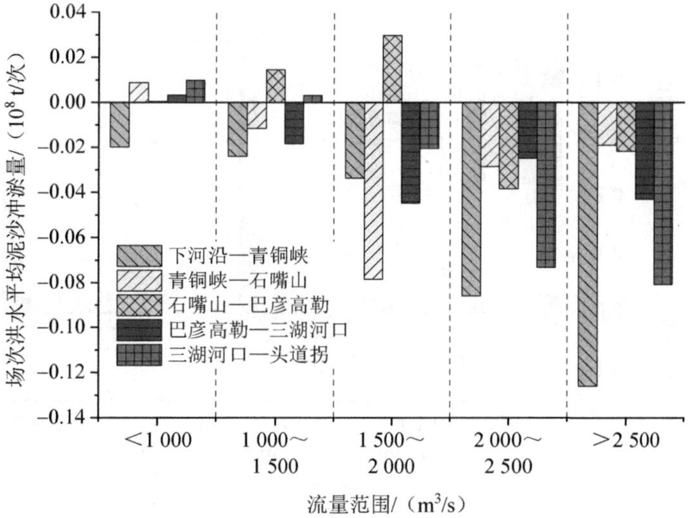

a. 含沙量<7 kg/m^3

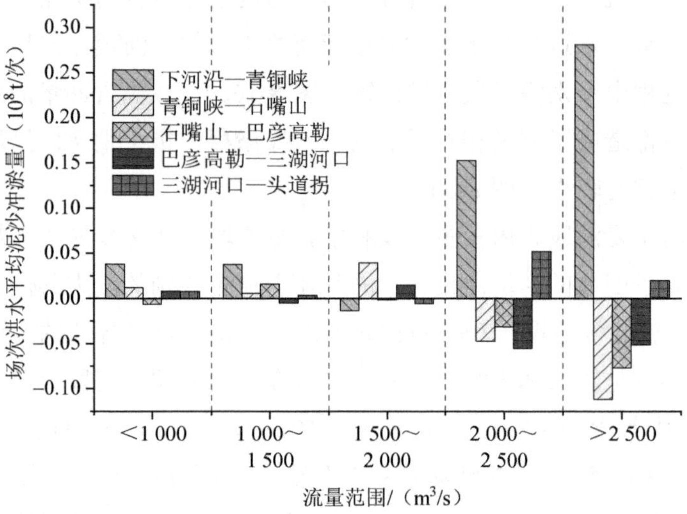

b. 含沙量7～10 kg/m^3

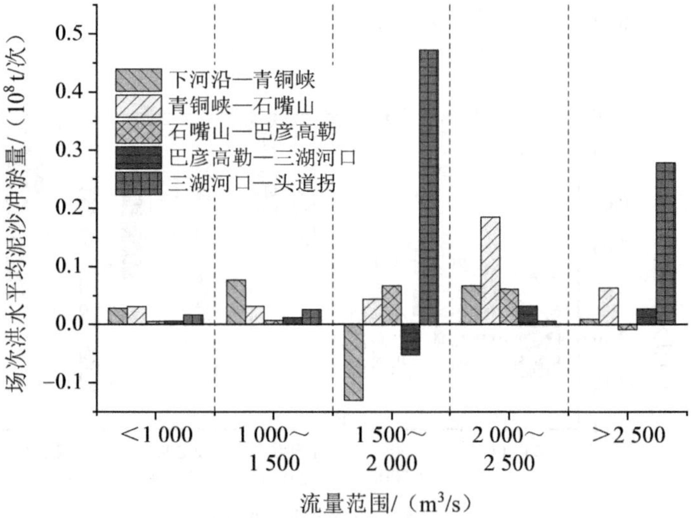

c. 含沙量10～20 kg/m^3

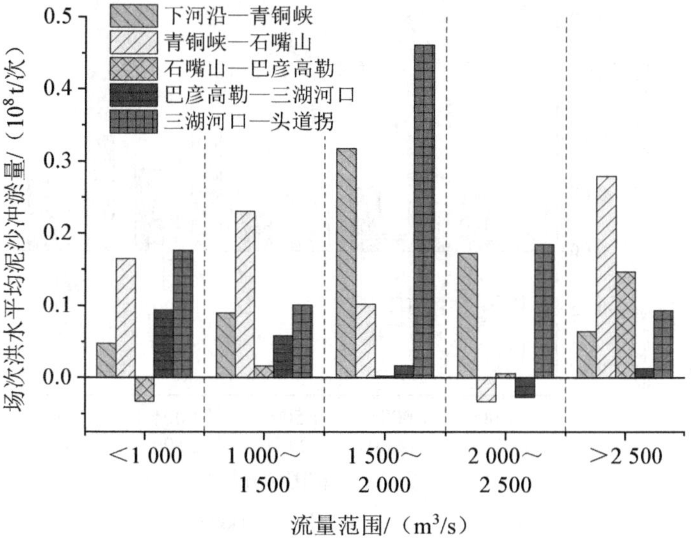

d. 含沙量＞20 kg/m^3

图 8-16　不同级别流量和含沙量情况下黄河宁蒙各亚河段洪水过程中平均泥沙冲淤量

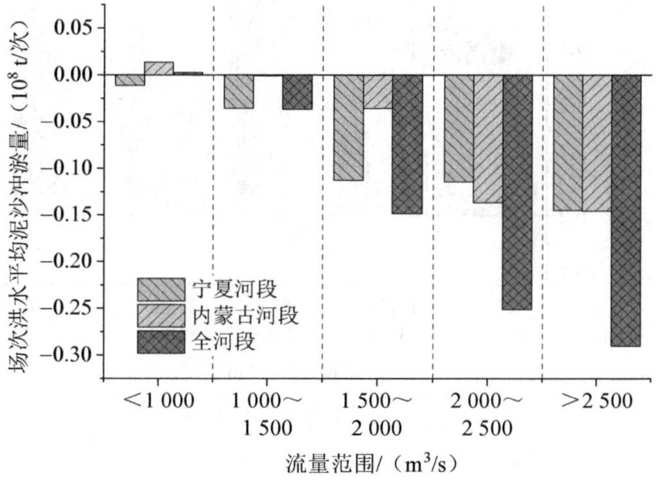

a. 含沙量＜7 kg/m^3

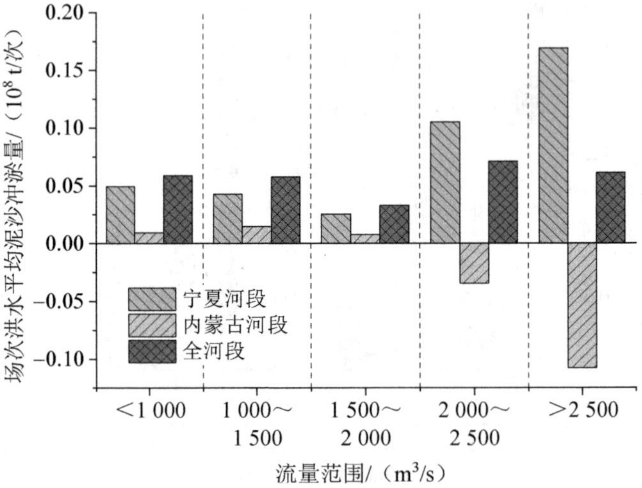

b. 含沙量7～10 kg/m³

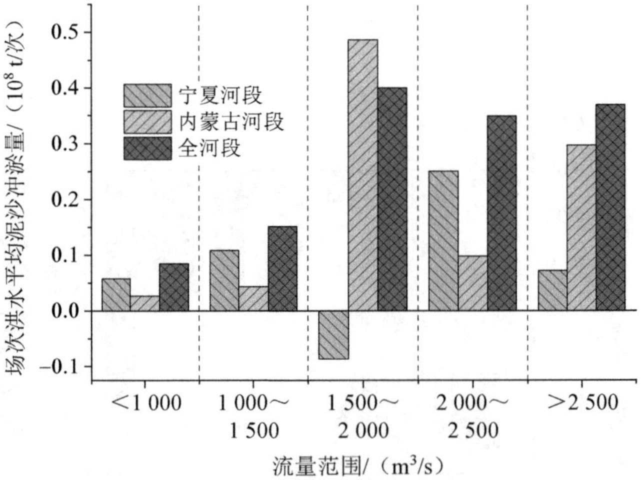

c. 含沙量10～20 kg/m³

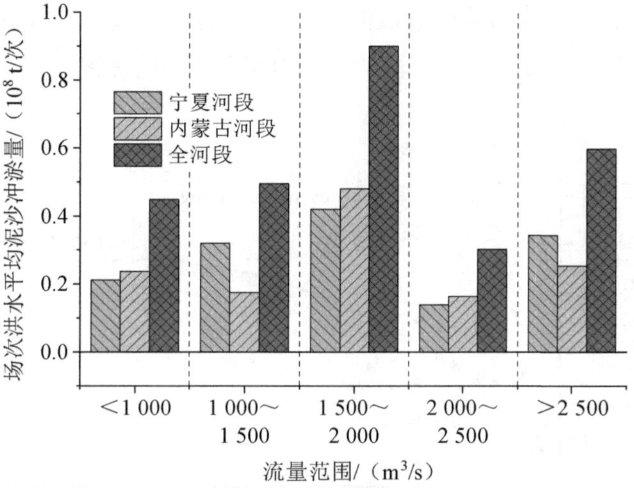

d. 含沙量＞20 kg/m^3

图 8-17　不同级别流量和含沙量的洪水在黄河宁夏河段、内蒙古河段和宁蒙全河段的平均泥沙冲淤量

8.5.2　洪水平均来沙系数与洪水冲淤量间的关系分析

8.5.2.1　来沙系数与各类洪水总冲淤量间的关系

本节用到的来沙系数值是根据下河沿水文站的实测场次洪水平均含沙量与平均流量值计算所得（表 8-7），据此拟合的同类洪水平均来沙系数与 20 种不同类型洪水在黄河宁夏河段和整个宁蒙河段的总冲淤量关系曲线如图 8-18 所示。

对于黄河宁夏河段，同一类洪水的平均来沙系数与相应类型所有场次洪水过程中的泥沙总冲淤量之间具如下的多项式拟合关系：

$$y = -3656.61x^2 + 240.94x - 1.30 \tag{8-2}$$

式（8-2）中，自变量 x 表示同一类洪水过程中的平均来沙系数，kg·s/m^6；因变量 y 表示相应类型洪水所有场次的总冲淤量，亿 t；该拟合关系式的决定系数 R^2 等于 0.662，表明二者的相关性较高。

当式（8-2）的 y 等于 0 时，可由该式求得 x 等于 0.005 9 kg·s/m^6，该值也即是在这些洪水过程中，黄河宁夏河段保持冲淤动态平衡的临界平均来沙系数值

（图 8-18），当平均来沙系数小于该值时，宁夏河段的河道处于净侵蚀状态，当平均来沙系数大于该值时，宁夏河段的河道则处于净淤积状态。

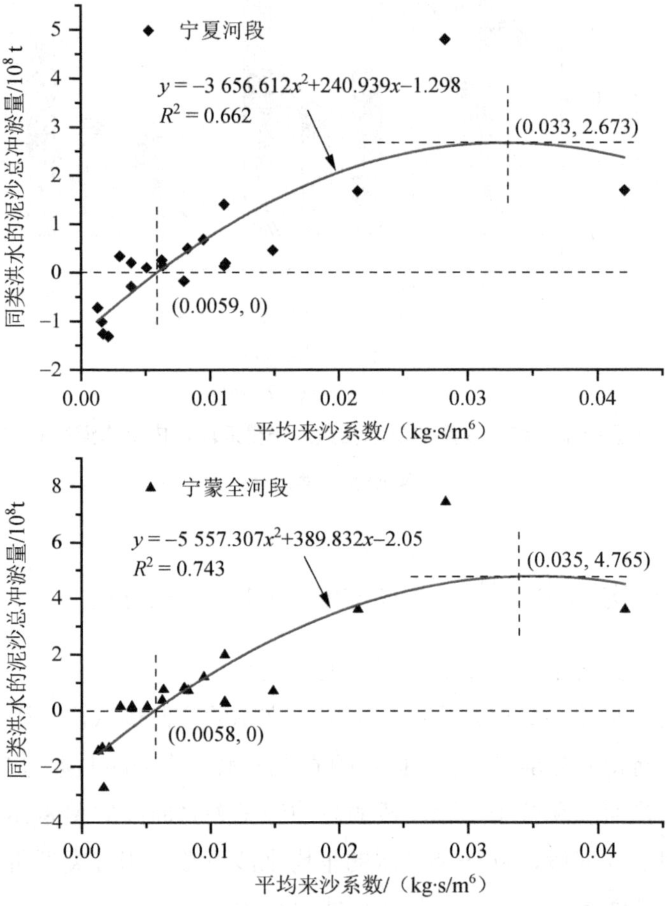

图 8-18　平均来沙系数同类洪水泥沙总冲淤量间的关系

对式（8-2）的等号两边同时求导，可得关系式：

$$dy = -7\ 313.22x + 240.94 \tag{8-3}$$

式（8-3）表示洪水过程中河道泥沙淤积量随来沙系数变化的变率，当变率为 0 即 dy 等于 0 时，可求得 x 等于 0.033 kg·s/m^6，这是各类洪水过程中导致河道的泥沙淤积量由增大过程转为变小过程的平均来沙系数的临界值（图 8-18），也即当平均来沙系数小于该值时，各类洪水作用过程导致黄河宁夏河段的河道泥沙总淤积量逐渐变大；当平均来沙系数大于该值时，洪水过程导致该河段河道的泥沙总淤积量逐渐变小。

对于黄河宁蒙全河段，同一类洪水的平均来沙系数与相应类型所有场次洪水过程中的泥沙总冲淤量之间具如下的多项式拟合关系：

$$y = -5\,557.31x^2 + 389.83x - 2.05 \tag{8-4}$$

式（8-4）中因变量和自变量的含义及其单位与式（8-2）中的相同。式（8-4）的决定系数 R^2 等于 0.743，表明二者的相关性较高，并且比在黄河宁夏河段的这类变量间的相关性更好。当该式的 y 为 0 时，求解可得 x 等于 0.005 8 kg·s/m^6，这一来沙系数值是黄河宁蒙河段洪水过程中保持冲淤平衡的临界值。即当洪水的平均来沙系数小于该值时，黄河宁蒙河段将发生泥沙净侵蚀，大于该值时，该河段将发生泥沙净淤积。此外可以发现，黄河宁蒙河段的这一临界值与黄河宁夏河段的临界值非常接近，表明黄河宁夏河段的冲淤规律与整个黄河宁蒙河段的非常一致。

对式（8-4）两边同时求导，可得关系式：

$$\mathrm{d}y = -11\,114.62x + 389.83 \tag{8-5}$$

当式（8-5）中纵坐标的变率 dy 等于 0 时，可求得 x 等于 0.035 kg·s/m^6，这是黄河宁蒙河段各类洪水过程中引起河道的泥沙淤积量由增大到减小过程的平均来沙系数的临界值（图 8-19）。综上所述，当洪水的平均来沙系数小于 0.035 kg·s/m^6 时，黄河宁蒙全河段的河道的泥沙淤积量随着来沙系数的增大而增大，当大于该值时，该河段洪水过程中的泥沙淤积量随着来沙系数的增大而减小。同样可知，有关黄河宁蒙全河段的来沙系数临界值与黄河宁夏河段的也极为接近，表明这两段不同的河道段在上述两类参数的相关性上具有极好的相似性。

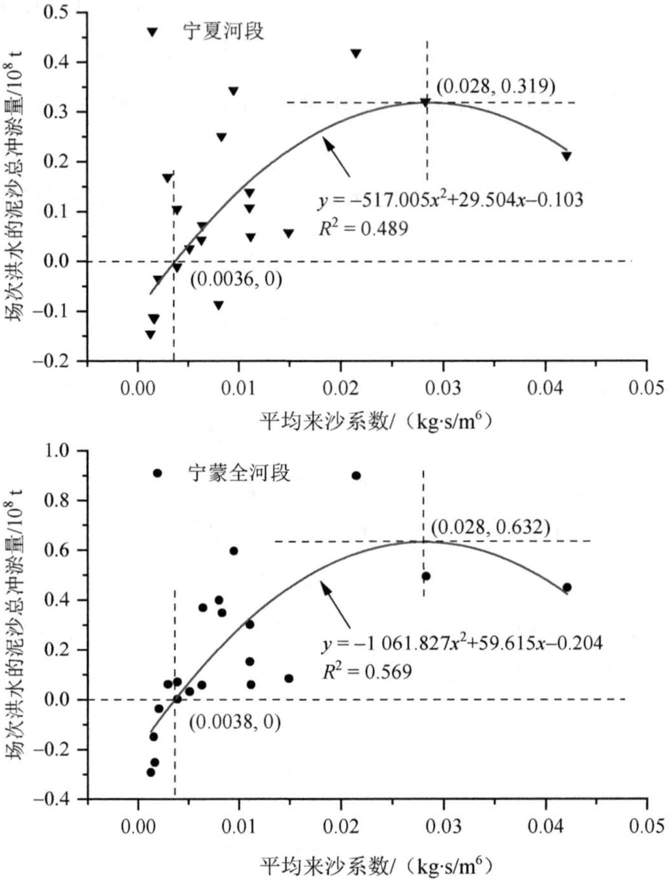

图 8-19　平均来沙系数与场次洪水泥沙平均冲淤量间的关系

8.5.2.2　来沙系数与各类洪水场次平均冲淤量间的关系

平均来沙系数与 20 种不同类型洪水在黄河宁夏河段和整个宁蒙河段的平均场次冲淤量的关系曲线如图 8-19 所示。

对于黄河宁夏河段，平均来沙系数与洪水场次平均泥沙冲淤量间具如下多项式拟合关系：

$$y = -517x^2 + 29.5x - 0.103 \tag{8-6}$$

式（8-6）中，自变量 x 表示各类洪水的平均来沙系数，kg·s/m^6；因变量 y 表示各类洪水的场次平均冲淤量，亿 t/次；该拟合关系式的决定系数 R^2 等于 0.489，表明二者具有中等程度的相关性。假设该等式的左边为 0，则可求得 x 等于 0.003 6 kg·s/m^6。

当平均来沙系数小于 0.003 6 kg·s/m^6 时，黄河宁夏河段河道对场次洪水过程的响应为泥沙净侵蚀；而当来沙系数大于该临界值时，该河段将发生泥沙的净淤积。

对式（8-6）两边同时求导，可得关系式：

$$dy = -1\,034x + 29.5 \tag{8-7}$$

当式（8-7）中的 dy 等于 0 时，可求得 x 等于 0.028 kg·s/m^6，这是黄河宁夏河段场次洪水平均泥沙淤积量由增大到减小过程的平均来沙系数的临界值（图 8-19）。

对于黄河宁蒙全河段，平均来沙系数与场次洪水平均泥沙冲淤量间具有如下多项式拟合关系：

$$y = -1\,061.827x^2 + 59.615x - 0.204 \tag{8-8}$$

上式转换为导数的形式如下：

$$dy = -2\,123.654x + 59.615 \tag{8-9}$$

当式（8-8）的 y 等于 0 时，可由该式求得 x 等于 0.003 8 kg·s/m^6，这是黄河宁蒙全河段场次洪水发生泥沙净侵蚀到净淤积的临界平均来沙系数值。当式（8-9）中的 dy 等于 0 时，可由该式求得 x 等于 0.028 kg·s/m^6，这是黄河宁蒙全河段场次洪水平均泥沙淤积量由小到大再由大到小转折时的临界平均来沙系数值。

综上所述，无论是黄河宁夏河段还是黄河宁蒙河段，每类洪水的总冲淤量或者场次洪水的平均冲淤量与平均来沙系数间存在较好的多项式拟合关系，净侵蚀和净淤积具有临界来沙系数值，淤积量增减中也存在临界来沙系数值。这些临界值的确定，有助于我们认识黄河宁蒙河段洪水的冲淤特性及河道对洪水的响应机制。

8.5.3 平均含沙量与洪水泥沙冲淤量间的关系分析

各类洪水对黄河宁蒙河段的总冲淤量及场次洪水平均冲淤量与洪水平均含沙量间的拟合曲线如图 8-20 所示，其中前一类相互关系的最优拟合曲线为线性，比拟合出的多项式这一非线性关系的决定系数稍高一点，两类拟合曲线也几乎重合（图 8-20）。

洪水平均含沙量与不同类型洪水的总冲淤量间的最优拟合关系为如下的线性关系：

$$y = 0.159x - 1.545 \tag{8-10}$$

式（8-10）中，y 表示黄河宁蒙河段同一类型洪水过程中的总冲淤量，亿 t；x 表示同一类型洪水的平均含沙量，kg/m^3；这一关系式的决定系数 R^2 等于 0.659，表明相关性较好。当式（8-10）的 y 等于 0 时，可由该式求得 x 等于 9.77 kg/m^3，该值是黄河宁蒙河段不同类型洪水由累计净侵蚀到累计净淤积的平均含沙量的理论临界值。

黄河宁蒙河段洪水平均含沙量与同一类型洪水的场次平均冲淤量间的最优拟合关系为如下的多项式关系：

$$y = -0.000\,46x^2 + 0.041x - 0.26 \tag{8-11}$$

式（8-11）中，y 表示黄河宁蒙河段同一类型洪水过程中的场次总冲淤量，亿 t/次；x 表示同一类型洪水的平均含沙量，kg/m^3；这一关系式的决定系数 R^2 等于 0.806，表明两类参数间的相关性良好。当 y 等于 0 时，可由该式求得 x 等于 6.8 kg/m^3，该值是黄河宁蒙河段场次洪水由净侵蚀到净淤积的平均含沙量的理论临界值。

由于式（8-11）这一多项式曲线为抛物线，因变量 y 存在极大值，故对该式进行导数变换可得如下关系式：

$$\mathrm{d}y = -0.000\,92x + 0.041 \tag{8-12}$$

当式（8-12）中的 dy 等于 0 时，表示因变量 y 的增速减小至 0，即达到其最大值，这一条件下可由该式求得 x 等于 44.57 kg/m^3，这是黄河宁蒙全河段场次洪水平均泥沙淤积量由小到大再由大到小发生转折时的临界平均含沙量的理论数值，当然，该案例研究中给出的 163 场洪水的平均含沙量值都小于 40 kg/m^3，因而，在拟合曲线图上并未显示出平均冲淤量的极值部分（图 8-20）。这表明，在所给的洪水案例中，因为场次洪水的平均含沙量都未达到其临界值，因而这些洪水的场次平均泥沙冲淤量都是正值，也即为淤积。

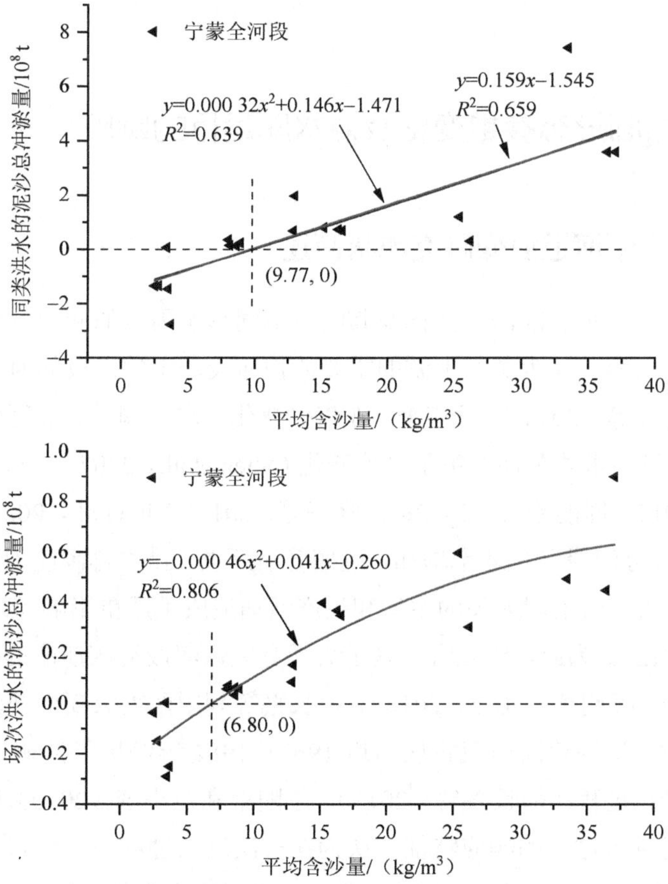

图 8-20　黄河宁蒙河段洪水过程中的泥沙冲淤量与平均含沙量间的拟合曲线

第9章 黄河宁蒙河道演变特征及形成机制

9.1 河道断面形态参数变化及对水库运行的响应

9.1.1 黄河宁蒙河道演变研究现状简述

冲积河流河道形态的沿程变化及其响应不同影响因素的断面变化是河床演变学的核心研究内容。作为黄河上游的主要冲积河段，宁蒙河段的河道冲淤演变非常复杂（王随继等，2014）。近年来，在气候变化、水库调节、灌区引水的共同影响下，该河流段的水沙条件发生了显著变化（Shen et al.，2007；Wang et al.，2012；师长兴等，2012；周丽艳等，2012；张晓华等，2013；Liu et al.，2021；王随继等，2021），导致部分河段淤积速率增加、主槽萎缩严重、排洪排凌能力降低，出现了小水大灾的情况，给沿岸人民的生活和生产活动造成了严重影响（秦毅等，2011；范小黎等，2012）。为此，研究者开展了大量有关该河段河床演变的研究工作（范小黎等，2010；颜明等，2015，2016）。师长兴等利用四期大断面观测资料分析了河床冲淤变化，认为黄河内蒙古段河道1963—1982年经历了冲刷过程，1982年以后经历了淤积过程（师长兴等，2013）。王随继和范小黎（2010）研究了内蒙古不同河型段对洪水过程的响应特征，认为在一次洪水过程中，辫状河段河床侵蚀下降，弯曲河段河床明显抬升，顺直河段为少量沉积或冲淤平衡。秦毅等（2011）采用横断面冲淤指标跟踪计算法生成横断面冲淤演变时间序列，分析得到了河床演变的趋势和突变点。侯素珍等（2007）通过同流量水位变化以及输沙量法计算冲淤量来分析冲淤变化。王随继和李玲（2014）利用四期卫星影像资料估算了宁夏河段河道摆动速率。此外，还有许多学者针对河道淤积成因（Petts，1979；杨根生等，2003；Wang et al.，2007；申冠卿等，2007；Ta et al.，2008；赵文林等，1999）、水力几何形态沿程变化特征（冉立山等，2010）、凌汛特征（冯国华等，2009）等方面进行过必要的研究。此外，研究内容还涉及黄河干流大坝建设对河道演变的影响（刘慰，王随继，2019；刘慰等，2020；王随继等，2020）、植被覆盖度变化（颜明等，2018）、河网密度空间变化（颜明等，2018）、宁夏平罗黄河冲积地层农田排水渠道的稳定性（王随继等，2011）等。迄今为止，涉及洪水期该河段河道形态变化率的定量研究明显欠缺，而洪水期河道演变速率的定量化研究是评估河道稳定性及制定合理治理措施的关键依据。因此，针对汛期河道演变速率的时间及空间变化开展研究是目前面临的关键科学问题。本文以龙羊峡水库建成之后在黄河上游形成大型水库（龙羊峡水库、刘家峡水库）联合运行初期为时间界限（20 世纪 90 年代），利用黄河内蒙古河段长期观测的全部四个水文站（河道断面）在该时限前后各选取连续 5 年时间的汛期前后断面变化的观测数据，来定量表征研究区汛期河道过水断面相关参数变化率的差异性，为更加有效地治理黄河、提高防灾减灾能力提供借鉴。

9.1.2　研究区概况和数据来源及研究方法

黄河内蒙古冲积河段介于石嘴山和头道拐水文站之间，是黄河上游的末段，也是黄河全流域中最靠北的河段（图 9-1），干流全长 673 km。河段沿鄂尔多斯高原的西北边界流动，河床平缓（胡兴林等，2012），处于东亚季风区边缘，年均降水量 150～400 mm，由东向西递减，年内分布极不均匀，75%左右的降水集中在 7—9 月，多年平均径流量为 251.6 亿 m^3（汪宏芳等，2014）。每年 12 月到翌年 3 月，河面结冰，在 3 月中旬、下旬开河时凌汛严重（姚惠明等，2007）。区间较大的山洪沟有拉僧庙沟、麻黄沟、艾来都格沟、伊克布拉格沟、乌兰布拉格沟、滚勒斯台沟、奇盖沟、葫芦素沟、达拉盖沟、磨石沟、沙树沟、巴拉贡沟，这些山洪沟在汛期受暴雨冲刷，洪水携带泥沙注入黄河。巴彦高勒—头道拐区间南岸主要有“十大孔兑”等支流，北岸主要有昆都仑河、五当沟等支流，汛期暴雨产生的山洪挟带大量泥沙注入黄河，在交汇处阻塞主河道，导致主槽摆动、河床淤积抬高、弯曲度越来越大，河道越来越不通畅（许炯心，2014）。

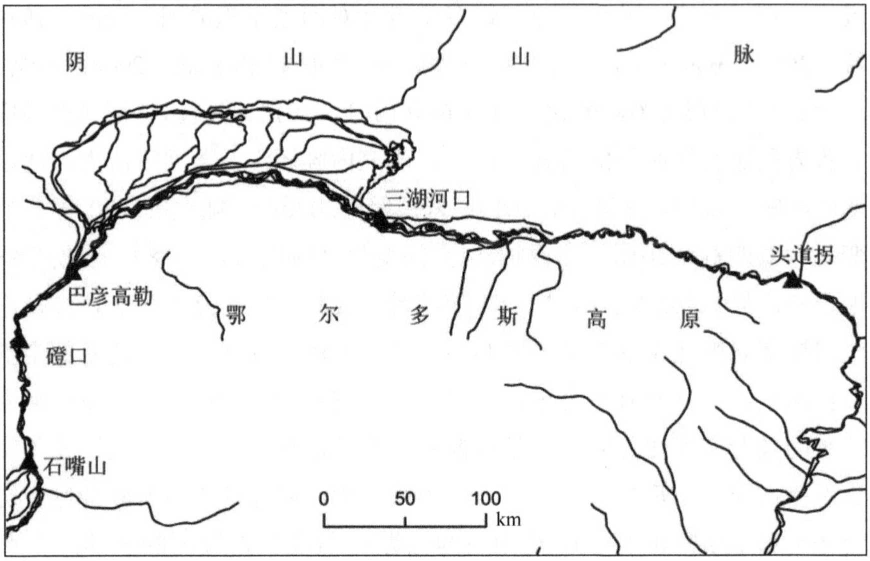

图 9-1 黄河内蒙古河段

磴口、巴彦高勒、三湖河口、头道拐是黄河内蒙古河段进行长期断面观测的四个水文站，它们沿程分布，并分别处于顺直、辫状、弯曲和顺直河段，这些河道断面的变化可揭示内蒙古不同河型段河道的变化特征，因此本节的研究对象为上述四个河道断面。

龙羊峡水库是黄河上游最大的水库，其于 1986 年建成后，黄河上游进入了龙羊峡水库、刘家峡水库联合运行时期，这直接导致黄河下游断流在 20 世纪 90 年代达到前所未有的程度，可以认为 20 世纪 90 年代是上述两大水库联合运行深刻改变黄河水沙条件的关键时期。然而，这些水库的联合运行对黄河内蒙古河段汛期河道断面参数的变化有何影响，是目前面对的关键科学问题。因此，该研究选取 20 世纪 90 年代之前的 1978—1982 年（以下简称前一时期）、之后的 2008—2012 年（以下简称后一时期），分别计算这些年份每个断面在经历整个汛期流水冲淤之后的过水断面形态参数变化率，并对比这两个时期河道参数变化率的差异，以便解答上述科学问题。由于磴口站 1979 年、1981 年实测断面各只有 1 次，无法比较汛期前后河道断面参数的变化，故磴口站前一时期采用 1976—1978 年、1980 年、1982 年的实测断面资料。由于世界上冲积河流平滩流量的平均出现几率为

2.33 年，因此，连续 5 年的数据基本包含了可能出现的平滩流量，这是选取连续 5 年断面数据的原因。上述数据由黄河水利委员会根据国家标准测量所得，记录于黄河流域水文资料。

本书采用各年汛期前后同水位断面分析方法以计算该水位之下河道断面各要素的数值，以汛期前后实测断面各要素数值资料为基础，进一步计算同水位下断面要素的变化率。所选断面观测年份的汛期前后两次断面测量，其水位不同，因此，进行断面参数计算时所采用的水位为二者之中较低的，所对比的断面参数也是该水位以下的河道部分。河道断面面积通过对选定水位之下的断面进行积分计算得到；水面宽是所选水位线与河道左右两个交点之间的长度；平均水深为所选水位线下河道断面面积除以水面宽所得的数值。

9.1.3　汛期前后断面形态参数计算结果

对上述四个水文站给定年份汛期前后实际断面测量时的水位下河道断面形态参数进行了计算，其结果见表 9-1 和表 9-2。每年汛期前后两次河道断面测量时的水位不同，为了使河道参数变化可进行对比，取当年较低的水位作为对比水位（同水位），对较高水位的河道断面参数按照同水位下的部分进行计算，其结果同样见表 9-1 和表 9-2。这样，同水位条件下的河道断面参数成为对比汛期河道形态变化率的基础。

表 9-1　汛期前后给定水位下磴口和巴彦高勒河道断面形态参数计算值

磴口							巴彦高勒						
年份	日期	S/m	A/m^2	B/m	H/m	B/H	年份	日期	S/m	A/m^2	B/m	H/m	B/H
1976	06-10	1 060.12	648	260	2.5	104.3	1978	05-02	1 050.41	622	449	1.4	324.1
	09-19	1 060.69	1347	268	5	53.3		11-02	1 050.16	1325	481	2.8	174.6
	09-19	1 060.12*	1199	256	4.7	54.7		05-02	1 050.16*	512	426	1.2	354.4
1977	04-21	1 060.00	594	258	2.3	112.1	1979	04-25	1 050.24	617	439	1.4	312.4
	10-20	1 060.24	684	270	2.5	106.6		11-16	1 049.66	598	468	1.3	366.3
	10-20	1 060.00*	620	255	2.4	104.9		04-25	1 049.66*	367	258	1.4	181.4
1978	03-17	1 060.14	520	208	2.5	83.2	1980	05-10	1 049.42	245	291	0.8	345.6
	09-19	1 061.39	1655	288	5.7	50.1		11-20	1 049.97	508	384	1.3	290.3
	09-19	1 060.14*	1314	264	5	53		11-20	1 049.42*	393	356	1.1	322.5

磴口							巴彦高勒						
年份	日期	S/m	A/m²	B/m	H/m	B/H	年份	日期	S/m	A/m²	B/m	H/m	B/H
1980	05-02	1 059.71	481	204	2.4	86.5	1981	04-13	1 050.36	481	393	1.2	321.1
	10-26	1 060.32	838	274	3.1	89.6		11-23	1 049.47	1046	426	2.5	173.5
	10-26	1 059.71*	682	247	2.8	89.5		04-13	1 049.47*	225	250	0.9	277.8
1982	04-21	1 059.84	646	278	2.3	119.6	1982	04-26	1 049.63	621	373	1.7	224
	10-19	1 060.48	1143	281	4.1	69.1		11-20	1 049.71	603	400	1.5	265.3
	10-19	1 059.84*	968	267	3.6	73.6		11-20	1 049.63*	551	394	1.4	281.7
2008	04-30	1 060.62	374	135	2.8	48.7	2008	04-07	1 051.22	484	322	1.5	214.2
	11-01	1 060.89	492	148	3.3	44.5		11-11	1 050.6	416	361	1.2	313.3
	11-01	1 060.62*	453	141	3.2	43.9		04-07	1 050.6*	288	310	0.9	333.7
2009	05-16	1 060.80	476	166	2.9	57.9	2009	04-01	1 051.73	757	434	1.7	248.8
	10-18	1 061.24	743	173	4.3	40.3		09-21	1 051.2	1264	402	3.1	127.9
	10-18	1 060.80*	668	176	3.8	46.4		04-01	1 051.2*	533	407	1.3	310.8
2010	06-09	1 061.30	620	181	3.4	52.8	2010	04-13	1 051.54	739	418	1.8	236.4
	10-19	1 060.96	565	197	2.9	68.7		08-11	1 051.03	574	421	1.4	308.8
	06-09	1 060.96*	558	180	3.1	58		04-13	1 051.03*	527	413	1.3	323.7
2011	04-24	1 060.77	465	172	2.7	63.6	2011	04-12	1 050.93	482	321	1.5	213.8
	10-20	1 061.19	767	199	3.9	51.6		09-21	1 050.85	1036	348	3	116.9
	10-20	1 060.77*	690	178	3.9	45.9		04-12	1 050.85*	537	338	1.6	212.7
2012	04-22	1 060.52	510	169	3	56	2012	03-24	1 050.48	573	255	2.2	113.5
	10-24	1 060.89	794	189	4.2	45		10-03	1 051.12	1352	340	4	85.5
	10-24	1 060.52*	725	184	3.9	46.7		10-03	1 050.48*	1137	333	3.4	97.5

注：* 表示与当年另一次断面测定时的相同水位（同水位）；S—水位；A—断面面积；B—水面宽；H—平均水深；B/H—同水位下的断面宽深比。

表 9-2　汛期前后给定水位下三湖河口和头道拐河道断面形态参数计算值

三湖河口							头道拐						
年份	日期	S/m	A/m²	B/m	H/m	B/H	年份	日期	S/m	A/m²	B/m	H/m	B/H
1978	05-14	1 018.27	597	279	2.1	130.4	1978	06-11	985.06	300	185	1.6	114.1
	11-08	1 017.61	883	328	2.7	121.8		10-09	988.03	1278	520	2.5	211.6
	05-14	1 017.61*	401	255	1.6	162.2		10-09	985.06*	115	247	0.5	530.5
1979	05-19	1 016.66	209	213	1	217.1	1979	07-17	984.78	224	185	1.2	152.8
	10-20	1 017.63	800	203	3.9	51.5		11-26	987.13	738	362	2	177.6
	10-20	1 016.66*	607	194	3.1	62		11-26	984.78*	198	146	1.4	107.7

三湖河口							头道拐						
年份	日期	S/m	A/m^2	B/m	H/m	B/H	年份	日期	S/m	A/m^2	B/m	H/m	B/H
1980	05-21	1 016.57	275	211	1.3	161.9	1980	05-08	986.5	602	353	1.7	207
	10-27	1 017.79	889	207	4.3	48.2		11-10	985.54	352	254	1.4	183.3
	10-27	1 016.57*	655	172	3.8	45.2		05-08	985.54*	345	192	1.8	106.9
1981	05-14	1 016.41	290	75	3.9	19.4	1981	05-09	986.03	467	314	1.5	211.1
	12-28	1 018.34	1060	353	3	117.6		09-28	990.29	3064	727	4.2	172.5
	12-28	1 016.41*	492	202	2.4	82.9		09-28	986.03*	1072	300	3.6	84
1982	05-07	1 016.86	421	268	1.6	170.6	1982	05-19	985.56	370	243	1.5	159.6
	10-16	1 018.42	1353	385	3.5	109.6		10-03	988.06	1091	537	2	264.3
	10-16	1 016.86*	784	315	2.5	126.6		10-03	985.56*	119	245	0.5	504.4
2008	04-04	1 019.33	615	224	2.7	81.6	2008	04-06	987.53	900	360	2.5	144
	11-10	1 018.97	473	212	2.2	95.1		11-03	987.16	637	283	2.3	125.7
	04-04	1 018.97*	527	211	2.5	84.5		04-06	987.16*	771	347	2.2	156.2
2009	04-04	1 019.75	965	250	3.9	64.8	2009	04-07	987.62	744	335	2.2	150.8
	09-30	1 019.04	585	211	2.8	76.1		11-01	986.89	572	306	1.9	163.7
	04-04	1 019.04*	810	245	3.3	74.1		04-07	986.89*	515	309	1.7	185.4
2010	04-07	1 019.57	796	269	3	90.9	2010	04-14	987.62	784	340	2.3	147.4
	10-15	1 019.21	601	209	2.9	72.7		10-26	986.68	577	287	2	142.7
	04-07	1 019.21*	718	264	2.7	97.1		04-14	986.68*	502	271	1.9	146.3
2011	04-08	1 019.17	618	205	3	68	2011	04-05	987.37	635	297	2.1	138.9
	10-16	1 019.02	528	210	2.5	83.5		10-23	987.14	737	290	2.5	114.1
	04-08	1 019.02*	587	203	2.9	70.2		04-05	987.14*	562	295	1.9	154.8
2012	03-21	1 020.46	888	320	2.8	115.3	2012	04-05	987.5	699	300	2.3	128.8
	10-17	1 018.83	642	296	2.2	136.5		10-09	987.68	970	324	3	108.2
	03-21	1 018.83*	442	187	2.4	79.1		10-09	987.5*	300	185	1.6	114.1

注：* 表示与当年另一次断面测定时的相同水位（同水位）；S—水位；A—断面面积；B—水面宽；H—平均水深；B/H—同水位下的断面宽深比。

9.1.4　汛期前后河道断面形态参数变化率分析

磴口、巴彦高勒、三湖河口和头道拐四个河道断面在大型水库联合运行前后两个时期每年经历汛期冲淤之后的同水位河道断面面积、水面宽、平均水深以及宽深比的变化率分别如图 9-2～图 9-5 所示。

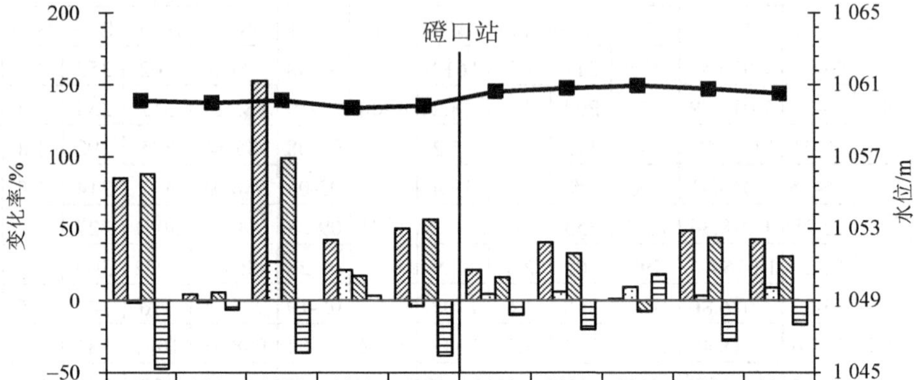

	1976年	1977年	1978年	1980年	1982年	2008年	2009年	2010年	2011年	2012年
断面面积	85.0	4.4	152.7	41.8	49.8	21.1	40.3	1.2	48.4	42.2
水面宽	−1.5	−1.2	26.9	21.1	−4.0	4.4	6.0	9.4	3.5	8.9
平均水深	87.9	5.6	99.1	17.1	56.0	16.0	32.4	−7.5	43.4	30.6
宽深比	−47.6	−6.4	−36.2	3.4	−38.4	−9.9	−19.9	18.3	−27.8	−16.6
水位	1 060.1	1 060.0	1 060.1	1 059.7	1 059.8	1 060.6	1 060.8	1 061.0	1 060.8	1 060.5

图 9-2 磴口站汛期前后断面参数变化率

9.1.4.1 磴口断面

磴口站汛期前后断面参数变化率如图 9-2 所示，所有 10 个年份的断面面积在汛后均有所增加，但断面面积变化率的最大值和平均值在前一时期分别为 152.7%和 66.8%；在后一时期分别为 48.4%和 30.6%。汛期前后水面宽的变化率在前一时期有增有减，其中在 1978 年和 1980 年增大且增幅较大，其余三年则表现为汛后减小，但变幅较小；而在后一时期均为增大，其变化率的最大值和平均值分别为 9.4%和 6.5%。该站同水位条件下平均水深的变化率除在 2010 年汛后减小外，其余各年份汛后均有所增大；平均水深变化率的最大值和平均值在前一时期分别为 99.1%和 53.2%，在后一时期分别为 43.4%和 30.6%。断面宽深比在 1980 年和 2010 年汛后有所增大，其余年份在汛后有所减小，其变化率的最大值（绝对值）和平均值在前一时期分别为 47.6%和 −25.06%，在后一时期分别为 27.8%和 −11.2%。通过对比可以发现，后一时期断面参数变化率的最大值和平均值均较前一时期明显减小。

9.1.4.2　巴彦高勒断面

巴彦高勒站汛期断面参数变化率如图 9-3 所示。其断面面积的变化率除 1982 年外均有所增加，断面面积变化率的最大值和平均值在前一时期分别为 364.9%和 127.2%，在后一时期分别为 137.1%和 76.4%。水面宽变化率除 2009 年外均有所增加，其最大值和平均值在前一时期分别为 81.4%和 38.5%，在后一时期分别为 30.6%和 10.1%。平均水深变化率在 1979 年和 1982 年略有减小，在其余年份均有所增大，其最大值和平均值在前一时期分别为 172.8%和 61.4%，在后一时期分别为 140.1%和 62.1%。断面宽深比变化率在 1979 年和 1982 年显著增大，其余年份则有所减小，其最大值和平均值在前一时期分别为 101.9%和 6.5%，在后一时期分别为–4.6%和–25.7%。上述结果表明，在经历汛期的冲淤后，巴彦高勒水文站的河道过水断面形态参数变化率在前一时期以增大为主，而后一时期以减小为主。

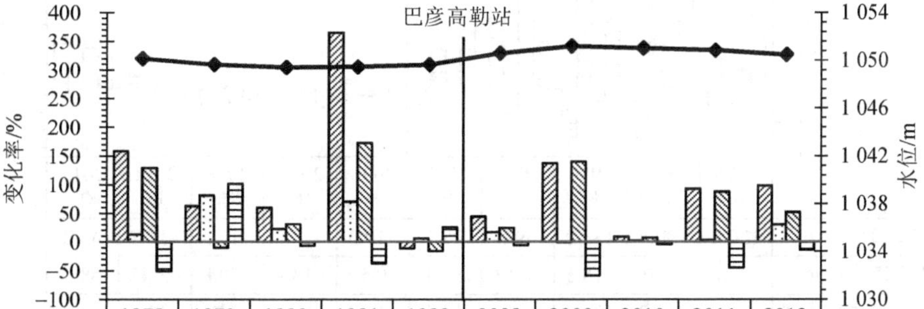

	1978 年	1979 年	1980 年	1981 年	1982 年	2008 年	2009 年	2010 年	2011 年	2012 年
断面面积	158.8	62.9	60.4	364.9	−11.3	44.4	137.1	8.9	92.9	98.4
水面宽	12.9	81.4	22.3	70.4	5.6	16.5	−1.2	1.9	3.0	30.6
平均水深	129.2	−10.2	31.1	172.8	−16.0	24.0	140.1	6.8	87.4	52.0
宽深比	−50.7	101.9	−6.7	−37.5	25.8	−6.1	−58.9	−4.6	−45.1	−14.1
水位	1 050.2	1 049.7	1 049.4	1 049.5	1 049.6	1 050.6	1 051.2	1 051.0	1 050.9	1 050.5

图 9-3　巴彦高勒站汛期前后断面参数变化率

9.1.4.3　三湖河口断面

三湖河口站断面参数变化率见图 9-4。其断面面积变化率在前一时期每年经历汛期的流水冲淤后均为增大，在后一时期除 2012 年外均为减小，同时，其最大值和平均值在前一时期分别为 190.4%和 120.9%，在后一时期则分别为 45.2%和 –3.8%。水面宽变化率在前后两个时期均为有增有减，其最大值和平均值在前一时期分别为 169.3%和 37.6%，在后一时期分别为 58.3%和 5.5%。平均水深变化率在前一时期以汛后增加为主，后一时期以汛后减小为主，最大值和平均值在前一时期分别为 218.9%和 100.7%，在后一时期分别为 5.7%和 –8.5%。断面宽深比变化率在前一时期以减小为主，其最大值和平均值分别为 327.6%和 26.7%；在后一时期以增加为主，其最大值和平均值分别为 72.5%和 16.3%。通过对比可以发现，三湖河口站后一时期各断面参数变化率均较前一时期显著减小。

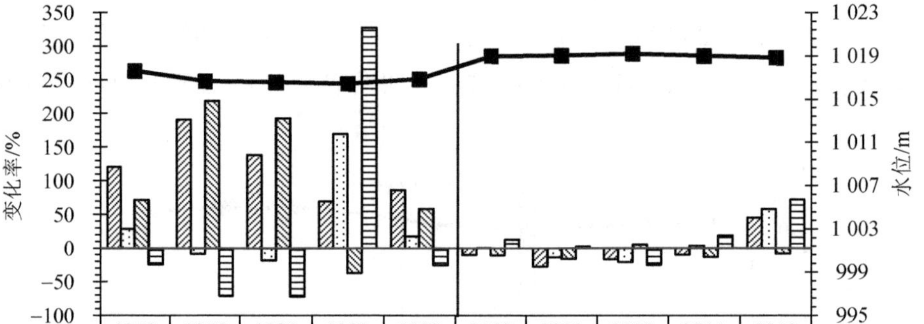

	1978年	1979年	1980年	1981年	1982年	2008年	2009年	2010年	2011年	2012年
断面面积	120.2	190.4	138.2	69.7	86.2	−10.3	−27.8	−16.3	−10.1	45.2
水面宽	28.6	−8.9	−18.5	169.3	17.5	0.5	−13.9	−20.8	3.4	58.3
平均水深	71.2	218.9	192.2	−37.0	58.4	−10.7	−16.1	5.7	−13.0	−8.2
宽深比	−24.9	−71.4	−72.1	327.6	−25.8	12.5	2.7	−25.1	19.0	72.5
水位	1 017.6	1 016.7	1 016.6	1 016.4	1 016.9	1 019.0	1 019.0	1 019.2	1 019.0	1 018.8

图 9-4　三湖河口站汛期前后断面参数变化率

9.1.4.4　头道拐断面

头道拐断面参数的变化率如图 9-5 所示。其断面面积变化率在前一时期汛后有增有减，最大值和平均值分别为 129.6%和 54.5%；在后一时期汛后以增大为主，最大值和平均值分别为 33.6%和 21.6%。水面宽变化率在前一时期的最大值和平均值分别为 33.5%和 18.4%，在后一时期分别为 18.4%和 6.9%。平均水深变化率在前一时期汛后有增有减，其最大值和平均值分别为 140.3%和 62.9%；在后一时期均有所增大，最大值和平均值分别为 33.4%和 16.0%。断面宽深比变化率在前一时期汛后有增有减，其最大值和平均值分别为 365.0%和 112.58%；在后一时期汛后均为减小，其最大值和平均值分别为–2.5%和–14.7%。通过对比可以发现，头道拐站在后一时期断面参数的变化率较前一时期的显著减小。

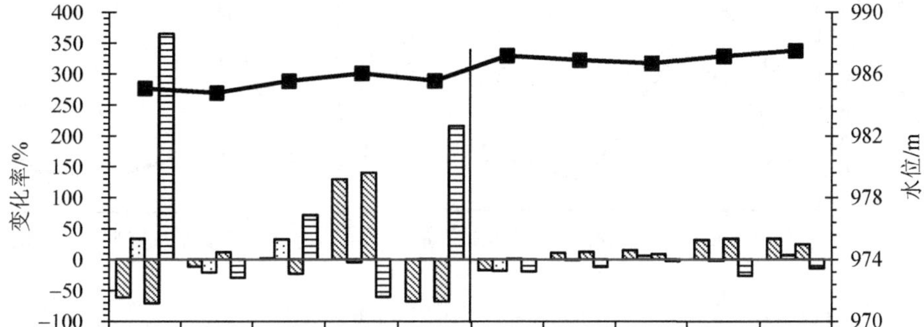

	1978年	1979年	1980年	1981年	1982年	2008年	2009年	2010年	2011年	2012年
断面面积	–61.7	–11.6	2.0	129.6	–67.8	–17.4	11.1	15.0	31.1	33.6
水面宽	33.5	–21.1	32.3	–4.5	0.8	–18.4	–1.0	5.9	–1.7	7.3
平均水深	–71.3	12.0	–22.9	140.3	–68.1	1.3	12.2	8.6	33.4	24.5
宽深比	365.0	–29.5	71.5	–60.2	216.1	–19.5	–11.7	–2.5	–26.3	–13.8
水位	985.1	984.8	985.5	986.0	985.6	987.2	986.9	986.7	987.1	987.5

图 9-5　头道拐站汛期前后断面参数变化率

9.1.5　河道断面形态参数变化率空间差异分析

以磴口、巴彦高勒、三湖河口和头道拐四个断面为代表的黄河内蒙古河段河道过水断面参数在大型水库联合运行前后两个时期的汛期平均变化率如图 9-6 所示。其中断面面积变化率（图 9-6a）和水面宽变化率（图 9-6b）在前一时期沿程呈现上凸曲线特征，并且自巴彦高勒站起沿程呈现减小趋势；在后一时期沿程呈现“S”形变化趋势，最大值出现在巴彦高勒站，而最小值出现在三湖河口站。平均水深变化率（图 9-6c）和平均宽深比变化率（图 9-6d）在前一时期沿程具有增大趋势（头道拐站的平均水深除外）；在后一时期大致呈现“S”形变化趋势，不同之处是前者的最大值和最小值分别出现在巴彦高勒和三湖河口站，后者则分别出现在三湖河口和巴彦高勒站。宽深比变化率由沿程增大趋势变为增减相间的趋势。同时，四类断面参数的平均变化率在后一时期总体上都小于前一时期。

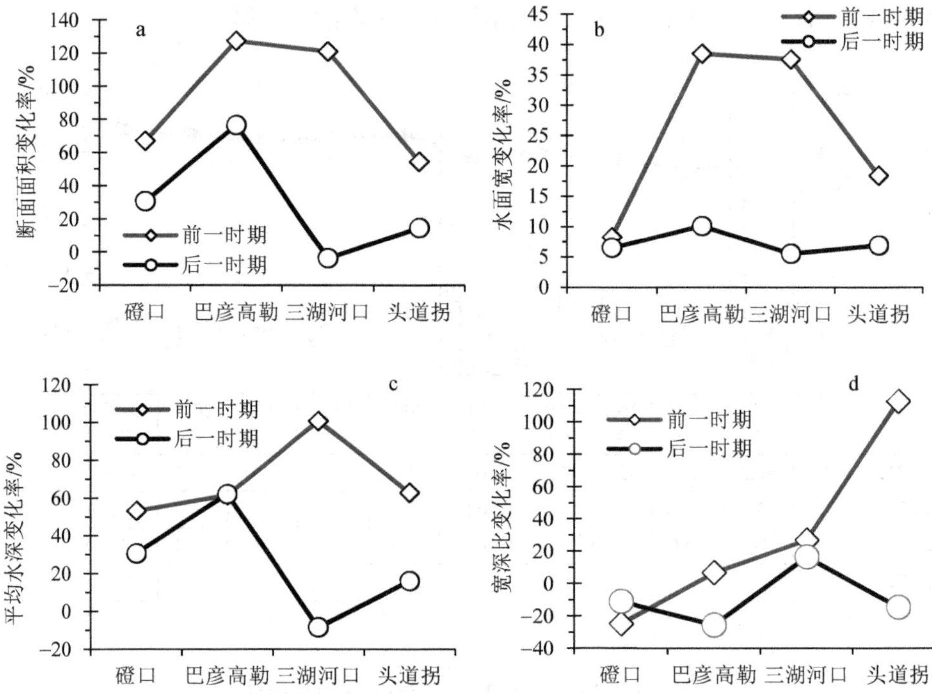

图 9-6 前后两个时期断面参数平均变化率

9.1.6 河道断面形态参数变化的主控因素分析

9.1.6.1 汛期水沙总量变化及对河道过水断面参数调整的影响

造床（平滩）流量是最大限度影响河道调整的因素，任何河流的造床流量都发生在汛期。胡春宏等（2011）针对黄河口尾闾河道横断面形态变化的研究中指出，河道平滩断面面积随汛期水沙过程的变化最为灵敏，同时，平滩断面面积与汛期来水量呈正相关关系。余明辉等（2006）认为，河湾平面形态变化与水库运用后造床流量的减小密切相关。显然，分析汛期水沙变化特征是揭示河道形变的关键。黄河内蒙古河段在大型水库联合运行前后，其汛期河道断面形态参数的变化率存在极大的差异性，必然与汛期的水沙过程变化相关。因此，将黄河内蒙古河道上述 4 个水文站汛期径流量和输沙量绘制于图 9-7，以寻求刘家峡、龙羊峡等大型水库联合运行对汛期水沙过程的影响，从而分析河道断面形态参数变化率的响应。

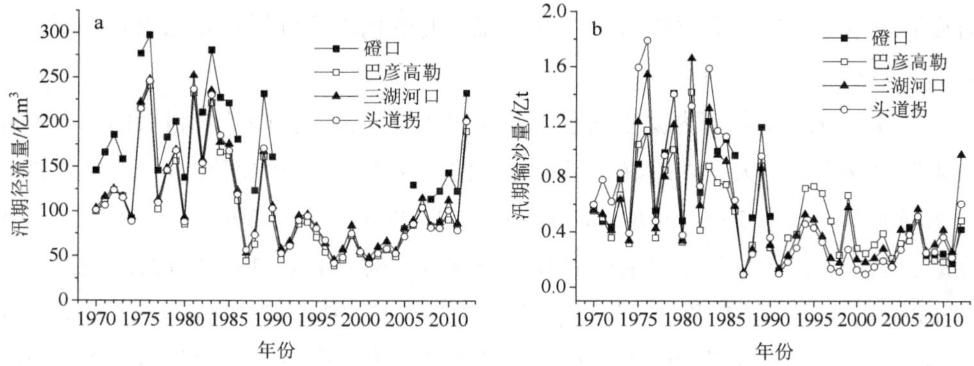

图 9-7　汛期径流量与输沙量年际变化

由图 9-7 可知，4 个水文站汛期径流量和输沙量在 20 世纪 80 年代末显著减小，在大型水库联合运行之前的 5 年中，其平均汛期径流量分别为 195.03 亿 m^3、153.07 亿 m^3、164.09 亿 m^3 和 158.75 亿 m^3；而之后的 5 年中分别为 147.10 亿 m^3、107.07 亿 m^3、114.93 亿 m^3 和 108.93 亿 m^3，并且分别减小了 24.58%、30.05%、29.96%和 31.38%。各水文站平均汛期输沙量在前一时期分别为 0.76 亿 t、0.80 亿 t、0.91 亿 t 和 0.96 亿 t，而在后一时期分别为 0.26 亿 t、0.23 亿 t、0.44 亿 t 和 0.34 亿 t，较前一时期分别减小了 66.20%、70.67%、51.84%和 64.67%。同期的降水量在黄河上游变化不明显，因此，导致汛期水沙明显降低是水库调节的影响。显然，在大型水库联合运行后，汛期径流量与输沙量均较前一时期明显减小、并且后者的减小幅度比前者更为明显，从而使河道在汛期经受的水流冲刷减弱，反映在河道断面形态参数的变化率明显降低。

9.1.6.2　汛期洪峰流量及最大流速对过水河道断面参数调整的影响

大型水库的联合运行不仅通过汛期的蓄水拦沙改变了径流量和输沙量的年内分配，而且对洪水特性产生了影响。与大型水库联合运行前期相比，黄河宁蒙河段洪水过程在大型水库联合运行之后的特点是洪峰低、历时长（范小黎等，2012），实际上使汛期的洪水流速显著减小，从而使得洪水对河道的冲刷能力显著降低，河道断面形态的变化能力相应减小。Richard 等（2005）指出汛期最大流量是影响 Rio Grande 河道横向移动的因素。胡春宏等（2006）指出，黄河下游河道断面平滩面积随最大洪峰流量的增加而增大。而最大洪峰流量对应水流最大流速，因此，有必要对水库运行前后洪峰流量及最大流速的变化进行分析，以探求它们对河道断面形态参数变化率的影响。

图 9-8a 表明，黄河内蒙古河段上述 4 个水文站最大洪峰流量自 20 世纪 80 年代末明显减小。在大型水库联合运行之前的 5 年中（前一时期），4 个水文站的最大洪峰流量分别为 2 964 m^3/s、3 322 m^3/s、3 502 m^3/s 和 3 298 m^3/s，而在大型水库联合运行之后的 5 年中（后一时期）分别为 1 674 m^3/s、1 698 m^3/s、1 836 m^3/s 和 1 836 m^3/s，分别较前一时期减小了 43.52%、48.89%、47.57%和 44.33%，几乎减小了一半。图 9-8b 表明，4 个水文站汛期最大流速在前一时期分别为 3.27 m/s、2.54 m/s、2.87 m/s 和 3.05 m/s，在后一时期分别为 2.83 m/s、2.61 m/s、2.50 m/s 和 2.64 m/s，除巴彦高勒站变化不大外，其余三站后一时期分别较前一时期减小了 14%、13%和 14%。汛期最大流速必然对应汛期最大流量，最大流量表示洪水可以影响的河道断面范围最大，而最大流速则反映了水流改造河道的最大能力。可见，大型水库联合运行不仅减小了汛期最大流量，而且显著减小了汛期最大流速，这必然使汛期河道断面的形变能力减小，这与后一时期汛期断面参数的变化率较前一时期显著减小相一致。因此，汛期最大流量及最大流速是河道断面参数调整的另一影响因素。

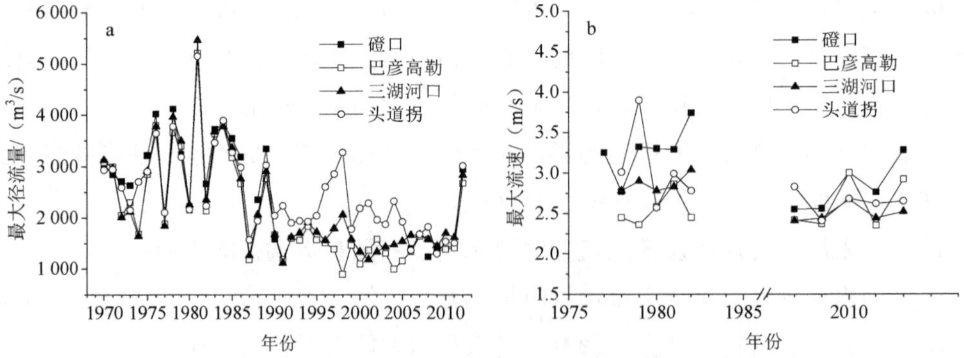

图 9-8 汛期最大流量及最大流速年际变化

9.1.6.3　断面参数变化率空间差异的原因

对于黄河内蒙古河段而言，上述 4 个水文站在空间上是沿程分布的，在大型水库联合运行前后两个时期中，这些水文站每年汛期的总流量及最大流量（图 9-8a）相差不大，因此，上述两个时期其河道过水断面形态参数变化率的空间差异性与流量关系不大，但与水动力及河岸物质组成等条件有关。黄河内蒙古河段河型复杂，磴口站位于顺直河段，巴彦高勒站位于辫状河段，三湖河口站位于弯曲河段，而头道拐站位于顺直河段（王随继，2008）。这些不同河型段的河道具有不同的稳定性，其中辫状河型段水动力相对较强、河岸组成物质抗冲性差、河道最不稳定，这是巴彦高勒断面面积变化率和水面宽变化率在大型水库联合运行前后两个时期都呈现最大值的主要原因。但是，大型水库联合运行导致了弯曲河段的三湖河口断面的上述形态参数变化率由前一时期的次大值变为后一时期的最小值，这是对水库运行导致汛期流量及最大流速显著减小的明确响应。同理，大型水库联合运行使位于弯曲河段的三湖河口断面的平均水深变化率由前一时期的沿程最大值变为后一时期的沿程最小值，显然，水库运行引起汛期流量和最大流速减小导致后一时期弯曲河段河床冲淤幅度减小，从而反映在过水断面水深的波动性显著变小。总体来看，大型水库联合运行对弯曲河段的三湖河口断面的变化率影响最大，其次为辫状河段的巴彦高勒断面，而影响最小的则是顺直河段的磴口断面。

9.1.7　宁蒙河道响应水库运行而变化的要点和对策建议

应用同水位断面分析方法分析了黄河内蒙古河段磴口、巴彦高勒、三湖河口和头道拐四个主要测站在大型水库联合运行前后各给定 5 年的汛期断面形态参数的变化率及其原因。主要结论如下：

（1）在大型水库联合运行前后两个时段的任意一年，在经历汛期洪水冲刷之后，同水位下河道断面面积、水面宽、平均水深及宽深比总体上以增大为主，变化率为正值；只有个别形态参数有所减小，变化率则为负数。

（2）这些断面的汛期同水位河道断面形态参数的变化率在大型水库联合运行之前的 5 个年份较大，之后的 5 个年份则明显减小。同时，比较全部断面同水位下同类形态参数的平均变化率可以发现，断面面积变化率减小了 3.4 倍（由大型水库联合运行之前的 92.4%变为之后的 27.5%）；水面宽变化率减小了 3.5 倍（由之前的 25.7%变为之后的 7.3%）；平均水深减小了 2.8 倍（由之前的 69.6%变为之后的 25.1%）。

（3）大型水库联合运行使黄河内蒙古弯曲河段的三湖河口断面的形态参数变化率由之前的次大值或者最大值变为最小值，从而使形态参数变化率由之前的沿程上凸曲线变为增减相间的“S”形曲线。

（4）由于大型水库联合运行的首要任务是削减洪峰流量、增补枯水期流量，这在显著削减研究河段汛期的总径流量和总输沙量的同时，也明显降低了汛期最大流量和最大流速。导致大型水库联合运行之后的洪水冲刷造床的能力显著变弱，河道断面形态参数的变化率相应显著减小。显然，大型水库的联合运行使黄河内蒙古河道与之前相比明显萎缩，面临的重要风险是不利于可能遭遇的极端大洪水的安全行洪。

（5）黄河内蒙古河段由于大型水库联合运行所引起的河道萎缩、不利于极端洪水安全行洪的风险，需要合理利用水库的调节功能，有效控制汛期总水沙量和洪峰流量，避免因过度调节而使河道持续萎缩，为可能出现的极端大洪水的安全行洪创造条件。

9.2 黄河宁夏河段的河道演变特征

黄河宁夏和内蒙古河段主要位于冲积平原区，除甘肃宁夏交界附近的河段、青铜峡河段及宁夏内蒙古交界附近的河段为有限的基岩峡谷段外，其他大部分河段为位于冲积平原区的冲积性河道，而冲积性河道具有明显的冲淤特性，同时，因为河道边界的可动性，其河岸的侵蚀后退、河道的摆动、河床的冲淤都是其河道演变的显著特征。黄河宁夏境内的中卫—中宁（卫宁）河段及青铜峡至仁存渡河段为卵砾石河床，粒径 d>20.0 mm 的卵砾石占全沙的 80.9%～27.9%，且沿程递减；仁存渡至石嘴山段的河床质由粒径 d<1.0 mm 的砂壤土及黏土组成，其中粒径为 0.005 mm<d<1.0 mm 范围的泥沙占全沙的比例为 72.0%～92.6%，呈沿程增加的趋势（周丽艳等，2018）。河势的变化与床沙组成密切相关，还与来水来沙条件和河道地貌条件等有关，该河段的河床质及河型都呈现出多样化特征，河道演变具有复杂性。

本节研究黄河宁夏河段的河道演变特征及分析其演变机制，主要以河道断面实测资料为依据，对不同区段的河道断面的演变特征进行了详细分析，包括断面形态、河道摆动及其侧向迁移速率的计算、河道宽深比的沿程变化特征及变化趋势，以及不同区段的河型种类等。期望通过上述有关方面的研究来揭示黄河宁夏河段冲积河道的演变特点和驱动机制，明确不同河段的河道稳定性。

9.2.1　黄河中卫—中宁河段的河道演变特征

河道是河水流经的通道，是水流与边界物质相互作用过程中形成的。河道的形态特征是边界物质适应河流动力作用的结果，不同的河道形态可以反映不同的河流动力大小及边界物质的抗冲性能。

黄河中卫—中宁河段（以下简称卫宁河段，河道实测断面编号前加 WN 以示区别）是黄河由甘肃进入宁夏后的第一个冲积河段，也是青铜峡水库以上的主要冲积河段，下面，首先分析该河段的河道演变特征。

9.2.1.1　黄河卫宁河段的典型河道断面演变特征

根据宁夏水利厅组织的有关水利部门在 1993 年、1999 年和 2001 年对黄河卫宁河段的实测资料绘制的典型河道横断面见图 9-9，断面位置见图 5-1。卫宁河段的河道在上游段主要为多河道段，这些河道断面相对稳定，期间夹有单河道段。在其下游段，多河道段逐渐减少，而单河道段逐渐增多，并以单河道为主。

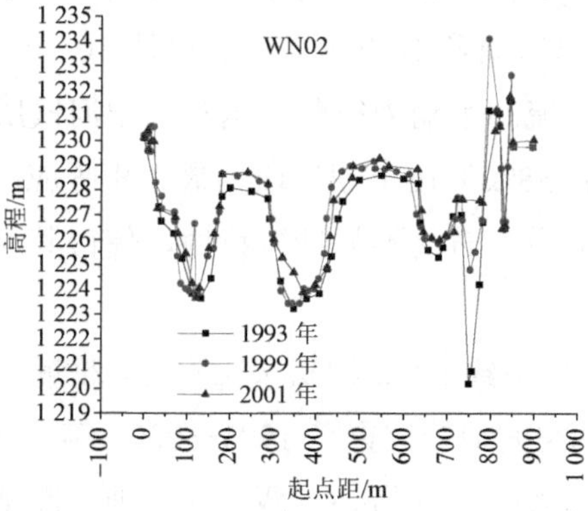

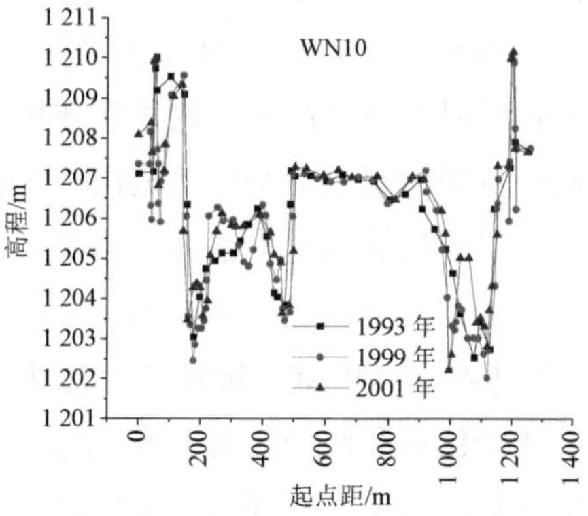

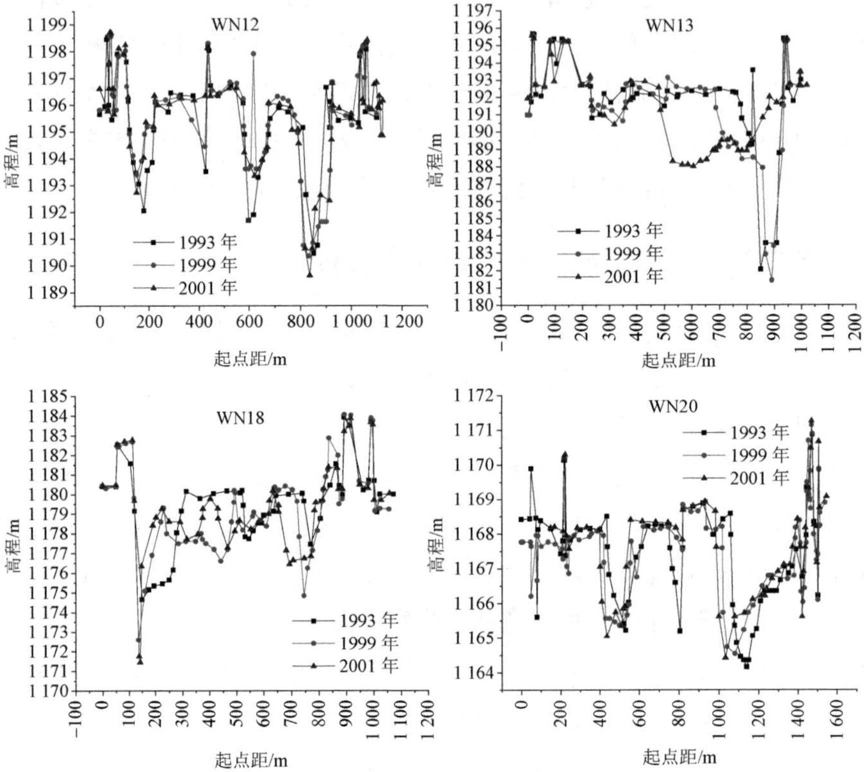

图 9-9 黄河卫宁河段的河道断面形态及其变化特征

在卫宁河段，河床质以卵石为主，可以称作卵石质河床，这是黄河宁蒙河段唯一以卵石质河床为主的河段。常见的河床质卵石的粒径一般可达 10～15 cm，并有沿程明显变小的趋势。这表明该段河流的水动力很强，这和卫宁河段所在的黑山峡—古城湾河段的平均河道比降（0.758‰）在宁蒙河段为最大相呼应。卵石质河床的河流虽然水动力强劲，但是，河道卵石的不易冲刷特性，使得其河道的形态在短时期内难以发生明显的变化。

在图 9-9 中，WN02 断面位于下河沿以下约 6 km 的狄家庄附近，横断面呈现明显的 3 个汊道和两个河间湿地，河道和河间地的位置在 1993—2001 年期间没有明显的变化，只是右汊河道的河床高程显著抬升，另外，两个河间地（滩地）上发生了明显沉积作用，引起滩地的淤积升高。

这类河道侧向变化不太明显，仅有河床冲淤和河间地（滩地）沉积的现象在其下游的 WN10（位于中卫县下游约 10 km 处，在申滩以下约 3 km 处）和 WN12（位于中卫县与中宁县之间中部、宣和以下约 5 km 处、康滩断面以上约 15 km 处）河道横断面上基本相似。表明这 3 个断面的水动力特征和河道比降非常相近，泥质沉积物只能在洪水漫滩的情况下沉积在河间地和滩地上。砂质泥沙即使在河道内也难以沉积，将会被水流带往下游。

在黄河卫宁河段的下段，河道的侧向摆动能力在一些河段明显加强，如 WN13 横断面（位于中宁县以上约 18 km 处的马滩附近）所示，该断面具有主次分明的两个汊道，右汊道为主汊，冲淤变化剧烈，左汊道为次汊，冲淤变化不明显。右侧的主汊道在 1993—1999 年以侵蚀其左侧的河间地为最明显的特征，导致汊道变宽、深泓变窄，年均侧向侵蚀速率超过 10 m/a。而在 1999—2001 年，河道侧向侵蚀更为剧烈，在对左岸河间地侵蚀的同时，在右岸形成侧向加积层，导致汊道更为宽阔、河道深度大幅减小，河间地侧向侵蚀速率达到 100 m/a。对比上述两个时段的右汊道演变特征，可以发现，汊道的深度减小量超过 1 倍，而汊道宽度几乎增加了 1 倍。河间地的宽度在右汊道的剧烈冲刷下逐渐变小，但滩地表层依然沉积了 0.5 m 左右的洪泛泥质沉积物。

WN18 断面（位于康滩以上 3 km 处的石空附近）（图 5-1）也呈现多河道特征，在上述时段，河道演变主要以左汊道右侧侧向加积、右汊道左侧侧向侵蚀为特征，河间地冲淤交替。该断面的演化特征表明，相对于其上游卵石质河段，其河间地更不稳定，其组成物质已经变为以砾质为主。

WN20 断面是卫宁河段实测横断面中位于最下游的断面，在 1993—2001 年，各汊道总体上表现为侧向侵蚀为主，其中右汊道为其主汊道，河间地侧向侵蚀明显，深泓线向左侧迁移；1993 年存在的窄深中汊道在 1999 年时基本被淤积填充；左汊道左岸侵蚀、右岸堆积，表现出汊道向左的迁移趋势。河间地略有加积升高现象。

卫宁河段的河道横断面的演变表明，其上段河道非常稳定，冲淤变化不明显；其下段的稳定性相对变差。原因在于，上段河道的河床质为卵石质，尽管上段的河道比降更大，但这类河床质的抗冲性更强，在较大的水动力条件下能够维持其河道及汊道的固有形态；下段河道或汊道的相对较差的稳定性取决于河床质已经变化为砾质为主，其抵抗河流冲刷的能力明显比卵石质河床的要差，从而在较强的水动力条件下难以维持其已有的形态，只能去适应水流的修饰或改造作用。所以，卫宁河段河道稳定性的主要控制因素是河床质类型，即河道的边界条件。

9.2.1.2 黄河卫宁河段河道宽深比沿程变化特征

河道宽深比是河道宽度与平均深度的比值，宽深比越大表明河道越不稳定，反之则越稳定。卫宁河段河道宽深比实测断面共有 22 个，分别在 1993 年、1999 年和 2001 年进行断面测量，各断面位置见图 5-1。

图 9-10 所示的是黄河宁夏卫宁河段河道宽深比的沿程变化特征。在下河沿—杨家滩之间（图 5-1）包括图 9-10 中 WN01～WN07 断面在内的河道宽深比基本小于 200，表明河道相对窄深。同时，在不同年份河道宽深比的变化也不明显。前已述及，这些河段的河道比降是黄河宁蒙河段中最大的，冲出峡谷的河流水动力强，但经其长期分选形成的以卵石质为主的河床质抗冲性能也强，水流和河道边界物质的相互作用结果导致形成了相对稳定的窄深河道。

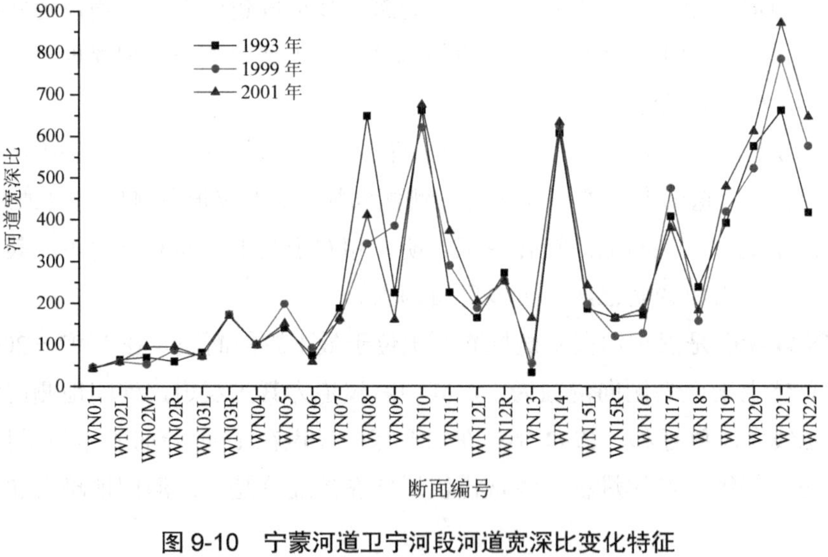

图 9-10 宁蒙河道卫宁河段河道宽深比变化特征

卫宁河段在杨家滩以下的河道宽深比明显增大，基本介于 100～700，并且不同断面之间波动幅度明显（图 9-10）。同样地，在不同年份中，部分断面的河道宽深比变化幅度也相当明显。相对于上段（下河沿—杨家滩）来说，该段河道比降相对变小，但是因为该河段离峡谷较远，河床质平均粒度相对变小，也即卵石的平均粒径相对于上段的要小，同时，黄河在宁夏境内的最大支流清水河在该段加入黄河主流，它带来黄土高原的细粒泥沙导致该段河流的泥沙来源复杂化，河道边界物质的组成也变得复杂多样，除卵石质外，还有砂砾质，尽管河流水动力相对减弱，但由于边界物质的变化导致河道抵抗水流侵蚀的能力相对减弱，使得河道的稳定性变差，河道宽深比相应增大。

9.2.2　黄河青铜峡—石嘴山河段的河道形态演变

9.2.2.1　黄河青石河段的典型河道断面演变特征

黄河在青铜峡—石嘴山河段（这里简称青石河段，是黄河在宁夏境内的主要冲积河段，其河道实测断面编号前加 QS 以示区别）的河床质基本以砂质为主，卵石质河床仅在青铜峡水库下游较短的河段内（青铜峡—吴忠）出现并占据相对优势地位。这主要是出库水流的强烈冲刷作用所致。在吴忠—灵武河段砾质河床质占据优势，该段也是卵石质河床向砂质河床演变的过渡段。

宁夏水利厅组织有关水利部门对黄河青铜峡—石嘴山河段进行了河道断面测量工作，其中 22 个断面的分布位置见图 5-4。每个断面分别在 1993 年、1999 年和 2001 年进行了 3 次测量。为了分析黄河在青石河段的河道演变特征，这里选取 6 个有代表性的断面（QS03、QS05、QS10、QS16、QS19 和 QS26）来分析不同年份河道的冲淤变化特征。断面演变特征见图 9-11。

由图 9-11 可知，QS03 断面表现为多河道复式断面特征，在 1993 年、1999 年和 2001 年，汊道和滩地的位置没有明显变化，只在 3 个汊道的河床上有较小的冲淤变化，如右汊道和中汊道在 1993—1999 年、1999—2001 年两个时段以淤积为主，河床最大淤积厚度达到 1 m 左右，而左汊道在这两个时段先冲后淤，总体上冲淤相当。这是因为该断面所在的河段其河床质以卵石质为主（图 9-12），抗冲性强的缘故。

QS05 断面也呈现多河道特征，汊道位置稳定，但汊道床面及滩地的冲淤变化比其上游的 QS03 断面明显，其中滩地在 1993—1999 年发生冲刷，平均冲刷厚度达到 1 m 左右。这表明该断面所在的河段其河床质同样以卵石质为主，但卵石的粒度已经明显变小，同时，滩地堆积物中出现了可被水流自由冲刷的砂砾质物质。

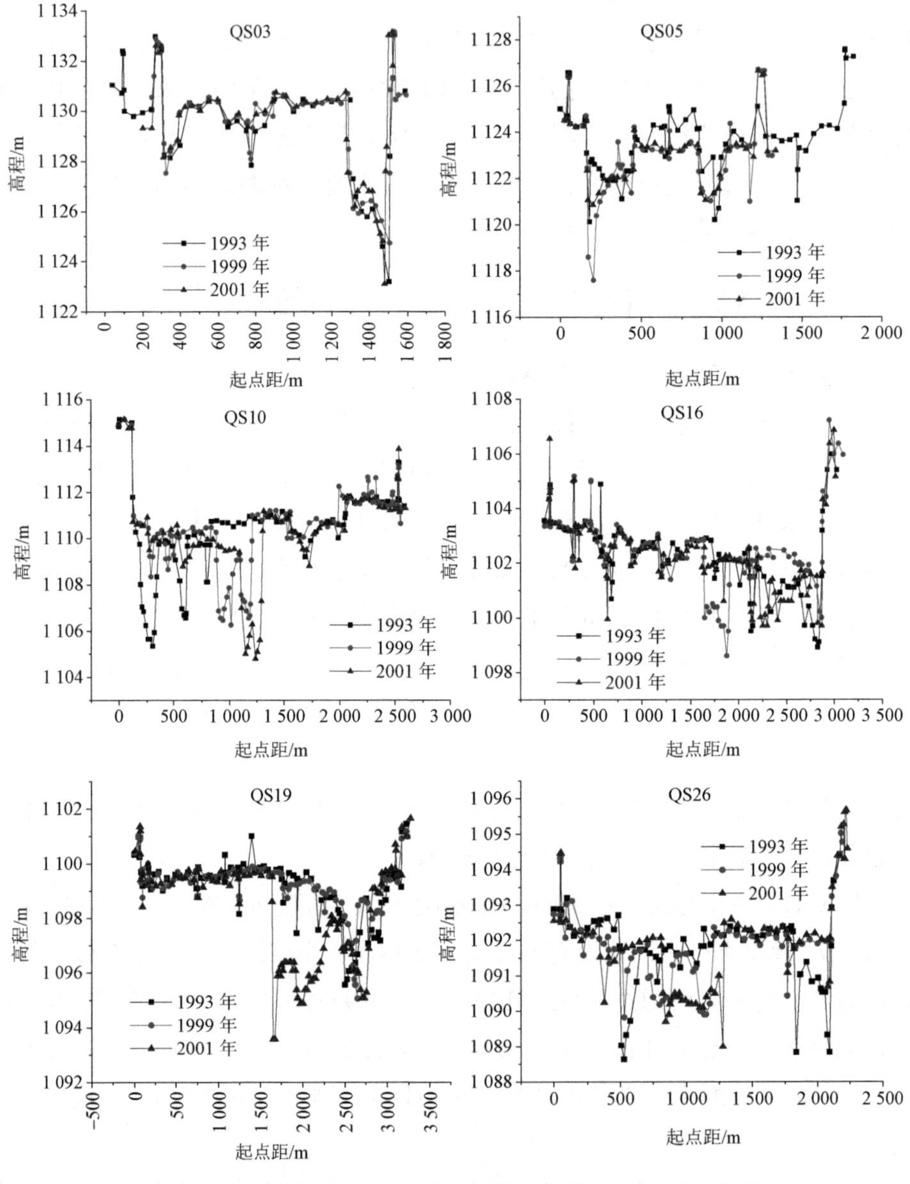

图 9-11　黄河青铜峡—石嘴山河段的河道横断面冲淤特征

QS10 断面的侧向侵蚀和河道摆动非常明显，这是其与上游两个断面的最大不同之处。在 1993 年，该断面还有复式河道的特征，最深的汊道靠近河道的左岸，向右岸还出现两个依次变浅的汊道。至 1999 年，河道向右岸迁移了约 600 m。在此后的 2 年内，河道又向右岸迁移了 150 m 以上。该断面位于砾质河段的末端，河床上卵石基本消失，砾质床沙的含量也相对减小，砂质河床质所占的比例逐渐增大，这是河道易于冲淤变化的主要原因。

QS16 断面位于青铜峡—石嘴山河段的下半段上端，河道的侧向侵蚀强烈。1993—1999 年，河道右侧的主槽向右岸迁移萎缩，滩地的右侧侧向加积达到 200 m 以上；次深河槽向河道左岸迁移并拓宽刷深成为主槽；河道右部的心滩平均淤积高度达到 1.5 m。1999—2001 年，河道右部的滩地又被刷深为浅滩。总体来看，河道左侧部分的冲淤变化相对不显著，这是因为上述时段的洪水流量相对于以往小得多，洪水主要在河道右半部流淌而难以漫过左部的高滩部分。

QS19 断面所在河段为单河道段，1993—2001 年，该断面以侵蚀为主，河道总体上表现为展宽和刷深。但是 1993—1999 年，河槽总体上处于冲淤平衡状态。

a. 青铜峡大坝以下 200 m 处

b. 青铜峡大坝以下 2 km 处

图 9-12　青铜峡水库下游河道的卵石质河床

QS16 和 QS19 断面所在河段是典型的砂质河床质段，过水河槽的易冲刷特性是因为河槽的边界主要由砂质沉积物组成，而滩地基本由上层较薄的泥质沉积物和下层较厚的砂质沉积物组成（图 9-13），滩地的侧向侵蚀或加积是横向环流作用的结果，因为这里的砂质沉积物极易被水流冲刷侵蚀、滩地表层的泥质沉积物也在其下层的砂质沉积物的侵蚀下发生坍塌。冲刷进入河槽的砂质沉积物难以被水流以悬移质方式进行输送，大部分砂质侵蚀物质被横向环流以推移质方式搬运至河槽对岸滩地、再进行侧向加积而使该滩地面积增大。

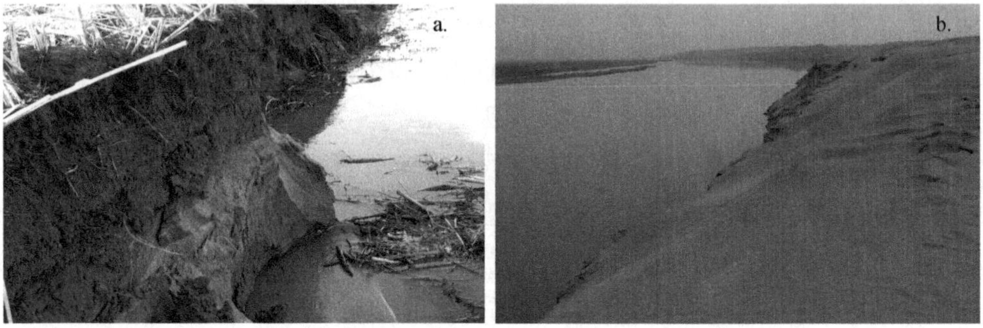

图 9-13 宁夏砂质河床河道段的主要河岸物质特征

注：a. 平罗县陶乐镇附近黄河右岸的二元沉积组构：上部细粒泥质沉积物（深色）和下部厚层的细砂质沉积物（浅色），在水流淘蚀下部砂质物时上部泥质沉积物经常发生坍塌；

b. 月牙湖附近黄河右岸风沙堆积物，在河流侧向侵蚀过程中极易滑塌进入河道，因其粒度较粗难以成为悬移质，只能作为河床质参与河道在水流作用下的调整过程。

QS26 断面位于心滩非常不稳定的多河道段。1993 年时断面分别由右侧和左侧的两个主次汊道和面积较大的心滩组成。至 1999 年，右侧的主汊道淤积变浅变窄，约 4/5 的河槽部分变为滩地，数年间该汊道平均沉积厚度达到 1 m 以上；左侧的次汊道在向右岸迁移过程中分化为两个汊道。至 2001 年，河道左侧的两个汊道侵蚀弥合为一相对较宽的主河槽，右侧河道部分变化不大。在 1993—2001 年，河道右部的心滩总体上沉积升高。该段同样为砂质河道边界条件，其演变原因同上。

9.2.2.2 黄河青石河段河道宽深比沿程变化特征

黄河宁夏境内青石河段河道宽深比实测断面共有 22 个，每个断面分别在 1993 年、1999 年和 2001 年进行测量，各断面位置见图 5-4。该河段河道宽深比的沿程变化特征如图 9-14 所示，其中 QS09 断面为典型的双河道，并在上述年份变化不大，心滩稳定，因此，这里对它们分别进行断面宽深比计算，相应地，在图 9-14，横坐标 QS08 之后的两个数据点分别是 QS09 断面的左右两个汊道的宽深比值。

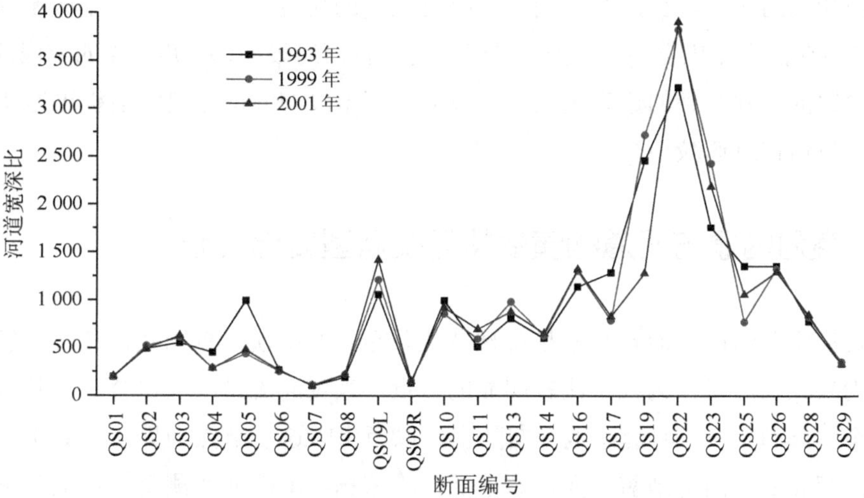

图 9-14　黄河宁夏青石河段河道宽深比沿程变化特征

从图 9-14 可以看出，QS01～QS08 这 8 个断面的河道宽深比基本小于 1 000，其中以卵石质河床质为主的河道段（QS01～QS03），其河道宽深比在不同年份基本没有明显的变化，这也说明卵石质河床的河道非常稳定。相对来说，QS04～QS05 断面的河道宽深比在不同年份有较明显的变化，因为这两个断面位于卵石质河床向砂砾质河床的过渡段，河床质以砾质为主，流经卵石质河段的水流仍然具有较大的动能，流水改造河道的能力仍然较强，引起河道的冲淤变化比较明显，这势必影响河道的宽深比变化。QS06、QS07 和 QS08 断面位于比较顺直的单河道段，在上述不同年份河道位置基本不变，宽深比也保持不变。

从 QS09 左汊道断面开始至 QS25（除了 QS09 右汊道断面），这些断面的河道宽深比相对较大，并在不同年份变化较大，说明这些以砂质河床质为主的河道非常不稳定，水流对河道的改造作用非常明显。在快要进入石嘴山峡谷之前，由于谷地的束缚，河道位置变得非常稳定，因此，河道宽深比相对变小，并在不同年份之间没有较大差别。

纵观青石河段，在平罗以上，河道宽深比沿程增大，由不到 250 振荡变化至区段末端的约 3 900，而且不同年份的差异也沿程变大，河道稳定性沿程变小，河流的能耗率沿程增大，河道内的沉积作用沿程增强。在平罗以下，河道宽深比基本呈现相反的变化趋势，在不到青石河段 1/4 的河道长度上，河道宽深比由最大的约 3 900 很快变化至小于 400，显然，约占青石河段河道长度 1/4 的末段河道，其宽深比的沿程变小的速率更大。这表明青石末段的河道稳定性沿程迅速变高，能耗率也沿程迅速减小。

9.3 黄河内蒙古河道的演变特征及河型转化机制

黄河宁蒙河段的河谷基本呈现藕节状分布，黑山峡、青铜峡、乌海—磴口之间较为狭长的河段作为几个比较明显的节点。当黄河流进入三盛公后，就进入另外一个“藕节”——河套盆地，实际上，以西山咀这一节点为界，河套平原又可分为前套和后套两个地貌单元区。下面，将依据河道断面实测资料详细分析黄河内蒙古河段的河道演变特征，包括不同年份河道形态变化特征及河道宽深比的沿程变化特点和潜在的动力机制。

9.3.1 内蒙古辫状河段的河道断面形态演变特征

9.3.1.1 典型辫状河道断面演变特征

黄河内蒙古河段属于砂质河床，按照几种常用的河流分类（钱宁等，1987；Chalov，1996；王随继等，1999），其河道平面形态基本可以划分为辫状河型、弯曲河型及顺直河型三类（王随继，2008），其中磴口至乌拉特前旗西山咀河段为辫状河段，西山咀至十二连城为典型的弯曲河段，十二连城以下约 30 个河段为顺直河段。内蒙古水利科学研究院曾对该这些河段的河道断面进行过测量工作，实测断面 110 余个。这里选取的 3 次测量数据，收集到 1962 年、1982 年和 1991 年三次完整测量的河道断面有 35 个，其中分布在辫状、弯曲和顺直河型段的断面分别有 12 个、20 个和 3 个，其位置见图 5-10。

辫状河段的典型河道断面 14#、23#、37#如图 9-16 所示。其中临河附近的 14#断面在 1962—1991 年的河床宽度超过 4 000 m，其特点是分汊河道和心滩非常发育，例如，1962 年其较深的汊道超过 4 条，1982 年至少也有 4 条，但是，这些汊道的位置已经全然不同。在 1991 年，汊道数目明显减少，断面右侧的主河槽相对发育（图 9-15）。

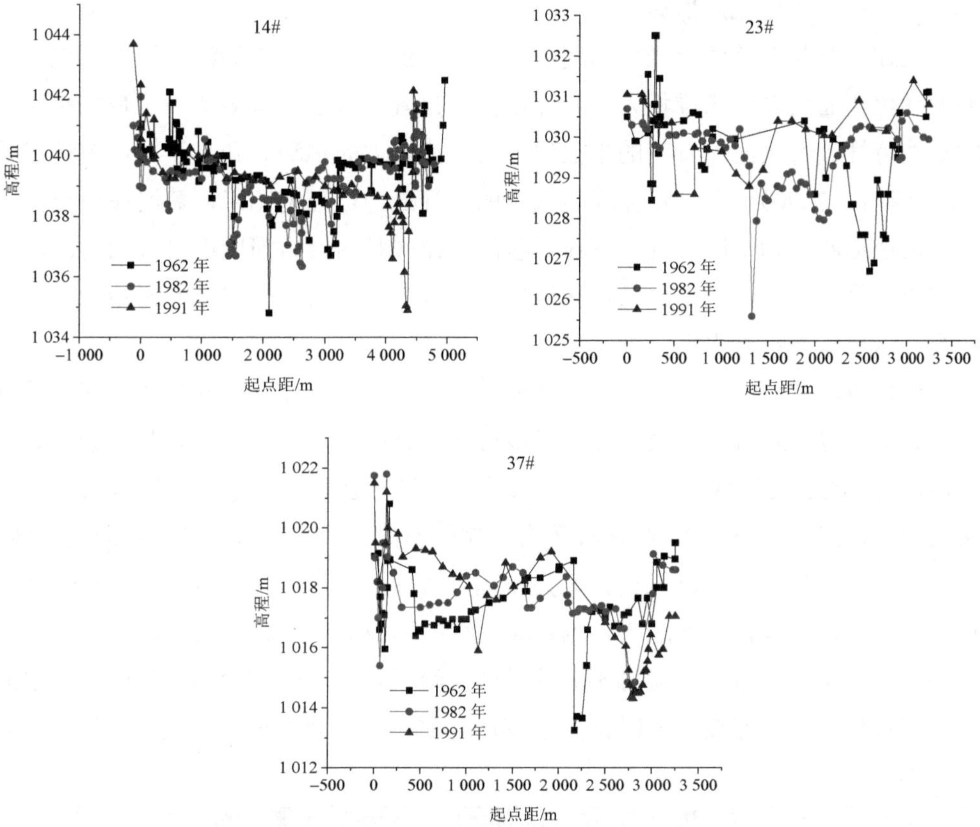

图 9-15　黄河内蒙古境内辫状河段的典型河道断面演变特征

23#断面位于内蒙古辫状河流段的中部，它在 1962 年呈现多汊特征，主汊道位于断面右侧；至 1982 年主汊道已经迁移至断面中部且深泓刷深明显，断面左右两侧各有一浅汊道；1991 年，断面上明显分布有 4 个汊道，其深度从右向左逐渐增大。对比上述 3 个年份的河道断面可以发现，河床总体上加积抬升，尤其以断面右半部更为明显。

37#断面位于该辫状河流段的末端附近，在所测量的 3 个年份基本都表现为 3 汊特征，并且各汊道以向右岸迁移为主，断面左半部以沉积抬升为主，右半部以侵蚀为主，右岸明显侵蚀后退。

9.3.1.2　辫状河型成因探讨

上述三个断面总体上表现为河床宽阔、多汊、不同年份的汊道位置不稳定、冲淤变化明显且以河床堆积为主、滩槽更替频繁、深泓位置多变，这是辫状河流的典型特性。辫状河流发育的主要原因有河流较大的水动力和易于冲刷的河床质（王随继等，2000）。衡量水流动力大小的指标之一是河道比降，黄河在内蒙古河段的河道纵断面为下凹特征，该段辫状河道比降是内蒙古河段中最大的河段，表明水流有足够的动力条件去改造床沙质；另外，由于内蒙古河段的床沙为砂质沉积物，这类床沙易被水流侵蚀改造。

磴口以南黄河西岸是乌兰布和沙漠的东缘（图 9-16），20 km 长的滨河沙丘以流沙、滑落等方式每年向黄河输送风沙可达 7 700 万 t[①]。这些沙丘是风选很好的细砂，进入河道的风沙大部分成为河床质而参与河道形态的塑造过程。除此之外，黄河内蒙古河段的整个辫状河段，还有右岸的库布齐沙漠提供了源源不断的风沙，无论这些风沙是直接滑落入黄、风力搬运入黄，或者是汛期洪水搬运入黄，都为该段河道提供了丰富的河床质，为辫状河型的形成提供了物质条件。

较高的水动力条件、源源不断的风沙供给以及可动的床沙质使得床沙与水流的作用过程中，心滩或沙坝时常处于变动之中，这些动力机制造就了辫状河流的典型形态。

图 9-16　位于黄河西岸的磴口县刘拐沙头是该河段床沙的主要来源区

注：a. 图示辫状河流的心滩及河岸沙丘，尽管树木滨河生长，但沙丘已导致其大量死亡；

b. 黄河滨河沙丘已将一棵树的树干完全淹没只有部分树枝和树冠出露。

① 磴口县人民政府，《磴口县刘拐沙头综合治理情况简介》，2009。

9.3.2　内蒙古弯曲河段的河道断面形态演变特征

9.3.2.1　弯曲河道断面总体演变特征

黄河在内蒙古境内弯曲河段的典型断面见图 9-17。这些断面的主要特征是：具有相对宽阔的泛滥滩地，并以单个河道为主，在个别年份由于洪水的冲刷在滩地上可以形成浅槽。当然，浅槽主要出现在边滩上，在水位较低时会被废弃，并且逐渐地会被悬移质泥沙沉积充填。不同年份的河道位置会发生摆动，实际上是河流侧向侵蚀引起河道迁移所致。在不同的河段，河道的侧向迁移速率相差较大，比如，在弯曲带，凹岸冲刷速率较大，而凸岸侧向加积速率相应较大，导致河道向凹岸方向的摆动距离较大；在两个弯曲带之间的过渡河段，河道相对顺直，河岸侧向侵蚀的速率相对较小，从而使得河道的侧向迁移幅度较小。也即是说，一个近似“S”形的弯曲段，其弯头部分向外侧摆动的幅度和速率都较大，而弯头之间的衔接段则侧向摆动较弱，这一动力学机制造就了弯曲度逐渐增大的曲流演变特征。

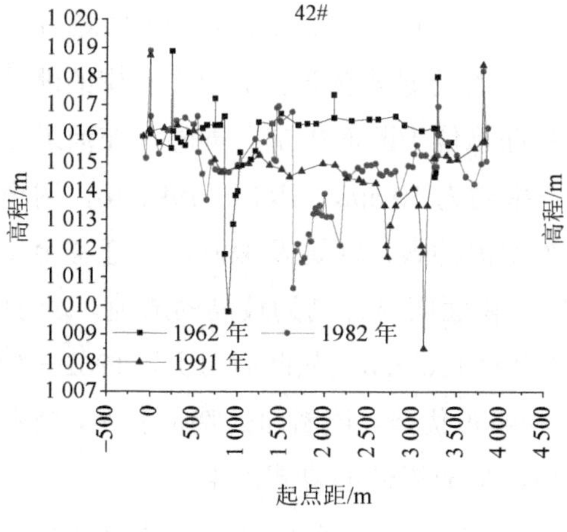

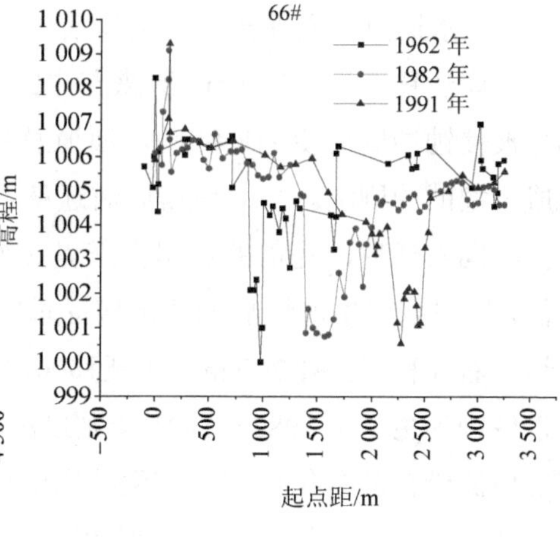

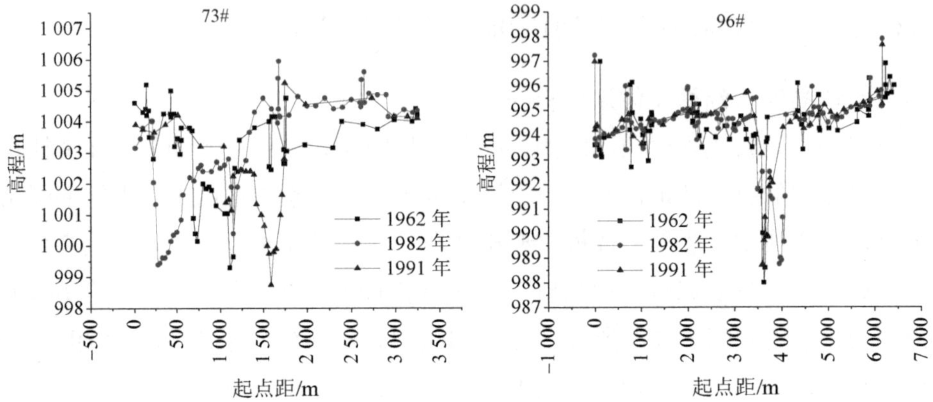

图 9-17　黄河内蒙古境内弯曲河流段的河道断面演变特征

9.3.2.2　曲流带内断面演变特征

断面 42#位于内蒙古弯曲河段的上端附近的弯曲带中（图 5-10），在 1962 年该断面的河道位于断面左侧，从滩地至深泓处最大深度可达 6 m，河道宽度 500～600 m，滩地平坦宽阔，在河道两侧修建了较低的生产堤和防洪大堤（图 9-17）。显然，洪水期河水漫滩频繁且河岸易被侵蚀，从而修建人工堤坝。至 1982 年，河道向右岸迁移了近 1 000 m，原来左岸的生产堤已被水流冲毁，原先右岸的滩地大部分被侵蚀冲刷而变为低滩地，河道及其深泓位于断面中部。同时，在河道左侧形成小型的冲刷沟。主河道年向右迁移速率约为 50 m/a。1982—1991 年，河道仍然持续向右迁移，先前的右岸生产堤又被水流冲毁，河道及深泓已经迁移至断面右侧，原先右岸生产堤后的洼地接受垂向加积而明显升高为较高的滩地。该时段，河道向右迁移了约 1 200 m，年迁移速率约为 130 m/a。从断面可见，1962—1982 年以侵蚀为主，而 1982—1991 年则以沉积略占优势。该断面的特征表明，弯曲河流的曲流带在某些年份可以产生冲刷汊道，形成局部的复式河槽。

断面 66#位于内蒙古弯曲河段中部偏上的弯曲带（图 5-10），在不同年份都呈现单河道特性（图 9-17）。1962 年右岸滩地上存在的生产堤至 1982 年已被水流毁坏，该时段河道向右迁移距离约 600 m，年迁移速率约为 30 m/a，河道右侧滩地也明显被冲刷而成为低滩地。1982—1991 年，河道又向右侧迁移了近 900 m，年迁移速率约为 100 m/a。该断面虽然位于曲流带，但未形成过复式河槽。

从上述两个位于曲流带的河道断面特征可见，复式河槽可以发生在曲流带，但并不一定会发生。同时，曲流带的河道迁移速率是很大的，河道位置变化非常明显。

9.3.2.3　曲流带间断面演变特征

断面 73#位于内蒙古弯曲河段的正中部，它处于两个曲流带（河东邻近弯头）的过渡段（图 5-10），河道侧向迁移幅度相对较小（图 9-17）。1962—1982 年，河道以展宽为主，左岸后退了约 300 m，右岸后退了约 50 m，左右岸的年侧向侵蚀速率分别为 15 m/a 和 5.2 m/a。1982—1991 年，河道以向右迁移为主，左岸侧向加积前进了约 300 m，右岸侧向侵蚀后退了约 600 m，左岸的年侧向加积速率为 33 m/a，右岸的年侧向侵蚀速率为 66 m/a。该断面在不同年份总是呈现单河道特性。

断面 96#位于内蒙古弯曲河段下部的一个曲流带的前端（图 5-10），河道位置相对稳定，河道侧向迁移幅度相对较小，并在不同年份总是呈现单河道特性（图 9-17）。1962—1982 年，河道右岸侵蚀后退了约 400 m，左岸侧向加积前进了 300 m，右岸的年侧向侵蚀速率约为 20 m/a，左岸的年侧向加积速率为 15 m/a。1982—1991 年，河道向左略微迁移约 90 m，河道年侧向侵蚀速率约为 10 m/a。

从上述两个位于曲流带间的断面特征可见，复式河槽在曲流带弯头之间相对顺直的衔接段难以发生，与曲流带内的河道相比，这里的河道位置相对稳定，河道侧向迁移速率明显比前者小。

9.3.3　内蒙古顺直河段的河道断面形态演变特征

9.3.3.1　弯曲河型向顺直河型的转化现象及原因

辫状河型向弯曲河型的转化现象在世界范围内比较常见，黄河上游内蒙古河段发生的这类转化前面已经论及，黄河下游以东坝头为界也发生了这类河型转化现象，并有多方面的研究成果。但是，弯曲河型向顺直河型的转化非常罕见，尽管如此，黄河上游末段及黄河下游下半段都出现了这类不常见的河型转化现象（王随继，2008）。

黄河上游末段托克托附近的河段出现了弯曲河流向顺直河流转化的现象，其地貌特征见图 9-18，河道特征见图 9-19。弯曲河段的弯曲度为 1.8 左右，该值超过了通常认为弯曲河流的下限弯曲度值 1.3。河道具有典型的边滩沉积物，在个别弯顶比较宽阔的地方出现了心滩。河道及边界沉积物主要是砂质，河岸沉积物具有上细下粗的典型二元沉积结构。在泛滥平原明显可见多段废弃河道，其中充填的泥沙为下层的砂质沉积物和上层的泛滥泥质沉积物。废弃河道的存在表明该处河道的侧向侵蚀速率较大，河曲自由摆动的幅度较大，同时由于泛滥泥质沉积物比较发育，河岸的二元沉积物结构造就了河流自然裁弯取直现象的发生。这些现象表明二元结构中上层的细粒泥质沉积层较薄，而下层易被侵蚀的砂质层较厚，泥质层难以有效阻止河流的侧向侵蚀作用，这是弯曲河流得以形成的主要原因。

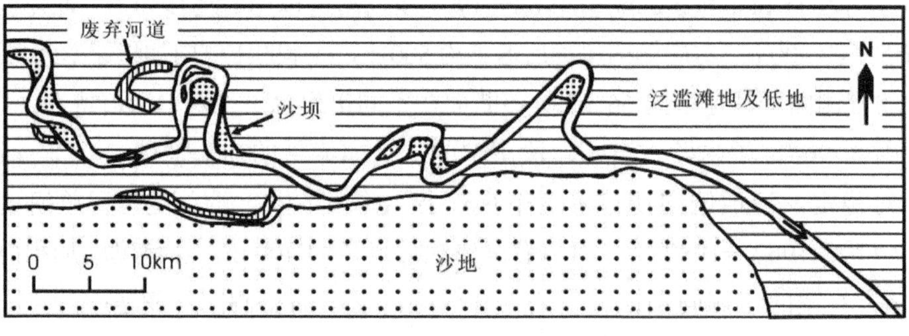

图 9-18 黄河上游末段（托克托附近）弯曲河型向顺直河型转化现象（王随继，2008）

a. 弯曲河型

b. 顺直河型

图 9-19 黄河上游末段（托克托附近）弯曲河型和顺直河型

顺直河段发育在弯曲河段的下游，其长度超过 30 km，弯曲度约 1.05，河岸北侧泛滥平原宽广，而其南侧的泛滥平原则比较局限，近旁是连绵的风成沙丘、部分为基岩露头。在托克托河段的南部，有大片的风成沙丘，弯曲河道向南摆动的河曲经常冲刷岸边的风成砂并带入河道及向下游输送，因此，顺直河段的河床沉积物也以砂质为主。但是，顺直河段的河道弯曲度小，没有明显的河曲，即河流的侧向侵蚀速率相对较小，河道位置比较稳定，水流不能直接侵蚀风成沙丘，而风力作用可以为河流提供一定的较细沙尘，从而使得顺直河段的河床沉积物相对其上游的弯曲河段的明显细一些。以往的研究表明，顺直河流主要发育在基岩或边界非常难以侵蚀的冲积平原上。该处的顺直河流发育在冲积平原，表明其河岸的细粒泥质沉积层比较厚，并且远厚于其上游的弯曲河流的，有效地增加了河岸的抗冲能力、降低了河流的侧向侵蚀作用。另外，顺直河段比较小的河道比降表明其水流动力也较弯曲河段的弱。这些因素的复合作用导致了顺直河流的发育。

9.3.3.2　顺直河段河道断面演变特征

黄河在内蒙古境内顺直河段的典型断面演变特征见图 9-20。断面 109#和 111#位于黄河内蒙古河冲积河段末尾的顺直河段，其主要特征是，河流为单河道，与其上游辫状河流和弯曲河流段相比河道窄深，河岸相对稳定。即使河道发生迁移，其迁移速率也相对较小。

断面 109#在 1962—1982 年，左岸向右侧向加积了 120 m 左右，左岸的年加积速率约为 6 m/a。右岸滩地略有刷深，但右岸侵蚀后退 20 m 左右，年侵蚀速率仅有 1 m/a 左右。1982—1991 年，左岸侵蚀后退约 120 m，年侵蚀速率约为 6 m/a，右岸没有明显迁移现象。河道深泓位置和深度在这些年份变化不是非常明显。

断面 111#在 1962—1982 年，右岸位置基本没有变化，左岸向左侧向侵蚀后退了约 140 m，左岸的年侵蚀后退速率约为 7 m/a。同时河道深泓部位垂向加积明显并升高了约 2.5 m。1982—1991 年，左岸位置无明显变化，右岸侵蚀后退约 90 m，年侵蚀速率约为 10 m/a。由于河流主流线的变化导致河道深泓向左迁移了 180 m 左右，同时深泓处河床刷深并与 1962 年的深度相当。

总体来看，顺直河流段的河道比较稳定，其河道侧向迁移速率基本小于 10 m/a，这与上游的辫状河流和弯曲河流段河道动辄年迁移数十米或上百米相比显得微不足道。在河道摆动幅度上该段也是最小的，1962—1991 年，河道摆动幅度基本在 200 m 以下，朝某一侧河岸的累计摆动距离也小于 200 m。但是，黄河内蒙古在辫状河段和弯曲河段的河道累计摆动距离常常超过数千米。由此可见，黄河宁蒙河冲积河段出现的顺直河型，其水动力小于该河段的弯曲河型的、更是小于该河段的辫状河型的；其河岸稳定性大于弯曲河型的、更大于辫状河型的。

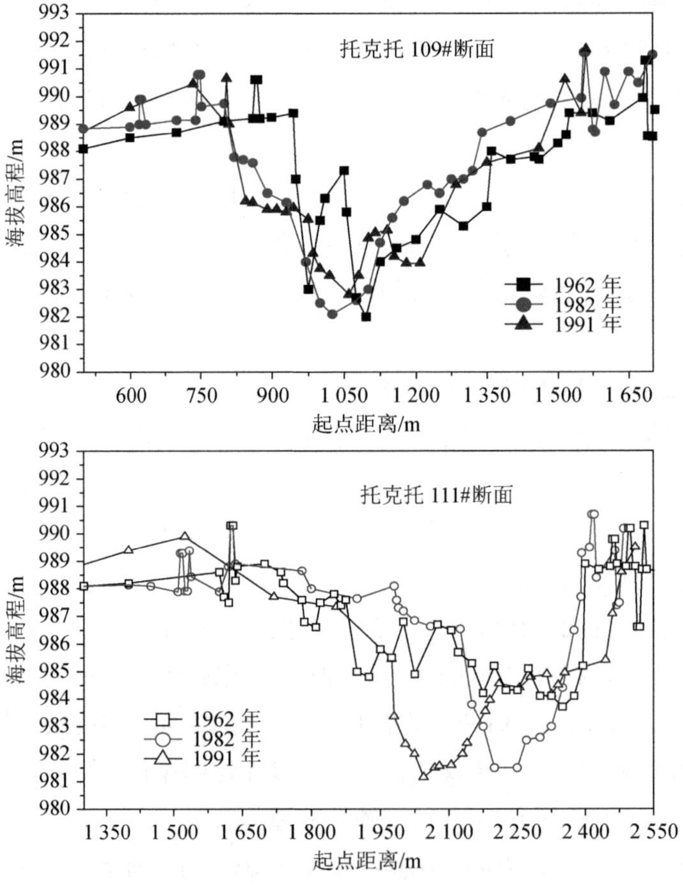

图 9-20 黄河内蒙古境内顺直河流段的河道断面演变特征

9.3.3.3 黄河内蒙古河段河道宽深比沿程变化特征

黄河内蒙古河段河道宽深比沿程变化特征如图 9-21 所示。位于弯曲河段的 57#断面的河道宽深比甚至超过了 5 000，这不但是黄河宁蒙冲积河段中最大的，也是全球辫状河型中较为罕见的。除该段面外，其他大多数河道断面揭示的河道宽深比基本介于 1 000～3 000，这显然与黄河宁夏卫宁河段河道宽深比在大多数断面小于 1 000、青石河段大多数河道断面的宽深比小于 1 500 差别明显。这表明，黄河在内蒙古冲积河段除末端的顺直河流段外，其河道稳定性总体上比宁夏河段的要差，其河床单位面积能耗率总体上也小于宁夏河段的，而在内蒙古河段，河道的单宽输沙能力沿程增强。能耗率小，表明消耗在河床单位面积上的功率更小，从而使得同流量、同比降河道的单宽输沙能力相对较强。

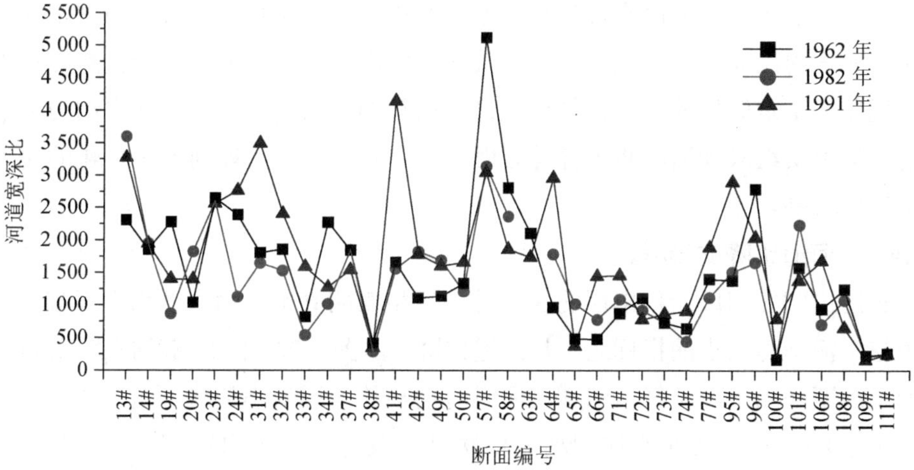

图 9-21　黄河内蒙河段河道宽深比沿程变化特征

黄河内蒙古河段的河道宽深比沿程有一定的波动变化，但总体上呈现出沿程减小的变化趋势；各断面平均河道宽深比则清晰呈现出由上游段的辫状河型、向中游段的弯曲河型、再到下游段的顺直河型逐渐减小的趋势（表 9-3），这与上述河型的河道稳定性沿程增大趋势相一致。此外，对比 1962 年、1982 年和 1991 年三个年份的各河型段的河道平均宽深比可以发现，辫状河段和弯曲河段的在不同年份有所波动，这与其河道演变特性相一致，而顺直河段的有减小趋势，这反映了该河型河道稳定性仍然在增大过程中。

表 9-3 黄河内蒙古不同河型段在不同年份的河道平均宽深比

河段	1962 年	1982 年	1991 年
辫状河段	1 797	1 572	2 003
弯曲河段	1 441	1 369	1 766
顺直河段	573	512	352

9.3.4 黄河内蒙古冲积河段河型转化机制

黄河内蒙古冲积河段出现辫状河型、弯曲河型和顺直河型及其河型空间转化现象是冲积河流演变的必然产物，尤其是末段出现了顺直河型这一自然界较少发生的现象更不是偶然的，它也是河流自动调整的必然趋势。下面从水动力大小、河道边界物质组成和河床质来源等方面，进一步论证该河段河型多样化的原因及河型转化机制。

9.3.4.1 河道比降的沿程减小

黄河内蒙古河段沿程出现的 3 类冲积河型表明其水动力应该为沿程减小的，而衡量水流动力大小的指标之一是河道比降，由图 9-22 可知，黄河在内蒙古河段的河道纵断面为下凹特征，河道比降具有明显的沿程变小趋势，这是辫状河段、弯曲河段和顺直河段 3 类河型动能依次减小条件下河流自动调整的结果。河道比降大小是影响河流水动力强弱的关键地貌因素，对河型的形成和转化具有决定作用。

当然，基于水流运动方程等基本原理，从实测断面同流量时平均流速大小也可以进行不同河型之间的水动力相对大小的比较，而这样所得的结果与从河道比降大小分析中所得的结果是一致的。此外，从不同河型河床质平均粒度大小也可以得到类似的结果。因此，这里虽然主要讨论的是河道比降，但同流量平均流速及河床质粒径（如中值粒径）等也是反映河流水动力大小的重要参数。这几类反映河流水动力大小的参数在分析河型转化方面都有类似的效果，也都能揭示河型转化的内在水动力机制。

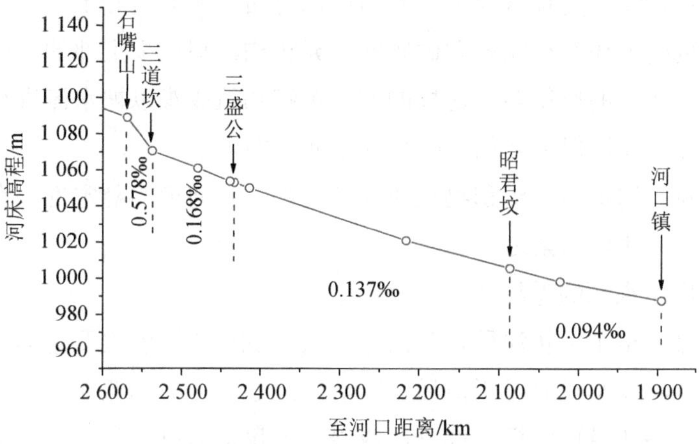

图 9-22　黄河内蒙古河段河道比降沿程变化

9.3.4.2　边界物质组成及河道稳定性的差异

黄河内蒙古河段的辫状河型，其河岸物质以砂质为主，易于被水流冲刷改造，横断面变化剧烈频繁，表现为河床宽阔、多汊、不同年份的汊道位置不稳定、深泓位置多变、冲淤变化明显且以河床堆积为主。宽阔且多心滩的辫状河道正是河岸易蚀的结果。辫状河流的河岸坡度缓，其侵蚀方式可以归纳为刷蚀。

该河段弯曲河型的河岸物质为泥质和砂质二元结构，这类物质组成使河流调整中不会发生像辫状河流那样的随机冲淤河道的散乱分叉，而主要是在凹岸弯顶偏下的部分发生侵蚀，侵蚀方式是河岸底部砂质沉积物遭受淘蚀，这些砂质沉积物的一部分随着流水向下游输移，还有一部分则是被弯道段特有的横向环流以河床质形式输移到对岸相对向下游的边滩部位进行侧向加积作用；上部以泥质沉积物为主的细粒物质通常会因下部砂质的侵蚀淘空而发生坍塌，其中坍塌的泥质沉积物部分会逐渐被水流冲散而作为悬移质被水流继续向下游输送，但一些块体在水流的短期冲蚀后并被后续沉积物掩埋而成为河床滞留泥球沉积物。曲流带正是在这样的不断侵蚀及沉积中形成了弯曲度较大的曲流河型。当曲率大至一定程度，相邻且相向侧蚀的河道弯头会彼此逐渐靠近，最终会发生裁弯取直，形成新河道和废弃河道。黄河内蒙古河段的弯曲河型，由于其河岸植被不发育、泥质层厚度有限，因此，难以形成高弯度曲流。

冲积河流体系中的顺直河型，其河岸以泥质、尤其是黏土质沉积物为主，假如河岸垂直剖面上还存在泥质和砂质的二元结构，那至少上部的泥质和黏土质沉积层也较弯曲河型的厚得多，这样的河岸沉积物组成难以被水流进行大幅度的侧向侵蚀，总体上能够保持其相对顺直的平面形态。

由此可见，河道边界沉积物组成及其特性，对河道的稳定性具有重要影响，也是河型转化的决定因素之一。

9.3.4.3 河床质来源的差异

黄河内蒙古整个辫状河段，其河床上大量沉积的泥沙主要是河水自上游流域输运来的泥沙，在水流流经磴口后，随着河流水动力的降低而发生沉积，另外，其右岸的库布齐沙漠可以提供部分风成沙，无论这些风沙是直接滑落入黄、风力搬运入黄，还是汛期洪水搬运入黄，都为该段河道提供了另一种河床质，这两类泥沙成为辫状河型的形成及河道加积升高的物质基础。相对于其下游的弯曲河型，较高的水动力条件、源源不断的流域来沙、风沙供给，以及可动的床沙质使得床沙与水流的作用过程中，心滩或沙坝时常处于变动之中，促进了辫状河流形态的发育。如果没有充足的河床质泥沙供给，河流将会严重冲蚀河道从而使河床持续冲刷降低，难以长期保持辫状河型的特性。

在研究区的弯曲河段，其河床质泥沙除水流从上游辫状河段带来的一些床沙外，还有其右岸来自风沙地的被称为“十大孔兑”的季节性河流的粗泥沙输入，虽然这些河流的年均流量很小，但因其比降大、以风沙为主的河床质和其上游黄土物质为主的悬移质泥沙来源充足，由于这些支流的河道比降大，它们在汛期的泥沙输运能力非常强，往往以高含沙水流形式进行泥沙输送，为研究区弯曲河段的主流带来了丰富的悬移质和推移质，同时，这些支流在汇入主流时常常形成洪积扇，有时会堵塞部分主河道，从而在弯曲河型的形态塑造、河岸及滩地二元沉积物结构的形成中起到了促进作用。

在顺直河段，支流很少入汇，除上游的河床质输入之外，没有额外的粗泥沙来源。该河流段的河床质比较细且均一化相对较强，对水流的额外扰动较弱。同时，该河段的河道宽度相比其上游的其他河型明显窄深，汛期洪水可以发生漫滩，而漫滩水流流速显著变小，从而将其挟带的大部分悬移质泥沙沉积在河漫滩地带，从而增厚了河岸带泥质沉积物，增大了河岸的抗冲性和稳定性，有助于降低水流对河岸侵蚀作用，进一步维持着顺直河型的平面形态。

9.4　黄河临河辫状河段心滩变化及其影响因素

黄河临河段（巴彦高勒—三湖河口）作为黄河内蒙河段淤积最为严重的河段，也是演变最为复杂的河段，对其微地貌变化特征进行的研究还很少见（梅艳国等，2016，2017）。黄河临河段作为辫状河流，其心滩是最为典型的微地貌特征。为此，本节利用 1988—2013 年的遥感影像资料在 ArcGIS 中绘制河道平面形态图，分析该河段的心滩在不同时期的数量变化、面积变化等，揭示该河段河道冲淤变化规律，对该河段的河道治理具有一定的参考作用。

9.4.1　数据来源及研究方法介绍

黄河内蒙古河段位于黄河上游的下端，介于 106°10′～112°50′E、37°35′～41°50′N，处于黄河流域的最北端，每年有长达 5 个月的凌汛（杨赉斐，1992）。干流从宁夏的石嘴山到托克托县河口镇（头道拐），长达 673 km，其间有石嘴山、巴彦高勒、三湖河口和头道拐等 4 个主要水文站，多种河型共存于该河段。其中临河段位于阴山山脉和鄂尔多斯高原之间，长约 213 km，河床平均比降为 0.16‰（冉立山等，2010），河床宽浅，河道横向变化幅度大，属于辫状河型（王随继，2008）或游荡河型（师长兴等，2013），为不稳定的多河道类型。由于临河段没有较大支流汇入，床面物质主要为自上游携带而来以及风沙入黄沉降而来的细颗粒泥沙（Ta et al.，2008），其河床冲淤主要受上游来水来沙的影响（刘晓燕，2009）。

遥感技术因具有宏观、动态、实时、可供系统地进行大尺度调查与监测的优势而在河道变化规律研究方面具有特殊的作用（亢庆等，1999；钟凯文等，2006；Winterbottom S，2000）。本书采用 1988—2013 年汛期 22 幅遥感影像（其中 2013 年 6 幅），全部申请下载于地理空间数据云（http://www.gscloud.cn/），其中 2001—2003 年和 2013 年遥感数据为分辨率为 15 m 的 ETM 数据，其余数据均为分辨率为 30 m 的 TM 数据。由于黄河临河段河道宽浅，水位对河道边界和心滩面积影响较大，在选取遥感影像时尽量选取水位较低时期遥感数据，同时考虑到遥感影像分辨率对心滩提取误差的影响，面积小于 0.01 km^2 的心滩不予计算。书中采用的水文站的水文泥沙信息由黄河水利委员会根据国家标准测量所得，并记录于黄河流域水文年鉴。

在 WGS84 坐标系下，首先在 ENVI 软件中对遥感影像进行波段 2、3、4 的假彩色合成以突出河道边界及心滩信息；然后选用 1∶50 000 地形图作为标准对 TM、ETM 影响进行配准（误差控制在 0.5 个像元之内）；最后利用 ArcGIS 软件对不同年份的遥感图像河岸、主流线、边滩及心滩进行数字化，绘制各年份的河道平面形态图（图 9-23），并对河道岸线长度、岸线内河道面积、全部心滩个数及面积等进行统计。

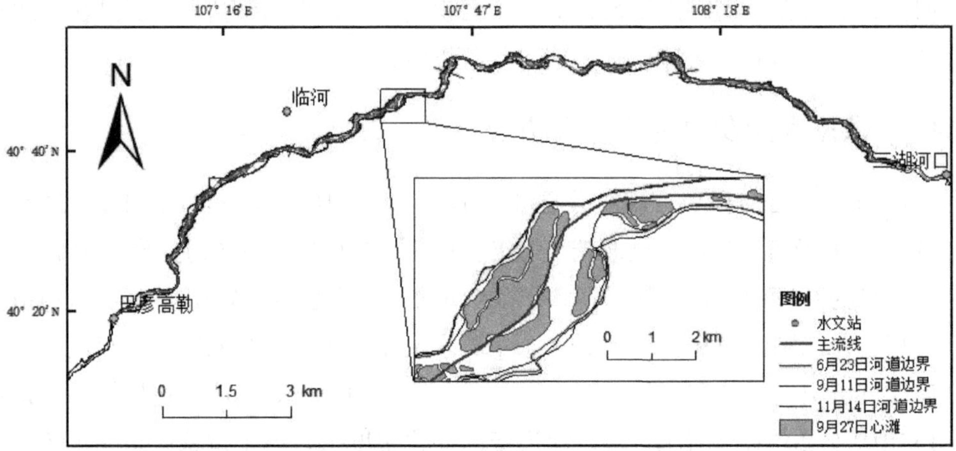

图 9-23 黄河临河段 2013 年部分日期河道边界及心滩提取示意图

考虑到水位不同对心滩统计结果的影响，对 2013 年 6 幅 ETM 图像所得心滩面积与图像拍摄日巴彦高勒站水位进行拟合，获得心滩面积与水位的线性关系，利用同水位条件下对其他年份心滩的统计结果进行拟合，进而得到黄河临河段河道的心滩的冲淤变化，这样可以有效消除因遥感图像拍摄时水位的不同所造成的心滩面积等的误差。

9.4.2 临河河心滩形态参数变化统计结果

9.4.2.1 临河段心滩特征参数统计

基于 2013 年 6 幅遥感影像绘制了黄河临河段的河道平面形态，由局部河段的放大图（图 9-24）可以看出，不同时期提取心滩的大小相差较大，主要受到水位高低不同的影响。同样，基于 1988—2013 年汛期 17 幅图像进行了河道平面形态绘制，并计算出黄河临河段相应图像中不同面积区间的心滩数量（表 9-4）及各年份心滩面积特征值（表 9-5）。

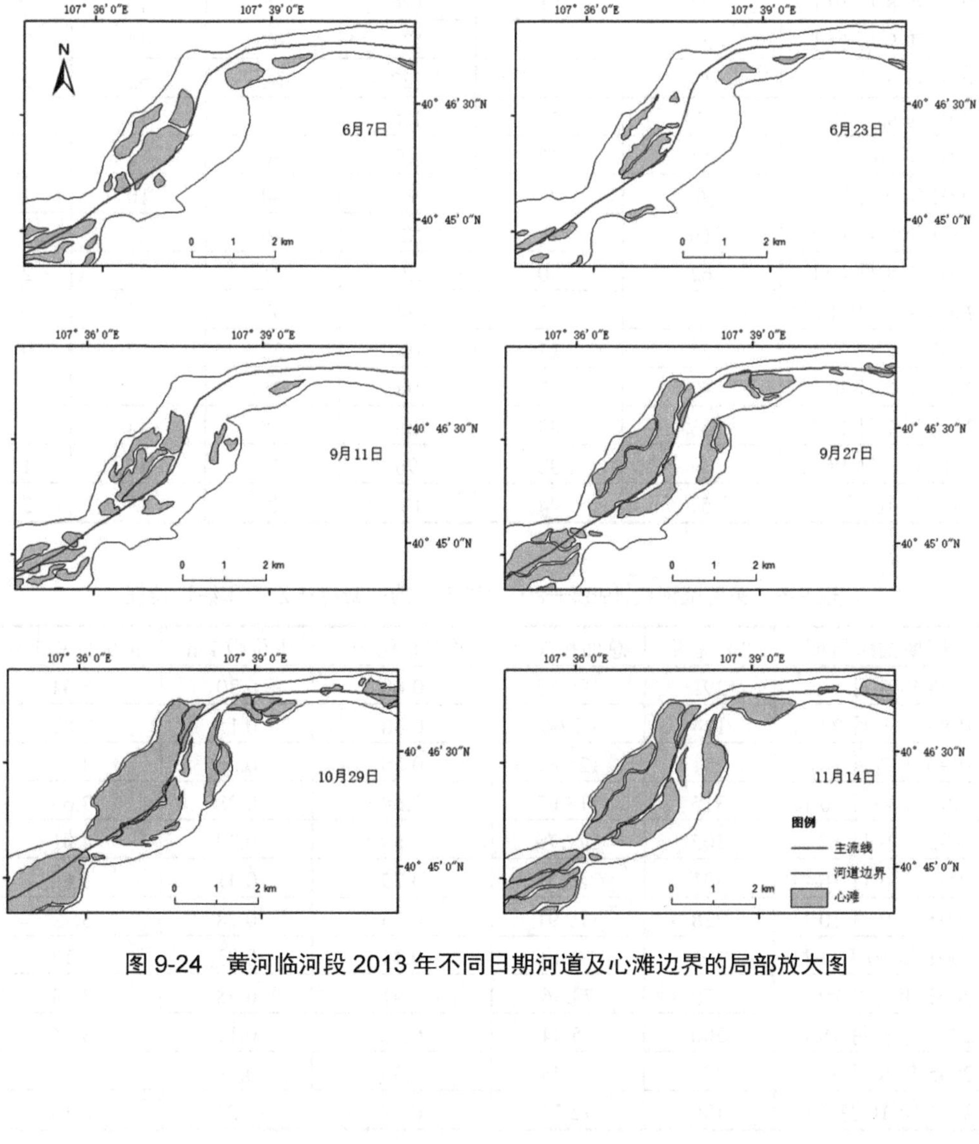

图 9-24　黄河临河段 2013 年不同日期河道及心滩边界的局部放大图

表 9-4 黄河临河段 1988—2013 年不同面积区间的心滩数量

单位：个

影像拍摄日期	0.01～0.05 km²	0.05～0.1 km²	0.1～0.5 km²	0.5～1.0 km²	1.0～3.0 km²	>3 km²
1988 年 5 月 1 日	8	36	143	45	49	10
1989 年 8 月 24 日	10	26	58	20	10	0
1990 年 7 月 10 日	5	35	137	40	33	1
1991 年 8 月 30 日	27	51	126	56	40	15
1992 年 9 月 17 日	25	40	139	47	44	7
1993 年 6 月 16 日	13	33	122	62	62	9
1995 年 9 月 10 日	2	36	118	39	31	2
2001 年 10 月 4 日	14	27	103	36	14	1
2002 年 9 月 29 日	6	23	99	40	10	1
2004 年 9 月 18 日	16	37	122	16	8	1
2005 年 8 月 4 日	62	40	121	41	21	2
2006 年 10 月 10 日	22	21	84	37	25	1
2007 年 7 月 9 日	21	27	100	33	17	0
2009 年 7 月 30 日	49	37	98	36	37	2
2010 年 7 月 1 日	33	33	86	28	14	1
2011 年 6 月 18 日	34	32	96	22	16	1
2013 年 10 月 29 日	57	44	103	25	17	3

表 9-5 黄河临河段 1988—2013 年各年的心滩综述及面积统计特征

影像拍摄日期	心滩总数	总面积/km²	平均面积/km²	中位数/km²	最大面积/km²
1988 年 5 月 1 日	291	196.88	0.68	0.30	5.64
1989 年 8 月 24 日	124	47.66	0.38	0.15	2.82
1990 年 7 月 10 日	251	125.89	0.50	0.26	3.09
1991 年 8 月 30 日	315	213.67	0.68	0.28	7.66
1992 年 9 月 17 日	302	177.79	0.59	0.29	4.01
1993 年 6 月 16 日	301	226.55	0.75	0.41	5.65
1995 年 9 月 10 日	228	119.91	0.53	0.28	3.72
2001 年 10 月 4 日	195	79.40	0.41	0.23	3.12
2002 年 9 月 29 日	179	73.56	0.41	0.28	3.94
2004 年 9 月 18 日	200	55.04	0.28	0.17	3.14
2005 年 8 月 4 日	287	96.28	0.34	0.16	3.31
2006 年 10 月 10 日	190	92.72	0.49	0.27	3.15

影像拍摄日期	心滩总数	总面积/km^2	平均面积/km^2	中位数/km^2	最大面积/km^2
2007 年 7 月 9 日	198	77.13	0.39	0.25	2.56
2009 年 7 月 30 日	259	125.93	0.49	0.46	4.46
2010 年 7 月 1 日	195	71.92	0.37	0.17	3.54
2011 年 6 月 18 日	201	72.20	0.36	0.16	3.55
2013 年 10 月 29 日	249	79.21	0.32	0.13	4.10

表 9-4 为临河段 1988—2013 年不同面积区间的心滩数目的统计特征，其中对其心滩面积按照 0.01～0.05 km^2、0.05～0.1 km^2、0.1～0.5 km^2、0.5～1.0 km^2、1.0～3.0 km^2 和＞3 km^2 总计 6 个区间段进行分区间统计其在不同区间面积的心滩个数。从心滩面积分区间统计特征值可以看出，位于 0.1～0.5 km^2 区间的心滩个数最多，往两边逐渐减少，其中＞3 km^2 的个数是最少的，且在 2000 年之后大于 3 km^2 的心滩面积仅为 1～3 个，要远小于 2000 年之前大于 3 km^2 的心滩个数。其中 1989 年 8 月 24 日临河段处于汛期水位下，无论其心滩总面积、心滩总个数、各区间段的心滩个数，还是其最大心滩面积，都要小于其他年份心滩的统计特征值，足以看出水位对心滩面积的影响。

临河段心滩总个数最少超过了 175 个（除 1989 年外），最多不超过 325 个，且 20 世纪 90 年代心滩个数要明显大于 2000 年之后的心滩个数。在 20 世纪 90 年代，临河段心滩个数最少为 228 个，其余基本维持在 300 个左右，而在 2000 年之后除个别年份超过了 250 个，其他年份基本在 200 个左右。临河段心滩总数在 25 年间整体上具有减少的趋势，在 2000 年之后具有略微增加的趋势。图 9-25a、b 及表 9-5 表明，1995 年之前心滩总面积和平均心滩面积都要大于 2000 年之后的（除 1989 年外），且整体上都具有减小的趋势。平均心滩面积的变化趋势更为明显，在 2000 年之前平均心滩面积最小也达到了 0.5 km^2，最大为 0.75 km^2，分布比较分散；2000 年之后其平均心滩面积都不超过 0.5 km^2，最小为 0.25 km^2，分布较分散。心滩总面积在 2000 年之前在 120～230 km^2 波动，分布比较散，而 2000 年之后集中在 60～130 km^2。

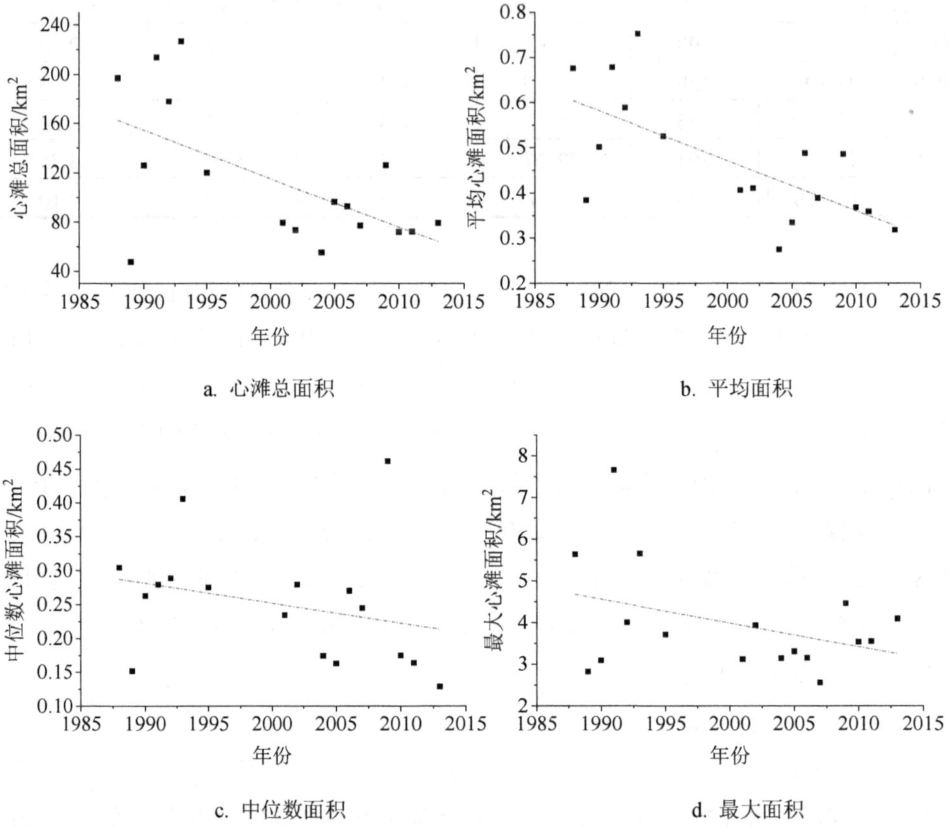

a. 心滩总面积　b. 平均面积　c. 中位数面积　d. 最大面积

图 9-25　临河段 1988—2013 年心滩总面积、平均面积、中位数面积和最大面积变化趋势

图 9-25c 及表 9-5 表明，中位数心滩面积总体上具有减小的趋势，但在 2000 年之前在 0.25～0.45 km^2 波动，变化趋势不明显；2000 年之后的变化范围为 0.125～0.46 km^2，总体有明显减小趋势。对比临河段平均心滩面积可以发现，中位数心滩面积小于平均心滩面积，两者之间的差距基本在 0.2～0.3 km^2，说明大于中位数心滩面积的心滩个数及其总面积多于小于中位数心滩面积的心滩。图 9-25d 为临河段 1988—2013 年历年最大心滩面积，其整体上变化趋势不大，在 2000 年之前其分布更为分散，最大值超过 7.5 km^2，最小值仅为 2.82 km^2；在 2000 年之后，其最大心滩面积变化不大，基本维持在 3 km^2 上下。且从表 9-4 中可以发现 2000 年之前大于 3 km^2 的心滩个数明显要大于 2000 年之后的。

从临河段心滩统计特征值的变化趋势可以发现，心滩总个数、心滩总面积、心滩平均面积、中位数心滩面积和最大心滩面积在 2000 年之前都大于 2000 年之后的，总体上都具有减小的趋势，且除了心滩总个数和中位数心滩面积外，其他几项的统计特征值在 2000 年之前的变化范围都大于 2000 年之后的，尤其是心滩总面积和最大心滩面积。

9.4.2.2　临河段心滩冲淤变化

分析心滩冲淤变化最理想的方法就是对其水上和水下部分都进行精准的地形测量，但地形测量成本高且数据较难获得，因此，采用遥感数据通过统计心滩面积变化来反映心滩冲淤变化就比较简单。李志威等（2015）在进行三峡水库运行前后长江中下游江心洲演变的研究时指出江心洲面积变化除受洲体冲刷和淤积影响外，对河道水体面积变化更加敏感。辫状河型的心滩面积变化对水位变化尤其敏感。只要想办法消除水位变化对心滩面积变化的影响，就可以通过心滩面积变化来估算心滩的冲淤面积变化。

选取研究区 2013 年的 6 幅 ETM 遥感数据对其心滩面积进行统计，所得结果见表 9-6。从表 9-6 和图 9-26 可见，当巴彦高勒站水位介于 1 049.73～1 051.25 m 时，随着水位的增加，临河段心滩个数及心滩总面积在减少、而河道内水体面积都是增加的，其中心滩个数的最大值和最小值之间相差 1 倍，最大心滩面积是最小心滩面积的 4 倍之多。而当年的巴彦高勒站水位对河道面积（河道边界内面积）和河道主流线长度的影响微乎其微，因此，河道宽度变化不大，河道的水体平均宽度与河道宽度比值（W/W_{tot}）对巴彦高勒水位的响应和河道水体面积相一致。

从图 9-26 还可以看出，临河段心滩个数和面积都与巴彦高勒站水位呈负线性关系，其 R^2 分别约为 0.85 和 0.87。水体平均宽度和 W/W_{tot} 与巴彦高勒站水位呈正线性关系，R^2 也都达到了 0.85 以上。其中，心滩面积与巴彦高勒水文站水位之间的关系见式（9-1）：

$$y = -47.862x + 50\,340 \tag{9-1}$$

式中，x 表示水位，y 表示心滩面积，其决定系数 R^2 为 0.876 8。

表 9-6 黄河临河段 2013 年河道特征数据遥感统计及巴彦高勒站水位

成像日期	水位/m	心滩个数/个	河道面积/km^2	心滩面积/km^2	水体面积/km^2	主流线长度/km	河道宽度/km	河道水体宽度/km	W/W_{tot}
6 月 7 日	1 050.88	216	248.76	48.61	200.15	203.35	1.22	0.98	0.80
3 月 26 日	1 051.25	119	248.76	21.89	226.88	200.28	1.24	1.13	0.91
9 月 11 日	1 051.22	152	255.14	30.01	225.13	201.83	1.26	1.12	0.88
9 月 27 日	1 050.07	276	255.14	70.45	184.69	206.18	1.24	0.90	0.72
10 月 29 日	1 049.84	249	238.63	79.21	159.43	210.06	1.14	0.76	0.67
11 月 14 日	1 049.73	274	240.19	118.52	121.67	210.07	1.14	0.58	0.51

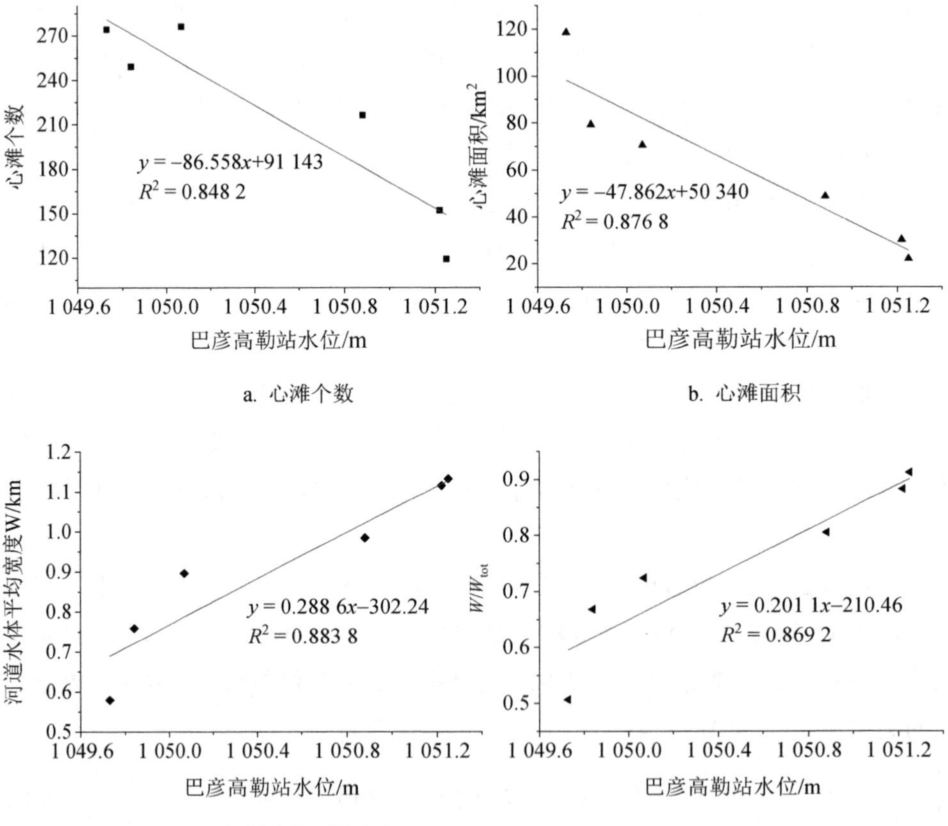

a. 心滩个数　b. 心滩面积

c. 河道水体平均宽度　d. W/W_{tot}

图 9-26 临河段 2013 年河道特征数据遥感统计与巴彦高勒水位拟合关系

为了估算其他年份心滩冲淤，基于 2013 年数据建立的相关关系式，设定水位为 1 050 m 时，分析了不同年份心滩面积的变化趋势。表 9-7 为根据 2013 年 6 个时期临河段心滩面积与当日巴彦高勒站水位的拟合公式将 1988—2013 年具有水文资料信息年份的心滩面积换算到 1 050 m 时的统计情况，然后将其绘制于图 9-27。从图 9-27 可见，临河段心滩面积在这 25 年间整体上呈现减小趋势，在 2000 年之前，其心滩面积分布比较分散，变化趋势不明显；在 2000 年之后其心滩面积的减小趋势更为明显、变化也更为集中。

表 9-7　根据拟合公式换算后的临河段心滩面积

影像日期	巴彦高勒站水位/m	心滩面积/km^2	换算水位/m	换算后心滩面积/km^2
1988 年 5 月 1 日	1 049.18	196.88	1 050	157.63
1989 年 8 月 24 日	1 051.19	47.66	1 050	104.62
1990 年 7 月 10 日	1 050.29	125.89	1 050	139.77
2006 年 10 月 10 日	1 050.35	92.72	1 050	109.47
2009 年 7 月 30 日	1 049.94	125.93	1 050	123.06
2010 年 7 月 1 日	1 050.17	71.92	1 050	80.05
2011 年 6 月 18 日	1 050.27	72.20	1 050	85.13
2013 年 9 月 27 日	1 050.07	70.45	1 050	73.80

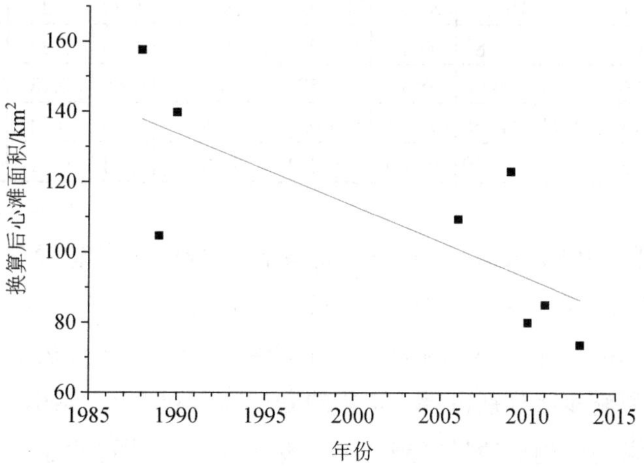

图 9-27　临河段在给定水位 1 050 m 时的心滩面积变化趋势

9.4.3 心滩变化影响因素分析

冲积性河流河道泥沙输移及河道冲淤过程影响因素众多，一方面与河道水动力条件即河道来水来沙条件有关，另一方面与河岸及河床组成物质密切相关（吴保生等，2015）；同时，侵蚀基准面的抬高或降低也会对上游河道的冲淤变化造成一定影响。近年来由于气候变化和人类活动的影响，尤其是水库和水坝的建设，改变了河流的来水来沙关系，进而对河道的冲淤变化产生了比较大的影响。

9.4.3.1 临河段来水来沙及冲淤变化情况

20 世纪五六十年代黄河上游陆续修建了一系列的水利枢纽工程，其中 1968 年建成的刘家峡水库和 1986 年建成的龙羊峡水库对黄河宁蒙河段的水沙变化及河道冲淤变化产生了较大影响，此外，1961 年建成的三盛公水利枢纽、盐锅峡水库和 1968 年开始投入使用的青铜峡水库对黄河内蒙古河段也有很大影响。巴彦高勒站和三湖河口站作为研究临河段的进出口站，区间没有支流的汇入，巴彦高勒站的水沙变化可以反映临河段的来水来沙变化情况（表 9-8）。

表 9-8 巴彦高勒水文站各时段年均水沙量

时段	水量/（10^8 m^3/a）				输沙量/（10^8 t/a）			
	汛期	非汛期	全年	汛期占比/%	汛期	非汛期	全年	汛期占比/%
1950 年 6 月—1961 年 5 月	195.10	85.92	281.02	69.4	1.90	0.20	2.10	90.4
1961 年 6 月—1968 年 5 月	205.82	92.13	297.96	69.1	1.40	0.22	1.62	86.4
1968 年 6 月—1986 年 5 月	136.44	98.14	234.58	58.2	0.65	0.18	0.84	78.1
1986 年 6 月—2013 年 5 月	71.79	92.24	164.03	43.8	0.36	0.23	0.59	60.7
1950 年 6 月—2013 年 5 月	127.20	93.00	220.20	57.8	0.84	0.21	1.06	79.8

表 9-8 表明，1950—2013 年巴彦高勒站年均水量和年均输沙量分别为 220.2 亿 m^3/a 和 1.06 亿 t/a，汛期水量和输沙量分别占到了全年的 57.8%和 79.8%。天然状态下的 1950—1961 年的年均水量和年均输沙量分别为 281.02 亿 m^3/a 和 2.10 亿 t/a，其中汛期水量和输沙量分别占到了全年的 69.4%和 90.4%。1961—1968 年受盐锅峡水库拦沙的影响年均输沙量降到了 1.62 亿 t/a，输沙量减少了 22.8%，减少量全部来自于汛期，汛期输沙量仅为前一时期的 73.8%，这一时期来水量有所增加。

1968—1986 年主要受刘家峡水库蓄水拦沙的影响年均水量和年均输沙量仅为天然状态下的 83.5%和 39.8%，减少量基本来自汛期，汛期来水量和来沙量为天然状态下的 70%和 34.3%。

刘家峡水库和龙羊峡水库联合运行后，1986—2013 年年均水量和年均输沙量分别减少到 164.03 亿 m^3/a 和 0.59 亿 t/a，为 1950—1961 年天然状态下的 58.4%和 28.2%，其中汛期来水量和来沙量为天然状态下的 36.8%和 20%，非汛期的来水量和输沙量略有增加。天然状态下巴彦高勒站汛期来水量占全年来水量为 69.4%，后 3 个时期逐渐减少到 43.8%，来沙量占全年的比例也由天然状态下的 90.4%降到了 1986—2013 年期间的 60.7%。总之，水库联合运行使得汛期水量和输沙量占全年的比例在减小，年内分配趋于均衡化，输沙量的减少幅度大于水量的减少幅度。

来水来沙条件及其组合的变化情况会对河道泥沙输移及冲淤变化造成影响，从图 9-28a 可以看出，临河段非汛期冲淤量要小于汛期的冲淤量，且其变化波动很小，在 1972 年之前非汛期以冲刷为主，之后转为淤积，并在 1986 年之后有所增加，到 2004 年后基本以冲刷为主。汛期冲淤量变化和全年冲淤量变化基本具有相同的变化趋势，即全年的冲淤量变化基本都发生在汛期。对于全年来说，在天然状态下的 1960 年之前临河段以淤积为主，年均淤积量达到了 0.48 亿 t/a；1960—1986 年除个别年份淤积外整体上以冲刷为主；1986 年之后又转为淤积，并在 1996 年达到最大，之后淤积量开始不断减小，在 2004 年由淤积转为冲刷，之后一直到 2013 年不断冲刷，且冲刷量在不断增加。

来沙系数（定义为 S/Q，其中 S 为悬沙含沙量，Q 为流量）是表示来水来沙条件协调性的一个重要参数，其大小和变化情况决定了泥沙输移和河道冲淤的变化特性（吴保生等，2015）。近六十几年临河段来水来沙的变化主要体现在汛期，且其冲淤变化也基本发生在汛期，因此对巴彦高勒站汛期来沙系数进行了计算（图 9-28b）。从图中可以看出，汛期来沙系数的变化基本对应冲淤量变化趋势。1950—2013 年巴彦高勒站汛期来沙系数的均值为 0.006 7 $kg·s/m^6$，1960 年以前，汛期来沙系数偏大，且具有不断增加的趋势，水沙关系不大协调，1961—1986 年汛期来沙系数变小，整体波动性不大，水沙关系比较协调；1986 年之后汛期来沙系数剧烈波动，不断增大，到 1996 年达到了 0.024 $kg·s/m^6$，是均值的 3 倍以上，水沙关系变得很不协调；2005 年之后汛期来沙系数降到了平均值以下，之后不断减小，水沙关系转为较为协调。

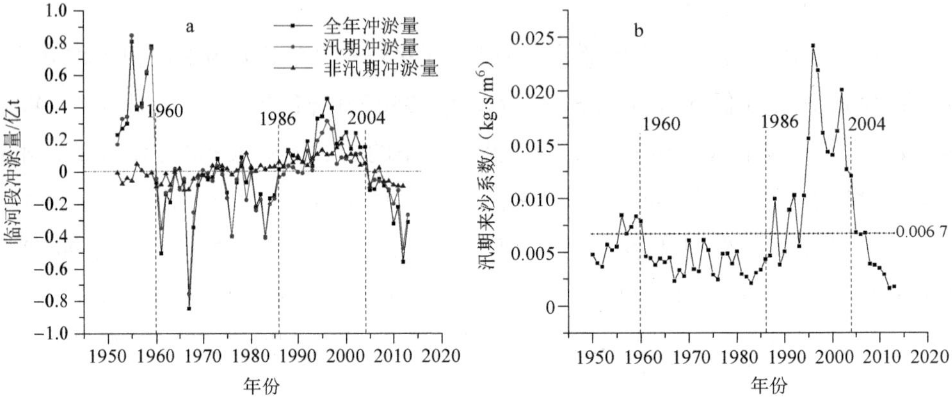

图 9-28　a 临河段冲淤量变化趋势及 b 巴彦高勒站汛期来沙系数变化趋势

9.4.3.2　漫滩水流的流量及频次持续减小

临河段的心滩是辫状河道持续沉积作用的产物，基于不同的流量和水位，它们的表面平均高程是有差别的。一些面积较大、表面高程较高、相对稳定的大型心滩要保持淤积状态，必须在汛期有漫滩的挟沙水流，这样，其表层会沉积一些泥沙。如果长期没有漫滩水流，则其表层不会持续沉积，而其周边则在水动力相对较强的水流作用下发生侵蚀，长此以往，则其面积就会明显变小。显然，研究区心滩总面积变小的趋势，与汛期高水位流量的减少相一致，而这些汛期高水位流量的减小则是人工大坝建设及运行方式改变的结果。

图 9-29 为巴彦高勒站 1950 年以来最大日平均流量的变化趋势图。由于受梯级水库的运行以及沿黄工农业用水增加的共同影响，除个别年份（如 1989 年、2012 年）外，最大日均流量在 1987 年之后小于 2 000 m^3/s，而在 2003 年之后更是小于 1 500 m^3/s。大流量级的洪峰天数也在减少，1990 年之前洪峰流量大于 2 000 m^3/s 的天数平均超过了 60 天，而 1990 年之后很少出现大于 1 500 m^3/s 的洪峰流量。从图中还可以看出，1990 年之前巴彦高勒站最大日平均流量的波动幅度要远大于 1990 年之后的，这些也是临河段心滩面积在 2000 年之前分布较分散、波动比较大的主要原因。

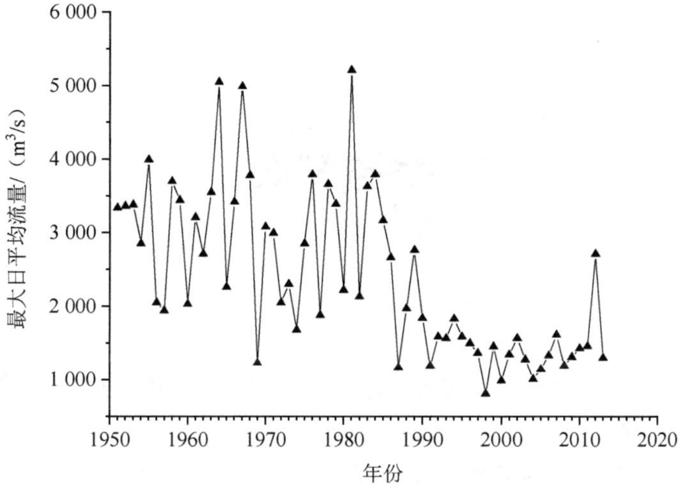

图 9-29　巴彦高勒站最大日平均流量变化趋势

黄河临河段属于典型的辫状河道，该段河岸由砂质泥沙组成，心滩发育，而心滩对于来水来沙条件的改变也是最为敏感的。1986 年以后由于龙羊峡水库和刘家峡水库的联合运行一方面使进入内蒙古河段的年均来水量减少，另一方面使洪峰流量及持续时间减少，洪水漫滩机会减少，进入河道水流的含沙量又相对偏大，导致河床淤积、主河槽萎缩、水流携沙能力下降（秦毅等，2011；董占地等，2015）。同时，由于漫滩水流大量减小，一些大型心滩表层难以持续淤积。其结果使得河床与心滩表面的高差逐渐减小，平水时心滩总面积势必减小。这是造成了临河段心滩面积近十几年出现上述变化的主要原因。

参考文献

白雪，杨振京，毕志伟，等．2017．银川盆地第四纪沉积物粒度特征及其沉积环境．山地学报，35（6）：874-881.

曹伯勋．1995．地貌学及第四纪地质学．武汉：中国地质大学出版社.

陈发虎，范育新，春喜，等．2008a．晚第四纪“吉兰泰——河套”古大湖的初步形成，科学通报，53（10）：1207-1219.

陈发虎，范育新，D.B.Madsen，等．2008b．河套地区新生代湖泊演化与“吉兰泰——河套”古大湖形成机制的初步研究．第四纪研究，28（5）：866-873.

陈效逑，尉杨平，李静．2012．黄河流域天然径流量与气候因子的小波分析．人民黄河，34（1）：1-4.

程秀文，钱意颖，傅崇进，等．1993．黄河上游水沙变化及宁蒙河段河道冲淤演变分析//黄河水沙变化研究论文集．郑州：黄河水利出版社：42-89.

戴英生．1986．黄河的形成与发育．人民黄河，5：2-7.

邓起东，尤惠川．1985．鄂尔多斯周边断陷盆地带的构造活动特征及其形成机制//现代地壳运动研究（1）．北京：地质出版社.

董占地，胡海华，吉祖稳，等．2015．黄河上游宁蒙河段河道横断面形态对水沙变化的响应．泥沙研究，（4）：20-25.

窦素芹，聂宗笙，麦学舜．1990．内蒙古呼包盆地晚更新世孢粉组合及其意义．地震地质，12（3）：283-290.

范小黎，师长兴，周园园，等．2012．黄河宁蒙段洪水过程变化特点．资源科学，34（1）：65-73.

范小黎，王随继，冉立山．2010．黄河宁夏河段河道演变及其影响因素分析．水资源与水工程学报，21（1）：5-11.

范小黎，王随继，赵晓坤．2010．黄河卫宁段河道演变的遥感及实测资料分析．武汉：湖北科学技术出版社，10-17.

冯国华．2002．黄河内蒙古段防凌防洪工程现状及治理措施．内蒙古水利，1：15-16.
冯国华，朝伦巴根，高瑞忠，等．2009. 黄河内蒙古段防凌对策研究．水文，29（1）：47-49.
冯普林，梁志勇，黄金池，等．2005．黄河下游河槽形态演变与水沙关系研究．泥沙研究，2：66-74.
葛哲学，沙威．2007．小波分析理论与 MATLAB R2007 实现．北京：电子工业出版社.
国家大地图集编辑委员会．1964．中华人民共和国自然地图集．北京：国家测绘总局出版社.
国家地震局鄂尔多斯活动断裂课题组．1988．鄂尔多斯周缘活动断裂系．北京：地质出版社.
顾文书．2002．黄河水沙变化及其影响的综合分析报告（第一期）//王岗，范昭主编，黄河水沙变化研究（第一卷）．郑州：黄河水利出版社，1-45.
亢庆，王兴玲．1999．河道演变的遥感研究方法及应用．中山大学学报（自然科学版），38（5）：109-113.
侯素珍，常温花，王平，等．2007，黄河内蒙古段河道萎缩特征及成因．人民黄河，29（1）：24-26.
侯素珍，王平，常温花，等．2007.黄河内蒙古河段冲淤量评估．人民黄河，29（4）：21-23.
胡春宏，陈建国，刘大滨，等．2006. 水沙变异条件下黄河下游河道横断面形态特征研究．水利学报，37（11）：1283-1289.
胡春宏，张治昊．2011. 黄河口尾闾河道横断面形态调整及其与水沙过程的响应关系．应用基础与工程科学学报，19（4）：543-553.
胡兴林，王静，蓝永超，等．2012．黄河内蒙段河道冲淤量与水沙输移过程的关系分析．水文，32（2）：44-48.
黄河流域及西北片水旱灾害编委会．1996．黄河流域水旱灾害．郑州：黄河水利出版社.
黄河水利委员会．1952—2012．黄河流域水文资料．郑州：黄河水利委员会.
黄河水利委员会黄河志编辑室．1991．黄河防洪志．郑州：河南人民出版社.
霍有光．2004．综合治理黄河内蒙古河段泥沙淤积及库布齐沙漠的对策．水利经济，22（3）：45-49.
贾良文，杨清书，钱海强，等．2002．近几十年来西北江三角洲网河区顶点的河相关系．地理科学，22（1）：57-62.
贾铁飞，银山，赵明，等．2001．黄河托克托段早中更新世湖相地层剖面的建立及其意义．内蒙古师范大学学报（自然科学版），30（1）：74-78.
景可，陈永宗，李凤新．1993．黄河泥沙与环境．北京：科学出版社，1-248.
李炳元，葛全胜，郑景云．2003．近 2000 年来内蒙后套平原黄河河道演变．地理学报，58（2）：239-246.

李栋梁，张佳丽．1998．黄河上游径流量演变特征及成因研究．水科学进展，9（1）：22-28.
李建彪，冉勇康．2005．呼包盆地托克托台地湖相层研究，第四纪研究，25（5）：630-639.
李建彪，冉勇康，郭文生．2007．呼包盆地第四纪地层与环境演化．第四纪研究，27（4）：632-643.
李吉均，方小敏，马海洲，等．1996．晚新生代黄河上游地貌演化与青藏高原隆起．中国科学（D 辑），26（4）：317-322.
李可军，苏同卫，梁红飞．2005．现代黑子观测的太阳黑子活动的周期性．科学通报，49（24）：2511-2516.
李颖曼，王乐，宋天华，等．2021．黄河宁夏段特大洪水中河相变化特征研究．人民黄河，43（12）：57-62.
李秋艳，蔡强国，方海燕．2012．黄河宁蒙河段河道演变过程及影响因素研究．干旱区资源与环境，26（2）：68-73.
李祥根．2003．中国新构造运动概论．北京：地质出版社.
李小平，李文学，李勇，等，2007，水库拦沙期黄河下游洪水冲刷效率调整分析．水科学进展，18（1）：44-51.
李占杰，鱼京善．2010．黄河流域降水要素的周期特征分析．北京师范大学学报（自然科学版），46（3）：401-404.
李志威，王兆印，贾艳红，等．2015．三峡水库蓄水前后长江中下游江心洲的演变及其机理分析．长江流域资源与环境，（1）：65-73.
凌虹霞，王新军，王永强，等．2015．黄河宁夏段水沙变化特点及临界来沙系数研究．人民黄河，37（2）：19-23.
林秀芝，郭彦，侯素珍，2014．内蒙古十大孔兑输沙量估算．泥沙研究，（2）：15-20.
林秀芝，苏林山，李婷，等．2015．黄河内蒙古河段洪水期冲淤临界条件分析．泥沙研究，（4）：26-30.
刘百篪，刘小凤，袁道阳，等．2003．黄河中上游阶地对青藏高原东北部第四纪构造活动的反映．2003，25（1）：133-145.
刘昌明，郑红星．2003．黄河流域水循环要素变化趋势分析．自然资源学报，18（2）：129-135.
刘成，王兆印，隋觉义．2008．黄河干流沿程水沙变化及其影响因素分析．水利水电科技进展，28（3）：1-7.
刘俊，梁智明．2008．浅析黄河内蒙古段“悬河”的治理．内蒙古水利，（1）：11.
刘俊萍，田峰巍．2003．基于小波分析的黄河河川径流变化规律研究．地理科学进展，13（4）：383-387.
刘慰，王随继．2019．黄河下游河道断面沉积速率的时段变化及其原因分析，水土保持研究，

26（2）：167-174.

刘慰，王随继，王彦君．2020．黄河下游河道断面形态参数变化及其对水沙过程的响应．地理科学，40（9）：1563-1572.

刘小凤，刘百篪．2003．应用“构造-气候旋回”年代方法确定河流阶地形成年代的初步研究．西北地震学报，23（4）：395-403.

刘晓燕，侯素珍，常温花．2009．黄河内蒙古河段主槽萎缩原因和对策．水利学报，40（9）：1048-1054.

刘学工，韩琳，张艳宁，等．2008．黄河下游游荡型河段河相遥感监测分析研究．人民黄河，30（3）：4-6.

刘衍君，于洪军，曹建荣，等．2010．黄河上游水文周期成分和突变特征的小波分析．人民黄河，32（6）：27-28.

芦璐，安鹏．2021．海勃湾水库运用以来黄河内蒙古河段凌情变化分析．人民黄河，43（02）：63-65，83.

马保起，李德文，郭文生．2004．晚更新世晚期呼包盆地环境变化与地貌响应．第四纪研究，24（6）：630-637.

马保起，盛小青，张守仁，等．1998．乌拉山山前断裂晚第四纪活动研究//地壳构造与地壳应力文集．北京：地震出版社.

马晓阳，岳志春．2014．黄河宁夏段河道治理存在的问题与对策．宁夏工程技术，13（4）：366-369.

梅艳国，王随继．2016．1977年以来黄河临河段河岸冲淤面积变化及河道萎缩速率．地理学报，71（9）：1509-1519.

梅艳国，王随继．2017．黄河临河辫状河段心滩变化及其影响因素分析．水土保持研究，24（3）：157-163，169.

苗平，慕红伟，宋伟华，等．2020．黄河内蒙古段河道演变特点分析．人民黄河，42（S1）：4-6.

聂宗笙，李虹，马保起．2007．呼包盆地第四纪地层与环境演化．第四纪研究，28（1）：14-25.

聂宗笙，李克．1988．内蒙古包头地区萨拉乌苏组的发现及其意义．科学通报，（21）：1645-1649.

宁夏地质矿产局．1982．宁夏回族自治区区域地质志，北京：地质出版社.

潘保田，李吉均，曹继秀，等．1994．黄河中游的地貌与地文期问题．兰州大学学报（自然科学版），30（1）：115-123.

潘保田，李吉均，朱俊杰．1995．黄河中游阶地与构造气候旋回//中国地理学会地貌与第四纪地质专业委员会编，地貌环境发展，北京：中国环境科学出版社.

钱意颖，叶青超，周文浩．1993．黄河干流水沙变化与河床演变．北京：中国建材工业出版社．
钱宁，张仁，周志德．1987．河床演变学．北京：科学出版社．
齐璞，王昌高，1992，黄河艾山以下河道水力几何形态与冲淤特性．人民黄河，12：12-15．
秦毅，张晓芳，王凤龙，等．2011．黄河内蒙古河段冲淤演变及其影响因素．地理学报，66（3）：324-330．
屈利红，吴小爽．2019．海勃湾水库建设前后下游河道泥沙粒径变化分析．内蒙古水利，（11）：21-22．
冉立山，王随继．2010．黄河内蒙古河段河道演变及水力几何形态研究．泥沙研究，（4）：61-67．
冉立山，王随继，范小黎，等．2009．黄河上游河道水力几何形态关系分析．人民黄河，31（6）：38-41．
冉立山，王随继，范小黎，等．2008．黄河上游主河道水力几何形态的年际变化特征分析//蔡强国，周梅主编，海峡两岸环境与资源学术研讨会学术论文集．呼和浩特：内蒙古人民出版社．
冉立山，王随继，范小黎，等．2009．黄河内蒙古头道拐断面形态变化及其水沙响应分析．地理学报，64（5）：531-540．
申冠卿，张原锋，侯素珍，等．2007．黄河上游干流水库调节水沙对宁蒙河道的影响．泥沙研究，1：67-75．
师长兴，范小黎，邵文伟，等．2013．黄河内蒙河段河床冲淤演变特征及原因．地理研究，32（5）：787-796．
师长兴，邵文伟，范小黎，等．2012．黄河内蒙古段洪峰特征及水沙关系变化．地理科学进展，31（9）：1124-1132．
师长兴，王随继，许炯心，等．2016．黄河宁蒙段河道洪峰过程洪-床-岸相互作用机理．北京：科学出版社．
史兴民，杨景春．2003．河流地貌对构造运动的响应．水土保持研究，10（3）：48-51．
施雅风，李吉均，李炳元．1998．青藏高原晚新生代隆升与环境变化．广州：广东科技出版社．
孙赞盈，王育杰，郑艳爽，等．2014．青铜峡水库排沙对下游河道冲淤的影响．人民黄河，36（10）：9-11．
苏腾，王随继，梅艳国．2015．水库联合运行对库下汛期河道过水断面形态参数变化率的影响——以黄河内蒙古河段为例．地理学报，70（3）：488-500．
唐德善．1996．黄河上游干流水库建成后河道的冲淤变化．水利水电科技进展，16（1）：38-41．
童国榜，石英，范淑贤，等．1995．银川盆地晚第四纪环境特征．地球科学——中国地质大学学报，20（4）：421-426．

童国榜，石英，郑宏瑞，等．1998．银川盆地第四纪地层学研究．地层学杂志，22（1)：42-51.
佟铮，马万珍，王宁．2003，黄河内蒙古河段凌汛期爆炸破冰的基本方法．人民黄河，25（12)：8-9.
王苏民，吴锡浩，张振克，等．2001．三门古湖沉积记录的环境变迁与黄河东流研究．中国科学（D 辑)，31（9)：760-768.
王随继．2002．西江和北江三角洲区的水沙及河道演变特征．沉积学报，20（3)：376-381.
王随继．2003．黄河下游河型的特性及成因探讨．地球学报，24（1)：73-78.
王随继．2008．黄河流域河型转化现象初探．地理科学进展，27（2)：10-17.
王随继．2009．黄河下游不同河型河道的水沙效应及演变趋势分析．沉积学报，27（6)：1163-1171.
王随继．2012．黄河银川平原段河床沉积速率变化特征．沉积学报，30（3)：565-571.
王随继，范小黎．2010．黄河内蒙古不同河型段对洪水过程的响应特征．地理科学进展，29（4)：501-506.
王随继，刘慰，颜明，等．2020．黄河下游汛期输沙效率和排沙比阶段性变化及其主控因素分析．水土保持研究，27（2)：104-111.
王随继，李玲．2014．黄河银川平原段河岸摆动速率变化及原因．地理学报，69（3)：399-408.
王随继，冉立山．2008．无定河流域产沙量变化的淤地坝效应分析．地理研究，27（4)：811-818.
王随继，任明达．1999．根据河道形态和沉积物特征的河流新分类．沉积学报，17（2)：240-246.
王随继，倪晋仁，王光谦．2000．河型的时空演变模式及其间关系．清华大学学报（自然科学版)，40（S1)：96-100.
王随继，魏全伟，谭利华，等．2009．山地河流的河相关系及其变化趋势分析——以怒江、澜沧江和金沙江云南河段为例．山地学报，27（1)：5-13.
王随继，闫云霞，康跃虎．2011．宁夏平罗盐碱地排水渠道稳定性影响因素分析．灌溉排水学报，30（2)：19-22.
王随继，等．2021．气候和人类活动影响下的黄河水沙过程及河道演变．北京：中国环境出版集团.
王秀杰，连继建．2008．近 43 年黄河上游来水来沙变化特点．干旱区研究，25（3)：342-347.
王彦成，冯学武，王伦平，等．1996．黄河上游干流水库对内蒙古河段的影响．人民黄河，1：5-10.
汪宏芳，贾晓鹏，王海兵．2014．黄河内蒙古段淤积泥沙洪水冲刷效应．中国沙漠，34：1143-1149.
魏全伟，谭利华，王随继．2006．河流阶地的形成、演变及环境效应．地理科学进展，26（3)：55-61.

韦诗涛，梁艳洁，陈翠霞．2018．黄河海勃湾水库排沙运用方式研究．水库大坝高质量建设与绿色发展——中国大坝工程学会 2018 学术年会．
吴保生，李凌云．2008．黄河下游河道横断面的若干特点．人民黄河，30（2）：15-17.
吴保生，刘可晶，申红彬，周丽艳．2015．黄河内蒙古河段输沙量与淤积量计算方法．水科学进展，（3）：311-321.
吴加敏，王润生，姚建华．2006．黄河银川平原段河道演变的遥感监测与研究．国土资源遥感，（4）：36-39.
吴锡浩，蒋复初，王苏民，等．1998．关于黄河贯通三门峡东流入海问题．第四纪研究，（2）：188.
谢玉亭，许志文．2002．祖厉河流域水利水土保持措施对黄河水沙变化的影响及发展趋势研究//王岗，范昭主编，黄河水沙变化研究（第一卷），郑州：黄河水利出版社.
邢成起，尹功明，丁国瑜，等，2002．黄河黑山峡阶地的砾石 Ca 膜厚度与粗碎屑沉积地貌面形成年代的测定. 科学通报，47（3）：167-172.
徐国昌，董安祥．1982．我国西部降水量的准三年周期．高原气象，1（2）：11-17.
许炯心，师长兴．1995．汉江丹江口水库下游游荡段河岸侵蚀及其在河床调整中的意义．科学通报，40（18）：1689-1692.
许炯心．2006．含沙量和悬沙粒径变化对长江宜昌—汉口河段年冲淤量的影响．水科学进展，17（6）：67-73.
许炯心．2014．黄河内蒙古段支流“十大孔兑”侵蚀产沙的时空变化及其成因．中国沙漠，34（6）：1-9.
闫宝宏．2010．基于小波分析的梧桐河径流深多时间尺度特征分析．黑龙江水利科技，38（6）：57-58.
杨达源，吴胜光，王云飞．1996．黄河上游的阶地与水系变迁．地理科学，16（2）：137-143.
杨景春，韩慕康，刘光勋．1987．汾河南段河流阶地与新构造运动//国家地震局地壳应力研究所编——地壳构造与地壳应力文集（一），北京：地震出版社.
杨景春，谭利华，李有利，等．1998，祁连山北麓河流阶地和新构造演化．第四纪地质，（3）：229-237.
杨建平，丁永建，陈仁升．2005．长江黄河源区水文和气象序列周期变化分析．中国沙漠，25（3）：351-355.
杨根生．2002．黄河石嘴山—河口镇河道淤积泥沙来源分析及治理对策．北京：海洋出版社，1-90.
杨根生，拓万全，戴丰年，等．2003．风沙对黄河内蒙古河段河道泥沙淤积的影响，中国沙漠，

23（2）：152-159.

杨赉斐．1992．黄河宁蒙河段凌汛洪水流量分析研究．泥沙研究，（6）：62-68.

杨赉斐，吕永航，王晖．2002．黄河上游修建大型水库后兰州至河口镇河段河道冲淤特性及其变化趋势的预测//王岗，范昭主编，黄河水沙变化研究（第一卷）．郑州：黄河水利出版社.

杨树文，李名勇，刘涛，等．2011．一种利用TM 图像自动提取洪积扇的方法．国土资源遥感，（2）：65-69.

杨忠敏，任宏斌．2004．黄河水沙浅析及宁蒙河段冲淤与水沙关系初步研究．西北水电，3：50-55.

颜明，贺莉，王随继，等．2018．基于NDVI 的1982—2012 年黄河流域多时间尺度植被覆盖变化．中国水土保持科学，16（3）：86-94.

颜明，王随继，闫云霞，等．2015．黄河宁蒙河段二次冲淤成因及近期变化．人民黄河，37（4）：46-49.

颜明，王彦君，王随继，等．2016．黄河宁蒙河段1964—2011 年滩槽冲淤变化研究．人民黄河，38（1）：5-8.

颜明，许炯心，贺莉，等．2018．黄河流域河网密度的空间特征及其影响因素．水土保持研究，25（2）：288-292.

姚惠明，秦福兴，沈国昌，等．2007．黄河宁蒙河段凌情特性研究．水科学进展，18（6）：893-899.

姚文艺，侯素珍，丁赟．2017．龙羊峡、刘家峡水库运用对黄河上游水沙关系的调控机制．水科学进展，28（1）：1-13.

余明辉，窦身堂，孔凡辉，等．2006．水库下游河湾平面形态变化规律研究．泥沙研究，2：77-81.

岳志春．2016．黄河宁夏段河床质对河势变化的影响．人民黄河，38（9）：34-37.

岳志春，马晓阳．2015．黄河宁夏河段泥沙冲於变化计算分析．宁夏工程技术，14（3）：255-258.

岳志春，马晓阳，田福昌．2018．黄河宁夏段近期水沙变化及河势演变分析．水利水电技术，49（2）：106-112.

岳志春，苑希民，田福昌，等．2019．黄河宁蒙河段近期水沙特性及冲淤过程研究．天津大学学报（自然科学与工程技术版），52（8）：810-821.

张少文，丁晶，廖杰．2004．基于小波的黄河上游天然年径流变化特性分析．四川大学学报（工程科学版），36（3）：32-37.

张世军，俞卫平，张红平．2005．黄河上游径流泥沙特性及变化趋势分析．水资源与水工程学报，16（3）：57-61.

张天曾．1993．黄土高原论纲，北京：中国环境科学出版社.
张晓华，尚红霞，郑艳爽，等．2008．黄河干流大型水库修建后上下游再造床过程．郑州：黄河水利出版社.
张晓华，苏晓慧，郑艳爽，等．2013．黄河上游沙漠宽谷河段近期水沙变化特点及趋势．泥沙研究，2：44-51.
张艳艳．2012．黄河水沙及河床演变的多时间尺度研究．北京：清华大学.
张志红，高治定．2000．海勃湾水库用于黄河内蒙古河段防凌作用的研究．水文，(3)：15-17，58.
张仲荣．2008．太阳黑子和 SOI 对黄河上游径流的影响，兰州：兰州大学.
赵锦，何立军，丁慧萍，等．2008．黄河宁蒙河段凌汛灾害特点及防御措施．水利科技与经济，14（11）：933-935.
赵凝，刘伟莉，谢学东．2021．海勃湾水库运行前后黄河内蒙古河段冲淤变化分析．内蒙古水利，(9)：24-25.
赵文林．1996．黄河水利科学技术丛书，黄河泥沙．郑州：黄河水利出版社.
赵文林，程秀文，侯素珍，等．1999．黄河上游宁蒙河道冲淤变化分析．人民黄河，21（6)：11-14.
赵文林，侯素贞，王玲．2002．龙羊峡、刘家峡水库调节和灌溉引水对头道拐水沙变化的影响//王岗，范昭主编．黄河水沙变化研究（第二卷)．郑州：黄河水利出版社.
赵昕，汪岗，韩学士，等．2001．内蒙古十大孔兑水土流失危害及治理对策．中国水土保持，(3)：4-7.
郑艳爽，尚红霞，陶海鸿，等．2013．黄河唐乃亥—兰州段近期水沙变化特点分析．人民黄河，1：17-18.
中国科学院-国家计划委员会自然资源综合考察委员会．1991．黄土高原地区资源与环境遥感调查数据集．西安：西安地图出版社.
《中国水利百科全书》第二版编辑委员会，中国水利水电出版社编著．2006．中国水利百科全书（第二版）第一卷．北京：中国水利水电出版社.
钟凯文，刘万侠，黄建明．2006．河道演变的遥感分析研究——以北江下游为例．国土资源遥感，3：69-73.
钟瑞森，郝丽娜，谢蕾．2011．基于小波变换的开都河径流量多时间尺度分析．人民黄河，33（8)：34-36.
周厚云，高全洲，朱照宇，等．2001．气候环境变化的河流响应．中山大学学报（自然科学版)，40（6)：81-85.
周丽艳，陈翠霞，兰翔．2018．宁夏黄河干流床沙组成与河势变化的相关性研究．泥沙研究，

43（2）：27-32.

周丽艳，崔振华，罗秋实．2012．黄河宁蒙河道水沙变化及冲淤特性．人民黄河，34（1）：25-26.

周特先，姚茂文，王利，等．1993．宁夏构造地貌．银川：宁夏人民出版社.

左仲国．2002．清水河流域水沙变化及其发展趋势预测//汪岗，范昭主编，黄河水沙变化研究（第一卷）．郑州：黄河水利出版社.

Alam J B，Uddin M，Ahmed U J，et al. 2007. Study of morphological change of river old Brahmaputra and its social impacts by remote sensing. Geographia Technica（issue no. 4，no. 2），1-11.

Andrews E D. 1984. Bed-material entrainment and hydraulic geometry of gravel-bed rivers in Colorado. Geol. Soc. America. Bull，95：371-378.

Antoine P. 1994. The Somme valley terrace system（northern France）：a model of river response to Quaternary climatic variations since 800,000 B.P. Terra Nova，6：453-464.

Antoine P，Lautridou J P，Laurent M. 2000. Long-term fluvial archives in NW France：Response of Seine and Somme River to tectonic movements，climatic variation and sea-level changes. Geomorphology，33（3-4）：183-207.

Baki ABM，Gan TY. 2012. Riverbank migration and island dynamics of the braided Jamuna River of the Ganges Brahmaputra basin using multi-temporal Landsat images. Quaternary International，263：146-161.

Batalla R J，Gómez C M，Kondolf G M. 2004. Reservoir-induced hydrological changes in the Ebro River basin（NE Spain）. Journal of Hydrology，290：117-136126.

Belletti B，Dufour S，Piégay H. 2015. What is the relative effect of space and time to explain the braided river width and island patterns at a regional scale？ River Research and Applications，31（1）：1-15.

Brakenridge，G. R. 1980. Wide spread episodes of stream erosion during the Holocene and their climatic cause. Nature，(283)：655-656.

Brakenridge，G. R. 1981. Late Quaternary Floodplain Sedimentation along the Pommede Terre River，Southern Missouri. Quaternary Research，15（1）：62-76.

Brandt SA. 2000. Classification of geomorphological effects downstream of dams. Catena，40：375-401.

Brigham-Grette J，Melles M，Minyuk P，et al. 2013. Pliocene warmth，polar amplification，and stepped Pleistocene cooling recorded in NE Arctic Russia. Science，340（6139）：1421-1427.

Brown A G. 1997. Alluvial Geoarchaeology. Floodplain Archaeology and Environmental Change. Cambridge University Press，Cambridge.

Bull，W. B. 1979. Thresh shold of critical power in streams. Geological Society of America Bulletin，90（5）：453-464.

Burnett A W，Schumm S A. 1983. Alluvial-river response to neotectonic deformation in Louisiana and Mississippi. Science，（222）：49-50.

Chalov R S. 1996. Types of channel processes and principle of morphological classification of river channels. Geomorphology，No. 1（in Russian）.

Chappell J. 1983. A revised sea level record for the last 300,000 years from Papua Guinea. Search，14（3-4）：99-101.

Chatters J C，Hoober K A. 1992. Response of the Columbia River fluvial system to Holocene climate change. Quaternary Research，37：42-59.

Cheng S，Deng Q，Zhou S，et al. 2002. Strath terraces of Jinshaan Canyon，Yellow River，and Quaternary tectonic movements of the Ordos Plateau，North China. Terra Nova，14：215-224.

Church M. 1995. Geomorphic response to river flow regulation：case studies and time-scales. Regulated Rivers Resource Management，11：3-12.

Cook K L，Whipple K X，Heimsath A M，et al. 2009. Rapid incision of the Colorado River in Glen Canyon：insights from channel profiles，local incision rates，and modeling of lithologic controls. Earth Surf. Process. Landf，34：994-1010.

Coulibaly P，Burn D H. 2004. Wavelet analysis of variability in annual Canadian stream flows. Water Resources Research，40（3）：1-14.

Craddock HW，Kirby E，Harkins W N，et al. 2010. Rapid fluvial incision along the Yellow River during headward basin integration. Nat. Geosci，3：209-213.

De Rose R C，Stewardson M J，Harman C. 2008. Downstream hydraulic geometry of rivers in Victoria，Australia .Geomorphology，99：302-316.

Draut A E，Logan J B，Mastin M C. 2011. Channel evolution on the dammed Elwha River，Washington，USA. Geomorphology，127（1-2）：71-87.

Finnegan N J，Schumer R，Finnegan S. 2014. A signature of transience in bedrock river incision rates over timescales of 104-107 years. Nature，505：391-394.

Fotherby L M. 2009. Valley confinement as a factor of braided river pattern for the Platte River. Geomorphology，103：562-576.

Ghil M，Vautard R. 1991. Interdecadal oscillations and the warming trend in global temperature time series. Nature，350：324-327.

Grant G E，Schmidt J C，Lewis S L. 2003. A geological framework for interpreting downstream effects of dams on rivers. Water Science and Application，7：209-225.

Gurnell A M. 1997，Channel change on the River Dee meanders，1946-1992，from the analysis of air photographs. Regulated Rivers-Research & Management，12：13-26.

Hadadin N，Bdour A. 2005. At-a-station hydraulic geometry for incised channels. Journal of Applied Sciences，5（9）：1606-1612.

Harman C，Stewardson M，De Rose R. 2008. Variability and uncertainty in reach bankfull hydraulic geometry. Journal of Hydrology，351：13-25.

Hoffmann T，Thorndycraft V R，Walling D E. 2010. Human impact on fluvial regimes and sediment flux during the Holocene：Review and future research agenda. Global and Planetary Change，72（3）：87-98.

Hossain MA，Gan TY，Baki ABM. 2013. Assessing morphological changes of the Ganges River using satellite images. Quaternary International，304：142-155.

Hou S，Chang W，Wang P，et al. 2010. Fluvial processes in Inner Mongolia reach of the Yellow River. Journal of Sediment Research，3：44-50.

Hudson PF，Kesel RH. 2000. Channel migration and meander-bend curvature in the lower Mississippi River prior to major human modification. Geology，28（6）：531-534.

Hu Z，Pan B，Guo L，et al. 2016. Rapid fluvial incision and headward erosion by the Yellow River along the Jinshaan gorge during the past 1.2 Ma as a result of tectonic extension. Quaternary Science Reviews，133：1-14.

Karlstrom，K. E. et al. 2007. 40Ar/39Ar and field studies of Quaternary basalts in Grand Canyon andmodel for carving Grand Canyon：quantifying the interaction of river incision and normal faulting across the western edge of the Colorado Plateau. Geol. Soc. Am. Bull.，119：1283-1312.

Kesel R H. 2003. Human modifications to the sediment regime of the Lower Mississippi River flood plain. Geomorphology，56（3-4）：325-334.

Khan NI，Islam A. 2003. Quantification of erosion patterns in the Brahmaputra-Jamuna River using geographical information system and remote sensing techniques. Hydrological Processes，17，959-966.

Kostrzewski A，Zwoliñski Z. 1995. Hydraulic geometry of a supraglacial stream. Quaestiones Geographicae，Special Issue No. 4，Adam Mickiewicz University Press，Poznañ，pp：165-176.

Kumar P，Foufoula G. 1993. A multicomponent decomposition of spatial rainfall fields：1. Segregation of large- and small- scale features using wavelet transforms，Water Resources

Research，29（8）：2515-2532.

Kummu M，Lu X X，Rasphone A，et al. 2008. Riverbank changes along the Mekong River：Remote sensing detection in the Vientiane–Nong Khai area. Quaternary International，186，100-112.

Kummu M，Lu X X，Wang J J. et al. 2010. Basin-wide sediment trapping efficiency of emerging reservoirs along the Mekong. Geomorphology，119：181-197.

Labat D，Ronchail J，Guyot J. 2005. Recent advances in wavelet analysis Part 2：Amazon，Parana，Orinoco and Congo discharges time scale variability. Journal of Hydrology，314（1-4）：289-311.

Lacey G.A. 1929—1930. Stable channels in alluvium. Proceedings of the Institution of Civil Engineers. London，229，259-292.

Lafreniere M，Sharp M. 2003. Wavelet analysis of inter-annual variability in the runoff regimes of glacial and nival stream catchments，Bow Lake，Alberta. Hydrological Process，17（6）：1093-1118.

Leland J，Reid M R，Burbank D W，et al. 1998. Incision and differential bedrock uplift along the Indus River near Nanga Parbat，Pakistan Himalaya，from 10Be and 26Al exposure age dating of bedrock straths. Earth Planet. Sci. Lett.，154：93-107.

Leopold L B，Maddock T J. 1953. Hydraulic geometry of stream channels and some physiographic implications，U.S. Geol. Surv. Prof. Pap.，252：1-55.

Liang S，Ge S，Wan L，et al. 2010. Can climate change cause the Yellow River to dry up？. Water Resources Research，46：1-8.

Li，et al. 1997. Magnetostratigraphic dating of river terraces：rapid and intermittent incision by the Yellow River of the northeastern margin of the Tibetan Plateau during the Quaternary. J. Geophys. Res.，102：10121-10132.

Li X，Hao Q，Wei M，et al. 2017. Phased uplift of the northeastern Tibetan Plateau inferred from a pollen record from Yinchuan Basin，northwestern China.Scientific Reports，7：18023.

Liu W，Wang S，Sang Y F，et al. 2021. Effects of large upstream reservoir operations on cross-sectionalchanges in the channel of the lower Yellow River reach. Geomorphology，DOI：https://doi.org/10.1016/j.geomorph.2021.107768.

Mann M，Park J，Bradley R. 1995. Global interdecadal and century-scale climate oscillations during the past five centuries，Nature，378：266-270.

Merigliano M F. 1997. Hydraulic geometry and stream channel behavior：an uncertain link. Journal of the American Water Resources Association，33（6）：1327-1336.

Molnar P，Ramirez J A. 2002. On downstream hydraulic geometry and optimal energy expenditure：case study of the Ashley and Taieri Rivers. Journal of Hydrology，259：105-115.

Montgomery D R，Gran K B. 2001. Downstream variation in the width of bedrock channels. Water Resources Research，37（6）：1841-1846.

Moshe L B，Haviv I，EnzelY，et al. 2008. Incision of alluvial channels in response to a continuous base level fall：Field characterization，modeling，and validation along the Dead Sea. Geomorphology，93（3-4）：524-536.

Nicoll TJ，Hickin EJ. 2010. Planform geometry and channel migration of confined meandering rivers on the Canadian prairies. Geomorphology，116：37-47.

Park C C. 1977. World-wide variations in hydraulic geometry exponents of stream channels：an analysis and some observations. Journal of Hydrology，33：133-146.

Park C C. 1981. Hydraulic geometry of a supra-glacial stream：some observations from the ValD'Hwrens，Switzerland. Rev. Geom. Dynam.，30：1-9.

Pereira LS，Gonçalves JM，Dong B，et al. 2007. Assessing basin irrigation and scheduling strategies for saving irrigation water and controlling salinity in the upper Yellow River Basin，China. Agricultural Water Management，93（3）：109-122.

Petts GE. 1979. Complex response of river channel morphology subsequent to reservoir construction. Progress in Physical Geography，3：329-362.

Petts GE. 1984. Sedimentation within a regulated river. Earth Surface Processes and Landforms，9：125-134.

Petts GE. 1995. Changing river channels：the geographical tradition. In：Gurnell A，Petts G（eds.）. Changing River Channels. New York：John Wiley & Sons：1-23.

Phillips JD，Slattery MC，Musselman ZA. 2005. Channel adjustments of the lower Trinity River，Texas，downstream of Livingston Dam. Earth Surface Processes and Landforms，30：1419-1439.

Pitlick J，Cress R. 2002. Downstream changes in the channel geometry of a large gravel bed river. Water Resource Research，38（10）. 1216. doi：10.1029/2001WR000898.

Ran L S，Wang S J，Fan X L. 2010. Channel change at Toudaoguai Station and its responses to the operation of upstream reservoirs in the upper Yellow River. Journal of Geographical Sciences，20（2）：231-247.

Ran L S，Wang S J，Lu XX. 2012. Hydraulic geometry change of a large river：A case study of the upper Yellow River. Environmental Earth Sciences，66：1247-1257.

Renwick W H，Smith S V，Bartley J D，et al. 2005. The role of impoundments in the sediment budget of the conterminous United States. Geomorphology，71：99-111.

Rhodes D D. 1977. The b-f-m diagram：graphical representation and interpretation of at-at-station hydraulic geometry. American Journal of Sciences，277：73-96.

Richard GA，Julien PY，Baird DC. 2005. Statistical analysis of lateral migration of the Rio Grande，New Mexico. Geomorphology，71：139-155.

Richards K S. 1977. Channel and flow geometry：a geomorphological perspective. Progress in Physical Geography，1：65-102.

Rust BR. 1978. A classification of alluvial channel systems.In Miall，A.D.（ed.），Fluvial sedimentology. Canadian Society of Petroleum Geologists Memoir 5，Calgary，187-198.

Schlesinger M，Ramankutty N. 1994. An oscillation in the global climate system of period 65-70 years，Nature，367：723-726.

Seong Y B，Owen L A，Bishop M. P. 2008. Rates of fluvial bedrock incision within an actively uplifting orogen：Central Karakoram Mountains，northern Pakistan. Geomorphology，97（3-4）：274-286.

Shen G，Zhang Y，Hou S，et al. 2007. Impact of water and sediment regulation by reservoirs in the upper Yellow River on Inner-Mongolia reaches，Journal of Sediment Research，1：67-75.

Smith L，Turcotte D，Iscaks B. 1998. Stream flow characterization and feature detection using a discrete wavelet transform，Hydrological Process，12（2）：233-249.

Stock G M，Anderson R S，Finkel R C. 2005. Rates of erosion and topographic evolution of the Sierra Nevada，California，inferred from cosmogenic 26Al and 10Be concentrations. Earth Surf. Process. Landf.，30：985-1006.

Su T，Wang S J，Mei Y G，et al. 2015. Comparison of channel geometry changes in Inner Mongolian reach of the Yellow River before and after joint operation of the upstream large reservoirs. Journal of Geographical Sciences，25（8）：930-942.

Surian N. 1999. Channel changes due to river regulation：the case of the Piave River，Italy. Earth Surface Processes and Landforms，24（12）：1135-1151.

Surian N，Rinaldi M. 2003. Morphological response to river engineering and management in alluvial channels in Italy. Geomorphology，50（4）：307-326.

Takagi T，Oguchi T，Matsumoto J，et al. 2007. Channel braiding and stability of the Brahmaputra River，Bangladesh，since 1967：GIS and remote sensing analyses. Geomorphology，85（3）：294-305.

Ta W，Xiao H，Dong Z. 2008，Long-term morphodynamic changes of a desert reach of the Yellow River following upstream large reservoirs' operation. Geomorphology，97：249-259.

Thorne C R，Russell A P G，Alam M K. 1993. Planform pattern and channel evolution of the Brahmaputra River，Bangladesh，Geological Society，London，Special Publications，75：257-276.

Turowski J M，Hovius N，Wilson A，et al. 2008. Hydraulic geometry，river sediment and the definition of bedrock channels. Geomorphology，99：26-38.

Twidale C R. 2004. River patterns and their meaning. Earth Science Reviews，67：159-218.

Vandenberghe J，Maddy D. 2001. The response of river systems to climate change. Quaternary International，79：1-3.

Vandenberghe J. 2015. River terraces as a response to climatic forcing：formation processes，sedimentary characteristics and sites for human occupation. Quaternary International，370：3-11.

Walling D E，Fang D. 2003. Recent trends in the suspended sediment loads of the world's river. Global and Planetary Change，39：111-126.

Wang H，Yang Z，Yoshiki S，et al. 2007. Stepwise decreases of the Huanghe（Yellow River）sediment load（1950-2005）：Impacts of climate change and human activities，Global and Planetary Change，57（3-4）：331-354.

Wang S J，Hassan M A，Xie X P. 2006. Relationship between suspended sediment load，channel geometry and land area increment in the Yellow River delta. Catena，65（3）：302-314.

Wang S J，Li，Y K. 2011. Channel variations of the different channel pattern reaches in the lower Yellow River from 1950 to 1999. Quaternary International，244：238-247.

Wang S J，Li L，Cheng W M. 2014. Variations of bank shift rates along the Yinchuan Plain reach of the Yellow River and their influence factors. Journal of Geographical Sciences，24（4）：703-716.

Wang S J，Li L，Ran L S，et al. 2016. Spatial and temporal variations of channel lateral migration rates in the Inner Mongolian reach of the upper Yellow River. Environmental Earth Sciences，75：1255. DOI：10.1007/s12665-016-6069-4.

Wang S J，Mei Y G. 2016. Lateral erosion/accretion area and shrinkage rate of the Linhe reach braided channel of the Yellow River between 1977and 2014. Journal of Geographical Sciences，26（11）：1579-1592.

Wang S J，Yan M，Yan Y X，et al. 2012. Contributions of climate change and human activities to the changes in runoff increment in different sections of the Yellow River. Quaternary International，66-77.

Wang S J，Yan Y X，Li Y K. 2012. Spatial and temporal variations of suspended sediment deposition in the alluvial reach of the upper Yellow River from 1952 to 2007. Catena，92：30-37.

Wegmann K W，Pazzaglia F J. 2009. Late Quaternary fluvial terraces of the Romagna and Marche Apennines，Italy：climatic，lithologic，and tectonic controls on terrace genesis in an active orogen. Quat. Sci. Rev.，28：137-165.

Wellmeyer J L，Slattery M C，Phillips J D. 2005. Quantifying downstream impacts of impoundment on flow regime and channel planform，lower Trinity River，Texas. Geomorphology，69（1-4）：1-13.

Williams G P，Wolman M G. 1984. Effects of dams and reservoirs on surface-water hydrology；changes in rivers downstream from dams. U.S. Geological Survey Professional，1286：1-83.

Winterbottom S. 2000. Medium and short–term channel planform changes of the Rivers Tay and Tummel，Scotland. Geomorphology，34：195-208.

Wohl E. 2004. Limits of downstream hydraulic geometry. Geology，32（10）：897-900.

Wohl E. 2005. Downstream hydraulic geometry along a tropical mountain river：in The Río Chagres：A Multidisciplinary Profile of a Tropical Watershed（RS Harmon，Ed.）. Kluwer Acad./Plenum Pub.，New York：169-188.

Wohl E，Wilcox A. 2005. Channel geometry of mountain rivers in New Zealand. Journal of Hydrology，300：252-266.

Wohl E，Merritt D M. 2008. Reach-scale channel geometry of mountain streams. Geomorphology，93：168-185.

Xu J. 2002. River sedimentation and channel adjustment of the lower Yellow River as influenced by low discharges and seasonal channel dry-ups. Geomorphology，43：151-164.

Yang S L，Zhang J，Xu X J. 2007. Influence of the Three Gorges Dam on downstream delivery of sediment and its environmental implications，Yangtze River. Geophysical Research Letters，34，L10401. DOI：10.1029/2007GL029472.

Yao Z，Ta W，Jia X，et al. 2011. Bank erosion and accretion along the Ningxia–Inner Mongolia reaches of the Yellow River from 1958 to 2008. Geomorphology，127（1-2）：99-106.

Yao Z，Xiao J，Ta W，et al. 2013. Planform channel dynamics along the Ningxia–Inner Mongolia reaches of the Yellow River from 1958 to 2008：Analysis using Landsat images and topographic maps. Environ. Earth Sci，70：97-106.

Zahar Y，Ghorbel A，Albergel J. 2008. Impacts of large dams on downstream flow conditions of rivers：Aggradation and reduction of the Medjerda channel capacity downstream of the Sidi Salem dam（Tunisia）. Journal of Hydrology，351（3-4）：318-330.